工业和信息化“十三五”人才培养规划教材　21世纪高等学校计算机规划教材

新工科教育创新人才培养示范教材

大学计算机

——计算与智能

UNIVERSITY COMPUTER

COMPUTING AND INTELLIGENCE

战德臣　张东生　王冬／编著

人 民 邮 电 出 版 社

北 京

图书在版编目（CIP）数据

大学计算机 : 计算与智能 / 战德臣，张东生，王冬编著. -- 北京 : 人民邮电出版社，2019.8（2023.1重印）
21世纪高等学校计算机规划教材
ISBN 978-7-115-51278-9

Ⅰ. ①大… Ⅱ. ①战… ②张… ③王… Ⅲ. ①电子计算机－高等学校－教材 Ⅳ. ①TP3

中国版本图书馆CIP数据核字(2019)第117629号

内容提要

本书以案例为导引，以问题分析为脉络，通过对具体问题的思考描述、多视角讨论、图示化等方法，用精练的语言，帮助读者理解和运用编码、计算与程序，计算模型与智能，数据处理与分析等知识，逐步培养学生的计算思维和智能化信息素养。

全书共 16 章，主要内容包括：计算思维概述、计算思维基础、机器程序的执行、程序构造基础、递归与迭代、计算机语言与程序编写、计算思维与管理、问题求解策略与算法表达、人工智能及其应用、数据管理思维、数据库系统与数据库语言、数据与社会、计算机网络、信息组织与信息传播的基本思维和互联的世界。

本书适合作为计算机专业的计算机导论课程、非计算机专业的大学计算机课程、计算思维导论课程、计算科学导论课程、计算与智能通识教育课程的教材，也可供从事信息技术、人工智能、数据分析等相关行业的人员学习参考。

◆ 编　　著　战德臣　张东生　王　冬
责任编辑　王　平
责任印制　焦志炜
◆ 人民邮电出版社出版发行　　北京市丰台区成寿寺路 11 号
邮编　100164　　电子邮件　315@ptpress.com.cn
网址　http://www.ptpress.com.cn
北京虎彩文化传播有限公司印刷
◆ 开本：787×1092　1/16
印张：19.5　　2019 年 8 月第 1 版
字数：449 千字　　2023 年 1 月北京第 5 次印刷

定价：49.80 元

读者服务热线：(010)81055256　印装质量热线：(010)81055316
反盗版热线：(010)81055315
广告经营许可证：京东市监广登字 20170147 号

前言

当今社会，信息化水平正在从数字化、网络化阶段向智能化阶段发展。计算，是计算机获得智能的根本方法，是人类获得计算机赋能的基本途径。深入学习和体验计算方法，探索构建各种计算模型实现智能信息处理，有效利用计算机获得更有价值的计算结果，是新时代计算思维的基本内涵。

计算思维被认为是与理论思维、实验思维并列的第3种思维模式，是"互联网+"、大数据和人工智能时代所有人都应具备的一种思维模式。近几年来，国家推行了一系列由信息技术引领的行动计划，如"'互联网+'行动计划""新一代人工智能发展规划"等。这些计划的关键和基础是要培养一批具有"互联网+"思维、"大数据"思维和"人工智能"思维的人才。这些思维本质上都是计算思维。计算思维，既不能狭义地理解为"各种计算机硬件/软件的应用"，又不能狭义地理解为"计算机语言程序设计训练"，它其实是解决社会、自然问题的一种思维方式。例如：计算机管理"磁盘"所使用的"化整为零、还零为整"思维，对进行现实中不同性能资源（如物流仓储配送中的资源）的高效管理具有指导意义；管理"程序执行"的"分工—合作—协同"思维，对现实中管理和执行宏观任务也有借鉴作用。因此，计算思维对培养既有宏观协调能力又有微观精细化执行能力的新时代人才有重要的意义。

在这种背景下，各高等学校纷纷开设以培养学生的计算思维为教学目标的"大学计算机"课程，要求各学科各专业的学生都要学习这门课程。那么，"大学计算机"应该是一门什么样的课程呢？它应是面向大学低年级学生开设的，与"大学数学""大学物理"有同等地位的技术型通识类思维教育课程。它不应是只讲授计算机及软件具体应用的课程，也不应是仅仅训练学生程序设计能力的课程，它应是讲授每个大学生都要具备的计算思维的课程。当前，国家正在大力推动新工科建设，其中一个重要方面就是强调"各学科+计算机"，其根本应是"各学科+计算思维"。

那么，大学生应如何学习"大学计算机"课程呢？我们认为，应更多地强调"思维"，而不应仅着眼于"知识"（即事实的学习）。你可以不知道"计算思维"的定义，那仅是概念，但你应该知道"符号化—计算化—自动化"，应该知道"计算系统与程序的关系"，应该知道"程序是如何被机器自动执行的"……这些都是体现计算思维的直观例子。以潜移默化的方式理解和接受计算思维，是学习和掌握本门课程最重要的方式。举个例子，中医里讲究"穴位"，不同的穴位连接起来就是"脉络"，不同的脉络在临床诊断时有不同的意义，这是中医的基本认识。但即使你知道了脉络，为什么还不能治病呢？这是因为你没有能力让气息在脉络间流动。要做到这点，就需要长期训练。知识好比是"穴位"，而一年级时学习"大学计算机"课程，好比是在学习"脉络"，你要熟悉这些"脉络"，然后才能进行"诊

前言

断”。当你经过若干年的不断努力，深入理解了知识，能将知识融会贯通时，你就能将思维转变成能力——运用计算思维的能力，有了这种思维能力，也就获得了计算机赋能的本领。

本书从最基本的“计算”讲起，从“计算+”到“智能+”“大数据+”“互联网+”，覆盖了计算学科经典、重要的计算思维，并从学习者的角度组织教学内容：首先，站在学科高度，凝练教学内容，提取重点，以精练的语言进行讲述；然后，通过大量的、丰富的示例题目，引导读者对教学内容进行渐进式的、有深度的探索；最后，将教学内容转换成不同深度的示例题目，在场景、练习、模拟中，实现学习者对不同深度教学内容的理解，进而达到让学习者“不仅了解计算思维，而且能够理解和运用计算思维”的目标。

本书适合各专业的大学本科生学习。总学时安排 48 学时为宜（不含实验学时）。如果非计算机专业不再开设高级语言程序设计课程，则需增加实验，需分配 64 学时；如果开设高级语言程序设计课程，则建议本课程不增加实验，因为实验会涉及很多细节性的内容，在学时有限的情况下会影响学生对计算思维的理解，学校可依据实际情况，进行调整和设置。另外，书中标记“扩展学习”的内容，可作为课程的延伸内容，由教师引导，学生自主学习。示例题目前标记“*”的，表明该题目有一定难度。

本书由战德臣、张东生和王冬编著。其中：战德臣编写了第 1～9 章，第 11～16 章；张东生、李涵编写了第 10 章；孙丽娜、王秋雨、王冬、侯松鹏、万敏、李涵、谢苑分别参与了第 1～2 章、第 3～4 章、第 5～7 章、第 8～9 章、第 11～12 章、第 13 章、第 14～16 章的案例素材和示例准备。

本书在编写过程中参考了《深度学习：基于 Python 语言和 TensorFlow 平台》（作者：谢琼）、《数学之美（第二版）》（作者：吴军）等著作，得到了许多高校同行的指点和帮助，在此表示感谢。

本书得到教育部高等学校大学计算机课程教学指导委员会的大力支持，获得河南省教师教育课程改革研究项目资助，在此表示感谢。另外，感谢哈尔滨工业大学本科生院、计算机学院、河南大学软件学院对本书的编写和出版工作所给予的大力支持。

编者

2019 年 2 月

目录

Chapter1

Chapter2

目录

目录

目录

目录

目录

目录

目录

Chapter10

目录

Chapter11

Chapter12

目录

目录

目录

Chapter15

第1章 什么是计算思维

Chapter1

本章摘要

计算思维是信息化社会所有学生应掌握的基本思维模式，是促进学科交叉、融合与创新的重要思维模式。本章通过一个趣味故事解释了什么是计算思维以及计算思维的价值。

1.1 趣味故事：用小白鼠检验毒水瓶

学习计算机，首先要学习计算思维。那什么是计算思维呢？首先看一个问题及其求解，这个问题不需要很多数学知识，所有读者都应能求解。

示例1 有 1 000 瓶水，其中一瓶是有毒的，小白鼠只要喝一点带毒的水，24 小时内就会死亡，问：至少要有多少只小白鼠才能在 24 小时内检验出哪瓶水有毒？怎样检验？

看下面的求解过程，如图 1.1 所示。

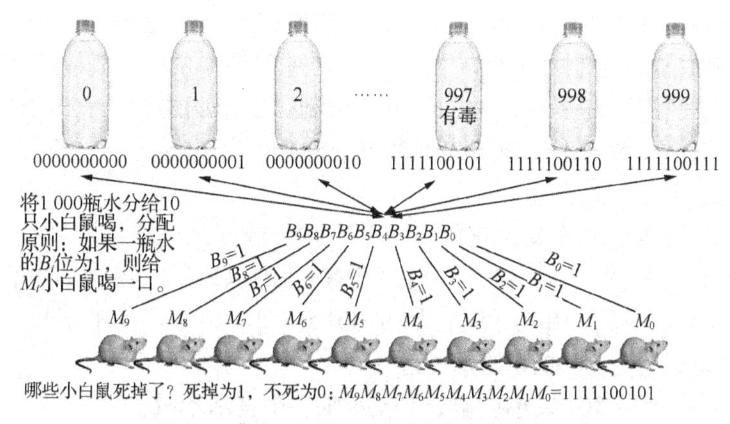

图 1.1 “用小白鼠检验毒水瓶”问题求解示意

第 1 步，将 1 000 瓶水逐瓶编号，编号从 0～999，假设第 997 号瓶水有毒。

仅用十进制编号，很难看出如何求解。怎么做呢？可以用二进制求解该题。

第 2 步，做一个变换，将每瓶水的编号由十进制转换为二进制。

1 位二进制数只能表示 0 或 1（最大编号为 2^1-1），2 位二进制数能表示 0～3（最大编号为 2^2-1），……，以此类推，10 位二进制数能表示 0～1 023（最大编号为 $2^{10}-1$）。

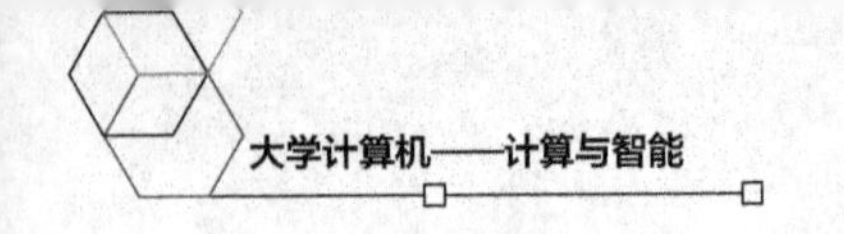

因此，若要表示 999 这个编号，则需要 10 位二进制数。由此，是否可想到需要 10 只小白鼠就可在 24 小时内检验出哪瓶水有毒呢？

答案是 10 只。问题接着来了：应该怎样让小白鼠喝水，才能用 10 只小白鼠的存亡状态，从 1 000 瓶水中判断出哪一瓶有毒呢？注意：小白鼠喝了有毒的水，可能很快死亡，但也可能在接近 24 小时时死亡，因此不能一只一只地试验，那样时间不够。

第 3 步，每一瓶水的编号都是 10 位二进制数，记为 $B_9B_8B_7B_6B_5B_4B_3B_2B_1B_0$（其中 B_i 仅为 0 或 1，i=0，…，9），10 只小白鼠分别编号为 M_9，M_8，M_7，M_6，M_5，M_4，M_3，M_2，M_1，M_0。制定规则如下：编号为 $B_9B_8B_7B_6B_5B_4B_3B_2B_1B_0$ 的一瓶水，如果 B_i 位为 1，则让 M_i 小白鼠喝一口；如果 B_i 位为 0，则不让 M_i 小白鼠喝。

第 4 步，1 000 瓶水，均按上述规则进行处理。待小白鼠喝完后，静等 24 小时，然后看哪只小白鼠死掉了。如 M_i 小白鼠死了，则 M_i=1，否则 M_i=0。将 M_i 连起来看，依题，$M_9M_8M_7M_6M_5M_4M_3M_2M_1M_0$=1111100101，就得出了有毒水瓶的二进制编号，再还原回十进制编号，便可知道 997 号瓶的水有毒。

1.2 什么是计算思维

“用小白鼠检验毒水瓶”的问题（以下简称“小白鼠问题”）能够求解了，但这道题背后的思维是怎样的呢？下面试着归纳一下。

1.2.1 二进制思维

首先，“小白鼠问题”的求解运用了二进制思维。

怎样理解二进制呢？与十进制对比一下就不难理解。

（1）十进制是用 10 个数码{0，1，2，3，4，5，6，7，8，9}表达一位十进制数，如 9 587；二进制是用 2 个数码{0，1}表达一位二进制数，如 0111 0101。

（2）十进制是“逢十进一、借一当十”，二进制是“逢二进一、借一当二”。

那么，二进制数与十进制数如何转换呢？规则是很简单的（详细内容可参见 1.4 节）。其实，日常生活中使用了许多的进制，如十二进制、二十四进制、六十进制等，类似于“时间由 1 时 50 分到 3 时 20 分是持续了多少分钟呢？”这样的问题我们是会转换的，只是不习惯而已，熟悉了就会了。

二进制思维有很重要的意义，它可将很多事物（或状态）非常巧妙地统一起来，如 1.1 节的示例。0 和 1 可以表示“有毒”与“无毒”，可以表示“喝”与“不喝”，也可以表示“死”与“活”。对同一串 0 和 1，如 000010，可有以下不同的解读。

000010，对应编号为 000010 的水瓶。

000010，第 i 位对应第 i 只小白鼠，1 表示喝，0 表示不喝。

000010，第 i 位对应第 i 只小白鼠，1 表示死亡，0 表示存活。

很多情况下看起来不容易解决的问题，用二进制思维便可解决，如“小白鼠问题”的求解。“小白鼠问题”之所以看起来很难，是因为多种含义的 0 和 1 交织在一起，影响了思维的清晰性。但不管怎样，强化“将多种事物及状态用 0 和 1 统一在一起”的训练是运用计算思维的关键之一。

我国古老的易经也是采用二进制思维来表达万事万物及其变化规律的，如图 1.2 所示：0 和 1，对应“阴”和“阳”；3 位 0 和 1 组合起来，共有 8 种组合，对应三画阴阳的组合，共有“八卦”；6 位 0 和 1 组合起来，共有 64 种组合，对应六画阴阳的组合，共有“六十四卦”。易经的某一卦，即某一组 0（阴）和 1（阳）的组合可以解释为不同的含义，用“卦”“爻”的变化来理解自然现象及人事现象的变化规律，开启了用符号和二进制思维进行规律性问题研究的先河，是典型的二进制思维的代表。

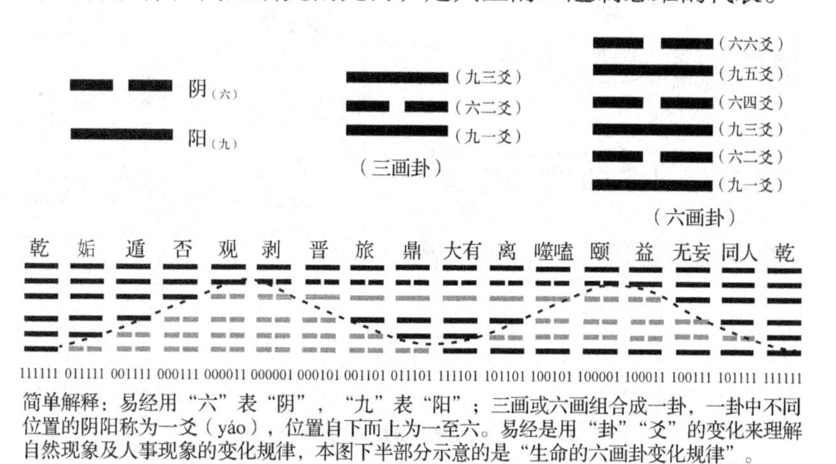

图 1.2 《易经》与 0 和 1 的示意

1.2.2　二分法——人类普遍应用的思维

“小白鼠问题”的求解运用了二分法思维，这是人类普遍应用的一种思维模式。

所谓的二分法，就是通过不断地排除“不可能”，进而找出问题正确解的一种方法。之所以称“二分”，是因为每次处理都把所有情况分成“可能”和“不可能”两种情况，然后排除所有“不可能”的情况，而在“可能”的情况中再进行下一次的排除。

例如，一种典型的猜数游戏：机器随机设定一个数，由用户来猜。每当用户给出一个猜测值时，系统会提示“大了”，还是“小了”。此时如果大了，则你就向比猜测值小的方向选择新猜测值；如果小了，就向比猜测值大的方向选择新猜测值，直到找出正确答案。

再例如，工人要维修一条电话线路，如何迅速查出故障所在位置呢？如果沿着线路一段一段地查找，则每查一个点要爬一次电线杆，将会浪费时间和精力。此时可使用二分法：设电线两端分别为 *A*、*B*，首先从中点 *C* 查起，用随身带的话机向两端测试时，发现 *AC* 段正常，则断定故障在 *BC* 段。再从 *BC* 中点 *D* 查起，发现 *BD* 正常，则断定故障在 *CD* 段，再从 *CD* 中点 *E* 查起……，这样每查一次，就可以把待查线路长度缩减为一半，可以节省很多查找时间和精力。

前述两个例子的二分法思想是否可直接用于“小白鼠问题”的求解呢？似乎不可以，如图 1.3（a）所示，每一次有毒/无毒的分类需要等本次实验的小白鼠死亡或等待 24 小时才能确定，满足不了时间约束。怎么解决呢？如图 1.3（b）所示，是否可采取多只小白鼠同时进行实验呢？这是可以的：每一只小白鼠负责喝 500 瓶水，如果死亡，则说明这 500 瓶中有毒，而另 500 瓶无毒；如果没有死亡，则说明这 500 瓶中无毒而另 500 瓶中有毒。每只小白鼠检验的范围不同，多只小白鼠交错可唯一确定某一瓶水是否有毒，即如果喝了这瓶水的所有小白鼠都未死亡，则说明该瓶水无毒。这就需要借助二进制编码的方式以决定哪一只小白鼠负责检验哪些水瓶。这种方法本质上仍旧是二分法，是并行实现的。

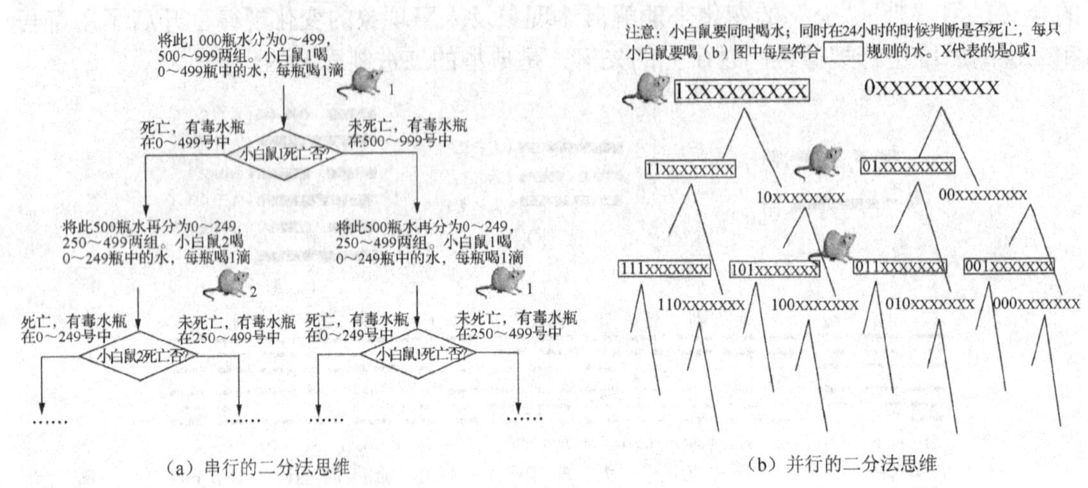

（a）串行的二分法思维　　（b）并行的二分法思维

图 1.3 “小白鼠问题”的二分法求解示意

1.2.3 过程化与符号变换思维

计算与自动计算

“小白鼠问题”的求解运用了“过程化”与“符号变换”的思维。“过程化”与“符号变换”是典型的计算思维，那计算思维中的“计算”是什么呢?

简单计算，例如从幼儿时期就开始学习和训练的算术运算：$7+2=9$，$4\times6=24$，$30-13=17$，是指“数据”在“运算符”的操作下，按“计算规则”进行的数据变换。我们不断学习和训练的是各种运算符的“计算规则”及其组合应用，目的是通过计算得到正确的结果。

广义地讲，一个函数 $f(x)$，例如

$$f(x)=\frac{\sin x}{\sin x+\cos x}$$

把 x 变成了 $f(x)$就可认为是一次计算，在高中及大学阶段不断学习各种函数及其“计算规则”并应用其求解各种问题，得到正确的计算结果，如对数与指数、微分与积分等。“计算规则”可以学习与掌握，但应用“计算规则”进行计算则可能超出了人的计算能力，即人知道“计算规则”但却没有办法得到计算结果。

从计算机学科角度，任何的函数 $f(x)$，不一定能用数学函数表达，但只要其有明确的输入和输出，并有明确的可被机器执行的步骤将输入变换为输出，便可称为计算。一些学者认为“任何一个过程都有输入和输出，过程是将输入变换为输出的一组活动”，也有学者认为“过程实现了系统从一个状态（始态）变换成另一个状态（终态）”。万事万物都可被转换成符号作为过程的输入，通过符号变换，转换成另一种符号作为输出并转换成自然状态的万事万物，这也是计算。

“小白鼠问题”求解体现了这样一种过程：水瓶十进制编号（所有）→（变换为）

二进制编码→（变换为）分配给小白鼠喝与不喝，并产生小白鼠死与活的结果→（变换为）二进制编码→（变换为）十进制编号，找出毒水瓶。

“过程化”是任何事物利用计算机进行处理的前提，即首先要过程化，然后才能将这种过程转变为计算机能够执行的程序，进而才能实现自动化。

1.2.4　计算思维的概念

什么是计算思维

结合前面的分析，是否能体验出什么是计算思维呢？

前卡内基·梅隆大学计算机系系主任、前微软公司副总裁周以真（Jeannette M. Wing）教授指出“计算思维（Computational Thinking）是运用计算（机）科学的基础概念去求解问题、设计系统和理解人类行为的一系列思维活动的统称”。它是所有人都应具备的如同“读、写、算”能力一样的基本思维能力，计算思维建立在计算过程的能力和限制之上，由人或机器执行。

这个定义赋予计算思维3层更高的含义。

（1）计算思维是一种问题求解思维，即通过计算的手段求解现实中各种各样的计算问题，例如，通过数学建模、算法设计研究求解各种现实问题的方法和算法等。

（2）计算思维是一种设计系统的思维。设计和构造新型计算系统或计算工具以解放人类劳动力始终是人们追求的目标，而各种新型计算工具的研制对于社会的进步和发展有重要的促进意义。例如，获得诺贝尔化学奖的J.A.Pople就是把计算机应用于量子化学，设计了一套计算程序，使全世界的量子化学工作者都在用他的程序研究化学问题。

（3）计算思维是有助于人类行为理解的思维。计算思维源于社会/自然，又反作用于社会/自然。例如，“流水线”的概念源于20世纪福特汽车生产线的概念，被计算机学科应用和发展，而现在很多工厂的数字化生产线又是借鉴计算学科的“流水线”概念在广泛应用。类似的，计算思维也在改变着社会的结构和人类的行为。

正像2015地平线报告指出的：复杂性思维教学是一种挑战，计算思维是一种高阶复杂性思维技能，是复杂性思维能力培养的重要支撑，强调计算思维教育，可以帮助学习者解读真实世界的系统并解决全球范围的复杂问题。

不同于数学思维，计算思维不仅仅是将数学公式变为程序或是用计算机语言编写程序；前面讨论的二进制思维、二分法思维、过程化与符号变换思维都是计算思维，但计算思维不仅仅是这些，它还包括计算+、互联网+、智能+、大数据+的思维等。

应该说计算思维不是简单的一个概念，而是需要在学习和实践过程中不断体会、不断理解的设计计算系统并运用计算系统的思维。技术与知识是创新的支撑，而思维是创新的源头。理解计算系统的一些核心概念，培养一些计算思维模式，对所有学科的人员建立复合型的知识结构、进行各种新型计算手段研究以及基于新型计算手段的学科创新都有重要的意义。

1.3　扩展学习：计算思维的价值在哪里

计算思维有什么价值呢？学好计算思维有助于创新想法，并将创新想法变为现实。下面类比“小白鼠问题”做一个测试：判断数据传输是否有错误。

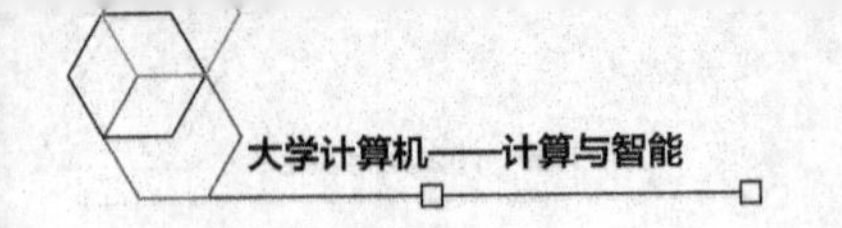

大家都知道，计算机中所有的信息都展现为 01 串，如 1001110010010111，并且需要不断地进行传输，如从一台计算机传输到另一台计算机，或者从一台计算机上传到网络中，那么有没有可能传输错误呢？当然是有可能的。那怎么判断并纠正错误呢？下面首先分析 0 和 1 的特性，然后再探讨判断并纠正错误的方法。

1.3.1 0 和 1 及其特性

二进制算术运算是位相关运算，即逢二进一、借一当二，有规则如下。

1. 加法运算规则

$0+0=0$；　$0+1=1$；　$1+0=1$；　$1+1=0$（本位为 0，进位为 1）。

2. 减法运算规则

$0-0=0$；　$0-1=1$（借位为 1）；　$1-0=1$；　$1-1=0$。

示例 2 X=10111，Y=10011，则 $X+Y$ = 101010。

解：

$$
\begin{array}{r}
10111 \\
+)\ 10011 \\
\hline
1\ 01010
\end{array}
$$

示例 3 X=10101，Y=11011，则 $X+Y$ = 110000。

解：

$$
\begin{array}{r}
10101 \\
+)\ 11011 \\
\hline
1\ 10000
\end{array}
$$

示例 4 X=10111，Y=10011，则 $X-Y$ = 00100。

解：

$$
\begin{array}{r}
10111 \\
-)\ 10011 \\
\hline
00100
\end{array}
$$

示例 5 X = 11001，Y=10110，则 $X-Y$ = 00011。

解：

$$
\begin{array}{r}
11001 \\
-)\ 10110 \\
\hline
00011
\end{array}
$$

如果仅做 1 位的加法，加数、被加数与和均为 1 位，所有进位将被自动舍掉，则 n 个 1 的累加和也只能是 1 位，其结果依赖于 n 是偶数，还是奇数。若 n 是偶数，则累加和为 0，若 n 是奇数，则累加和为 1。这一特性很重要，可以看出：判断一个 01 串中 1 的个数是偶数还是奇数，只需将该 01 串的各位逐位累加即可，依据其累加和为 0，还是 1 即可判断。

为更严格地表述，下面引入异或运算。

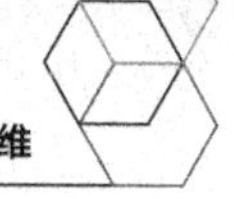

3. 异或运算规则

异或运算“⊕”是一种位运算，规则为“相同为 0，不同为 1”：

$$0 \oplus 0 = 0;\quad 0 \oplus 1 = 1;\quad 1 \oplus 0 = 1;\quad 1 \oplus 1 = 0。$$

为叙述方便，定义一个新的运算：按位异或和，该运算用以判断一个 01 串中 1 的个数是奇数还是偶数。

4. 按位异或和

一个 01 串（又称比特串），其按位异或和，即是将该 01 串的每一位实施异或运算得到的结果。该结果依赖于 01 串所包含的 1 的个数：如果包含奇数个 1，则其按位异或和为 1；如果包含偶数个 1，则其按位异或和为 0。（此可由异或运算规则予以证明，证明过程略。）

按位异或和得到的结果与仅做 1 位运算的按位累加和结果是一致的，所不同的是按位异或和没有产生任何进位，而按位累加和是舍掉了所有的进位。这两个操作的目的都是判断一个 01 串中 1 的个数是奇数还是偶数。

示例6　01 串 1011 的按位异或和，即 $1 \oplus 0 \oplus 1 \oplus 1 = 1$（奇数个 1，其按位异或和为 1）。

示例7　01 串 1001 的按位异或和，即 $1 \oplus 0 \oplus 0 \oplus 1 = 0$（偶数个 1，其按位异或和为 0）。

人在计算的过程中通过统计 1 的个数即可以获知 1011 0110 1011 0110 1110 1001 1101 1010 的按位异或和为 0（其包含了 20 个 1，偶数个 1）。再例如 1011 0111 1111 1110 1111 1101 1101 1010 的按位异或和为 1（其包含了 25 个 1，奇数个 1）。

1.3.2　偶校验：判断数据传输有无错误

下面用对比的方式进行讨论。

小白鼠问题：有 n 瓶水，其中仅可能有 1 瓶水有毒，如果不考虑是哪一瓶有毒，而仅考虑是否有有毒的瓶，该怎样检测呢？

传输校验问题：对于一个 n 位的 01 串 010…1101，如果在传输过程中仅可能有 1 位发生错误，如果不考虑是哪一位错误，而仅考虑是否有传输错误，该怎样检测呢？

小白鼠问题解决方案：仅判断是否有有毒的水，则只需 1 只小白鼠。将这 n 瓶水让小白鼠每瓶都喝一滴。如果小白鼠死亡，则表示有有毒的水；而如果小白鼠未死亡，则表示没有有毒的水。

传输校验问题解决方案：仅判断有无传输错误，则只需增加 1 位校验位 P（小白鼠，只是 P 的值也只能是 0 或 1）。传输前，P 如何产生呢？

假设制定一规则：传输前 01 串中 1 的个数与传输后 01 串中 1 的个数始终都保持偶数，则为传输正确。

因此，在传输前应使待校验 01 串 S 与校验位 P 所形成的新 01 串 S' 中 1 的个数为偶数。则 P 的产生规则为：P 为 S 的按位异或和，即如 01 串 S 中 1 的个数为奇数，则 P 为 1；如 01 串 S 中 1 的个数为偶数，则 P 为 0。

这样无论 S 是怎样的 01 串，带校验位的 01 串 S' 中 1 的个数始终为偶数。

当 S' 传输过去后，对传输过去的 S' 再计算其按位异或和 P'：如果 $P'=1$（相当于小白鼠死亡），则传输错误；而如果 $P'=0$（相当于小白鼠未死亡），则无传输错误。即如果传

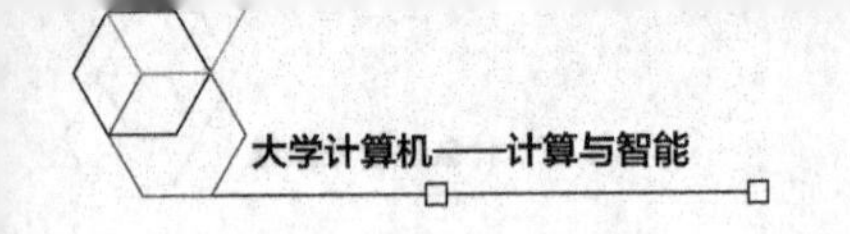

输过去，S'中 1 的个数仍旧为偶数，则表明没有传输错误；而如果传输过去，S'中 1 的个数为奇数，则表明有传输错误。

偶校验：通过增加一位校验位 P，使得待传输 01 串 S 与 P 组合形成的新的 01 串 S' 中 1 的个数始终为偶数。通过判断传输中 S'中 1 的个数是否仍为偶数来判断数据是否传输错误的方法就是偶校验。

示例 8 传输 01 串 1001 1010，若采用偶校验，则其校验位 P 的值应为________。

解： $P = 1⊕0⊕0⊕1⊕1⊕0⊕1⊕0 = 0$。

示例 9 传输 01 串 1111 1010 1011,若采用偶校验,则其校验位 P 的值应为________。

解： $P = 1⊕1⊕1⊕1⊕1⊕0⊕1⊕0⊕1⊕0⊕1⊕1= 1$。

示例 10 假设 01 串 1001 1110 1101，传输后变为 1001 1010 1101，假设校验位传输无错误，若采用偶校验，请叙述其检测过程。

解： S 为 1001 1110 1101，$P = 1⊕0⊕0⊕1⊕1⊕1⊕1⊕0⊕1⊕1⊕0⊕1= 0$。

传输前 S'应为 1001 1110 1101 0。

传输后 S'为 1001 1010 1101 0，$P' = 1⊕0⊕0⊕1⊕1⊕0⊕1⊕0⊕1⊕1⊕0⊕1⊕0 = 1$。

因 P'=1，故传输有错误。

示例 11 已知接收到的 01 串为 1101 1111 1011 0，采用偶校验，请判断是否传输错误。

解： $P' = 1⊕1⊕0⊕1⊕1⊕1⊕1⊕1⊕1⊕0⊕1⊕1⊕0 = 0$。故此传输无错误。

基于前述规则，可以发现，偶校验是能够检测出单数位数的数据传输错误，即当传输过程中有 1 位传输错误，或有 3 位传输错误，或有 5 位传输错误时，偶校验是可以判断出传输发生错误的。而当有偶数位数的传输错误，偶校验则发现不了。这是为什么？

1.3.3 类比小白鼠问题判断哪一位出错

1.3.2 小节讨论的是判断数据传输过程中有无错误，而并不能确定是哪一位出错。那如何判断哪一位出错呢？还是对比小白鼠问题进行讨论。

小白鼠问题：有 7 瓶水，其中仅可能有 1 瓶水有毒，例如，第 6 瓶水有毒，怎样判断出是第 6 瓶水有毒呢（从右向左，或者说从低位向高位编号）？

传输校验问题：对于一个 7 位的 01 串 1101101，如果在传输过程中仅可能有 1 位发生错误，例如，传输后变为 1001101，怎样判断出是第 6 位出错呢（从右向左，或者说从低位向高位编号）？

小白鼠问题解决方案：将 7 瓶水按十进制编号为 1，…，7，然后将十进制编号转换为二进制编号，分别为 001，010，011，100，101，110，111。可见编号需要 3 位二进制位，因此需要 3 只小白鼠，编号为 $P_4P_2P_1$。P_1 小白鼠喝二进制编号第 2^0 位为 1 的瓶中的水（即第 1，3，5，7 瓶水）；P_2 小白鼠喝二进制编号第 2^1 位为 1 的瓶中的水（即第 2，3，6，7 瓶水）；P_4 小白鼠喝二进制编号第 2^2 位为 1 的瓶中的水（即第 4，5，6，7 瓶水）。然后等待小白鼠是否死亡：哪一只小白鼠死亡，则其为 1，未死亡，则其为 0。依题，$P_4P_2P_1$=110，还原为十进制则为 6，说明第 6 瓶水有毒。

传输校验问题：如图 1.4 所示，将 7 位的 01 串 S 1101101 按从低位向高位（自右向左）编号为 1，…，7，然后将十进制编号转换为二进制编号，分别为 001，010，011，

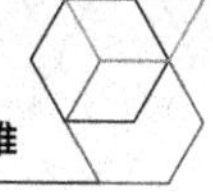

100，101，110，111。可见编号需要 3 位二进制位，因此需要 3 位校验位，编号为 $P_4P_2P_1$。采取偶校验，则校验位的产生规则（类似于小白鼠如何喝的规则）为：P_1 负责使二进制编号第 2^0 位为 1 的那些位中 1 的个数为偶数（即使第 1，3，5，7 位中 1 的个数为偶数）；P_2 负责使二进制编号第 2^1 位为 1 的那些位中 1 的个数为偶数（即使第 2，3，6，7 位中 1 的个数为偶数）；P_4 负责使二进制编号第 2^2 位为 1 的那些位中 1 的个数为偶数（即第 4，5，6，7 位中 1 的个数为偶数）。

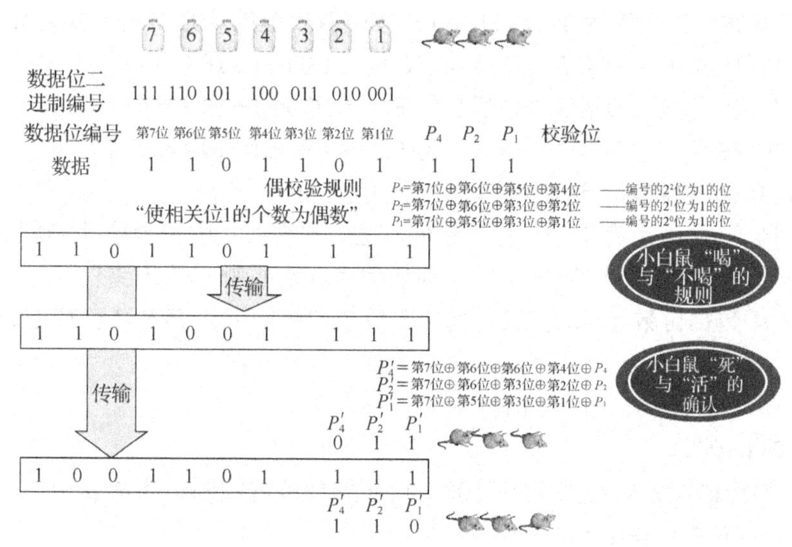

图 1.4　利用"小白鼠问题"探究数据传输纠错问题解决方案示意

可表示为：

P_4 = 第 7 位⊕第 6 位⊕第 5 位⊕第 4 位（即编号的 2^2 位为 1 的那些位的按位异或和）；

P_2 = 第 7 位⊕第 6 位⊕第 3 位⊕第 2 位（即编号的 2^1 位为 1 的那些位的按位异或和）；

P_1 = 第 7 位⊕第 5 位⊕第 3 位⊕第 1 位（即编号的 2^0 位为 1 的那些位的按位异或和）。

依题，$P_4 = 1\oplus0\oplus1\oplus1 = 1$；$P_2 = 0\oplus1\oplus1\oplus1 = 1$；$P_1 = 1\oplus1\oplus0\oplus1 = 1$。

由此产生新的 01 串 S'为 1101101 111。

依题，传输过去后，S'变为 1001101 111。按照偶校验的规则产生 $P'_4P'_2P'_1$（类似于确认小白鼠是否死亡）。

P'_4 = 第 7 位⊕第 6 位⊕第 5 位⊕第 4 位⊕$P_4 = 1\oplus0\oplus0\oplus1\oplus1 = 1$；

P'_2 = 第 7 位⊕第 6 位⊕第 3 位⊕第 2 位⊕$P_2 = 1\oplus0\oplus1\oplus0\oplus1 = 1$；

P'_1 = 第 7 位⊕第 5 位⊕第 3 位⊕第 1 位⊕$P_1 = 1\oplus0\oplus1\oplus1\oplus1 = 0$。

$P'_4P'_2P'_1$=110，还原为十进制则为 6，说明第 6 位出错。

依题，传输过去后，S'如变为 1101001 111。按照偶校验的规则产生 $P'_4P'_2P'_1$（类似于确认小白鼠是否死亡）。

P'_4 = 第 7 位⊕第 6 位⊕第 5 位⊕第 4 位⊕$P_4 = 1\oplus1\oplus0\oplus1\oplus1 = 0$；

P'_2 = 第 7 位⊕第 6 位⊕第 3 位⊕第 2 位⊕$P_2 = 1\oplus1\oplus0\oplus0\oplus1 = 1$；

P'_1 = 第 7 位⊕第 5 位⊕第 3 位⊕第 1 位⊕$P_1 = 1\oplus0\oplus0\oplus1\oplus1 = 1$。

$P'_4P'_2P'_1$=011，还原为十进制则为 3，说明第 3 位出错。

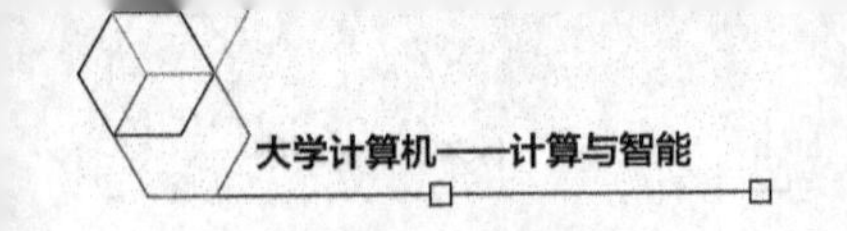

示例12 待传输01串为1001111，若采用偶校验，需增加几位校验位才能判断出哪一位传输错误，若传输过去01串变为1011111，则如何判断出是哪一位出错？

解： 因 $2^2<$ 数据位数 $7<2^3$，故需增加3位校验位，记为 $P_4P_2P_1$。其中 $P_4P_2P_1$ 产生如下：

$P_4=1\oplus0\oplus0\oplus1=0$；$P_2=1\oplus0\oplus1\oplus1=1$；$P_1=1\oplus0\oplus1\oplus1=1$。

S'串为1001111 011。

依题 S'串传输过去后变为1011111 011。按照偶校验的规则产生 $P'_4P'_2P'_1$。

$P'_4=$ 第7位⊕第6位⊕第5位⊕第4位$\oplus P_4=1\oplus0\oplus1\oplus1\oplus0=1$；

$P'_2=$ 第7位⊕第6位⊕第3位⊕第2位$\oplus P_2=1\oplus0\oplus1\oplus1\oplus1=0$；

$P'_1=$ 第7位⊕第5位⊕第3位⊕第1位$\oplus P_1=1\oplus1\oplus1\oplus1\oplus1=1$。

$P'_4P'_2P'_1=101$，还原为十进制则为5，说明第5位出错。

示例13 待传输01串为1111，若采用偶校验，需增加几位校验位才能判断出哪一位传输错误？若传输过去01串变为1011，则如何判断出是哪一位出错？

解： 因 $2^2<$ 数据位数 $4<2^3$，故需增加3位校验位，记为 $P_4P_2P_1$。其中 $P_4P_2P_1$ 产生如下：

$P_4=1$；$P_2=1\oplus1=0$；$P_1=1\oplus1=0$。

S'串为1001 100。

依题，S'串传输过去后变为1011 100。按照偶校验的规则产生 $P'_4P'_2P'_1$。

$P'_4=$ 第4位$\oplus P_4=1\oplus1=0$；

$P'_2=$ 第3位⊕第2位$\oplus P_2=0\oplus1\oplus0=1$；

$P'_1=$ 第3位⊕第1位$\oplus P_1=1\oplus0\oplus0=1$。

$P'_4P'_2P'_1=011$，还原为十进制则为3，说明1011第3位出错。

需要注意：前面的讨论仅考虑数据位传输错误，而假设校验位没有传输错误，因此，若校验位传输错误，则不能被正确判断。如考虑校验位错误也能被判断，则在增加校验位时需将数据位和校验位一并进行二进制编码来确定所需校验位的位数。例如，数据为 $D_7D_6D_5D_4D_3D_2D_1$，而校验位就需要4位（即 $2^3<$（数据位数7+校验位数4）$<2^4$），即 $P_8P_4P_2P_1$，数据位和校验位的二进制编码次序为：使校验位始终位于第 2^i 位上，排列出来如 $D_7D_6P_8D_5D_4D_3P_4D_1P_2P_1$，即校验位始终位于第1，2，4，8位上，其余位自右至左排列数据位。这样再按类似前述方法产生校验位的值、传输和校验即可。

本节类比“小白鼠问题”探究了数据传输的检错问题解决方案，这种思想就是计算机领域的一种伟大思想“汉明码”，也称为“海明码”。但请注意，本节并不是让读者学习汉明码，而只是通过该示例使读者体会计算思维的伟大之处。因此，关于汉明码检错纠错的原理还有很多内容，读者如感兴趣，可自主查阅资料。

1.4 基础知识：进位制及其相互转换

1.4.1 二进制、十进制与 *r* 进制

0和1与数值性信息

进位计数制是一种用数码和数位（权）表示数值型信息的方法。一个数由一定数目的数码排列在一起组成，每个数码的位置规定了该数码所具有的数值

等级——“权”。该位置也称为“数位”，可区分数码的个数称为“基值”。该计数制又称为以基值为进位的计数制，数位的“权”值是基值的幂，计数中，某一数位累计到基值后，向高数位进一；高数位的一，相当于低数位的基值大小。日常生活中，常见进位计数制有十进制（自然数）、十二进制（月）、二十四进制（昼夜）、六十进制（小时/分钟/秒）等。在计算机中，计数制还有二进制、八进制和十六进制等。一般地，以后缀 B 表示二进制数，后缀 O 表示八进制数，后缀 H 表示十六进制数，后缀 D 表示十进制数，或者以（数码串）$_r$表示一个 r 进制数，如图 1.5 所示。

$r^{n-1}\ r^{n-2}\ \cdots\ r^2\ r^1\ r^0\ .\ r^{-1}\ r^{-2}\ \cdots\ r^{-m}$ ——— 数位的权值

$n-1\ \ n-2\ \cdots\ 2\ 1\ 0\ .\ -1\ -2\ \cdots\ -m$ ——— 数位

$(d_{n-1}\,d_{n-2}\cdots\ d_2\,d_1\,d_0.\,d_{-1}d_{-2}\cdots d_{-m})_r$ ——— r进制数

$$=d_{n-1}r^{n-1}+d_{n-2}r^{n-2}+\cdots+d_2r^2+d_1r^1+d_0r^0+d_{-1}r^{-1}+d_{-2}r^{-2}+\cdots+d_{-m}r^{-m}$$

$$=\sum_{i=-m}^{n-1} d_ir^i$$

（a）r进制及其相关概念示意

$2^7 2^6 2^5 2^4 2^3 2^2 2^1 2^0.\ 2^{-1} 2^{-2}$ ——— 数位的权值

7 6 5 4 3 2 1 0 . −1 −2 ——— 数位

$(11110101.01)_{二}$ ——— 二进制数

$=1\times2^7+1\times2^6+1\times2^5+1\times2^4+0\times2^3+1\times2^2+0\times2^1+1\times2^0+0\times2^{-1}+1\times2^{-2}=(245.25)_{十}$

（b）二进制及其相关概念示意

$10^2\ 10^1\ 10^0\ 10^{-1}\ 10^{-2}$ ——— 数位的权值

2 1 0 −1 −2 ——— 数位

$(245.25)_{十}$ ——— 十进制数

$=2\times10^2+4\times10^1+5\times10^0+2\times10^{-1}+5\times10^{-2}$

（c）十进制及其相关概念示意

图 1.5　r进制与十进制、二进制的概念比较示意

基值为 r 的 r 进制数值 N 的表示方法为：

$$N=(d_{n-1}d_{n-2}\cdots d_2d_1d_0{\cdot}d_{-1}d_{-2}\cdots d_{-m})_r.$$

该数表示的十进制大小为：

$$N=d_{n-1}r^{n-1}+d_{n-2}\,r^{n-2}+\ \cdots\ +d_2\,r^2+d_1\,r^1+d_0\,r^0+d_{-1}\,r^{-1}+d_{-2}\,r^{-2}+\ \cdots\ +d_{-m}\,r^{-m}=\sum_{i=-m}^{n-1}d_ir^i \qquad (1.1)$$

式 1.1 中：m、n 为正整数，n 为整数的位数，m 为小数的位数，d_i为 r 个数码 0，1，…，r−1 中的任意一个，r 为基值，r^i为数位的权值，小数点位于 $d_0\,r^0$的后面。

1. 十进制

当 r=10 时，表示十进制数。在十进制数中，10 个数码为 0，1，…，9。逢十进一，其数位权值为 10^i。

示例 14 $(245.25)_{十}=2\times10^2+4\times10^1+5\times10^0+2\times10^{-1}+5\times10^{-2}$。

2. 二进制

当 r=2 时，表示二进制数。在二进制数中，2 个数码为 0 或 1。逢二进一，其数位权值为 2^i。

示例 15 $(11110101.01)_{二}=1\times2^7+1\times2^6+1\times2^5+1\times2^4+0\times2^3+1\times2^2+0\times2^1+1\times2^0+0\times2^{-1}+1\times2^{-2}=(245.25)_{十}$。

3. 八进制和十六进制

当 r=8 时，表示八进制数。在八进制数中，8 个数码为 0，1，…，7。逢八进一，其数位权值为 8^i。当 r=16 时，表示十六进制数。在十六进制数中，分别用 A 表示$(10)_{十}$，用

B 表示$(11)_{十}$，用 C 表示$(12)_{十}$，用 D 表示$(13)_{十}$，用 E 表示$(14)_{十}$，用 F 表示$(15)_{十}$。所以，16 个数码为 0，1，2，…，8，9，A，B，C，D，E，F。逢十六进一，其数位权值为 16^i。

示例 16 $(365.2)_{八}=3\times8^2+6\times8^1+5\times8^0+2\times8^{-1}=(245.25)_{十}$；

$(F5.4)_{十六}=F\times16^1+5\times16^0+4\times16^{-1}=(245.25)_{十}$。

1.4.2 进位制之间的相互转换

1. 其他进制转换到十进制

表 1.1 给出了 4 种进位制之间转换的对应关系。

表 1.1 十进制数、二进制数、八进制数和十六进制数对照表

十进制数	0	1	2	3	4	5	6	7	8	9	10	11	12	13	14	15	16
二进制数	0000	0001	0010	0011	0100	0101	0110	0111	1000	1001	1010	1011	1100	1101	1110	1111	10000
八进制数	0	1	2	3	4	5	6	7	10	11	12	13	14	15	16	17	20
十六进制数	0	1	2	3	4	5	6	7	8	9	A	B	C	D	E	F	10

一个用任意进制表示的数，都可用式 1.1 转换成十进制数。为便于计算，可采用如下方法（整数部分和小数部分分别按下述方法转换）。

整数部分采用基值重复相乘法：按括号及优先级次序，计算从最高位开始，乘基值加次高位，结果再乘基值加次次高位，一直加到个位 d_0 为止。

$$N=d_{n-1}r^{n-1}+d_{n-2}r^{n-2}+\cdots+d_2r^2+d_1r^1+d_0r^0$$
$$=((\cdots((d_{n-1})\cdot r+d_{n-2})\cdot r+\cdots+d_2)\cdot r+d_1)\cdot r+d_0。$$

示例 17 11110101 B =_______D。

解： 11110101 B = ((((((1×2+1)×2+1)×2+1)×2+0)×2+1)×2+0)×2+1 。

小数部分采用基值重复相除法：按括号及优先级次序，计算从最低位开始，除基值加高位，结果再除基值，一直加到小数点为止，最后再除基值。

$$N=d_{-1}r^{-1}+d_{-2}r^{-2}+\cdots+d_{-m}r^{-m}$$
$$=r^{-1}(d_{-1}+r^{-1}(d_{-2}+\cdots+r^{-1}(d_{-m})\cdots))$$

示例 18 0.F62B H =_________D。

解： N=0.F62B H = (((B ÷ 16+2) ÷ 16+6) ÷ 16 +F) ÷ 16=0.96159 D。

2. 十进制转换到其他进制

整数部分和小数部分分别转换：整数部分采用基值重复相除法，即除基值取余数方法，一直除到商等于 0 时为止，将所得的余数从下到上排列起来即为所要求的进位制数（参见示例 19）。小数部分采用基值重复相乘法，即乘基值取整数方法（参见示例 20）。十进制小数转换成二进制小数时，有时永远无法使乘积变成 0，在满足一定精度的情况下，可以取若干位数作为其近似值。

示例 19 215 D =_________B。

解： 如图 1.6（a）所示，不断除以基值 2，直到商等于 0 时为止。将所得余数从下到上排列起来为 11010111，便是该十进制数转换成二进制整数的结果，即 215 D =

11010111 B。

示例 20 0.6875 D =__________B。

解： 如图 1.6（b）所示，小数部分不断乘以基值 2，将得到的各位整数从上到下排列起来为 0.1011，便是该十进制小数转换成二进制小数的结果，即 0.6875 D = 0.1011 B。

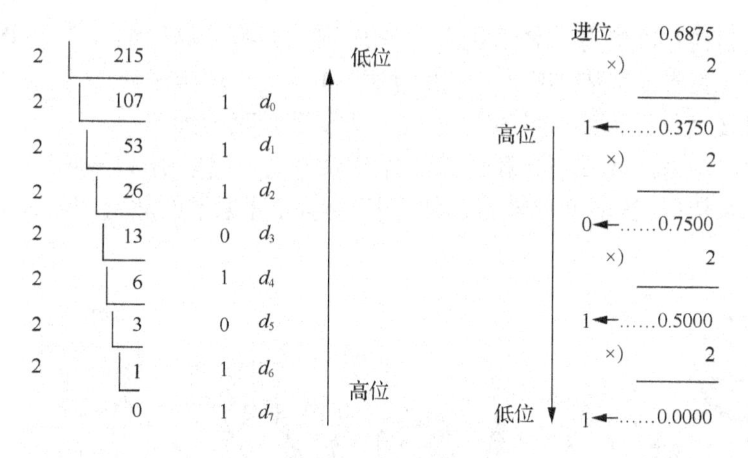

（a）215 D =11010111 B转换过程示意图　　（b）0.6875 D =0.1011 B转换过程示意图

图 1.6 十进制转换成二进制的转换过程示意图

3. 二进制、八进制、十六进制转换

由于二进制权值 2^i、八进制权值 $8^i=2^{3i}$、十六进制权值 $16^i=2^{4i}$ 具有整指数倍数关系，即 1 位八进制数相当于 3 位二进制数，1 位十六进制数相当于 4 位二进制数，故可按如下方法转换。

（1）二进制整数转换成八进制/十六进制整数的方法：先将二进制整数从右向左每隔 3 位/4 位分一组，再将每组按二进制数向十进制数转换的方法进行转换。

（2）二进制小数转换成八进制/十六进制小数的方法：先将二进制小数从左向右每隔 3 位/4 位分一组，最后一组若不足 3 位/4 位，在该组后面补相应数量的 0，凑成 3 位/4 位，再将每组按二进制数向十进制数转换的方法进行转换。

示例 21 10110101 B= 265 O = B5 H。

解： 第 1 步，将 10110101 按 3 位分组为 10 110 101，按 4 位分组为 1011 0101。

第 2 步，分别将每组转换成八进制数、十六进制数。

```
10  110  101          1011   0101
↓    ↓    ↓            ↓       ↓
2    6    5            B       5
```

示例 22 0.1011 B = 0.54 O = 0.B0 H。

解： 第 1 步，将 0.1011 按 3 位分组为 0.101 100，按 4 位分组为 0.1011 0000。

第 2 步，分别将每组转换成八进制数。

```
0.  101  100          0.  1011  0000
     ↓    ↓                 ↓     ↓
0.   5    4           0.    B     0
```

分别将每一位八进制数转换成 3 位二进制数，每一位十六进制数转换成 4 位二进制数便可实现八进制数、十六进制数到二进制数之间的转换。

1.5 计算之树——大学计算思维教育空间

计算之树

计算（机）学科存在哪些“核心的”计算思维，哪些计算思维对学生的未来会产生影响和借鉴呢？自 20 世纪 40 年代出现电子计算机以来，计算技术与计算系统的发展好比一棵枝繁叶茂的大树，不断地成长与发展，为此本书将计算技术与计算系统的发展绘制成一棵树，如图 1.7 所示，称为“计算之树”。试图通过计算之树概括大学计算思维的教育空间，为学生指明未来的学习方向。

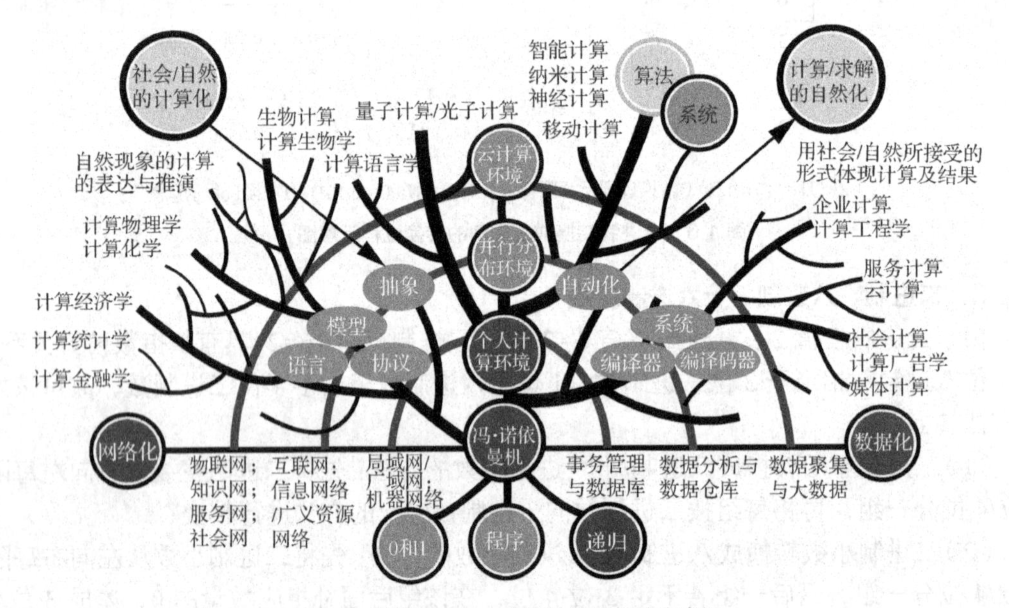

图 1.7 计算之树——大学计算思维教育空间

树根体现的是奠基性的技术或思维：“0 和 1”“程序”“递归”。树干体现的是通用计算环境的演化：“冯·诺依曼机”“个人计算环境”“并行分布环境”和“云计算环境”。树枝的黑、灰颜色体现的是“算法”和“系统”——两种不同的思维。各个树枝体现的是计算学科的分支研究方向，也体现了与其他学科相互融合产生的新研究方向，由树枝到树干，体现的是“抽象”，越来越抽象，而从树干到树枝，体现的是“自动化”，越来越自动化。有 3 个层面的抽象与自动化机制，“协议”和“编解码器”、“语言”和“编译器”、“模型”和“系统（即执行引擎）”。由内向外的 3 个同心半圆，可看到一边是“网络化”思维的发展，一边是“数据化”思维的发展。

这棵计算之树，给出了很多术语来刻画相应的计算思维。这些术语并不要求读者现在理解，它们将贯穿整本教材，将在课程中陆陆续续地加以学习，理解这些术语及其所体现的计算思维对今后构造、设计和应用计算技术/计算系统将有重要的影响。

1.6 为什么要学习和怎样学习计算思维

1.6.1 为什么：设计、构造和应用典型的计算工具需要计算思维

为什么要学习计算思维，从以下两个方面来看。

一是大趋势大环境。目前，社会已发展到信息化与智能化社会阶段，计算+、互联网+、大数据+、信息+、智能+，已经呈现出计算（机）与社会/自然（各学科）深度融合的趋势，不仅计算（机）学科要融合各个学科，而各个学科也逐渐在融合计算（机）学科，各学科的高端研究正由传统的学科问题向体现“自动化/计算化→网络化→智能化”的学科问题发展。体现这种融合的“新工科”的发展正在成为国家战略，而这种新工科需要的是计算思维教育，而不仅仅是计算机的使用。

二是毕业后可能从事的工作。在前述大趋势、大环境下，各学科大学生毕业后主要从事的工作基本上都离不开计算机（不一定是传统意义的台式计算机或笔记本电脑），如图 1.8 所示。

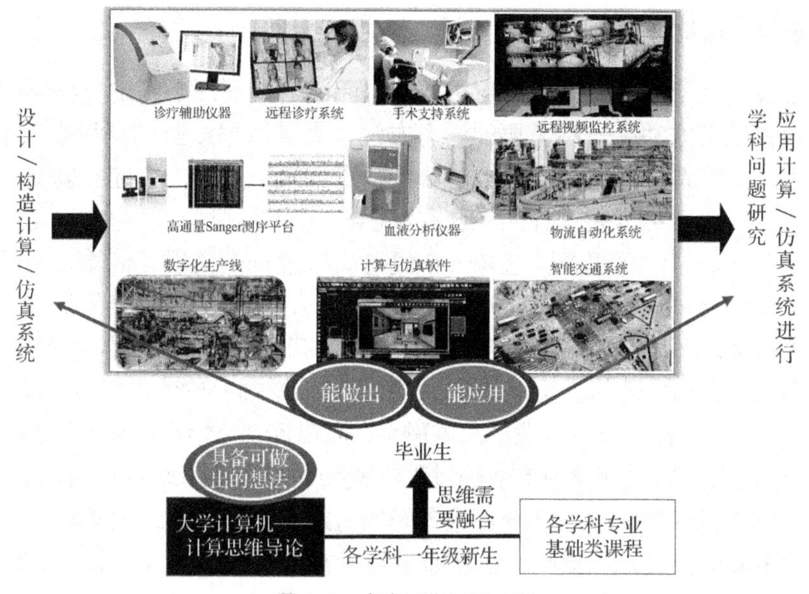

图 1.8 未来工作场景示意

（1）应用各种“计算/仿真系统”进行本学科问题研究，例如，医生运用“诊疗辅助仪器”等进行病情诊断与医学问题研究。此时了解一些计算思维，对其更好地理解仪器及其产生的结果，从而做出更精确的诊断或研究有很大的帮助。

（2）构造并设计这些“计算/仿真系统”。真正伟大的创新不是应用这些“计算/仿真系统”，而是能够创造这些“计算/仿真系统”给更多的人使用，诺贝尔化学奖奖励的是对设计/构造这些“计算/仿真系统”有重要贡献的科学家。若在毕业后“能做出”“能应用”这些“计算/仿真系统”，则在初入大学的时刻应注意学习计算思维，注意对计算思维的深入理解，注意联想本学科的思维，注意与本学科思维的交叉融合。随着专业课程的深入学习，将越来越多地思考计算思维的应用，这样才能达成毕业后“能做出”“能

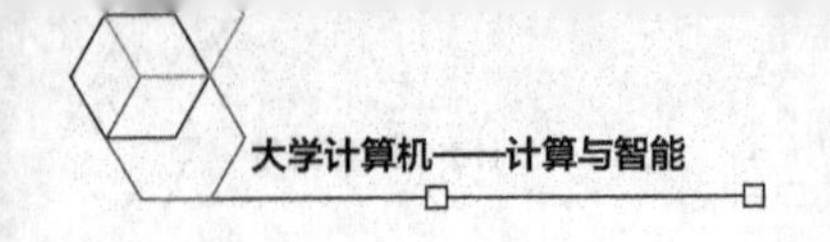

应用”的目标。

1.6.2 怎样学：了解认知学习的不同深度

关于怎样学习，要了解评价认知学习深度的一种模型——Bloom 分类法，其将认知层次，即学习深度划分为 6 个层次：

（1）了解——学习过后，是否能回忆起或记住知识，是否能够区分与辨识知识；

（2）理解——学习过后，是否能够用自己的话陈述或解释知识；

（3）应用——学习过后，是否能够在新的场景下运用学过的知识；

（4）分析——学习过后，是否能够从不同的角度分解或分析知识并做更透彻的理解；

（5）综合——学习过后，是否能够综合不同的知识产生新的概念、新的知识；

（6）评价——学习过后，是否能够量化评价一项决策。

后人对“Bloom 分类法”进行了改进，形成了新的 6 个层次，分别是记忆（了解）、理解、应用、分析、评价和创造。所谓“创造”，即学习过后，是否能够创造新产品或新观点。

1.6.3 怎样学：对比—联想式学习方法

本章不仅仅是在学概念学知识，更重要的是用“对比—联想”的方法学习思维。这种对比—联想式学习方法是一种重要的学习方法，尤其对思维类的课程学习很重要。

回忆一下，本章首先学习了“用小白鼠检验毒水瓶”这样一个趣味题目，进一步分析这道题目背后的思维究竟是怎样的。这些深层次的内容，即计算思维，需要读者来体验，而不仅仅是学习“计算思维”这样一个概念。再进一步又以“传输校验问题”这个不同的场景，用对比的语言，探究了计算思维的运用，揭示计算思维的价值。注意不要纠结一些术语本身，而要注意体验这样伟大的思维是完全可以借鉴“小白鼠问题”这个趣味题目的思维来研究和发现的。这种“趣味故事→思维挖掘→价值再现→对比联想”的学习方式，可有效地促进计算与各专业的思维融合，现在各专业学生在学习计算思维的过程中联想本专业的思维，将来在学习专业的过程中就会联想计算思维。从学而有趣→学而有思→学而有用→学而有（探）索，逐渐探索未知的奇妙世界，培养自己的研究与工程素质。

下面用“Bloom 分类法”模型评价本章的学习成果。完成了 1.1 节和 1.2 节的学习，应该达到“了解”或“理解”的程度。完成 1.3 节的学习，应该达到“应用”的程度，如果学习到位，还可达到“分析”（不同角度的分析）与“综合”（归纳并产生新的概念，对规则的总结）的程度，并体验“创造”的快乐。1.4 节是基础知识，建议达到“应用”程度。1.5 节是概述，只需达到“了解”程度即可。之所以说是“应该达到”，是因为这取决于学生如何学习，例如，如果只是听一遍讲解，则可能只是“了解”，但如果又进行了复述，则可能“理解”，接着又做了不同的习题，则可能达到“应用”程度。

第2章 计算思维基础：0和1与逻辑

Chapter2

本章摘要

万事万物最终都可被符号化为0和1，也就都能基于0和1进行计算。逻辑运算是最基本的基于0和1的运算方法，人类使用逻辑进行思维，计算机使用逻辑实现自动化，所有运算最终都被转换成逻辑运算进而被计算机执行。0和1与逻辑是计算思维的基础，符号化—计算化—自动化是计算机的本质。本章学习万事万物符号化为0和1的方法，以及逻辑的不同应用方法。

2.1 用0和1表示万事万物

0和1与非数值性信息

英文字母与各种符号可用0和1表示，中文汉字也可以用0和1表示，音频、视频及万事万物都可通过采样、量化、编码的方法用0和1表示。既然万事万物最终都可被符号化为0和1，也就都能基于0和1进行计算。人类使用各种符号进行的运算，都可通过基于0和1的运算来让机器完成。图2.1即为符号化与计算化过程的简要示意。

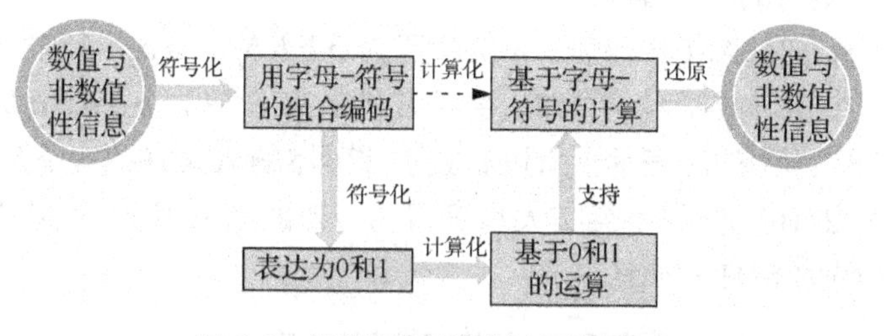

图2.1 符号化与计算化过程简要示意

2.1.1 用0和1进行编码

类似于英文字母与符号这种非数值信息，可采用编码来表示。所谓“编码”就是以若干位数码或符号的不同组合来表示非数值性信息的方法，它是人为地将若干位数码或符号的每一种组合指定一种唯一的含义。

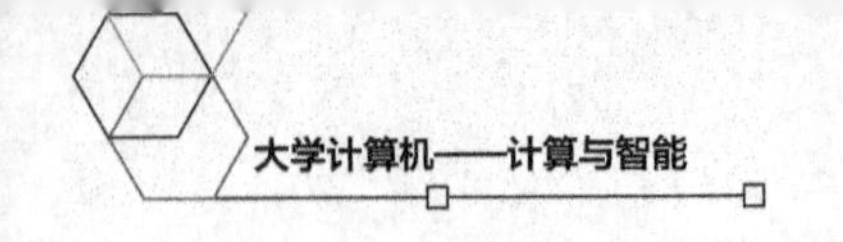

例如，可以指定“0 表示男，1 表示女”，也可以指定“1 表示男，0 表示女”。

再例如，可以指定“从 000 始至 110 止分别表示周一至周日”，也可以指定“从 001 始至 111 止分别表示周一至周日”。

这就有一个问题：如果任意指定编码的含义，则不同人在使用该编码时会产生歧义。因此，编码必须满足 3 个主要特征：唯一性、公共性和规律性。唯一性指每一种组合都有确定的唯一性的含义，能唯一区分开所编码的每一个对象，在同一种编码中不能既表示这个对象又表示那个对象；公共性指不同组织、不同应用程序都承认并遵循这种编码规则；规律性指编码应有一定的编码规则，便于计算机和人能识别它和使用它。

制定编码规则时要考虑编码长度，即编码所使用 0 和 1 的位数。通常，编码长度决定了编码的信息容量，例如，4 位编码，共有 16 种组合，只能编码 16 个不同对象；8 位编码，共有 256 种不同组合，只能编码 256 个对象。因此，若要编码 N 个对象，则编码长度 m 应满足 $2^m \geqslant N$。

在计算机中，位（Binary Digit，bit）又称“比特”，是计算机所能表示信息的最小单位，指 1 位二进制位。由于机器采用二进制，因此通常使用 2 的幂次方作为计量单位，例如，2^3 位（8 位）称为 1 个字节（1B），2^4 位（2 个字节）称为 1 个字（Word）。其他计量单位如下：1KB=2^{10}B=1 024B；1MB=2^{10}KB（约一百万字节）；1GB =2^{10}MB；1TB、1PB、1EB、1ZB、1YB、1BB，按递增次序，上一级计量单位是下一级计量单位的 2^{10} 倍。

2.1.2 用 0 和 1 编码表示英文字母与符号

如何编码英文字母符号呢？英文有 26 个大写字母、26 个小写字母，再加 10 个数字和一些标点符号，约 100 余个，因此编码长度需要 7 位。为满足公共性，需有统一的编码标准，因此出现了 ASCII 码（American Standard Code for Information Interchange，美国信息交换标准码）。ASCII 码是用 7 位二进制数表示英文字母与常用符号的一种编码。为满足机器处理的方便性，通常采用 8 位来编码，其中最高位为 0。目前 ASCII 码已成为计算机领域广泛使用的一种编码。

表 2.1 给出了标准的 ASCII 码表。8 位编码为 $b_7b_6b_5b_4b_3b_2b_1b_0$，其中 b_7 始终为 0。其每一种组合编码了一个字母或符号。例如，字母 B 的 ASCII 码为 $b_7b_6b_5b_4b_3b_2b_1b_0$= 0100 0010，十六进制为 42H（注：后缀 H 表示十六进制数）；符号$的 ASCII 码为 $b_7b_6b_5b_4b_3b_2b_1b_0$= 0010 0100，十六进制为 24H 等。常用英文大写字母 A～Z 的 ASCII 码为 41H～5AH，小写字母 a～z 的 ASCII 码为 61H～7AH。

表 2.1 标准 ASCII 码表

$b_6b_5b_4$ / $b_3b_2b_1b_0$	000	001	010	011	100	101	110	111
0000	NUL	DLE	SP	0	@	P	`	p
0001	SOH	DC1	!	1	A	Q	A	q
0010	STX	DC2	"	2	B	R	b	r
0011	ETX	DC3	#	3	C	S	c	s

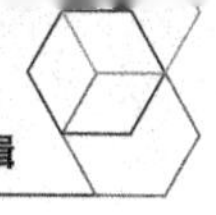

续表

$b_6b_5b_4$ / $b_3b_2b_1b_0$	000	001	010	011	100	101	110	111
0100	EOT	DC4	$	4	D	T	d	t
0101	ENQ	NAK	%	5	E	U	e	u
0110	ACK	SYN	&	6	F	V	f	v
0111	BEL	ETB	.	7	G	W	g	w
1000	BS	CAN	(	8	H	X	h	x
1001	HT	EM	)	9	I	Y	i	y
1010	LF	SUB	*	:	J	Z	j	z
1011	VT	ESC	+	;	K	[	k	{
1100	FF	FS	,	<	L	]	l	¦
1101	CR	GS	-	=	M	\	m	}
1110	SO	RS	.	>	N	^	n	~
1111	SI	US	/	?	O	-	o	DEL

通过查阅 ASCII 码表，可将英文文本转换成 01 串进行存储，也可将 01 串转换成英文文本。

示例 1 信息 We are students，如果按 ASCII 码存储成文件，则为如下所示的一组 01 串。

01010111 01100101 00100000 01100001 01110010 01100101 00100000 01110011 01110100 01110101 01100100 01100101 01101110 01110100 01110011

如果要打开该文件并读出其内容，只要按照规则“对 01 串按 8 位分隔一个字符，并查找 ASCII 码表将其映射成相应符号”进行解析即可。

查看计算机的文件夹，会发现文件名包含两个部分：基本文件名.扩展名。其中的扩展名指出了文件的不同类型。一般地，不同类型的文件有不同的编码方式，即采用不同格式进行存储。不同类型的文件如果不知道其编码方式，则需要通过不同的软件来读取。典型的扩展名为.txt 的文件被称为纯文本文件，是按照 ASCII 编码方式存储的，可以读取并正确解析。

2.1.3　用 0 和 1 表示中文文字

1. 汉字内码：汉字在机器内的表示与存储

如何编码汉字呢？首先汉字有超过 50 000 个单字，这种信息容量则要求两个字节，即 16 位二进制位编码才能满足。1981 年我国公布了《信息交换用汉字编码字符集（基本集）》GB2312–80 方案。GB2312–80 编码又称“国标码”，是由 2 个字节表示 1 个汉字的编码，其中每个字节的最高位为 0。GB2312–80 编码共收录汉字 6 763 个，其中一级汉字 3 755 个，二级汉字 3 008 个，全角字符 682 个。

示例 2 “大”的国标码为 3473H：00110100 01110011。

“灯”的国标码为3546H：00110101 01000110。

“忙”的国标码为4326H：0100011 00100110。

这出现一个问题，即在中英文环境中出现一个01串00110100 01110011，如何知道其是汉字还是英文符号呢？为了和ASCII码有所区别，汉字编码在机器内的表示是在GB2312-80基础上略加改变，将每个字节的最高位设为1，形成了汉字的机内码。因此，汉字内码是用两个最高位均为1的字节表示一个汉字，是计算机内部处理、存储汉字信息所使用的统一编码。

示例3 “大”的机内码为B4F3H：10110100 11110011。

“灯”的机内码为B5C6H：10110101 11000110。

“忙”的机内码为C3A6H：11000011 10100110。

示例4 “我的英文名字是Tom”按汉字内码ASCII码产生的01串如下。

11001110 11010010 10110101 11000100 11010011 10100010 11001110 11000100 11000011 11111011 11010111 11010110 11001010 11000111 01010100 01101111 01101101

十六进制表示为CED2 B5C4 D3A2 CEC4 C3FB D7D6 CAC7 54 6F 6D。

为便于阅读，示例中增加了空格以示区分。

国际组织提出的Unicode标准是可以容纳世界上所有文字和符号的字符编码方案，用十六进制数字0～10FFFF来映射所有的字符（最多可以容纳1 114 112个字符的编码信息容量），可有效支持多种语言环境的信息交换。具体实现时，再将前述唯一确定的码位按照不同的编码方案映射为相应的编码，有UTF-8、UTF-16、UTF-32等编码方案。详细编码规则可网上查询。

2. 汉字外码：用于汉字的键盘输入

如何将汉字输入到计算机中呢？人们发明了各种汉字输入码，又称汉字外码。汉字外码是以键盘上可识别符号的不同组合来编码汉字，以便进行汉字输入的一种编码。常用的汉字外码有拼音码、字形码、音形码等。拼音码是以汉字的拼音为基础编码汉字的一种方法。字形码是以汉字的笔画与结构为基础编码汉字的一种方法。音形码是以汉字的拼音与字形为基础编码汉字的一种方法。各种汉字外码的一个共同目的，就是实现快速记忆、快速输入、减少重码。详细编码可从网上搜索学习。目前手写识别技术已相当发达，可以通过手写汉字实现输入。

示例5 写出“型”的各种汉字外码。

（1）拼音码为xing。

（2）双拼码为“x;”其中“x”表示声母x，而“;”表示韵母ing。

（3）五笔字型码为gajf，其中g表示字根“一”，a表示“开”下的草字头，j表示右侧立刀，f表示下面的“土”字。

再例如，“伟”的五笔字型码wfn，其中w表示字根单人旁，f表示右侧两横，n表示右下的弯勾。

“育”的五笔字型码yce，其中y表示上部的点横，c表示中间的弯勾，e表示下部

的"月"。若要用五笔字型输入汉字，需要记住字根的编码以及汉字的拆分方法。

3．汉字字模点阵码：用于汉字的显示与输出

解决了输入问题，还要解决输出问题，如何将汉字显示在屏幕上或在打印机上打印出来呢？人们发现，用 0、1 不同组合可表征汉字字形信息，如 0 为无字形点，1 为有字形点，这样就形成了字模点阵码。16×16 点阵汉字为 32 字节码，24×24 点阵汉字为 72 字节码，ASCII 码字符的点阵为 8×8，占 8 个字节。例如，"大"字点阵字模如图 2.2 所示。除字模点阵码外，汉字还有矢量编码，从而可实现无失真任意缩放。

4．汉字由输入，到存储与处理，再到显示与输出

如图 2.2 所示为汉字"大"的处理过程。首先，通过拼音码（输入码）在键盘上输入"大"的拼音 da，然后计算机将其转换为"大"的汉字内码 10110100　11110011 保存在计算机中，再依据此内码转换为字模点阵码显示在显示器上。

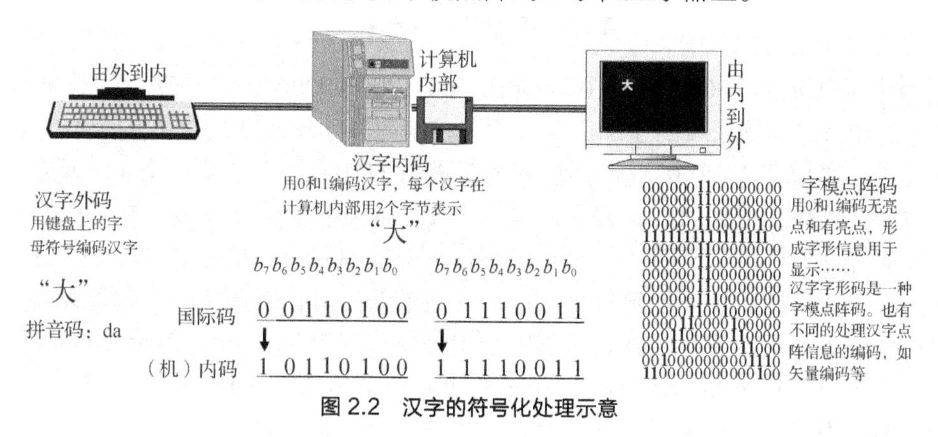

图 2.2　汉字的符号化处理示意

2.1.4　用 0 和 1 表示图像

图像是如何符号化的呢？图 2.3 显示的是一幅图像。如果将该图像按图示均匀划分成若干个小格，每一小格被称为一个像素，每个像素呈现不同颜色（彩色）或层次（黑白图像）。如果是一个黑白图像，则每个像素点只需 1 位即可表示 0 和 1；而如果是一个灰度图像，则每个像素点需要 8 位来表示，即 2^8=256 个黑白层次；如果是一幅彩色图像，则每个像素点可采取 3 个 8 位来分别表示一个像素的三原色——红、绿、蓝，此即目前所说的 24 位真彩色图像。因此，图像即可视为这些像素的集合，对每个像素进行编码，然后按行组织起一行中所有像素的编码，再按顺序将所有行的编码连起来，就构成了整幅图像的编码。

一幅图像的尺寸可用像素点来衡量，即"水平像素点数×垂直像素点数"。如果格子足够小，则一个像素即为图像上的一个点，格子越小图像会越清晰，通常把单位尺寸内的像素点数称为分辨率，分辨率越高则图像越清晰。

一幅图像需占用的存储空间为"水平像素点数×垂直像素点数×像素点的位数"。如图像 3 072×2 048×24=150 994 944bit（位）=18 874 368B（字节），即 18MB，是很大的。因此，图像存储需要考虑压缩的问题。所谓图像压缩其实就是一种图像编码的方法，图像编码既要考虑每个像素的编码，同时又要考虑如何组织行列像素点进行存储的方式。图

像压缩即通过分析图像行列像素点间的相关性来实现压缩，压缩掉冗余的像素点实现存储空间占用的降低。

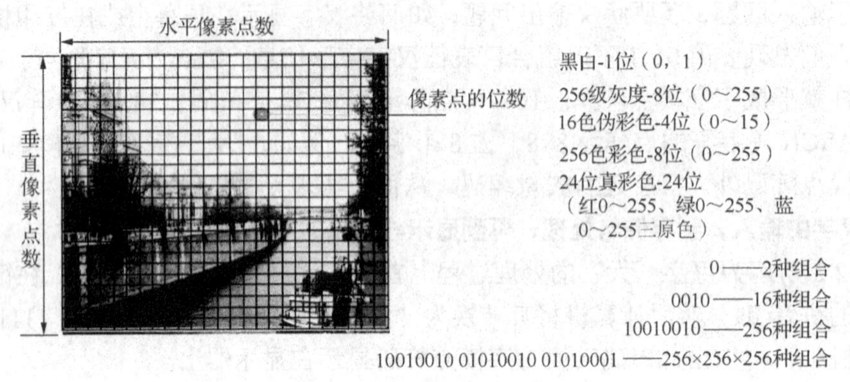

图 2.3　图像的符号化示意

示例6 原始数据为 00000000 00000010 00011000 00000000，压缩后的数据为 1110 0100 0000 1011。此例采取的压缩原则：用 4 位编码表示两个 1 之间 0 的个数。解读示例：第一个 1 之前有 14 个 0，故写成 14 的二进制 1110，接下来是一个 1，再接下来是 4 个 0，故有 4 的二进制 0100，接下来是一个 1，再接下来是 0 个 0，故有 0 的二进制 0000，表示前面那个 1 接下来还是一个 1。再接下来是 11 个 1，故有 11 的二进制 1011。

显然，压缩后的数据不能直接用，所以使用前要先进行解压缩，恢复原来的形式。目前已出现很多种图像编码方法，如 BMP（BitMap）、JPEG（Joint Photographic Expert Group）、GIF（Graphic Interchange Format）、PNG（Portable Network Graphics）等。具体的图像编码不在本书讨论了，读者可查阅相关的资料来学习。

2.1.5　习与练：识别 0/1 串表示的语义

计数制用来表示数值，编码不仅可以表示数值，还可以表示符号信息等。因此，同一数值或符号用不同进位制或用不同编码表示，其表达的结果是不同的。

示例7 将$(245)_{十}$用进位计数制和各种编码表示。

解： 245 的十进制表示记为 245；

245 的二进制表示记为 11110101；

245 的八进制表示记为 365；

245 的十六进制表示记为 F5；

245 的 ASCII 码表示记为 00110010 00110100 00110101。

一串数字，用不同的进位制或编码解读，其表示的数值也是不同的。

示例8 00110011 究竟表示什么？

解： $(00110011)_{二}$ 表示的数值为 $(51)_{十}$；

$(00110011)_{十}$ 表示的数值为 110011；

$(00110011)_{八}$ 表示的数值为$(36873)_{十}$；

$(00110011)_{十六}$ 表示的数值为$(1,114,129)_{十}$；

$(00110011)_{ASCII}$ 表示的数值为 3。

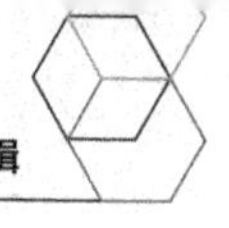

很多高级语言在编写程序时要求定义“数据类型”。这是因为不同的数据类型：（1）需要采用不同长度的比特来存储，例如，通常情况下，整型采用 2 字节，短整型采用 1 字节，长整型采用 4 字节，字符串采用可变长度等；（2）需要采用不同的编码来存储，例如，整型通常采用二进制补码（见第 3 章）来存储，字符型采用 ASCII 码来存储等。

示例 9 已知 A～Z 的 ASCII 码是$(41)_{十六}$～$(5A)_{十六}$，请将下面 ASCII 码存储的文件解析出来。

0100 0010 0100 0101 0100 0011 0100 0101 0100 1100 0100 0001

解： 当看到一个 01 串时，如果已知是 ASCII 码，则可以每隔 8 位对其进行分组，题中 01 串可分隔为“0100 0010”“0100 0101”“0100 0011”“0100 0101”“0100 1100”“0100 0001”，转换为十六进制表示分别为$(42)_{十六}$，$(45)_{十六}$，$(43)_{十六}$，$(45)_{十六}$，$(4C)_{十六}$，$(41)_{十六}$，字母 A～Z 的 ASCII 码是自$(41)_{十六}$，$(42)_{十六}$，一直到$(5A)_{十六}$依次编码的，因此可推断出$(42)_{十六}$为 B，$(45)_{十六}$为 E，$(43)_{十六}$为 C，$(45)_{十六}$为 E，$(4C)_{十六}$为 L，$(41)_{十六}$为 A，合在一起为 BECELA。

示例 10 已知某企业有 50 000 余种材料，欲为其设计一套编码规则，假如采用二进制编码，则编码长度最少应是多少？而假如采用十进制编码，则编码长度应是多少？而假如采用字母与数字组合编码且与大小写无关，则编码长度应是多少呢？

解： 假设采用二进制编码，编码长度最少为 m，则应满足 $2^m \geqslant 50\,000 > 2^{m-1}$，因此 m 应为 16。

假设采用十进制编码，编码长度最少为 n，则应满足 $10^n \geqslant 50\,000 > 10^{n-1}$，因此 m 应为 6。因为 1 位数字共有 10 个，能编码 10 个对象，2 位数字组合则能编码 10×10 个。4 位编码能编码 10 000 个，5 位编码能编码 100 000 个。故 k 为 5。

假设采用字母与数字组合编码，编码长度最少为 k，则应满足 $36^k \geqslant 50\,000 > 36^{k-1}$，因此 k 应为 4。因为 1 位字母与数字共有 36 个（10 个数字加 26 个英文字母）能编码 36 个对象，2 位字母与数字组合则能编码 36×36 个。3 位编码能编码 46 656 个，4 位编码能编码 1 679 616 个。故 k 为 4。

2.1.6 扩展学习：用 0 和 1 表示万事万物

1. 音频或声音如何被符号化成 0 和 1

图 2.4 显示的是一音频信号，即声波，声波是连续的，通常被称为模拟信号。模拟信号需经采样、量化和编码后形成数字音频，进行数字处理。所谓采样，是指按一定的采样频率对连续音频信号做时间上的离散化，即对连续信号隔一定周期获取一个信号点的过程。而量化是将所采集的信号点的数值区分成不同位数的离散数值的过程。编码则是将采集到的若干离散时间点的信号的离散数值按一定规则编码存储的过程。采样时间间隔越小或采样频率越高，采样精度（即采样值的编码位数）越高，则采样的质量就越高，产生的数字化信息就越接近连续的声波。例如，音乐 CD 中的采样频率为每秒 44 100 次，这样的声音已经很逼真了。声音文件也如图像文件一样需要压缩存储，即声音编码或音频编码。声音文件的编码格式有 WAV、AU、AIFF、VQF 和 MP3，目前流行的有 MP3 格式。

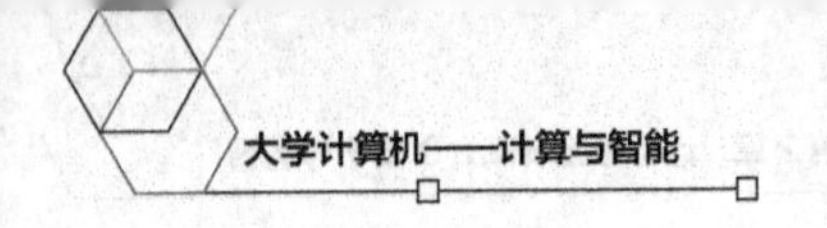

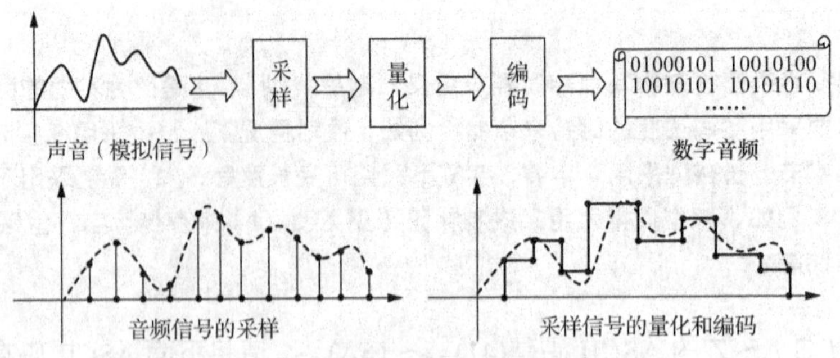

图 2.4　音频/声音的符号化示意

> 小知识
>
> 视频本质上是时间序列的动态图像（如 **25** 帧/秒），也是连续的模拟信号，需要经过采样、量化和编码形成数字视频，才能保存和处理。同时，视频还可能是由视频、音频及文字经同步后形成的。因此视频处理相当于按照时间序列处理图像、声音和文字及其同步问题。典型的视频编码有国际电联的 **H.261**、**H.263**，国际标准化组织运动图像专家组的 **MPEG** 系列标准，此外，在互联网上被广泛应用的还有 **Real-Networks** 的 **RealVideo**、微软公司的 **WMT** 及 **Apple** 公司的 **QuickTime** 等。

2. 键盘是如何进行符号化的

如何通过键盘将符号输入以及如何将符号存储和在显示器上显示呢？如图 2.5 所示，键盘是由一组按键组成，可以认为这些按键是按照一定的位置排列的，当在键盘上按下某键时，会产生一个位置信号，表示是在哪一个位置按下了按键，然后根据该位置应对应的字母/数字，确认其输入了该字母/数字。位置与字母/数字的对应关系是在键盘设计生产时便确立好的。当确认其输入了该字母/数字后，便依据 ASCII 编码找出所按键对应的 ASCII 码存储，完成此功能的程序则称为编码器。读取存储的 ASCII 码，找出该 ASCII 码对应的字母或符号，查找相应的字形信息，将其显示到显示器上，完成此功能的程序则称为解码器。

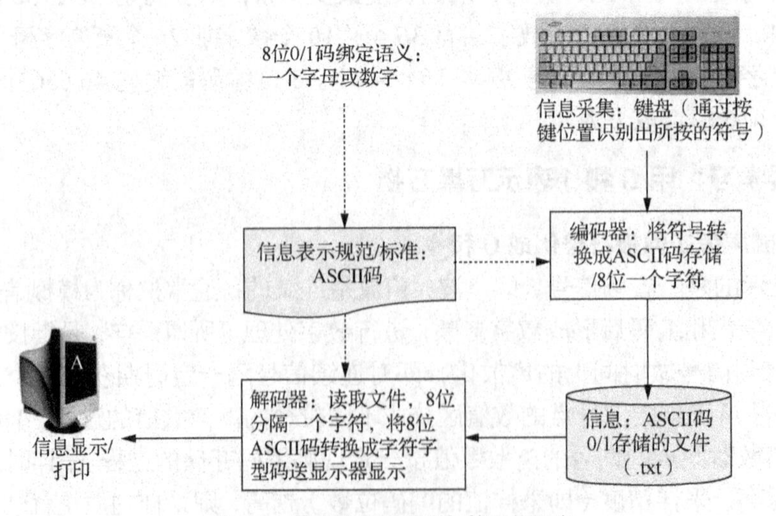

图 2.5　键盘的数据采集与符号化示意

3. 万事万物符号化为 0 和 1

来看更一般的情况，前面说过，图像、音频和视频都需要经过采样、量化和编码

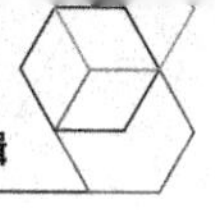

的过程。编码的规则称为协议，按什么协议编码，就需要按相应的协议还原，前者称为编码过程，后者称为解码过程。由于编码协议较为复杂，所以编码过程和解码过程可以通过软件或者硬件实现，实现编码过程的软件或硬件被称为编码器，实现解码过程的软件或硬件被称为解码器。例如，照相机、摄像机、录音机等在照相、摄录、录音时都是编码器，而在播放已录制的内容时又都是解码器。当将拍照或摄录的内容放在计算机上利用某些软件播放时，这些软件则是解码器，例如，MP3 播放器、MP4 播放器等。

现在的世界被认为是一个信息—物理协同的世界（Cyber Physical System）。物理世界通过物联网（Internet of Things）技术可以实现物物互联、物人互联、人人互联，究其本质是，物理世界是通过数字化的信息世界实现相互之间的连接，即“物理实体”首先转换成“数字化信息”，然后借助各种信息网络进行连接、处理，再将“数字化信息”反馈给“物理实体”或对其加以控制。

如图 2.6 所示，若要将现实世界的各种物理对象（及其状态）转换成数字化信息，首先需要研究各种物理对象的符号化问题，即物理对象的哪些方面信息需要数字化，例如，物理对象的标识（ID）信息、位置信息（Location），或如人的血压计量信息、设备的内部温度信息等自身状态信息，需要将物理对象的相关语义信息与各类符号绑定，需要研究相关的符号化计算问题。

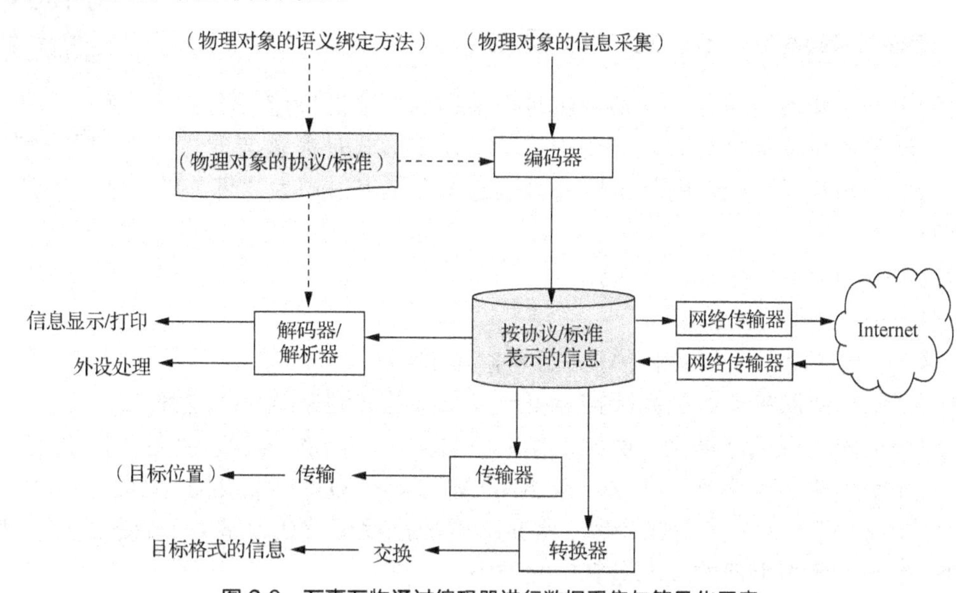

图 2.6　万事万物通过编码器进行数据采集与符号化示意

然若要实现自动化，则需要研究物理对象间信息处理的“协议/标准”。所谓的“协议/标准”，是指为正确地自动处理信息而建立的一套规则、标准或约定。例如，“8 位 0，1 码绑定一个符号，形成 ASCII 码编码标准”，即是一典型的协议。

有了协议/标准，就需要考虑物理对象的信息采集问题，即如何获取物理对象的信息。可以利用各种传感仪器（Sensor）来感知物理世界，比如照相机、数字心电仪、温度传感器、压力传感器等。一般而言，这种传感器应有两方面的功能：一是感知获取对象及状态信息；二是编码器，即将感知到的状态信息按照协议/标准转换成数字信

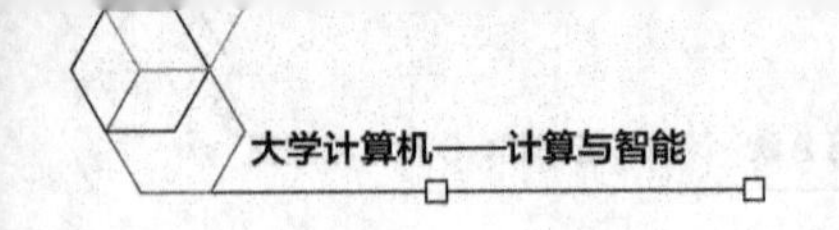

息存储起来。

当存储成数字信息后，便可依据相应的协议/标准对其做各种处理。可以设计软件或硬件，对所存储的信息进行转换，即转换器；也可以设计软件或硬件，对所存储的信息进行传输，即传输器；当然，还可以设计软件或硬件，将所存储的信息以人容易理解和阅读的方式显示或打印，即解码器。无论编码器、转换器、传输器还是解码器，其本质都是算法，是处理信息的一种算法，笼统地称其为“编解码器”，这类编解码器也是依据协议/标准来设计和实现的。

物理对象及状态经感知，由编码器产生数字信息进行存储，再到经由解码器产生可视化的信息进行输出这一过程中，可以增加更多的编码器/解码器对所存储的信息进行转换、传输和处理，或者将其传输到互联网中进行处理后再传输回来，从而使得信息-物理世界结合得越来越密切。

但无论如何，信息表示与处理都要涉及由符号化到协议/标准，再到开发各类的编码器/解码器这一过程，因此协议与编码器/解码器是信息处理领域研究的基本内容，通过协议/标准与编码器/解码器可以不断提升计算能力，不断提升信息-物理世界的协同水平。

2.2 用 0 和 1 与逻辑表达计算

符号化计算化示例：逻辑

2.2.1 基本逻辑运算：与、或、非、异或

生活中处处体现着逻辑。所谓逻辑是指事物因果之间所遵循的规律，是现实中普适的思维方式。逻辑的基本表现形式是命题与推理。命题由语句表述，推理则是由语句表达的内容做出语句为“真”或“假”的判断。

例如：

命题 1——罗素不是一位小说家。

命题 2——罗素是哲学家。

命题 3——罗素不是一位小说家并且罗素是哲学家。

推理即依据由简单命题的判断推导得出复杂命题的判断结论的过程。

命题与推理也可以符号化。例如，如果命题 1 用符号 X 表示，命题 2 用符号 Y 表示，X 和 Y 为两个基本命题，则 Z = (X AND Y) OR ((NOT X) AND (NOT Y))便是结果为“真”或“假”的一个复杂命题。复杂命题的推理可被认为是关于命题的一组逻辑运算的过程。示例中出现的逻辑运算定义如下：

一个命题由 X，Y，Z 等表示，其值可能为“真”（符号化为 TRUE）或为“假”（符号化为 FALSE）。两个命题 X，Y 之间可以进行 X AND Y，X OR Y，NOT X，X XOR Y 等运算，分别称为“与”“或”“非”“异或”运算。运算规则如下。

AND：当 X 和 Y 都为真时，X AND Y 也为真；其他情况，X AND Y 均为假。

OR：当 X 和 Y 都为假时，X OR Y 也为假；其他情况，X OR Y 均为真。

NOT：当 X 为真时，NOT X 为假；当 X 为假时，NOT X 为真。

XOR：当 X 和 Y 都为真或都为假时，X XOR Y 为假；否则，X XOR Y 为真。

表 2.2 中列出了 4 种逻辑运算的结果。

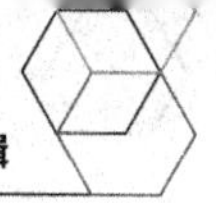

表 2.2　4 种逻辑运算的运算结果对比表

X	Y	X AND Y	X OR Y	NOT X	X XOR Y
TRUE	TRUE	TRUE	TRUE	FALSE	FALSE
TRUE	FALSE	FALSE	TRUE	FALSE	TRUE
FALSE	TRUE	FALSE	TRUE	TRUE	TRUE
FALSE	FALSE	FALSE	FALSE	TRUE	FALSE

下面再看一个利用逻辑运算推理的示例。

示例 11 在一次学生测验中，有 3 位老师做了预测：A.有人及格；B.有人不及格；C.全班都不及格。在考试后证明只有一位老师的预测是对的，请问谁对谁错？

解： 该题有 3 个命题，需要通过 3 个命题的关系来判断命题的真假。

命题 A——“有人及格”。

命题 B——“有人不及格”。

命题 C——“全班都不及格”。

从 3 个命题的关系中，可获得如下命题（结果是可以确定的）。

（1）如果 A 真，则 C 假；如果 C 真，则 A 假；二者有一成立。

（2）如果 B 真，而 A 和 C 可能有一个为真（由（1）给出），则与题只有一个为真矛盾。

（3）如果 B 假，则“全班都及格”为真，即 C 为假。

由上推断：A 为真。

上述示例也可以进行符号化求解，如下所示。

已知：

```
((A AND (NOT C)) OR ((NOT A) AND C)) = TRUE
(NOT B) AND ((A AND (NOT C)) OR ((NOT A) AND C))) = TRUE
(NOT B) AND (NOT C) = TRUE
```

组合 A，B，C 形成所有可能解：

```
{<A= TRUE, B=FALSE, C= FALSE >,
<A= FALSE, B= TRUE, C= FALSE >,
<A= FALSE, B= FALSE, C= TRUE > }
```

将上述可能解分别代入已知条件，能够使所有已知条件都满足的便是问题的解。不难得出结果，问题的解为<A= TRUE, B= FALSE, C= FALSE >。

2.2.2　基于 0 和 1 表达的逻辑运算

现实中的命题判断与推理（真/假）以及数学中的逻辑均可以用 0 和 1 来表达与处理。

如 0 表示“假”，1 表示“真”，则前述各种逻辑运算可转变为 0 和 1 之间的逻辑运算，如图 2.7 所示。既然 0 和 1 能表示逻辑运算，那么逻辑推理也就能被计算机处理。

简单记忆如下：假设 X 和 Y 都是 1 位的二进制数。

AND：有 0 为 0，全 1 为 1。即两个操作数 X、Y 只要有 0 出现，则 X AND Y 结果为 0；两个操作数 X、Y 全为 1，则 X AND Y 结果为 1。

OR：有 1 为 1，全 0 为 0。即两个操作数 X、Y 只要有 1 出现，则 X OR Y 结果为 1；两个操作数 X、Y 全为 0，则 X OR Y 结果为 0。

```
      0          0          1          1
AND   0    AND   1    AND   0    AND   1
---------  ---------  ---------  ---------
      0          0          0          1

      0          0          1          1
OR    0    OR    1    OR    0    OR    1
---------  ---------  ---------  ---------
      0          1          1          1

NOT   0               NOT   1
---------             ---------
      1                     0

      0          0          1          1
XOR   0    XOR   1    XOR   0    XOR   1
---------  ---------  ---------  ---------
      0          1          1          0
```

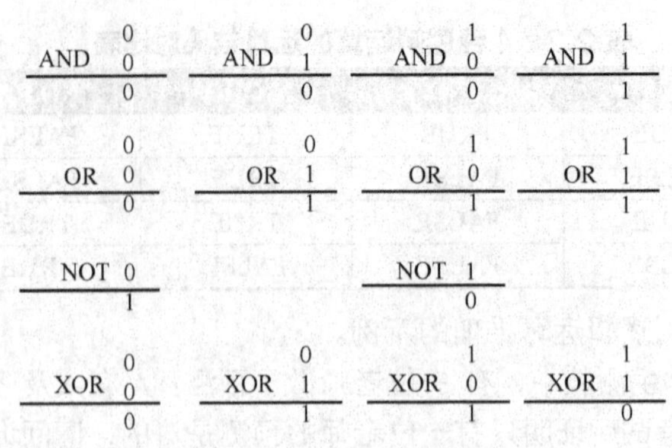

注：1表示真，0表示假

图 2.7　0 和 1 表达的逻辑运算示意

NOT：非 1 为 0，非 0 为 1。即当 X 为 1 时，NOT X 为 0；当 X 为 0 时，NOT X 为 1。

XOR：相同为 0，不同为 1。即两个操作数 X、Y 相同时，则 X XOR Y 结果为 0；两个操作数 X、Y 不同时，则 X XOR Y 结果为 1。

示例 12 按位操作的逻辑运算示例。

按位操作的逻辑运算示例如图 2.8 所示。能看出它们有什么作用吗？请在 2.2.3 小节中找答案。

```
     10001111        10001110       00000110
AND  11111110    OR  00000001   OR  10001000
-------------    -------------  -------------
     10001110        10001111       10001110

     10001110        10001110       10001111
AND  00010000    AND 00001000   AND 11110101
-------------    -------------  -------------
     00000000        00001000       10000101
```

图 2.8　按位操作的逻辑运算示例

2.2.3　习与练：应用逻辑运算表达复杂计算关系

示例 13 一家商店被盗，经调查可以肯定是甲、乙、丙、丁中的某一个人所为。审讯中，甲说：“我不是罪犯。”乙说：“丁是罪犯。”丙说：“乙是罪犯。”丁说：“我不是罪犯。”

经调查证实 4 个人中只有一个说的是真话。问：罪犯是谁，谁说了真话。

解： 分 4 步进行求解。

（1）符号化。用 A、B、C、D 表示甲、乙、丙、丁 4 个人，如果值为 1，表示其是罪犯，值为 0，则表示其不是罪犯。按已知条件，4 个人中有一人是罪犯，因此 ABCD 的可能解为{1000，0100，0010，0001}。

（2）用逻辑运算式表达 4 个人说的是真话还是假话。

如果甲说的是真话，则表达为(NOT A)，甲说的是假话，则表达为(NOT (NOT A))；

如果乙说的是真话，则表达为 D，乙说的是假话，则表达为(NOT D)；

如果丙说的是真话，则表达为 B，丙说的是假话，则表达为(NOT B)；

如果丁说的是真话，则表达为(NOT D)，丁说的是假话，则表达为(NOT (NOT D))。

（3）再用逻辑运算式表达“4 个人中只有一个说的是真话”，因为只有一人说的是真话，所以如果该人说的是真话，则其他人说的就是假话。表达出来则是：

(NOT A) AND (NOT D) AND (NOT B) AND (NOT (NOT D)) = 1；

D AND (NOT (NOT A)) AND (NOT B) AND (NOT(NOT D)) = 1；

B AND (NOT (NOT A)) AND (NOT D) AND (NOT (NOT D)) = 1；

(NOT D) AND (NOT (NOT A)) AND (NOT D) AND (NOT B) = 1；

按已知条件，以上 4 个表达式只有一个成立。

（4）将 ABCD 的可能解一一代入上面 4 个表达式，如表 2.3 所示。

表 2.3　示例 13 ABCD 的可能解代入结果

ABCD	式　1	式　2	式　3	式　4
1000	不成立	不成立	不成立	成立
0100	不成立	不成立	不成立	不成立
0010	不成立	不成立	不成立	不成立
0001	不成立	不成立	不成立	不成立

可以看出，当 ABCD=1000 时，满足只有一个表达式成立的条件。

故可知，甲是罪犯，丁说的是真话，其他人说的是假话。

示例 14 示例 13 中，如果经调查证实 4 个人中只有一个说的是假话。问：罪犯是谁，谁说了假话。

解：（1）再用逻辑运算式表达“4 个人中只有一个说的是假话”，因为只有一人说的是假话，所以如果该人说的是假话，则其他人说的就是真话。表达出来则是：

(NOT (NOT A)) AND D AND B AND (NOT D) = 1；

(NOT A) AND (NOT D) AND B AND (NOT D) = 1；

(NOT A) AND D AND (NOT B) AND (NOT D) = 1；

(NOT A) AND D AND B AND (NOT (NOT D)) = 1；

按已知条件，只有一个表达式成立。

（2）将 ABCD 的可能解一一代入上面 4 个表达式，如表 2.4 所示。

表 2.4　示例 14 ABCD 的可能解代入结果

ABCD	式　1	式　2	式　3	式　4
1000	不成立	不成立	不成立	不成立
0100	不成立	成立	不成立	不成立
0010	不成立	不成立	不成立	不成立
0001	不成立	不成立	不成立	不成立

可以看出，当 ABCD=0100 时，满足①～④只有一个表达式成立的条件。

故可知，乙是罪犯，B 说的是假话，其他人说的是真话。

示例 15 如何判断一个字节中第 i 位为 1 或 0？假设该字节信息为 10001111，如何判断第 4 位（自右向左）是 1 还是 0？

答：此时可将该字节信息和一个 00001000 进行与运算，如果结果是全 0（逻辑

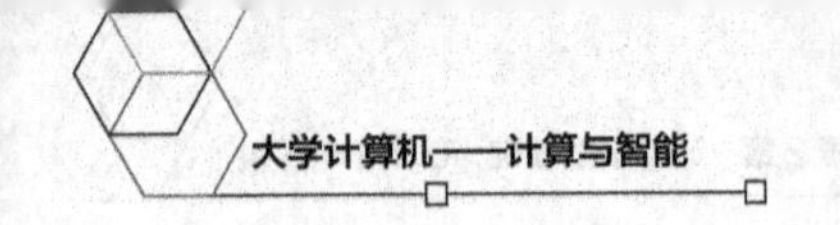

“假”)，则该位为 0，否则该位为 1，如图 2.9 所示。

```
    10001111        10000111
AND 00001000    AND 00001000
    00001000        00000000
```

图 2.9　示例 15 判断方法

在计算机中，有两种类型的逻辑运算需要区分：“位操作形式的逻辑运算”和“值操作形式的逻辑运算”。如何理解呢？这取决于如何表示“真”“假”。如果 X 是一个 m 位的二进制数，X 的 m 位全 0 时为假，而 X 的 m 位非全 0 时则为真，此时是以 X 的值来表示真或假。假设 X 和 Y 都是以值来表示真或假，则 X 和 Y 可在值的层面运用逻辑运算，此时可被认为是值操作形式的逻辑运算。如果 X 和 Y 是两个 m 位的二进制数，分别将 X 和 Y 的 m 位逐位应用逻辑运算得到运算结果，则此时可被认为是位操作形式的逻辑运算。

示例16 如何将一个字节中第 i 位设为 1 或设为 0？假设该字节信息为 10001111，如何将第 4 位（自右向左）设为 1 或者设为 0？

答： 此时可将该字节信息和一个 00001000 进行“或”运算，便可将该字节的第 4 位设为 1。而如果将该字节信息和一个 11110111 进行“与”运算，便可将该字节的第 4 位设为 0，如图 2.10 所示。

```
    10001111        10000111
AND 11110111    OR  00001000
    10000111        10001111
```

图 2.10　示例 16 求解方法

示例17 如何将一个字节中的多位设为 1 或设为 0？假设该字节信息为 10001111，如何将第 4 位（自右向左）和第 8 设为 1 或者设为 0？

答： 此时可将该字节信息和一个 10001000 进行“或”运算，便可将该字节的第 4 位和第 8 位设为 1。而如果将该字节信息和一个 01110111 进行“与”运算，便可将该字节的第 4 位和第 8 位设为 0，如图 2.11 所示。

```
    10001111        10000111
AND 01110111    OR  10001000
    00000111        10001111
```

图 2.11　示例 17 求解方法

示例18 证明 X XOR Y = ((NOT X) AND Y) OR (X AND (NOT Y))。

证明： 本题可用“穷举法”证明。将 X，Y 的所有可能组合出的输入分别代入到左右两边的式子中，如果得到完全相同的输出，则说明两边是等价的。可做一个表，如表 2.5 所示，这是能填写出来的。由表 2.5 可以看出左式和右式是等价的。

表 2.5　用穷举法证明 X XOR Y = ((NOT X) AND Y) OR (X AND (NOTY))

X	Y	X XOR Y	((NOT X) AND Y) OR (X AND (NOT Y))
TRUE	TRUE	FALSE	FALSE
TRUE	FALSE	TRUE	TRUE
FALSE	TRUE	TRUE	TRUE
FALSE	FALSE	FALSE	FALSE

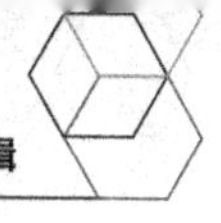

古希腊哲学家 **Aristotle**（亚里士多德，公元前 **384** 年—**322** 年）提出了关于逻辑的一些基本规律，如矛盾律、排中律、统一律和充足理由律等，其最著名的理论是“三段论法”和“演绎法”，即最基本的形式逻辑。德国数学家 **Leibnitz**（莱布尼茨，**1646—1716** 年）把形式逻辑符号化，从而能对人的思维进行运算和推理，引出了数理逻辑。英国数学家 **Boole**（布尔，**1815—1864** 年）提出了布尔代数——一种基于二进制逻辑的代数系统，现在通常所说的布尔量、布尔值、布尔运算、布尔操作等，均是为了纪念他所做的伟大贡献。目前，关于逻辑的研究有很多，如时序逻辑（**Temporal Logics**）、模态逻辑（**Modal Logics**）、归纳逻辑（**Inductive Logics**）、模糊逻辑（**Fuzzy Logics**）、粗糙逻辑（**Rough Logics**）、非单调逻辑等。这些内容，读者可查阅相关资料学习。

2.3　用 0 和 1 与逻辑实现自动化

自动化 0 和 1 示例：电子技术实现

2.3.1　用开关性元件实现基本逻辑运算

基本的逻辑运算可以由开关及其电路连接来实现。例如，电路接通为 1，电路断开为 0；即开关闭合为 1，断开为 0；灯亮为 1，灯灭为 0。则

（1）如图 2.12（a）所示，“与”运算可用开关 A 和 B 串联控制灯 L 来实现。显然，仅当两个开关均闭合时，灯才能亮；否则，灯灭。可以看出：$L=A$ AND B。

（2）如图 2.12（b）所示，“或”运算可用开关 A 和 B 并联控制灯 L 来实现。显然，当开关 A、B 中有一个闭合或者两个均闭合时，灯 L 即亮。即：$L=A$ OR B。

（3）如图 2.12（c）所示，“非”运算可用开关与灯并联来实现。显然，仅当开关断开时，灯亮；一旦开关闭合，则灯灭。因此，$L=$ NOT A。

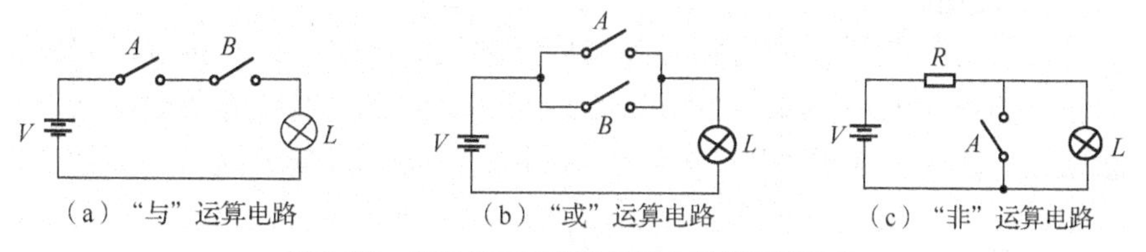

图 2.12　用开关电路实现的基本逻辑运算示意

2.3.2　用另一种符号表达逻辑运算

在计算机中，“与”运算、“或”运算、“非”运算和“异或”运算都是可以用电子技术实现的，实现“与”运算的器件称为“与门”，实现“或”运算的器件称为“或门”，实现“非”运算的器件称为“非门”，实现“异或”运算的器件称为“异或门”，有时也将两个与运算、一个或运算和一个非运算做在一个器件中，称为“与或非门”，也有将一个或运算和一个非运算做在一个器件中，称为“或非门”等。

图 2.13 所示为基本门电路的符号示意图。

用一种类似电路连接的符号表示这些基本的门电路，仔细看看即可熟悉，不难理解。本质上这些门电路是逻辑运算的另一种形式的表达方法。看这些符号有 4 个要点要掌握。

（1）注意带“&”的表示“与门”，带“≥1”的表示“或门”，右侧带小圆圈的表示“非门”，带“=1”的表示“异或门”。

（2）门的左侧连线表示输入，右侧连线表示输出。

（3）一个门电路的输出，可以作为另一个门的输入，只要将其连上即可，类似于电路的连线。

（4）门电路的功能与相应的逻辑运算的功能是一样的。

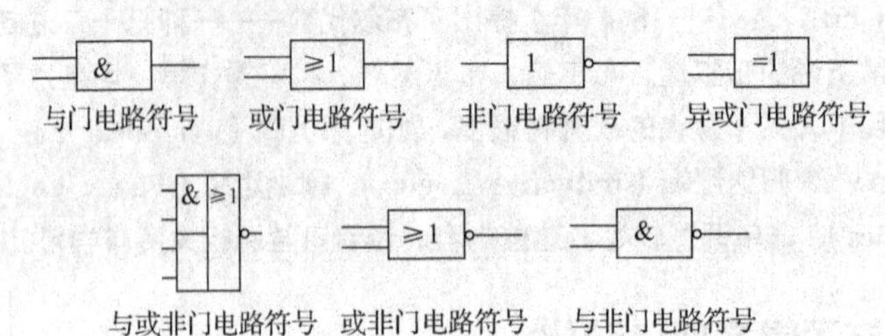

图 2.13　基本门电路的符号

示例19 如图 2.14 所示为“与或非门”电路，可转换成逻辑运算式：P = NOT （(A AND B） OR （C AND D））。

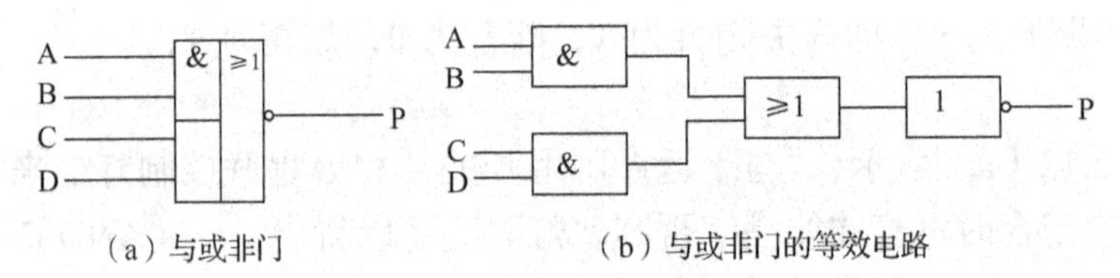

图 2.14　与或非门及其等效电路示意

当有了这些基本的门电路后，便可通过连接，将一个门电路的输出接到另一个或几个门电路的输入，这样就可以构造更为复杂的逻辑电路。这种电路的构造本质上是用另一种形式表示的复杂的逻辑运算，只是看起来像是在连接电路。

当判断电路设计正确后，便可将其封装成新的集成电路，此新集成电路便可用来构造功能更为强大的复杂电路。如此“用正确的、低复杂度的芯片电路组合形成高复杂度的芯片，逐渐组合、功能越来越强”，更为复杂的微处理器芯片便是这样逐渐构造出来的。

从 Intel 4004 在 $12mm^2$ 的芯片上集成了 2 250 个晶体管开始，到 Pentium 4 处理器采用 0.18 微米技术内建了 4 200 万颗晶体管的电路，再到英特尔的 45 纳米 Core 2 至尊/至强四核处理器上装载了 8.2 亿颗晶体管，微处理器的发展带动了计算技术的普及和发展。

2.3.3　习与练：应用逻辑运算认识电子电路

示例20 图 2.15（a）所示是用门电路实现的一个加法器电路，它能实现一位带进位的加法运算吗？

答： 若要理解该电路，首先，要识别该电路中的基本门电路符号，这里面出现了 4 个门：两个异或门、一个与或非门和一个非门。其次，要识别 A_i，B_i，C_i 是输入，而 S_i，C_{i+1} 是输出。再次，要理解每一个门的逻辑运算规则。最后，要理解连接关系，门的左侧是输入，右侧是输出，一个门的输出接到了另一个门的输入上。那该电路能否实

现加法器的功能（见图 2.15（b）公式示意）呢？还是采用“穷举法”来验证。如图 2.15（c）所示，给定一组 A_i，B_i，C_i 值，自左至右按门电路做相应逻辑变换，一直到 S_i，C_{i+1}，判断是否所有相同的输入都得到相同的输出，即可得知，如表 2.6 所示。

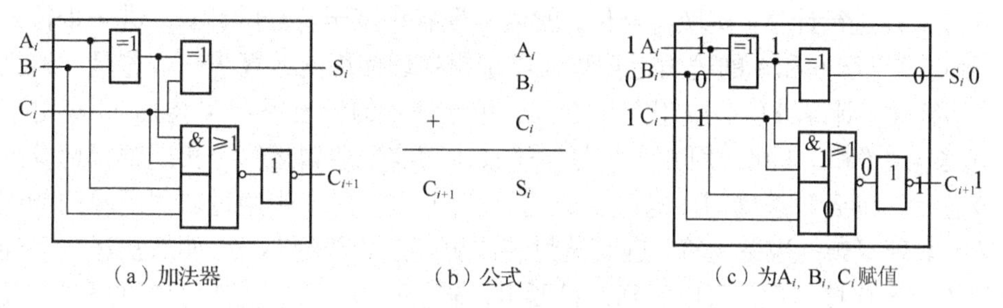

（a）加法器　（b）公式　（c）为A_i，B_i，C_i赋值

图 2.15　应用逻辑运算认识电子线路示意：加法器

表 2.6　用穷举法验证实例 20

A_i	B_i	C_i	电路图的 S_i	电路图的 C_{i+1}	公式的 S_i	公式的 C_{i+1}
0	0	0	0	0	0	0
0	0	1	1	0	1	0
0	1	0	1	0	1	0
0	1	1	0	1	0	1
1	0	0	1	0	1	0
1	0	1	0	1	0	1
1	1	0	0	1	0	1
1	1	1	1	1	1	1

示例 21 已知图 2.16 所示电路：问该电路若要使 Y 为 1，则 A、B、C 的输入必须是________。

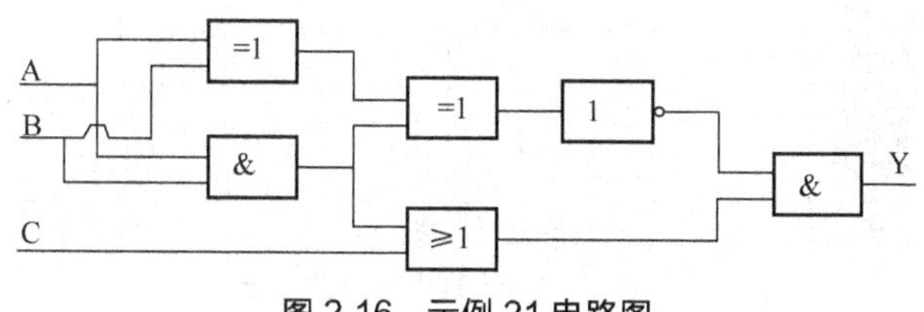

图 2.16　示例 21 电路图

如何求解该题呢？在不知道其他方法的前提下，最笨但也最聪明的办法就是穷举法。首先依据电路图写出其逻辑运算表达式：

```
Y = ( NOT ((A XOR B) XOR  (A AND B)) ) AND ( (A AND B) OR C)
```

将 ABC 的所有可能输入组合出来，即 { 000，001，010，011，100，101，110，111 }，分别代入到上述电路图中，看哪一组输入能使 Y= 1 。可以得出当 ABC 为 001 时 Y=1，其他情况下 Y 均等于 0。

2.4　为什么要学习和怎样学习本章内容

2.4.1　为什么：符号化—计算化—自动化思维是计算机最本质的思维模式

图 2.17 展示了“符号化—计算化—自动化”思维，这种思维是计算机最本质的思维

模式。

首先通过八卦图可看到非数学事物可通过阴阳（即 01）及其组合实现符号化，那么万事万物是否都可符号化呢？注意，数学本身就是符号化的，通过进位制和编码可将其符号化为 0 和 1 并进行计算。实现符号化，就可实现各种基于符号的计算，进一步符号化为 0 和 1，则可将基于 0 和 1 的逻辑运算和人类逻辑推理使用的运算统一。这是“语义符号化、符号计算化、计算 0（和）1 化”的含义。用电信号的低电平（0V 电压）、高电平（5V 电压）可实现 0（和）1 化，用 0 和 1 与电子技术可实现逻辑运算，实现逻辑运算的电路可封装成芯片，即各种逻辑门（与门、或门、非门等），进一步通过这些逻辑门的连接与组合，又可实现复杂的逻辑运算，进而被封装成更复杂功能的芯片，如加法运算可通过这些逻辑门的组合连接实现。可以看到，只要事物转换成 0 和 1，就都可通过逻辑门及其组合电路实现，组合好的电路被封装成芯片，又可被构造为更复杂的电路，这种分层构造、构造集成的思维也是计算机得以被发明和实现的思维，如 CPU 等复杂的集成电路就是这样一层层构造出来的。这是“0（和）1 自动化、分层构造化、构造集成化”的含义。可以说“语义符号化→符号计算化→计算 0 和 1 化→0 和 1 自动化→分层构造化→构造集成化”，是计算机实现自动计算求解社会/自然问题最本质的原理。

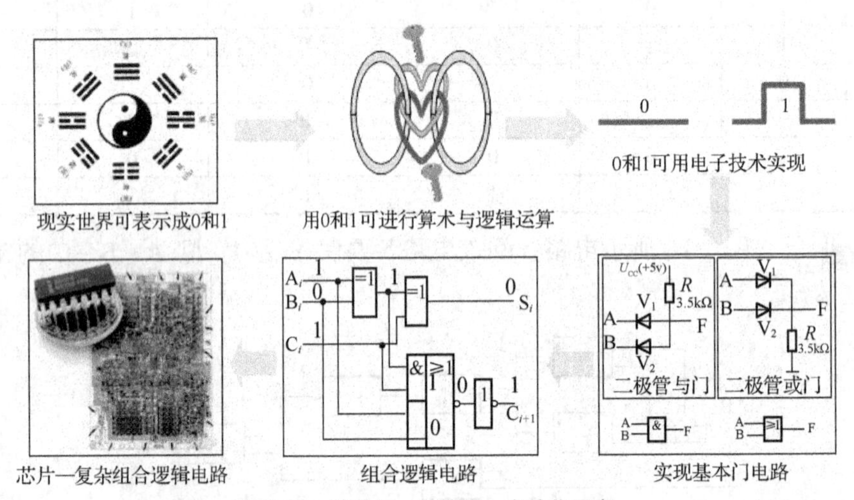

图 2.17 符号化—计算化—自动化示意

2.4.2 怎样学：习练式学习方法

学习需要结合习与练，很多内容是通过习练获得深入理解的。万事万物符号化为 01 以及基于 01 的逻辑运算，既是简单的，又是能力巨大的。计算机的功能越来越强大，但究其本质，就是 0 和 1 与逻辑。仅仅是读一遍、听一遍或看一遍，可能会轻视“0 和 1、与、或、非”，体验不到其深层的意义，体验不到思维的伟大。但通过习练，促进思考，促进联想，可以发现非常复杂的事物是可以用这些简单的 0 和 1 与逻辑做出来的。例如，通过习练体验利用编码表达万事万物的过程，是否能悟得物联网及其社会意义？通过习练体验逻辑的魅力，是否能悟得机器为什么会越来越智能化？通过习练体验由逻辑运算到逻辑门，看似没有什么变化，都是逻辑运算，但事实上却产生了巨大的变化，它实现了由人计算到机器自动计算的跨越，同学们是否悟到了呢？

第3章 计算思维基础：0和1与机器程序

Chapter3

本章摘要

如何让各种各样的机器自动完成计算是计算化、网络化与智能化的第一步。0和1与机器程序是理解机器自动计算的关键。本章学习各种数据在机器中的表示，学习机器指令与机器程序，以便为第4章理解机器程序如何被机器执行奠定基础。

3.1 如何让机器自动计算一个多项式

假设机器有一个运算器，该运算器仅能够完成两个操作数的加法、减法、乘法和除法等简单运算，并保存临时计算结果。同时有一个存储器，用于存储数据和程序。该机器能够完成取数据（即将存储器中数据取到运算器中）、存数据（即将运算器中数据保存到存储器中）等功能。下面来看是如何让这台机器完成一个复杂计算的。

示例1 让机器自动计算一个多项式 $8\times3^2+2\times3+6$。

如何计算呢？下面给出计算该多项式的一个算法。这里，“算法”指一组有先后次序的计算步骤。如果算法所涉及的计算步骤都是机器可以直接执行的基本步骤，则该算法便被认为是机器级算法。

算法 1　Step 1：取出数 3 至运算器中。
　　　　Step 2：乘以数 3（在运算器中）。
　　　　Step 3：乘以数 8（在运算器中）。
　　　　Step 4：存数 8*3*3 至存储器中。
　　　　Step 5：取出数 2 至运算器中。
　　　　Step 6：乘以数 3（在运算器中）。
　　　　Step 7：加上 8*3*3（在运算器中）。
　　　　Step 8：加上数 6（在运算器中）。

上述算法将示例中的多项式分解成了 8 个步骤，依序让机器执行，便可获得计算结果。该示例揭示，虽然机器仅能完成简单运算，但通过按一定次序编排，组合这些简单运算便可实现各式各样复杂的运算。

还有无其他算法呢？做一个简单的变换：$8\times3^2+2\times3+6=(8\times3+2)\times3+6$。按变换后的式子给出一个算法。

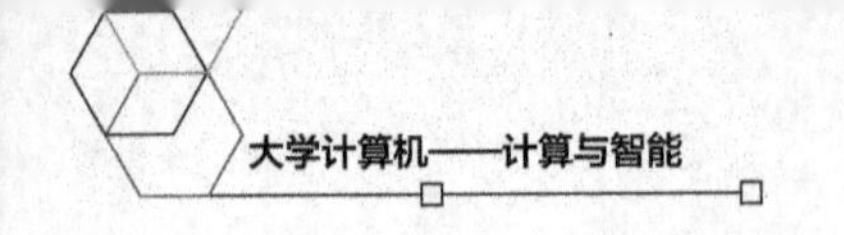

算法 2　　Step 1：取出数 3 至运算器中。
　　　　　Step 2：乘以数 8（在运算器中）。
　　　　　Step 3：加上数 2（在运算器中）。
　　　　　Step 4：乘以数 3（在运算器中）。
　　　　　Step 5：加上数 6（在运算器中）。

可以看出，算法 2 比算法 1 节省了 3 个步骤。不要看低节省 3 个步骤的作用，要知道这是在机器层级，这样的程序可能要被执行成千上万遍，因此哪怕节省一步都是机器计算性能的重要改进。这也告诉我们，算法是需要优化的，尤其机器级的算法更需要优化。

虽然上述算法看起来可被机器执行，但确实只是“看起来”，因为它还不够严谨，离真正能让机器执行还有差距。怎样解决呢？这就需要理解数据在机器中如何表达、机器的功能如何表达、机器级算法如何表达为机器可以执行的程序等。

3.2　用 0 和 1 表达机器中的数据：机器数

3.2.1　机器存储数据的一些限制

理解此部分内容的关键是理解机器中表示数据是受到机器字长的限制的。“机器字长”指机器内部进行数据处理、信息传输等的基本单元所包含的二进制位数。机器字长通常是 8 位、16 位、32 位、64 位等。

机器字长是衡量计算机性能的重要指标。计算机的核心部件是微处理器或者 CPU（CPU 中央处理单元，目前一个微处理器可能包括多个 CPU）和存储器。CPU 有 CPU 的字长，存储器有存储器的字长，但二者需匹配。目前机器被区分为 8 位机、16 位机、32 位机、64 位机，主要观察的是 CPU 的字长是 8 位、16 位、32 位还是 64 位。

示例 2 将 $(56)_{十}$ 转换成二进制数。

解： $(56)_{十}=(111000)_{二}$　　①

$(56)_{十}=(00111000)_{二}$　　②

$(56)_{十}=(00000000\ 00111000)_{二}$　　③

$(56)_{十}=(00000000\ 00000000\ 00000000\ 00111000)_{二}$　　④

示例 2 中式①是没有考虑机器字长的情况；式②③④分别是按 8 位、16 位、32 位字长转换的结果。

不同字长的基本单元所保存的数据是有范围限制的，超出了其范围，则被称为“溢出”。溢出是一种错误状态，有溢出则说明用于表达数据的字长满足不了要求，此时可考虑用更大的字长来表示数据。例如，如果用 8 位字长表达一个数 500，则会“溢出”，因为 8 位字长表示的最大无符号数是 255，此时就需要采用 16 位字长来表示。

用机器表示的数称为“机器数”。假如机器数表示的是无符号整数，则即是将该整数按规定字长转换成相应的二进制数。假设机器字长为 n 位，则其表达的无符号数 X 的范围是 $2^n>X\geqslant 0$。

示例 3 给出 8 位、16 位、32 位机器数表达无符号整数的范围。

解： 8 位字长为 $2^8>X\geqslant 0$，即 0～255。

16 位字长为 $2^{16}>X\geqslant 0$，即 0～65 535。

32 位字长为 $2^{32}>X\geqslant 0$，即 4 294 967 295。

3.2.2 有符号数及符号的表达

机器数的原码、反码和补码

机器数也可用于表示有符号数，其数值用二进制表示，数值的正负号也可以用 0 和 1 表示，符号可和数值一样参与计算。用机器数表示有符号数通常采用补码的方式。

那什么是补码呢？这就要理解原码、反码和补码。

原码： 机器数的最高位始终作为符号位，0 表示正号，1 表示负号。机器数的其余部分作为数值位，通过将真实数值转换成二进制获得。原码的一个特点是 0 有两个编码：0 0000000 和 1 0000000。

示例 4 写出$(+108)_{十}$和$(-108)_{十}$的原码，机器字长分别为 8 位和 16 位。

解： 首先将$(108)_{十}$转换成二进制数为 1101100。

按 8 位字长的机器数，机器数的最高位即第 8 位为符号位：

$$(+108)_{十}=(0\ 1101100)_{原码}；\quad (-108)_{十}=(1\ 1101100)_{原码}。$$

按 16 位字长的机器数，机器数的最高位即第 16 位为符号位：

$$(+108)_{十}=(0\ 000\ 0000\ 01101100)_{原码}；\quad (-108)_{十}=(1000\ 0000\ 01101100)_{原码}。$$

示例 5 8 位字长和 16 位字长的原码表示的数的范围是多少？

解： 8 位字长，其中，最高位为符号位，0 表正号，1 表负号；剩余 7 位为数值位，可看作无符号数，则其范围为 $2^7>X\geqslant 0$，即 0～127。因此 8 位字长原码表示的数的范围是−127～+127。再看 16 位字长，其中，最高位为符号位，0 表正号，1 表负号；剩余 15 位为数值位，可看作无符号数，则其范围为 $2^{15}>X\geqslant 0$，即 0～32 767。因此 16 位字长原码表示的数的范围是−32 767～+32 767。

反码： 正数的反码与原码相同。负数的反码是在原码的基础上，符号位不变，数值位逐位取反形成。

示例 6 写出$(+108)_{十}$和$(-108)_{十}$的反码，机器字长分别为 8 位和 16 位。

解： 由示例 4 可知，8 位字长，反码可在求出原码的基础上形成：

$$(+108)_{十}=(0\ 1101100)_{原码}；\quad (-108)_{十}=(1\ 1101100)_{原码}。$$

按照反码的规则：

$$(+108)_{十}=(0\ 1101100)_{反码}；\quad (-108)_{十}=(1\ 0010011)_{反码}。$$

按 16 位字长：

$$(+108)_{十}=(0\ 000000001101100)_{原码}\quad (-108)_{十}=(1\ 000000001101100)_{原码}。$$
$$=(0\ 000000001101100)_{反码}；\quad =(1\ 111111110010011)_{反码}。$$

示例 7 写出 0 的反码表示，假设机器字长分别为 8 位。

解： 因 0 的原码有 2 个，故 0 的反码也有 2 个：0 0000000 和 1 1111111。

补码： 正数的补码与原码相同。负数的补码是在反码的基础上，符号位不变，数值位最低位加 1 形成。补码的一个重要特性是$((X)_{补码})_{补码}=(X)_{原码}$。

示例 8 写出$(+108)_{十}$和$(-108)_{十}$的补码，机器字长分别为 8 位和 16 位。

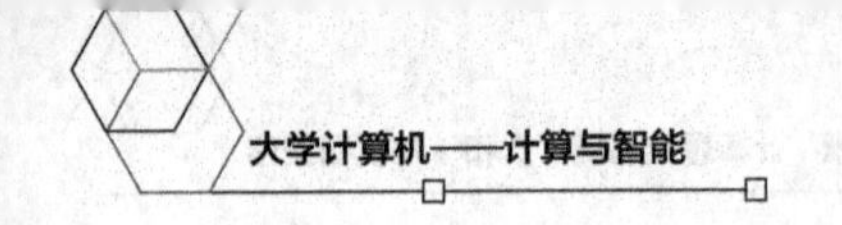

解：由示例 6 可知，8 位字长，补码可在求出反码的基础上最低位加 1 形成如下结果。

$(+108)_{\text{补}}=(0\ 1101100)_{\text{反码}}$； $(-108)_{\text{补}}=(1\ 0010011)_{\text{反码}}$。

按照反码的规则：

$(+108)_{\text{补}}=(0\ 1101100)_{\text{补码}}$； $(-108)_{\text{补}}=(1\ 0010100)_{\text{补码}}$。

按 16 位字长：

$(+108)_{\text{补}}=(0\ 000000001101100)_{\text{反码}}$ $(-108)_{\text{补}}=(1\ 111111110010011)_{\text{反码}}$

$=(0\ 000000001101100)_{\text{补码}}$； $=(1\ 111111110010100)_{\text{补码}}$。

示例 9 写出 0 的补码，假设机器字长分别为 8 位。

解：0 的反码有 2 个，即 0 0000000 和 1 1111111。但 0 的补码却只有 1 个。

0 0000000 按正数的规则补码为$(0\ 0000000)_{\text{补码}}$；

1 1111111 按负数的规则补码为$(0\ 0000000)_{\text{补码}}$。

示例 10 $(1\ 1111111)_{\text{补码}}$ 和$(1\ 0000001)_{\text{补码}}$哪个数大？$(0\ 1111111)_{\text{补码}}$ 和$(0\ 0000001)_{\text{补码}}$哪个数大？$(1\ 1111111)_{\text{原码}}$ 和$(1\ 0000001)_{\text{原码}}$哪个数大？$(0\ 1111111)_{\text{原码}}$ 和$(0\ 0000001)_{\text{原码}}$哪个数大？

解：$(1\ 1111111)_{\text{补码}}=(-\ 0000001)$；$(1\ 0000001)_{\text{补码}}=(-\ 1111111)$；

则$(1\ 1111111)_{\text{补码}}>(1\ 0000001)_{\text{补码}}$；

$(0\ 1111111)_{\text{补码}}>(0\ 0000001)_{\text{补码}}$；

$(1\ 1111111)_{\text{原码}}=(-\ 1111111)$；$(1\ 0000001)_{\text{原码}}=(-\ 0000001)$。

则$(1\ 1111111)_{\text{原码}}<(1\ 0000001)_{\text{原码}}$；

$(0\ 1111111)_{\text{原码}}>(0\ 0000001)_{\text{原码}}$。

示例 11 $(1\ 0000000)_{\text{补码}}$的数值是多少？

解：由于 0 的原码有两个，而在补码中+0 的补码和-0 的补码都可用 0 0000000 表示，归为一种形式，则$(1\ 0000000)_{\text{补码}}$便被空出了，其应该表示多少呢？按次序其应表示-2^8。

因为

$(1\ 0000001)_{\text{补码}}<(10000010)_{\text{补码}}<(10000011)_{\text{补码}}<(10000100)_{\text{补码}}$，

所以理应有

$(1\ 0000000)_{\text{补码}}<(1\ 0000001)_{\text{补码}}$，

$(1\ 0000001)_{\text{补码}}=(-\ 1111111)=-(2^8-1)$，则$(1\ 0000000)_{\text{补码}}=-2^8$。

示例 12 已知 8 位机器字长，$(X)_{\text{补码}}=1\ 0110111$，问$(X)_{\text{原码}}$=______？

解：由 1 0110111 最高位为 1 知这是一个负数的补码。再继续求 1 0110111 的补码可得到 1 1001001，则 1 1001001 即为$(1\ 0110111)_{\text{补码}}$的原码。即：$((X)_{\text{补码}})_{\text{补码}}=(X)_{\text{原码}}$。

归纳与对比如表 3.1 所示。

表 3.1 带符号的机器数的表示示意

真实数值（带符号的 n 位二进制数）	十进制数	机器数（n+1 位二进制数，其中第 n+1 位表符号，0 表示正号，1 表示负号）		
		原码	反码	补码
+ 11⋯11	$+(2^n-1)$	0 11⋯11	0 11⋯11	0 11⋯11
+ 10⋯10	$+2^{n-1}$	0 10⋯00	0 10⋯00	0 10⋯00

续表

真实数值（带符号的 n 位二进制数）	十进制数	机器数（n+1 位二进制数，其中第 n+1 位表符号，0 表示正号，1 表示负号）		
		原码	反码	补码
+ 00…00	+0	0 00…00	0 00…00	0 00…00
− 00…00	−0	1 00…00	1 11…11	0 00…00
− 10…00	-2^{n-1}	1 10…00	1 01…11	1 00…01
− 11…11	$-(2^n-1)$	1 11…11	1 00…00	1 00…00
− 100…00	-2^n	−	−	1 00…00
		正数的原码、反码同补码形式是一样的。最高位为 0 表示正数		
		负数的最高位为 1，表示负数。其余同真实数值的二进制数	负数的最高位为 1，表示负数。其余在真实数值的二进制数基础上逐位取反	负数的最高位为 1，表示负数。其余在反码基础上最低位加 1 后形成，其负数不包括 0，但包括 -2^n
		机器数由于受到表示数值的位数的限制，只能表示一定范围内的数，超出此范围则为溢出		

3.2.3　扩展学习：小数点的表达

小数点的处理

在计算机中，带有小数点的实数可按两种方式来处理，一种是小数点位置固定，或者在符号位的后面，或者在整个数值的尾部，此称为“定点数”。前者说明机器数全为小数，后者说明机器数全为整数。小数点以默认方式处理并未实际出现在二进制数值表示中。另一种是小数点浮动，借鉴科学计数法，被称为浮点数。浮点数由 3 部分构成：浮点数的符号位，浮点数的指数位，浮点数的尾数位。下面以一个例子来说明。

示例13 用浮点数表示$(+245.25)_{十}$。

解： 第 1 步，将$(+245.25)_{十}$转换成二进制得到(+11110101.0100)；

第 2 步，将正号用 0 表示得到(0 11110101.0100)；

第 3 步，做变换，将小数点移到符号位的后面、数值位的前面得到 $0.111101010100\times2^{+8}$；

第 4 步，将指数部分变为二进制数得到 $0.111101010100\times2^{0\ 1000}$；

第 5 步，按符号-指数-尾数的形式写出得到 0　0 1000　111101010100。

这里仅给出了十进制数表示成浮点数的思路和步骤，并未给出全部细节，包括尾数用多少位表示、指数用多少位表示、如何处理指数的符号位等。尾数的位数决定了数值表示的精度，而指数的位数决定了能够表示的数的范围。

细节化的浮点数表示如图 3.1 所示，浮点数依据表达数值的位数多少区分为单精度数和双精度数。单精度数，即普通浮点数，32 位字长，即 1 位符号位，8 位指数位和 23

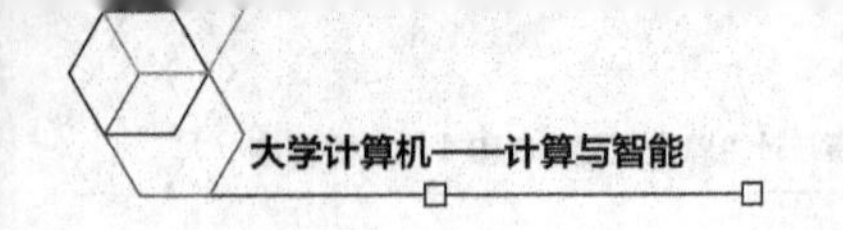

位尾数位。双精度数，64 位字长，即 1 位符号位，11 位指数位和 52 位尾数位。

S	（全为小数）

定点数，小数点位置固定（默认在符号位S的后面）

S	（全为整数）

定点数，小数点位置固定（默认在尾部）

S	指数（8位）	尾数（后23位）

浮点数，32位表示单精度数（相当于科学计数法1.*x*×2*y*）
（S为符号位，*x*为23位尾数，*y*为8位指数）

S	指数（11位）	尾数（后52位）

浮点数，64位表示双精度数（相当于科学计数法1.*x*×2*y*）
（S为符号位，*x*为52位尾数，*y*为11位指数）

（a）

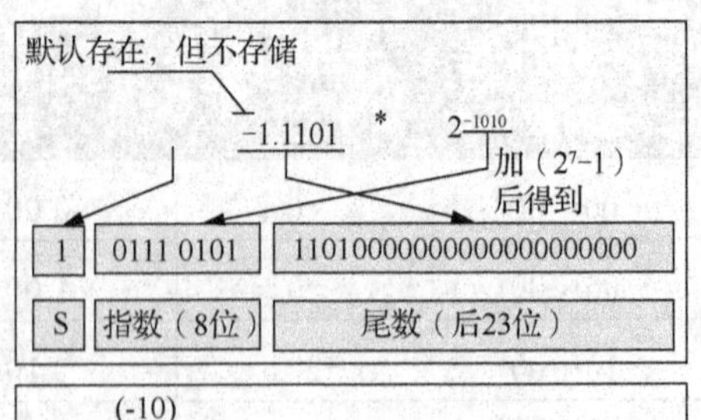

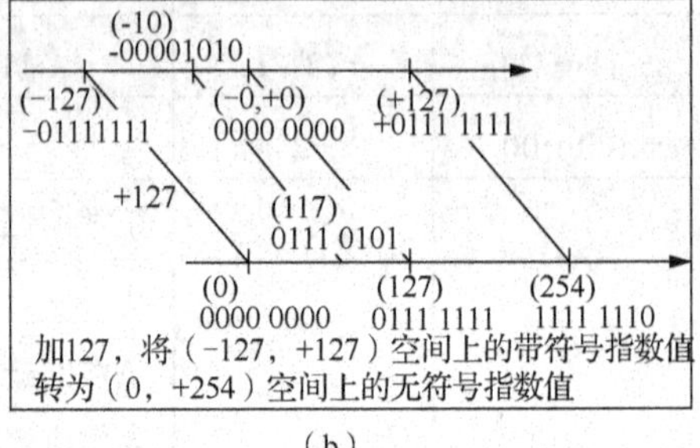

（b）

图 3.1　机器数的小数点处理示意图

示例 14　说明图 3.1（b）所示数的表示的产生过程。原始的数值为-0.11101×2^{-1001}。

解： 第 1 步，转换为-1.1101×2^{-1010}；

第 2 步，将 1101 表示成 23 位尾数，得到 11010000000000000000000；

第 3 步，处理指数部分-1010，加上 01111111 平移得 01110101。01110101 即为 8 位的尾数；

第 4 步，因此数是负数，故符号位为 1；

第 5 步，完整写出便是 1 01110101 11010000000000000000000。

说明：所有的浮点数，默认有整数部分的 1 和指数部分的基值 2，因此被省略，默认存在无须表示，这样尾数部分可多表示 1 位，从而可提高浮点数的表示精度。通过将指数平移的办法，即将（-127，127）区间的数平移到（0，254）区间，可使指数都转变为正数，默认加了 127（二进制为 01111111），还原时减掉 127 即可，平移后就无须考虑指数的符号表示。64 位的双精度数可采用类似处理。

示例 15　继续完成示例 13，将其表示成单精度数。

解： 示例 13 的第 5 步，0　+1000　.111101010100；

第 6 步，将尾数小数点右移 1 位，指数值减 1，得到 0　+0111　1.111010101000；

第 7 步，将指数部分平移，即加 01111111，得到指数部分 10000110。

第 8 步，完整的单精度数为 0 10000110 11101010100000000000000。

3.2.4　扩展学习：减法是可以用加法实现的

减法的实现

机器数用补码表示有符号数，最大的优势：一是符号位与数值位一样参与计算，且能保证结果是正确的；二是可将减法转换为加法来执行。

下面举例说明补码的加减法，假设机器用 1 位表示正负号，用

4 位表示数值。

示例 16 计算$(+7)_{\text{十}} + (+3)_{\text{十}} = (+10)_{\text{十}}$。

解： 首先将数表示成补码：

$$(+7)_{\text{十}} + (+3)_{\text{十}} = (0\ 0111)_{\text{补码}} + (0\ 0011)_{\text{补码}}。$$

按照二进制计算（见图 3.2（a）），可知结果为 0 1010。符号位为 0，说明是正数，而正数的补码即是原码，转换成十进制即$(+10)_{\text{十}}$。

示例 17 计算$(-5)_{\text{十}} + (-7)_{\text{十}} = (-12)_{\text{十}}$。

答： 首先将数表示成补码：

$$(-5)_{\text{十}} + (-7)_{\text{十}} = (1\ 1011)_{\text{补码}} + (1\ 1001)_{\text{补码}}。$$

按照二进制计算（见图 3.2（b）），可知结果为 1 0100。符号位为 1，说明是负数。再转换成原码，即 1 1100。注意补码的补码即为原码。1 1100 即为$(-12)_{\text{十}}$。

示例 18 计算$(10)_{\text{十}} + (-3)_{\text{十}} = (7)_{\text{十}}$。

答： 首先将数表示成补码：

$$(10)_{\text{十}} + (-3)_{\text{十}} = (0\ 1010)_{\text{补码}} + (1\ 1101)_{\text{补码}}。$$

按照二进制计算（见图 3.2（c）），可知结果为 0 0111。符号位为 0，说明是正数。再转换成原码，即 0 0111，为$(7)_{\text{十}}$。

示例 19 计算$(-7)_{\text{十}} + (-12)_{\text{十}}$ =______?

答： 首先将数表示成补码：

$$(-7)_{\text{十}} + (-12)_{\text{十}} = (1\ 1001)_{\text{补码}} + (1\ 0100)_{\text{补码}}。$$

按照二进制计算（见图 3.2（d）），可知结果为 0 0111。符号位为 0，说明是正数。这就出问题了，两个负数相加，结果却是一个正数。这种错误就被称为“溢出”，在机器计算中错误情况是需要被识别出来的。怎么识别“溢出”与否呢？这是可以自动判别的。

溢出判断规则：两个不同符号数的补码相加不会溢出，即无论结果符号为 0 或 1 都是正确的。两个同符号数的补码相加，如果结果的符号与两个加数的符号相一致，则没有溢出，反之，如果结果的符号与两个加数的符号不一致，则一定溢出。

由此规则判断示例 16、示例 17 和示例 18，结果是正确的；而示例 19 则产生了溢出。通过自动判断是否溢出，机器是能够保证补码计算结果的正确性的。

```
    0 0111        1 1011        0 1010        1 1001
+)  0 0011    +)  1 1001    +)  1 1101    +)  1 0100
----------    ----------    ----------    ----------
    0 1010        1 0100        0 0111        0 1101
     (a)           (b)           (c)           (d)
```

图 3.2　补码计算示意

怎样看出将减法变为加法来做呢？假设做 X－Y，可转换为 X＋（−Y），然后将 X 和−Y 转换为补码，再做加法。可用钟表示意这一过程：

假设现在标准时间是 5 点钟，钟表快了 2 个小时变为 7 点钟，可以倒拨 2 个小时（即 7－2，做的是减法），也可以正拨 10 个小时（即 7+10=17（去掉 12 即 5），做的是加法）。在这里，12 被称为“模”，超过 12 将自动减掉一个 12，则 10 为−2 相对于模 12 的补码，

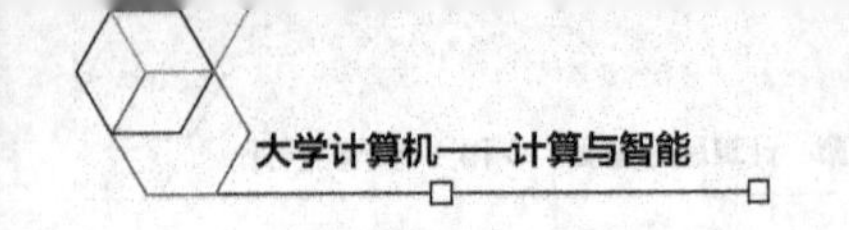

机器数的补码也是源于这个思想，这是计算思维源自生活的一个实例。

用补码表示，将减法转变为加法来运算，这样只要实现了二进制加法的自动化，便可实现二进制的任何运算的自动化：减法可转换为加法，乘法可转换为连乘，除法可转换为连减等，通过有效的编排都可以用加法实现。

3.3 用 0 和 1 表达机器能够完成的动作（指令）：一种形式的编码

若要使算法能够被机器执行，则需要用机器指令来编写。机器指令是机器可以直接分析并执行的命令，机器指令也可以由 0 和 1 的编码表示，机器所能完成的所有指令被称为“指令系统”。不同的机器，其指令系统可能是不同的，但不管怎样，它其实就是一种形式的编码。只要给出指令系统，就都能理解和应用，例如，表 3.2 所示即为指令系统示意。指令系统无须记忆，使用时查看相应的手册即可。

机器指令与机器级程序

表 3.2 一个简单的机器指令系统示意

机器指令		对应的功能
操作码	地址码	
取数	α	将α号存储单元的数取出送到运算器
000001	0000000100	
存数	β	将运算器中的数存储到β号存储单元
000010	0000010000	
加法	γ	运算器中的数加上γ号存储单元的数，结果保留在运算器
000011	0000001010	
乘法	δ	运算器中的数乘以δ号存储单元的数，结果保留在运算器
000100	0000001001	
打印	θ	打印θ号存储单元的数，将其输出
000101	0000001100	
停机		停机指令
000110	0000000000	

通常，一条指令由两部分构成：操作码和地址码。操作码告诉机器所要完成的操作类别，而地址码告诉机器所要操作的数据在哪里。典型的数据可以存储在运算器中，也可以存储在存储器中。例如：000001　0000001000 是一条机器指令，其中前 6 位 000001 表示该指令是从存储器中取数的指令，而后 10 位则给出了将要读取的数据在存储器中的地址。

表 3.2 所示的指令系统给出了典型的机器指令，如 000001 为取数指令，000010 为

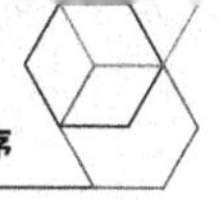

存数指令，000011 为加法指令，000100 为乘法指令，000101 为打印指令，000110 为停机指令。机器指令有不同的操作数读取机制，比如操作数可以直接出现在指令的地址码部分，即地址码就是实际的操作数；也可以在地址码部分给出操作数被保存在存储器中的地址，访问该地址便可获取到操作数；还可以在地址码部分给出存放某操作数的存储单元地址的地址，即访问地址码给出地址的存储单元，得到的不是具体的操作数，而是存放实际操作数的存储单元的地址，必须将其作为地址，再访问存储器才能得到真正的操作数，这就是立即数、直接地址和间接地址，本部分对其不做详细讨论，关于详细内容，读者可通过深入学习汇编语言相关课程获得。

示例 20 参照表 3.2 所示指令系统，解析指令码相同、地址码不同的指令。

解： 000001 0000001000 表示将存储器中 0000001000 号（8 号）单元的内容读到运算器中。

000001 0000001100 表示将存储器中 0000001100 号（12 号）单元的内容读到运算器中。

000001 0000111000 表示将存储器中 0000111000 号（56 号）单元的内容读到运算器中。

000001 0000000011 表示将存储器中 0000001011 号（3 号）单元的内容读到运算器中。

示例 21 参照表 3.2 所示指令系统，解析指令码不同的指令。

解： 000001 0000001000 表示将存储器中 0000001000 号（8 号）单元的内容读到运算器中。

000010 0000001000 表示将运算器中的数存储到存储器 0000001000 号(8 号)单元中。

000011 0000001000 表示将运算器中的数与存储器 0000001000 号（8 号）单元的内容相加，结果仍保留在运算器中。

000100 0000001000 表示将运算器中的数与存储器 0000001000 号（8 号）单元的内容相乘，结果仍保留在运算器中。

000100 0000001100 表示将运算器中的数与存储器 0000001100 号（12 号）单元的内容相乘，结果仍保留在运算器中。

这里特别注意，指令系统不同，对 01 编码解释出的功能也是不同的。

3.4 用 0 和 1 表达机器程序

3.4.1 习与练：读一读机器程序

可将 3.1 中的算法 2，参照表 3.2 中的指令系统转换成程序。

示例 22 假设数字 3、8、2、6 分别被存储在存储器的 8 号单元、9 号单元、10 号单元和 11 号单元，下面一段程序的含义是什么呢？

```
0000010000001000
0001000000001001
0000110000001010
0001000000001000
0000110000001011
0000100000001100
0001010000001100
0001100000000000
```

解：可耐心地读一读这段程序，它不难理解。读每一条指令时，注意按位数区分操作码（6 位）和地址码（10 位），按给出的操作码查阅指令系统（见表 3.2）确认其功能。

```
000001  0000001000          //取出8号存储单元的数（即数字3）至运算器中
000100  0000001001          //乘以9号存储单元的数（即数字8）得3×8在运算器中
000011  0000001010          //加上10号存储单元的数（即数字2）得3×8 + 2在运算器中
000100  0000001000          //乘以8号存储单元的数（即数字12）得(3×8+2)×8在运算器中
000011  0000001011          //加上11号存储单元的数（即数字6）得8×3²+2×3+6至运算器中
000010  0000001100          //将上述运算器中结果存于12号存储单元
000101  0000001100          //打印12号存储单元中的数
000110  0000000000          //停机
```

该段程序完成的功能是计算 $8\times3^2+2\times3+6$ 的值并将结果存于 12 号存储单元。解毕。

用机器指令编写的程序即机器程序，是可以被机器直接解释和执行的。在示例 22 中，如果将 8、9、10 和 11 号存储单元的内容换成任何一个数 x、a、b 和 c，则该程序仍将能正确地执行计算并得到结果，即可以正确计算任意一个 ax^2+bx+c。

3.4.2 习与练：改一改机器程序

为更好地理解机器程序（注意不是为了将来编写机器程序而是为了更好地理解机器程序被机器执行的思维），可对 3.4.1 节中的程序略做改动，读者能否读懂其能完成的功能呢？

示例 23 假设数字 3、8、2、6 分别被存储在存储器的 8 号单元、9 号单元、10 号单元和 11 号单元，这一段程序与示例 22 的程序能完成一样的计算吗？

```
0000010000001011
0001000000001010
0000110000001001
0001000000001011
0000110000001000
0000100000001100
0001010000001100
0001100000000000
```

解：稍微仔细读一读该程序，可发现该程序相较示例 22 的程序有一些变化，即每条指令的操作码及操作次序没有变化，但地址码却不同。

```
000001  0000001011          //取出11号存储单元的数（即数字6）至运算器中
000100  0000001010          //乘以10号存储单元的数（即数字2）得2×6在运算器中
000011  0000001001          //加上9号存储单元的数（即数字8）得2×6 + 8在运算器中
000100  0000001011          //乘以11号存储单元的数（即数字6）得(2×6+8)×6在运算器中
000011  0000001000          //加上8号存储单元的数（即数字3）得2×6²+8×6+3至运算器中
000010  0000001100          //将上述运算器中结果存于12号存储单元
000101  0000001100          //打印12号存储单元中的数
000110  0000000000          //停机
```

该段程序完成的功能是计算 $2\times6^2+8\times6+3$ 的值并将结果存于 12 号存储单元。解毕。

示例 24 假如机器指令系统换成了表 3.3，注意 000100 指令。请重新解读示例 23 的机器程序。

表 3.3　另一个机器的机器指令系统示意

机器指令		对应的功能
操作码	地址码	
取数	α	将α号存储单元的数取出送到运算器
000001	0000000100	
存数	β	将运算器中的数存储到β号存储单元
000010	0000010000	
加法	γ	运算器中的数加上γ号存储单元的数，结果保留在运算器
000011	0000001010	
减法	δ	运算器中的数减去δ号存储单元的数，结果保留在运算器
000100	0000001001	
打印	θ	打印θ号存储单元的数，将其输出
000101	0000001100	
停机		停机指令
000110	0000000000	

解： 这里需要注意，同一段 01 串，机器指令系统不同，则完成的功能也是不同的。再仔细阅读这段程序。

```
000001  0000001011        //取出11号存储单元的数（即数字6）至运算器中
000100  0000001010        //减去10号存储单元的数（即数字2）得6-2在运算器中
000011  0000001001        //加上9号存储单元的数（即数字8）得6-2 + 8在运算器中
000100  0000001011        //减去11号存储单元的数（即数字6）得6-2+8-6 在运算器中
000011  0000001000        //加上8号存储单元的数（即数字3）得6-2+8-6+3至运算器中
000010  0000001100        //将上述运算器中结果存于12号存储单元
000101  0000001100        //打印12号存储单元中的数
000110  0000000000        //停机
```

该段程序完成的功能是计算 6-2+8-6+3 的值并将结果存于 12 号存储单元。

3.5　基础知识：机器语言、汇编语言与高级语言

计算机系统是由硬件和软件组成的，软件是控制硬件按指定要求工作的由有序命令构成的程序。计算机的所有工作都需程序来控制，程序实现的是人们的想法，即解决某一方面问题的方案及算法等。而程序的实现与计算机语言是密不可分的。

由机器语言到高级语言

3.5.1　计算机语言

现在所看到的计算机功能之所以如此庞大，是因为人们为其设计了功能非常强大的程序，并且不断地在设计新的程序，从而使计算机能不断地拓展新的应用领域。计算机能力扩展的过程是这样的：计算机能够理解一套语言（即计算机语言），程序员用该语言来编写程序，计算机执行程序，并不断地编写程序，如此扩展了计算机的能力。计算机语言是人们设

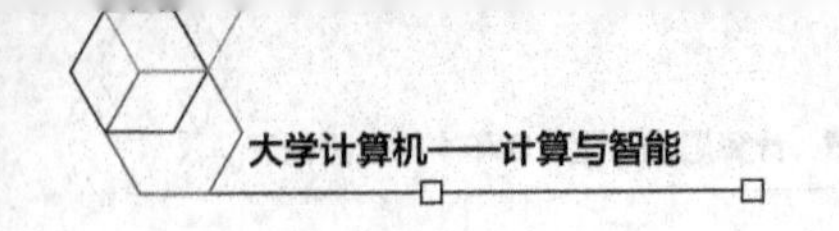

计的专用于人与计算机交互、进而计算机能够自动识别与执行的一套规约/语法的集合。

3.5.2 机器语言及微程序语言

人们在设计计算机硬件时就为计算机设计了一些基本操作，这些操作本质上就是信号的传输与控制，如第 2 章 2.3.3 节中所介绍的。这些基本操作按照时间次序与逻辑关系组合起来就成为机器指令。表达这些基本操作的语言被称为微程序语言。微程序语言是计算机硬件及集成电路设计中经常使用的语言，是微处理器或 CPU（中央处理单元）内部可直接解释与执行的基本操作，比如取指令、执行指令、取数据等由电信号实现的操作。一条指令可以由微程序语言来编写和实现，即一条指令为一段微程序。

```
10000110
00000111
10001010
00001010
10010111
00000110
11110100
```

图 3.3　机器语言示例

计算机能直接执行的指令叫机器指令，所有机器指令的集合称为该计算机的指令系统，由机器指令所构成的编程语言称为机器语言，即机器语言是 CPU 可以直接解释与执行的指令集合。人们用机器语言编写的程序，CPU 可以识别与执行；机器语言一般是用 0，1 编码表征指令。用机器语言编写的程序叫作机器语言程序，简称机器程序。机器程序的特点是程序全部由二进制代码组成，可以直接访问和使用计算机的硬件资源。计算机能直接识别并执行这种程序，其指令的执行效率高。例如，图 3.3 所示的一段程序便是机器语言程序用以完成 7+10=17 并存储的操作。

3.5.3 汇编语言

随着技术发展，人们发现用机器语言编写程序非常不方便，因此提出将每一条机器指令用一串符号来代替，然后用符号进行程序设计，这样的语言称为符号语言或汇编语言，其符号常常用英语的动词或动词的缩写表示。用汇编语言编写的程序称为汇编语言源程序，如图 3.4 所示为用汇编语言编写的源程序（实现 7+10 并保存）。汇编语言源程序与机器语言程序相比，阅读和理解都比较方便，但计算机却无法识别和执行。由于汇编语言中符号命令与机器语言中的机器指令有很好的一一对应关系，于是人们设计了一种汇编程序。汇编程序的任务是自动地将用汇编语言编写的源程序翻译成计算机能直接理解并执行的机器语言程序，即目标程序，再通过连接程序将目标程序中所需要的一些系统程序片段（如标准库函数等）连接到目标程序中，形成可执行文件才能执行，获得所希望的结果。

```
MOV   A，7
ADD   A，10
MOV  （6），A
  HLT
```

图 3.4　汇编语言示例

这里看似有些拗口，简单来讲，汇编语言是一种语言，汇编语言源程序是用汇编语言编写的程序，汇编程序是一种翻译程序，可将源程序翻译成机器语言。

3.5.4 高级语言

汇编语言源程序虽然比机器语言程序在各方面有所改进，但由于一条汇编语言指令对应一条机器语言指令，程序设计仍然相当复杂。而在科学计算、工程设计及数据处理等方面，常常要进行大量复杂的运算，算法相对比较复杂，而且往往要涉及如三角函数、开方、对数、指数等运算。对于这样的运算处理，用汇编语言编写程序就相当困难了，

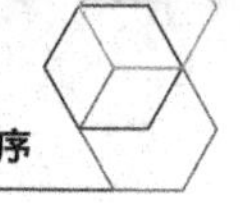

于是人们设计了各种高级语言。高级语言的表示形式近似于人们的自然语言，对各种公式的表示也近似于数学公式，而且一条高级语言语句的功能往往相当于十几条甚至几十条汇编语言的指令，程序编写相对比较简单。因此，在工程计算、定理证明、数据处理、图形处理等方面，人们常用高级语言来编写程序。

用高级语言编写的程序称为高级语言源程序。同汇编语言源程序一样，计算机也不能直接理解和执行高级语言源程序，于是人们设计了各种编译程序和解释程序，用于将高级语言源程序翻译成计算机能直接理解并执行的二进制代码的目标程序。图 3.5 所示即为用高级语言编写的源程序（实现 7+10 并保存），利用编译程序，其被翻译成计算机能执行的二进制机器语言程序（实现 7+10 并保存），过程如图 3.6 所示。

```
Result = 7+10
Return
```

图 3.5　高级语言示例

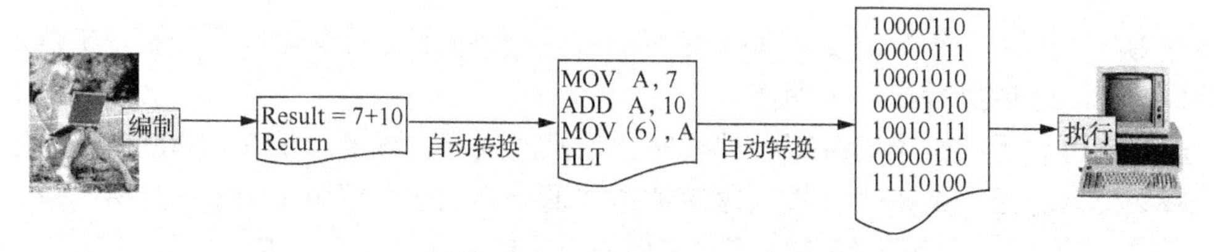

图 3.6　高级语言源程序及其编译过程示意

高级语言源程序的翻译有两种方式：一种是解释方式，另一种是编译方式。

按解释方式工作的高级语言源程序编写完之后，通常是在解释系统中输入并执行的。解释方式是在高级语言源程序执行时，逐条语句地解释，解释一条语句执行一条语句，不产生可以执行的二进制目标程序，以后再执行该程序时，还要重新解释。这种方式有些类似于外语翻译中的“口译”。例如，用 BASIC 语言编写的程序经常是用解释方式执行的。用解释方式执行程序的好处是灵活方便，程序可以随时修改。当被解释的语句出现错误时，系统会自动报告有关错误信息，并且中断程序的执行。这时，用户可以修改程序，然后再重新解释并执行，直到正确为止。其缺点是，运行速度相对较慢，适合于一些速度要求不高的中小型计算和数据处理。

按编译方式工作的高级语言源程序编写完之后，可以使用各种编辑程序（例如，记事本、WPS、EDIT 等）输入到计算机中。有些编译系统内部提供了专门的编辑程序，用于输入或修改高级语言源程序。将源程序输入后，需要用编译程序将高级语言源程序一次性地翻译成二进制代码的目标程序，然后再将这种二进制代码的目标程序与标准库函数或其他二进制代码的目标程序连接起来，生成可执行文件。以后使用时可以脱离原来的高级语言程序，只需执行可执行文件即可以得到正确的结果。这种方式类似于外语翻译中的“笔译”。在编译过程中，若发现程序中存在错误，系统将报出全部错误信息。用户可以根据这些错误信息修改程序，然后再编译，直到没有再发现编译错误为止。采用编译方式的高级语言往往允许将程序分成一个主程序和若干个子程序，每个程序单独存放在一个文件中，编译时可以一个文件一个文件地编译，形成若干个独立的二进制代码目标文件，然后再将这些二进制代码目标文件与标准库函数连接起来生成可执行文件。这种方式虽不如解释程序灵活，但源程序保密性强，程序执行速度快，适合编写要求速度较快的大型程序，FORTRAN、PASCAL 和 C 等便属于此类程序。

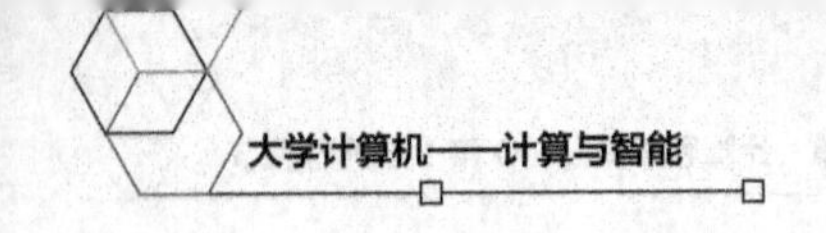

3.6 为什么要学习和怎样学习本章内容

3.6.1 为什么：数据、指令和程序是计算思维最基本的内容

为什么要学习本章内容？大家都知道现在是物联的世界，物物相连实现物理系统与信息系统的连接，各种设备都需要实现数字控制才能被连接，而数字控制的基础就是数据、指令和程序。数据、指令和程序是计算思维最基本的内容。

机器可以被简单地控制（简单的指令系统），也可以被复杂地控制（利用各种微处理器芯片）。简单地控制，例如，机器仅能完成 4 个基本动作，包括“翻转 0 为 1”“翻转 1 为 0”“前移一位”“停止”。这 4 个基本动作可用 2 位的 01 编码来表示，形成指令集合：01 表示“翻转 0 为 1”（当输入为 1 时不变），10 表示“翻转 1 为 0”（当输入 0 时不变），11 表示“前移一位”，00 表示“停止”。指令是对基本动作的控制，机器是按照指令的控制选择执行哪一个动作。

这样就可以用该指令集编写各种程序让该机器执行。例如，0110111000 就是一段程序，每 2 位区分出一条指令，按次序解读即“翻转 0 为 1；翻转 1 为 0；前移 1 位；翻转 1 为 0；停止”，利用该程序便可对任何一个 01 串进行变换，变换的结果仍旧是 01 串。再例如，1011101110111000 也是一段程序，其完成“翻转 1 为 0；前移 1 位；翻转 1 为 0；前移 1 位；翻转 1 为 0；前移 1 位；翻转 1 为 0；停止”，同样该程序也可对任何一个 01 串进行变换，变换的结果仍旧是 01 串。

3.6.2 怎样学：体验式学习方法

计算机课程很重要的学习方法之一是采用体验式学习方法，即将自己当作机器（但千万不要将自己当作聪明的机器），模拟机器的执行动作。例如，将自己当作机器，机器仅能够执行最简单的两个操作数的加法、减法、乘法等运算，能够取数据、存数据（这相当于小学一二年级的水平），如何完成复杂的多项式的计算呢？这就需要将复杂的计算拆解成由简单计算组合成的一个个步骤，组合起来一步步完成计算得出结果，这就是程序。

有读者说，机器程序好难，机器指令看不懂。其实这是被 01 串吓倒了，机器指令只是一种编码，识别出机器程序中的一条条指令，对照指令系统，便可很容易读懂。

本章的目的并非让读者用机器语言编写程序，而是通过读读改改这个简单的程序来深刻体会机器程序是怎样的，以便下一章理解机器级程序的执行。体验这种思想，对于程序的构造、算法的理解非常重要。请记住：如果不去体会这种思想，仅仅记住几个概念，对创造性思维的形成是没有意义的。

第4章 机器程序的执行

Chapter4

本章摘要

执行程序的机器是怎样的，它又是如何执行程序的呢？本章搭建了一个简单但功能相对完整的计算机系统。最基本的计算机包含运算器、控制器和存储器，读者在场景中理解程序和数据是如何存储的、程序是如何被执行的，对将来理解更复杂的程序至关重要。

4.1 机器数据和机器程序的保存与读写：存储器

自动存取：存储器的工作原理

理解机器程序及其执行，首先要理解程序和数据是如何存储的。为后面叙述方便，这里给出如表 4.1 所示指令系统，注意，该指令系统比第 3 章表 3.2 的指令系统增加了一条跳转指令（000111）。

表 4.1 一个简单的机器指令系统

机器指令		对应的功能
操作码	地址码	
取数	α	将 α 号存储单元的数取出送到运算器
000001	0000000100	
存数	β	将运算器中的数存储到 β 号存储单元
000010	0000010000	
加法	γ	运算器中的数加上 γ 号存储单元的数，结果保留在运算器
000011	0000001010	
乘法	δ	运算器中的数乘以 δ 号存储单元的数，结果保留在运算器
000100	0000001001	
跳转	σ	跳转到 σ 号存储单元所存储的指令
000111	0000001100	
打印	θ	打印 θ 号存储单元的数，将其输出
000101	0000001100	
停机		停机指令
000110	0000000000	

4.1.1 存储单元：存储地址与存储内容的区别

什么是存储器呢？存储器就是一种能读出、能写入、能保存 0 和 1 数据的部件，通

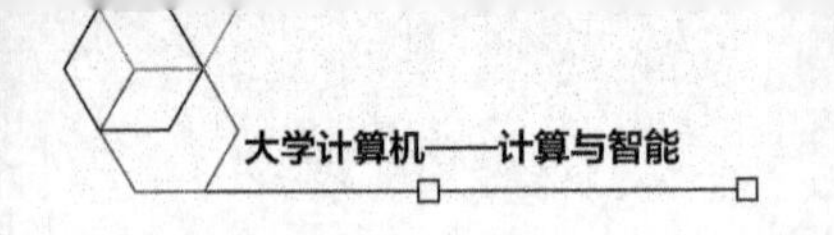

常指能按地址自动存取 0 和 1 数据的部件。图 4.1 所示为存储器的概念结构图。

一般地，存储器由若干个存储单元构成，每个存储单元由若干个存储位构成，一个存储位可存储一位的 0 或 1，这些相同位数的存储位构成存储字，即为存储单元的内容。所有存储单元构成了一个存储矩阵。每个存储单元有一条地址控制线控制其读或写，如图 4.1 中的 W_i：当其为 1（有效）时，其对应存储单元的内容可以读出或写入；当其为 0（无效）时，其对应存储单元不能够读出或写入。同一时刻，所有 W_i 中只能有一个为 1。每个存储单元有一个地址编码，由地址编码线 $A_{n-1}\cdots A_0$ 等进行 01 编码。有一个地址译码器，可将每一个地址编码 $A_{n-1}\cdots A_0$ 映射到其对应的地址控制线 W_i 为 1 而其余地址控制线为 0，进而控制存储单元内容的读写。例如，8 位地址编码 01100111 经译码后只有地址控制线 W_{74}（01100111 转换为十进制为 74）为 1，其余地址控制线为 0。输出缓冲器控制着是向存储单元写入还是从存储单元读出，每个存储单元都和输出缓冲器相连接，其连线 D_j 被称为数据线，存储字长有几位，数据线就有几条，但具体读写时连接的是哪一个存储单元则由地址线 W_i 确定。

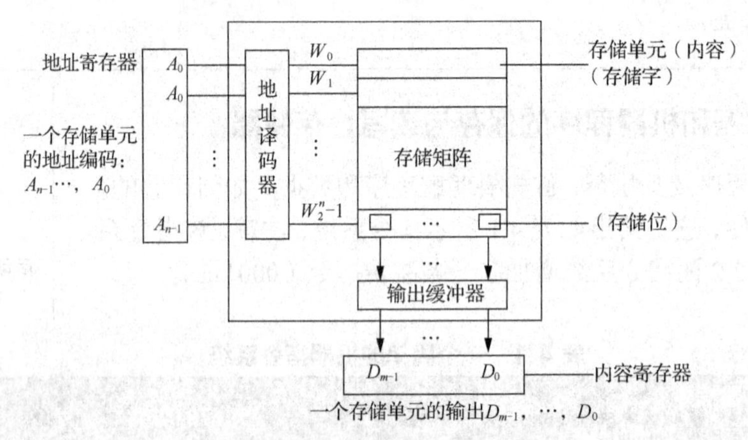

图 4.1　存储器的概念结构示意

类比理解： 如果把存储器比喻成一栋宿舍楼，则一个存储单元为一个房间，而存储位即为房间中的床位，该床位可以住人（1），也可以不住人（0）。存储字的位数或者说存储字长即是房间床位数，要求所有房间的床位数必须相同。每个存储单元的地址控制线 W_i 就好比是该房间的钥匙，W_i 有效时就好比该房间门有钥匙可以开启，则该房间的人可出入，否则门是关闭的。同一时刻，要求只能有一个房间的人出入，而且同进同出。地址编码则为房间号；地址译码器好比收发室，负责统一管理钥匙，按房间号收回和发放钥匙，同一时刻只能发放一把钥匙。输出缓冲器好比整个宿舍楼的大门的出入闸口，有几个闸口，则允许几个人同时出入，就有几条 D_j，要求 D_j 线的条数与房间床位数一样。可以想象，任何人如对"宿舍楼是如何管理的"理解得透彻，便能理解存储器是如何运行的。

可以看出，存储器就是给出一个地址编码，可以找到对应该地址编码的存储单元，并能读写存储单元内容的部件。地址编码由地址寄存器暂时保存，输出的存储单元内容由内容寄存器暂时保存。所谓寄存器，就是用于可临时保存数据的一种部件。地址编码线的条数，即地址编码的位数决定了存储单元的个数；数据线的条数，即数据的位数决定了存储单元的字长；而存储容量就是存储单元个数与存储字长的乘积。

示例1 一个存储器有 16 条地址编码线，8 条数据线，请问该存储单元的存储容量是多少字节？

答： 16 条地址编码线，可以编码 2^{16} 个存储单元；8 条数据线，说明每个存储单元的存储字长为 8 位。则存储容量 $=2^{16}\times 8=2^{16}$B。注意，1 个字节为 8 位。

示例2 一个存储器有 20 条地址编码线，32 条数据线，请问该存储单元的存储容量是多少字节？

答： 20 条地址编码线，可以编码 2^{20} 个存储单元；32 条数据线，说明每个存储单元的存储字长为 32 位。则存储容量 $=2^{20}\times 32/8=2^{22}B=2^{12}$MB=4GB。注意，1 个字节为 8 位，1MB$=2^{10}$B，1GB$=2^{10}MB=2^{20}$B。

4.1.2　习与练：读一读存储器中的程序与数据

将第 3 章中的程序和数据装载到存储器中，请模拟机器读一读存储器中的程序和数据，以便更好地理解存储器及其写入与读出。

示例3 假设数字 3、8、2、6 分别被存储在存储器的 8 号单元、9 号单元、10 号单元和 11 号单元，机器指令系统由表 4.2 给出，存储器有 16 位地址编码和 16 位存储字长。请将下面一段程序及所涉及的数据放入存储器中。

```
0000010000001000
0001000000001001
0000110000001010
0001000000001000
0000110000001011
0000100000001100
0001010000001100
0001100000000000
```

答： 如表 4.2 所示，程序被存储于 00000000 00000000～00000000 00000111 号（即 0～7 号）存储单元中，而数据被存储于 00000000 00001000～00000000 00001100 号（即 8～12 号）存储单元中。看出 8～12 号存储单元存储的是 3、8、2、6 了吗？

表 4.2　被装载进存储器中的程序和数据

存储单元的地址编码	存储单元的内容
00000000 00000000	0000010000001000
00000000 00000001	0001000000001001
00000000 00000010	0000110000001010
00000000 00000011	0001000000001000
00000000 00000100	0000110000001011
00000000 00000101	0000100000001100
00000000 00000110	0001010000001100
00000000 00000111	0001100000000000
00000000 00001000	000000 0000000011
00000000 00001001	000000 0000001000
00000000 00001010	000000 0000000010
00000000 00001011	000000 0000000110
00000000 00001100	

这里读者可能感到眼花缭乱，因为都是 0 和 1，且为同样长度，但只要记住，描述存储器，一定是两部分：地址编码和内容（存储字），按地址编码找到其对应的内容，便不会乱。示例 3 说明，程序和数据是以同等地位被存储于存储器中的。什么是同等地位？就是只观察存储单元的内容，是无法说清楚其是指令还是数据的。例如，0000000 00000001 号存储单元的内容 00010000 000001001，其究竟是指令还是数据呢？可以将其作为数据，也可以将其作为指令，还可以既作为数据又作为指令，这是要注意的。另外，程序可能被装载到存储器的任意位置，即其地址编码并非只能是 0000000 00000000 号地址开始，例如，可以从 10000000 00000000 号地址开始，也可以从 11111000 00000000 号地址开始，只要按地址编码连续存放即可。原则上数据也是可以被装载到存储器的任意位置的，但在此程序中的 3、8、2、6 却不能随意按地址编码存放，因为指令中涉及了数据的存储地址，如果换了地址存储，则可能找不到正确的数据，那程序执行的就是另外的计算了。

示例 4 表 4.3 所示是存储器中的一段程序，它执行结果将会是怎样的呢？这个示例较难，存储单元的内容，既是指令又是数据，而且执行过程中程序又被其自身指令所修改，提供给有兴趣的读者钻研，该示例对今后理解程序执行中的一些怪现象或者理解程序执行中的深层问题非常有帮助。

表 4.3　存储器中的一段程序

存储单元的地址编码	存储单元的内容
0000000000001000	0000010000001000
0000000000001001	0000110000001001
0000000000001010	0000110000001010
0000000000001110	0000100000001010
0000000000001111	0011100000001010
……	……

解：程序的解释与执行如表 4.4 所示。

表 4.4　示例 4 程序的执行过程解读（1）

当前正在执行	存储单元的地址编码	存储单元的内容	程序的解释与执行
（1）	0000000000001000	0000010000001000	取 0000001000（即 8 号）存储单元的数（即数 0000010000001000，十进制为 1 032）至运算器。本单元内容既作为指令，又作为数据
（2）	0000000000001001	0000110000001001	加上 0000001001（即 9 号）存储单元的数（即数 0000110000001001，十进制为 3 081）得到 3 081+1 032，即 4 113 在运算器中。本单元内容既作为指令，又作为数据
（3）	0000000000001010	0000110000001010	加上 0000001010（即 10 号）存储单元的数（即数 0000110000001010，十进制为 3 082）得到 4 113+3 082，即 7 195 在运算器中。本单元内容既作为指令，又作为数据

续表

当前正在执行	存储单元的地址编码	存储单元的内容	程序的解释与执行
（4）	0000000000001110	0000100000001010	将运算器中结果，即 7 195 的二进制数，即 0001110000011011 存储到 0000000000001010 号（即 10 号）单元，如表 4.5 所示。
	0000000000001111	0011100000001010	
	……	……	……

可以看出当执行完第（4）条指令后，此段程序中的 0000000000001010 存储单元的内容被改变为 0001110000011011。如表 4.5 所示，接着执行第（5）条指令，该指令是一跳转指令，即跳转执行 0000000000001010 号存储单元的指令，即第（6）条指令。此时第（6）条指令已经不是原来程序中的指令了，而是被存储的一个计算结果。恰巧该计算结果如果被当作指令来看待，则又是一条跳转指令，即跳转执行 0000000000011011 号（即 27 号）存储单元的指令。27 号存储单元中可能并不是希望得到的指令或者根本不是指令，这时候会出现什么问题呢？死机，系统崩溃，可能都会发生。

表 4.5 示例 4 程序的执行过程解读（2）

正在执行的位置	存储单元的地址编码	存储单元的内容	程序的解释与执行
	0000000000001000	0000010000001000	
	0000000000001001	0000110000001001	
（6）	0000000000001010	0001110000011011	跳转执行 0001110000011011 号（即 27 号）存储单元中的指令。27 号存储单位可能并不是存储或希望执行的指令，此时系统将会出现问题
	0000000000001110	0000100000001010	
（5）	0000000000001111	0011100000001010	跳转执行 0000001010 号（即 10 号）存储单元的指令
……	……	……	……

示例 5 机器指令系统由表 4.1 给出。存储器中有一段程序和数据，如表 4.6 所示。问其执行的功能是什么？00000000 00001100 号存储单元存储的是________________。

表 4.6 示例 5 的程序

存储单元的地址编码	存储单元的内容
00000000 00000000	0000010000001001
00000000 00000001	0001000000001010
00000000 00000010	0000110000001010
00000000 00000011	0001000000001001
00000000 00000100	0000110000001011
00000000 00000101	0000100000001100
00000000 00000110	0001010000001100
00000000 00000111	0001100000000000

续表

存储单元的地址编码	存储单元的内容
00000000 00001000	0000000000001100
00000000 00001001	0000000000000110
00000000 00001010	0000000000000100
00000000 00001011	000000 0000001000
00000000 00001100	

解：表 4.7 所示为对机器程序的逐条解释。该程序完成 $4\times6^2+4\times6+8$ 的计算。12 号单元存储的数为（176）$_{十}$=（00000000 1011 0000）$_{二}$。

表 4.7 示例 5 程序的执行过程解读

存储单元的地址	存储单元的内容	说明
00000000 00000000	0000010000001001	指令：取出 9 号存储单元的数（即 6）至运算器中
00000000 00000001	0001000000001010	指令：乘以 10 号存储单元的数（即 4）得 4×6 在运算器中
00000000 00000010	0000110000001010	指令：加上 10 号存储单元的数（即 4）得 4×6+ 4 在运算器中
00000000 00000011	0001000000001001	指令：乘以 9 号存储单元的数（即 6）得(4×6+4)×6 在运算器中
00000000 00000100	0000110000001011	指令：加上 11 号存储单元的数（即 8）得 $4\times6^2+4\times6+8$ 至运算器中
00000000 00000101	0000100000001100	指令：将上述运算器中结果（176）存于 12 号存储单元
00000000 00000110	0001010000001100	指令：打印 12 号存储单元的数 176
00000000 00000111	0001100000000000	指令：停机
00000000 00001000	0000000000001100	数据：数 12 的二进制数
00000000 00001001	0000000000000110	数据：数 6 的二进制数
00000000 00001010	0000000000000100	数据：数 4 的二进制数
00000000 00001011	0000000000001000	数据：数 8 的二进制数
00000000 00001100	0000000010110000	数据：数 176 的二进制数

4.2 从概念层面理解机器程序的执行

冯·诺依曼计算机：思想与构成

从概念层面理解机器程序的执行，就是要理解冯·诺依曼计算机。冯·诺依曼计算机的核心有三大部件：控制器、运算器和存储器。

控制器（Control Unit，CU），是能够读取程序、解释程序并调用各个部件执行程序的部件。

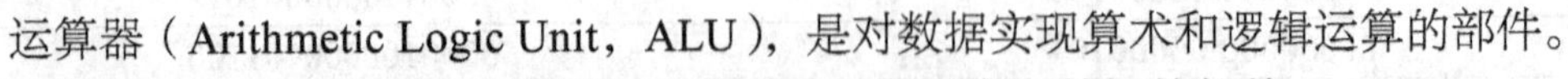

运算器（Arithmetic Logic Unit，ALU），是对数据实现算术和逻辑运算的部件。

存储器（Memory），是能够写入、读出并保存程序和数据的部件。

通常将运算器和控制器集成在一起，称为中央处理单元（Central Processing Unit,

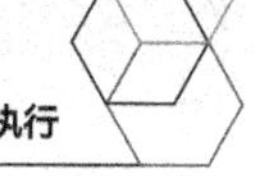

CPU），所做成的芯片被称为微处理器（Microprocessor）。CPU 是计算机的核心部件。

目前一个微处理器中可能包括多个核心，一个核心即一个 CPU。不同的 CPU 可负责不同程序的执行。在多核心微处理器中，运算器和控制器可能以不同的方式进行集成，有的是单运算器单控制器，有的是单控制器多运算器，有的是多控制器多运算器等。

程序和数据被以同等地位存储于存储器中。控制器负责将存储器中的程序以一条条指令的形式读取出来，并调度其他部件完成该指令的执行。运算器负责按照指令要求对数据进行逻辑运算和算术运算处理。

4.3 从内部结构层面理解机器程序的执行

仅仅从概念层面理解计算机是不到位的，进一步可从结构层面理解计算机。

4.3.1 运算器：实现基本运算的部件

从计算机的内部结构来看，运算器内部有一个算术逻辑部件和若干临时存储数据的寄存器，如图 4.2 所示。算术逻辑部件的两个输入端和输出端均与这些寄存器相连接，表示两个操作数和运算结果都可以由这些寄存器来提供和存储。

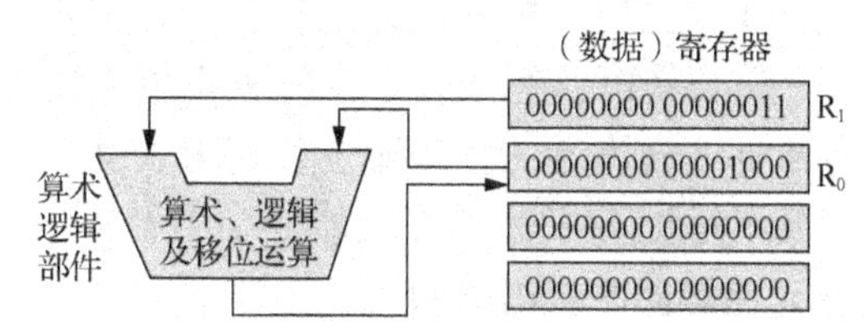

图 4.2 运算器的内部结构示意

运算器的计算可以由 $R_0 = R_1\ \theta\ R_0$ 表示。这里的“=”被称为赋值符号，将算式右侧的计算结果送到左侧的寄存器中保存。θ可以是算术运算、逻辑运算和移位运算。其中的寄存器，如 R_0 开始时可以是一个操作数，完成后又可保存运算结果。这样做的优点是可充分利用寄存器，以便在硬件设计时既减少寄存器的数目，又能保证具有丰富与灵活的功能。

运算器的实现原理在第 2 章已做讲解，其本质就是基本的逻辑门电路，在此基础上由基本门电路可实现多位加法器。在第 3 章中又看到，采用补码可实现将减法转为加法来执行。乘法运算可转换为连加运算，除法运算可转换为连减运算。因此，只要能实现加法运算，即可实现加减乘除算术四则运算。所以说，简单地理解，算术逻辑部件就是逻辑运算和加法器。这样简单的算术逻辑部件是可以做出来的。当然，为提高运算速度，还是用逻辑组合来实现更为复杂的计算的，即算术逻辑部件还是相当复杂的。

机器级程序的执行机制

4.3.2 控制器：机器程序的解读与执行部件

从内部结构来看，控制器是非常复杂的。从思维理解的角度对其做些抽象，简化成如图 4.3 所示的结构。对这个结构的理解对于今后学习更深入的内容，如操作系统或者想成为高级程序员，都是很重要的。

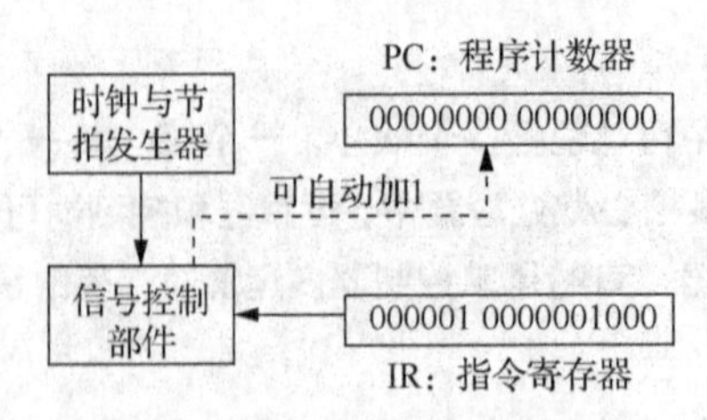

图 4.3　控制器的内部结构示意

1. 两个非常重要的寄存器：PC 与 IR

控制器中有两个非常重要的寄存器，一个是指令寄存器（Instructor Reigister，IR），一个是程序计数器（Program Counter，PC）。

指令寄存器用于保存当前正在执行的指令。因为指令的执行需持续一段时间，在这段时间内，指令是需要被保存的。

程序计数器用于存放存储器中下一条将要被执行指令的地址。程序在执行前需要被连续地存放在存储器中，然后由控制器控制着一条一条地从存储器中读取并执行。一条指令读取并执行完毕后，可自动地读取下一条指令。因此，程序计数器有一种特殊的功能，就是“自动加 1”。

这就是“存储程序”的基本思想。机器可以执行指令，但不是外界输入一条，其执行一条，然后外界再输入一条，其再执行一条，这样外界输入的速度跟不上机器自动执行的速度。改变一下，将需要机器执行的程序事先编写好，然后存于存储器中，由机器自动读取并执行程序，可极大地提高机器计算性能。

2. 什么是指令的执行：信号的产生与传递

所谓指令的执行，就是由信号控制部件依据指令的操作码产生各种 0 和 1 信号，发送给各个部件，各个部件再依据要求产生相应的 0 和 1 信号，这种 0 和 1 信号的产生、传递和变换过程即指令的执行过程。

简单地讲，指令的执行就是产生信号并传输与变换信号的过程。不同的指令，由操作码给出其差异，由信号控制部件产生不同数目的 0 和 1 信号，发送给不同的部件。因此，信号控制部件就是负责依据不同指令的操作码产生不同数目的 0 或 1 信号，通过连接线路发送给不同部件的一个部件。

在数字电路中，1 和 0 信号通常就是高电压和低电压（或者称高电平和低电平），高电压一般是 5V 左右，而低电压一般是 0V 左右，通过电路中的二极管、三极管以及电流等控制电压的变化，即相当于产生 0 和 1 信号。

4.3.3　一台完整的计算机

图 4.4 是将运算器、控制器和存储器装配在一起形成的完整计算机的示意图。

可以看出存储器中的内容寄存器分别与运算器中的各个数据寄存器、控制器中的指令寄存器相连接，说明存储器中的内容既可送给（或来自）运算器，也可送给（或来自）

控制器。那么究竟送给（或来自）谁呢？这就需要控制。

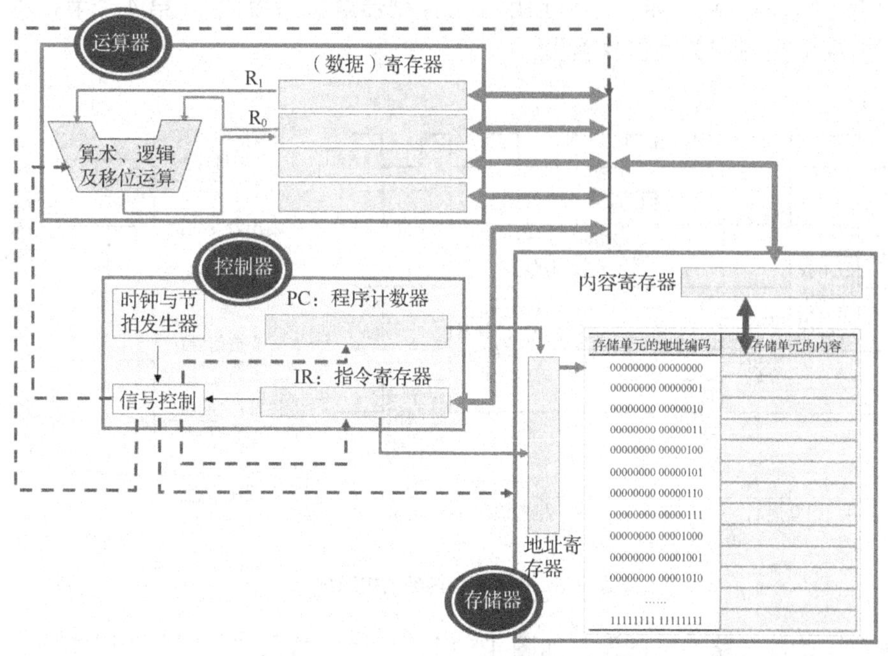

图 4.4　一台完整的计算机结构示意

控制器中的信号控制部件，专门产生各种控制信号以便控制各部件的正确运行：可以控制运算器中的某个数据寄存器接收来自存储器的数据，可以控制指令寄存器接收来自存储器的数据，可以控制运算器开始运算，可以控制存储器开始读或写工作，还可以控制程序寄存器自动加 1 以指向下一条指令的地址，等等。

简单地讲，虽然存储器的内容寄存器和多个部件相连，但信号控制部件发出的控制信号决定了哪个连接生效。例如，读取出的数据在内容寄存器中，也就出现在其所连接的所有连接线上。此时信号控制部件发出信号给指令寄存器，则指令寄存器可以接收内容寄存器中的内容；如发出信号给 R_0 寄存器，则 R_0 寄存器可以接收内容寄存器中的内容。当然，也可以多个目的地同时接收。现在万事俱备，只欠东风了。

4.3.4　扩展学习：信号传递次序的控制机制——时钟与节拍

部件之间的各种连接线类似于城市之间的各种道路，而不同功能的 0 和 1 信号好比是各种车辆。在信号传输过程中，不同职能的信号难免会有“冲突”，就像多条道路交叉形成的路口，不同方向的车辆可能会有冲突，因此需要传输次序控制。道路管理中，可通过信号灯来控制，红灯停、绿灯行，按一定的时间间隔转换红绿灯。计算机中则是采取时钟与节拍以及逻辑门控制，如图 4.5 所示。

机器中有一个时钟发生器，产生基本的时钟周期 CLK，其快慢决定了机器运行速度的快慢。通常所说的 CPU 主频即是指该时钟发生的频率，是区分机器信号的最小时间单位。通常把一条标准指令执行的时间单位称为一个机器周期。一个机器周期可能包含若干个时钟周期，不同的信号应在不同时钟周期期间发出，这些不同的时钟周期被称为“节拍”，不同节拍发出不同的信号来完成不同的任务。如图 4.5（a）所示，一个机器周期包含 4 个节拍，第 1 个节拍用于“发送指令地址给存储器”，第 2 个节拍用于“取出存储器中指令给控制器”，第 3 个节拍用于“控制器解析指令码”，第 4 个节拍用于“控制器依据指令码控制相关动作执行”。

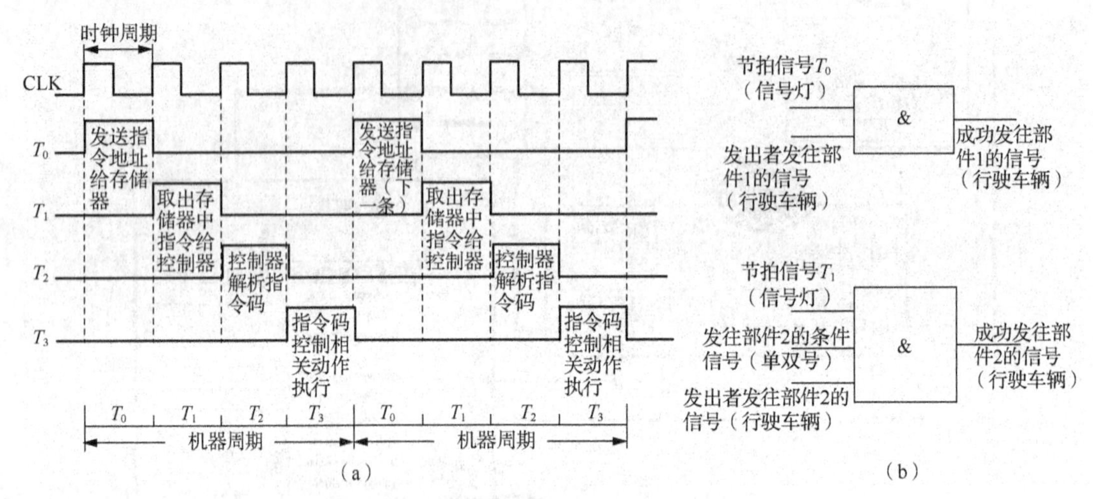

图 4.5　控制器的内部结构示意

解决数据传输线路冲突的示意如图 4.5（b）所示，可用“与门”予以实现，当要给某一部件发出信号，而该部件是否能接收到该信号取决于 3 个条件：一是节拍信号，二是某一条件信号（如道路通行中的单双号规则），三是发出的信号，这 3 个信号都为 1，即该节拍有效且条件信号满足（如单双号），同时发送者发出信号时可收到信号，否则是收不到信号的。

4.4　从动态执行过程层面理解机器程序的执行

本节以示例的形式来模拟机器运行一段机器程序。

图 4.6 所示是将程序与数据装载进存储器的示意图。可以看出该程序是自 00000000 00000000 号存储单元开始依次存储的。为执行该程序，首先需要设置 PC 的值为 00000000 00000000。因为 PC 的值决定了机器即将要执行的指令在哪里。

4.4.1　机器指令的执行：取指令与执行指令

一条机器指令的执行，总体来说分为两个阶段：取指令和执行指令。

其中，取指令的动作包括：（a）将 PC 的值发给存储器的地址寄存器；（b）存储器依地址寄存器中地址找到存储单元，将其内容读出并送到内容寄存器中；（c）内容寄存器中的值传送到指令寄存器中。这一过程需要伴随信号控制部件发出有序控制信号，如（i）通知存储器开始工作，（j）通知指令寄存器接收内容寄存器的值等。

机器级程序的执行过程模拟

这些信号有时是有冲突的，即不能同时进行，须先后进行，这就需要理解时钟周期与节拍的概念。一条指令的完整执行被称为机器周期，而一个机器周期按时间次序被划分成不同的节拍，如节拍 1、节拍 2 等，不同节拍完成不同的功能。将前面的动作和控制信号和节拍结合起来，如下所示。

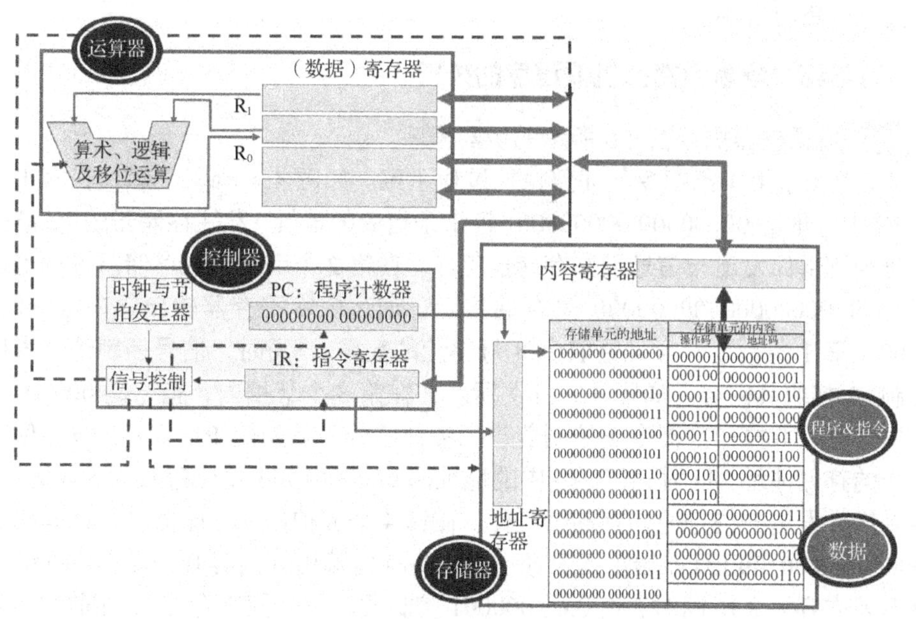

图 4.6　机器程序装载进存储器的示意

节拍 1：（a）将 PC 的值发给存储器的地址寄存器；同时，（i）通知存储器开始工作。

节拍 2：（b）存储器依地址寄存器中地址找到存储单元，将其内容读出并送到内容寄存器中；（j）通知指令寄存器接收内容寄存器的值；（c）内容寄存器中的值传送到指令寄存器中。

执行指令的动作因指令不同而有差异。以典型的取数指令和计算指令为例，通常情况下，执行指令的动作包括：（a）将 IR 中的地址码部分发给存储器的地址寄存器，（b）存储器依地址寄存器中地址找到存储单元，将其内容读出并送到内容寄存器中。（c）内容寄存器中的值传送到运算器的某一寄存器中。（d）运算器开始计算将某两个寄存器的值作为两个输入，进行计算产生结果，（e）将产生的结果写回到某一寄存器中。可以发现（d）和（e）两个操作不能在同一个节拍内完成，因为会发生冲突。

这一过程也需要伴随信号控制部件发出有序控制信号：（i）通知存储器开始工作，（j）通知运算器的某一寄存器接收内容寄存器的值，（k）通知运算器开始计算；（m）通知运算器的某一寄存器接收运算部件产生的结果，等等。

将前面的动作、控制信号和节拍结合起来，如下所示。

节拍 3：（a）将 IR 中的地址码部分发给存储器的地址寄存器；同时，（i）通知存储器开始工作：通知 PC，使其值自动加 1。

节拍 4：（b）存储器依地址寄存器中地址找到存储单元，将其内容读出并送到内容寄存器中；（j）通知运算器的某一寄存器接收内容寄存器的值；（c）内容寄存器中的值传送到运算器的某一寄存器中。（如果是取操作数指令则到此结束，如果是运算指令则还需继续）。

节拍 5：（k）通知运算器开始计算；（d）运算器开始计算将某两个寄存器的值作为两个输入，进行计算产生结果。

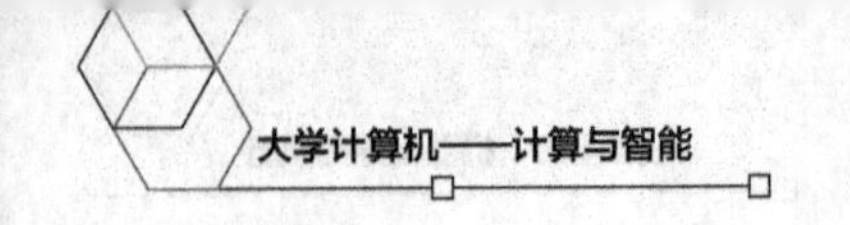

节拍 6：（m）通知运算器的某一寄存器接收运算部件产生的结果。（e）将产生的结果写回到某一寄存器中。

4.4.2 习与练：场景中模拟机器程序的执行

示例6 模拟机器执行图 4.6 所示的机器程序。

图 4.7 给出了第 1 条指令的完整执行过程示意。如图 4.7（a）所示，在第 1 个节拍内，将 PC 中的地址 00000000 00000000（第 1 条指令的地址）发往存储器的地址寄存器，并由信号控制部件发出一信号通知存储器工作。在第 2 个节拍内，存储器进行地址译码找到相应的 00000000 00000000 号存储单元，通过内容寄存器输出其内容 00000100 00001000（第 1 条指令，含义是取出 8 号单元的数据），同时，信号控制部件发出一信号，控制 IR 接收其内容。如图 4.7（b）所示，在第 3 个节拍内，指令码 000001（指令的操作码部分，取操作数指令）控制着产生各种信号。首先使 PC 内容加 1，使其指向下一指令的存储地址；同时，将指令中的地址码 0000001000 发往存储器的地址寄存器，信号控制部件发出一信号通知存储器工作。在第 4 个节拍内，存储器进行译码找到相应的 00000000 00001000 号存储单元，通过内容寄存器输出其内容 00000000 00000011（8 号存储单元内容为 3），同时，指令码 000001 控制发出信号使寄存器 R_0 接收其内容。至此完成一条指令的执行，即将 8 号存储单元的内容取出送给运算器中的寄存器，8 号单元内容为 3，执行完该指令后，运算器中 R_0 寄存器的内容为 3。

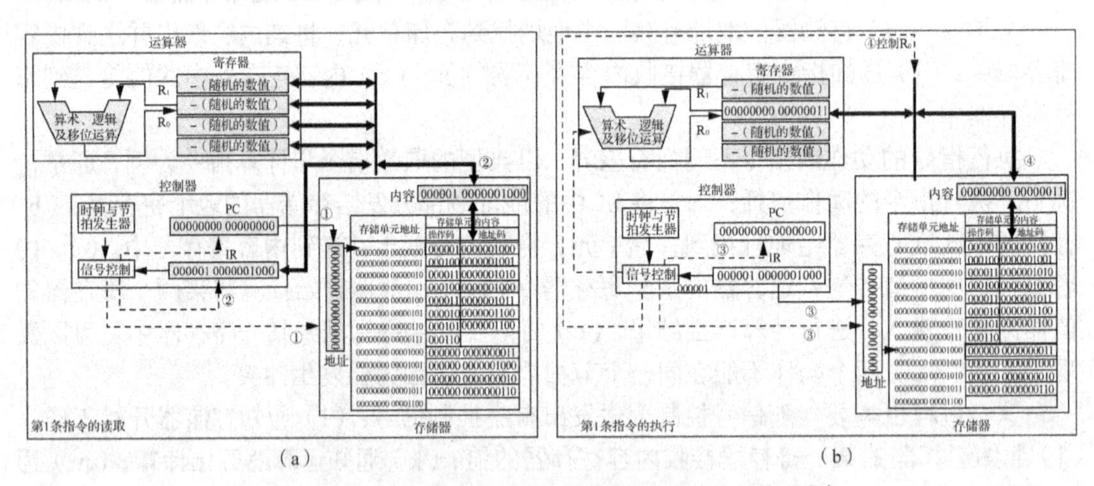

(a) (b)

图 4.7 第 1 条指令的执行过程示意（圆圈中数字为节拍次序）

接下来看第 2 条指令的执行过程。当前一条指令执行完成后，由于 PC 中已存储的是下一条指令的地址 00000000 00000001，如图 4.8（a）所示，在第 1 个节拍内，将 PC 中的地址 00000000 00000001（第 2 条指令的地址）发往存储器的地址寄存器，并由信号控制部件发出一信号通知存储器工作。在第 2 个节拍内，存储器进行译码找到相应的 00000000 00000001 号存储单元，通过内容寄存器输出其内容 00010000 00001001（第 2 条指令，含义是取出 9 号单元的数据并与运算器中 R_2 寄存器内容相乘，结果保留在 R_0 中），同时，信号控制部件发出一信号，控制 IR 接收其内容。如图 4.8（b）所示，在第 3 个节拍内，指令码 000100（指令的操作码部分，乘法指令）控制着产生各种信号。首先使PC内容加1，以使其指向下一指令的存储地址；同时，将指令中的地址码 0000001001 发往存储器的地址寄存器，信号控制部件发出一信号通知存储器工作。在第 4 个节拍内，存储器进行译码找到相应的 00000000 00001001 号存储单元，通过内容寄存器输出其内容 00000000 00001000（9 号存储单元内容为 8），指令码 000100 控制发出信号使寄存器 R_1 接收其内容。该条指令稍微不同于前一条指令，至此并没有执行完，它需要更多的节拍才能完成。因此在第 5 个节拍内信号控制部件发出信号通知运算器开始计算，即将 R_1 的内容和 R_0 的内容进行乘法操作。操作的结果在第 6 个节拍内存回到 R_0 寄存器中。至此第 2 条指令执行完毕，如图 4.8（c）所示，R_0 中的结果被改变为 00000000 00011000（即 8*3 的结果 24）。图 4.8 圆圈中数字为节拍次序，比图 4.7 中的指令要多一些节拍。

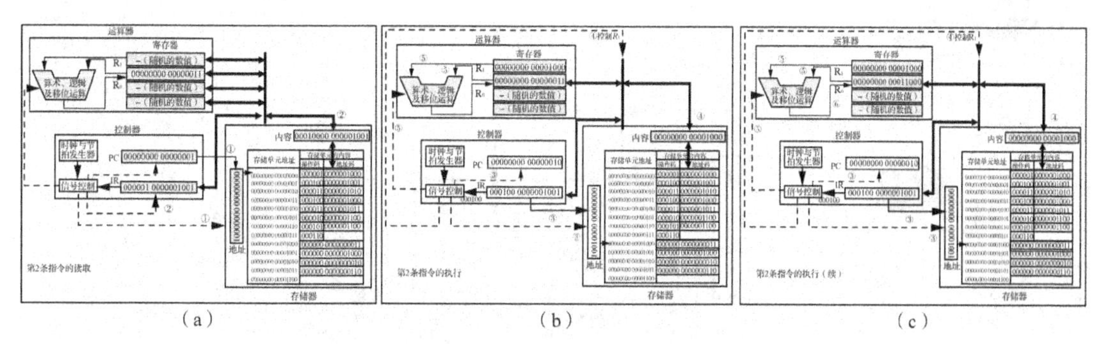

图 4.8 第 2 条指令的执行过程

机器不断重复执行这样一个过程：取指令、分析指令和执行指令，直至遇到停机指令为止，完成程序的执行。读者可以模拟执行后续的指令。机器指令的执行过程变化多样，这里只是基本思维的介绍，关于此部分内容的详细探讨可学习“计算机组成原理”和“计算机系统结构”等类似课程。

已知某机器及其装载的程序，如图 4.9 所示。程序自 00000000 11000000 号单元开始按次序存储，机器指令系统如 4.1 节表 4.1 所示。回答下列问题。

示例7 如果让机器执行该程序，则应设置的 PC 值为__________。

答： PC 值应设为程序第一条指令在存储器中存储的地址。按提议 PC 值应为 00000000 11000000。

示例8 存储器 00000000 11000000 号存储单元中存放的指令功能是__________。

答： 该存储单元的内容是 0000010000000100，取前 6 位为操作码 000001，查阅表 4.1 的指令系统知该指令是取数指令，即将 0000000100 号（即 4 号）存储单元的内容取到运算器中。

示例9 该程序所能完成的计算是__________。

答： 模拟执行该程序，可知该程序完成的计算是 $4\times8^2+6\times8+4$。

示例10 该程序执行完成后，00000000 00000100 号存储单元的内容是________。

答： 0000000000001000（十进制的 8），该程序并未修改该存储单元的内容。

示例11 该程序执行完成后，00000000 00000101 号存储单元的内容是________。

答： 0000000100110100（十进制的 308），该程序将 $4\times8^2+6\times8+4$ 的计算结果 308 存

储在 00000000 00000101 号存储单元了。

示例12 若要使该程序完成计算 $2\times7^2+6\times7+2$，则需修正此段程序或数据为________。

答： 类比该程序计算 $4\times8^2+6\times8+4$，涉及 8，4，6 分别存储在 4 号单元、3 号单元和 2 号单元，则 7，2，6 也应分别存储在 4 号单元、3 号单元和 2 号单元，则仅需修改下列存储单元的值，而程序不必修改。

00000000 00000100 号存储单元存储 00000000 00000111（即数 7）。

00000000 00000011 号存储单元存储 00000000 00000010（即数 2）。

00000000 00000010 号存储单元存储 00000000 00000110（即数 6）。

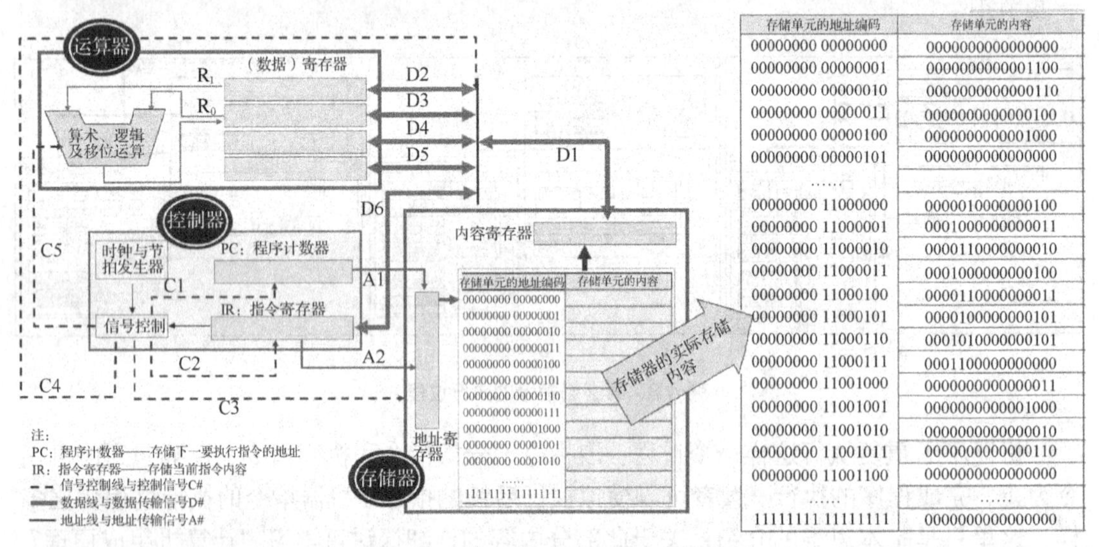

存储单元的地址编码	存储单元的内容
00000000 00000000	0000000000000000
00000000 00000001	0000000000001100
00000000 00000010	0000000000000110
00000000 00000011	0000000000000100
00000000 00000100	0000000000001000
00000000 00000101	0000000000000000
......	
00000000 11000000	0000010000000100
00000000 11000001	0001000000000011
00000000 11000010	0000110000000010
00000000 11000011	0001000000000100
00000000 11000100	0000110000000011
00000000 11000101	0000100000000101
00000000 11000110	0001010000000101
00000000 11000111	0001100000000000
00000000 11001000	0000000000000011
00000000 11001001	0000000000001000
00000000 11001010	0000000000000010
00000000 11001011	0000000000000110
00000000 11001100	0000000000000000
......	......
11111111 11111111	0000000000000000

图 4.9　典型计算机及其程序存储场景

示例13 若要使该程序完成计算 $2\times7^2+6\times7+3$，则需修正此段程序或数据为________。

答： 给定的程序并不能计算题目给出的多项式，需略加修改程序代码。

将 00000000 11000100 号存储单元中的加法指令中的地址码改为 00001100 00000001。此时原程序可执行的功能为 $4\times8^2+6\times8+12$。类比该程序计算 $4\times8^2+6\times8+12$，涉及 8，4，6，12 分别存储在 4 号单元、3 号单元、2 号单元和 1 号单元，则 7，2，6，3 也应分别存储在 4 号单元、3 号单元、2 号单元和 1 号单元，则修改下列存储单元的值：

00000000 00000100 号存储单元存储 00000000 00000111（即数 7）。

00000000 00000011 号存储单元存储 00000000 00000010（即数 2）。

00000000 00000010 号存储单元存储 00000000 00000110（即数 6）。

00000000 00000001 号存储单元存储 00000000 00000011（即数 3）。

示例14 当前机器正在执行 0000110000000011 指令，假设已执行到第 3 个节拍，问此时 PC 的值为________，IR 的值为________。

答： 0000110000000011 指令对应的存储单元的地址编码为 00000000 11000100。

因此 IR 为当前正在执行的指令，即 IR = 0000110000000011。PC 为即将执行的下一

条指令的地址，PC = 00000000 11000101，即 00000000 11000100 自动加 1。

示例15 当 CPU 在读取指令阶段，下列说法正确的是________。

A. 第 1 个节拍进行 A1，C3；第 2 个节拍进行 D1，C2，D6

B. 第 1 个节拍进行 A2，C3；第 2 个节拍进行 D1，C2，D6

C. 第 1 个节拍进行 A1，C3；第 2 个节拍进行 D1，C4，D2 或 D3

D. 第 1 个节拍进行 A1，C3，C1；第 2 个节拍进行 D1，C2，D6

答： B 项不正确，A2 是将指令的地址码送存储器，是取操作数，不是取指令；C 项不正确，取出的指令应送给 IR；D 项不正确，C1 让 PC 自动加 1 不能在取指令阶段进行，应在执行指令阶段进行；A 项是正确的。

4.5 为什么要学习和怎样学习本章内容

4.5.1 为什么：学习计算机，首先要理解机器程序是如何被执行的

学习计算机的重中之重是理解程序是如何被执行的。只有理解了程序是如何被执行的，才能编写程序，进而才能编写出高效且富有特点的程序。如图 4.10 所示，解决自然/社会问题，需要先将其符号化计算化，进一步设计算法进行求解，算法可采用高级语言编写出程序，然后将其转换为机器程序，用 0 和 1 编码指令和数据，进而将 01 编码的程序和数据存储于存储器中，被控制器和运算器解释和执行，进而实现高级语言程序的执行，获得算法的结果。本章内容一方面展示了如何实现自动化，主要介绍了关于机器级算法、机器程序和机器指令及其存储和执行的相关联思维；另一方面，理解本章的内容将有助于未来设计各种各样的计算设备，将各种机械的、电子的设备嵌入计算机，使其实现自动化，进而实现网络化与智能化。这一过程并不复杂，如本章所述，目前出现的各种各样的物联设备即证明如此。

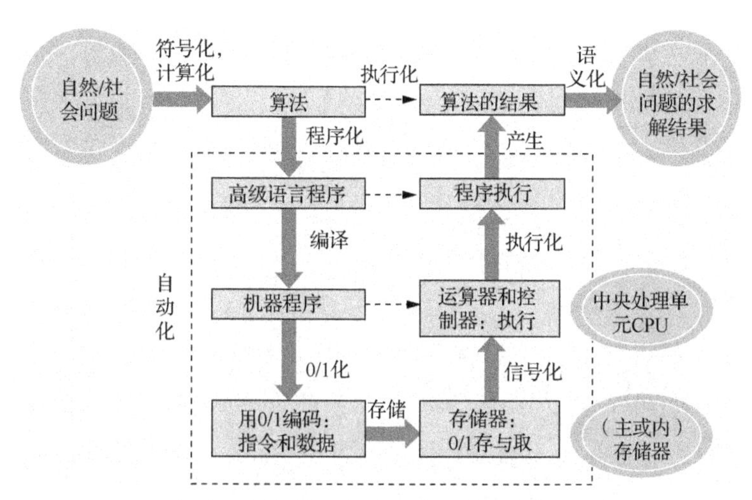

图 4.10　利用计算自动解决自然/社会问题的途径

4.5.2 怎样学：场景理解式学习方法

“为山九仞，不要功亏一篑”“九十九步是一半，一步是一半”，这清楚地说明了学

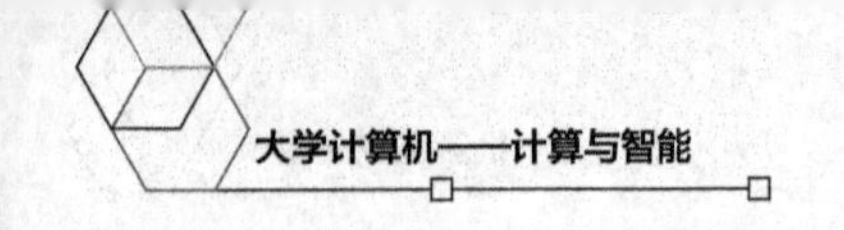

习要学到位才有效果。本节展示了一种场景理解式学习方法。

很多读者在学习了本章 4.2 节的内容后，认为自己了解计算机了。计算机有 3 大核心部件：运算器、控制器和存储器，能够一条一条地读取指令并执行指令。这只是了解了一组概念，但其内部是如何实现的，你知道运算器其实不是很复杂的吗？你知道要执行一个程序，最基本的部件有哪些吗？本章搭建了一台简单的计算机，在这种场景下，你知道程序和数据是怎样被存储、被执行的吗？有同学说，场景太复杂，但我们学习的目的是应用和创新，需要将学到的理论知识应用于未来的改造世界的活动中，一定是应用在某些场景中，因此衡量学习效果好坏的一个标准就是在场景中理解术语和原理的能力，换句话说，如果问"什么是计算机""什么是运算器和控制器""运算器和控制器的功能是怎样的""计算机有几大部件"等问题，可以通过死记硬背来获得高分，但这不表明你学会了。而如果在一个场景中，类似于 4.4.2 小节示例 12（见图 4.9）的场景，给你一个简单的机器程序，你能区分开程序和数据，你能模拟计算机执行该段程序，这时就是培养了一种能力。

知识学习可以通过死记硬背来实现，但遇到具体场景时可能仍旧不知道如何进行处理，即虽然记住了知识，但遇到具体问题时可能仍旧不会应用。而能力学习是将知识放在一个具体的场景中，是围绕具体的场景应用知识，通过具体的场景体验应用知识来解决具体问题的过程和方法。建议从现在起，由知识学习转为能力学习。

第5章 程序构造是一种计算思维

Chapter5

本章摘要

程序的魅力不在于编写，而在于构造。通过组合简单的已实现的动作而形成程序，由简单功能的程序，通过构造，逐渐形成复杂功能的程序，尽管复杂，却是机器可以执行的，这是计算的本质之一。程序构造是一种计算思维。本章通过介绍一种简单的语言帮助读者体验程序构造的神奇。

5.1 表达程序的一种简单方法：数值与运算组合式

5.1.1 一种简单的语言：运算组合式

计算对象的定义、构造与计算

我们知道算术运算由数值和运算符构成，如 100、205 等是实际的数值、实际的计算对象，可以直接被表示被计算。在表达一个运算式时，通常有一些基本的运算符来表达一些基本的计算规则，如+、−、×（计算机语言中通常用“*”代替）、÷（计算机语言中通常用“/”代替）等。习惯上采取下列形式：

```
100 + 205
```

上面这种表示法，俗称中缀表示法，即用运算符将两个数值组合起来，运算符在中间，数值在两边。可将上述表示法做一个变换，按如下形式进行表达：

```
+ 100  205
```

这种表示法，称为前缀表示法，也是用运算符将两个数值组合起来，但运算符在前面，其含义为“将运算符表示的操作作用于其后面的一组计算对象上并求出结果”。此时的运算符可以被认为是一种指令，即指明作用于计算对象上的操作是什么。

前缀表示法相比于中缀表示法有一些优点，典型的如下面的连加、连减运算的表示：

```
+  100  205  307  400  51  304
```

用前缀表示法只需一个运算符，即可表示多个数值的连续重复的运算，而用中缀表示法则可能需多个运算符予以表达。

为区分一个个运算式，可用括号作为一个运算式的开始和结束的界定，用括号括起的运算式可以被计算，其计算结果是一个数值，如下所示：

```
(+  100  205)
```

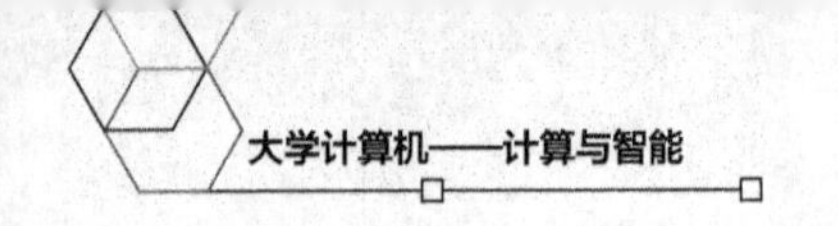

这就是初次体验程序构造所使用的一种简单的语言，为避免读者受到语言细节的影响，这里忽略这种语言的名字，而简单地称其为运算组合式。特别注意，我们不是学习这种语言，而是借助这种简单的语言，体验程序构造的思维。

运算组合式的形式规则 1：

```
(运算符  计算对象1  计算对象2 … 计算对象n)
```

其中，“( )”作为一个运算组合式的边界标志，如果其内仅是一个数值，则可省略，否则不可或缺，同时括号的使用要注意正确匹配。运算符是一种指令，或者说计算规则的名字，而计算对象是一个数值，或者是其可以被计算出一个数值的另一个运算组合式。初始，仅使用+、-、*、/，这几个基本的运算符。因为通过前面几章的学习可以看到这些运算是可以被计算机自动执行的。

假设有两个基本的运算组合式式①和式②。如下：

（运算符 1　计算对象 1　计算对象 2）　①

（运算符 2　计算对象 a　计算对象 b）　②

可将式②作为式①的计算对象 1，整体嵌入到式 1 中，形成：

（运算符 1　（运算符 2　计算对象 a　计算对象 b）　计算对象 2）　③

这就是一种组合，通过将一个运算组合式嵌套到另一个运算组合式中，不断地嵌套，便可构造复杂的运算组合式，例如：

（运算符 1（运算符 2（运算符 3 计算对象 I 计算对象 J）计算对象 b）计算对象 2）

示例 1　(+　(+　(-　30　2)　40)　(-　305　100))。

这种运算组合式，无论多么复杂，只要正确构造，便可以一步一步地计算出结果，即一个数值。对复杂的运算组合式的计算过程或者说执行过程如下。

（1）首先求该组合式中每个子组合式的值，如果子组合式仍有子-子组合式，则先求子-子组合式的值，依次类推。

（2）当所有子组合式的值都求出后，再求本组合式的值。

示例 1 的计算过程如表 5.1 所示。

表 5.1　示例 1 的计算过程示意

计算步骤	运算组合式
（1）	(+　(+　(-　30　2)　40)　(-　305　100))
（2）	(+　(+　28　40)　205)
（3）	(+　68　205)
（4）	273

通常，每一种计算机语言都提供了 3 种机制。

（1）基本表达形式，用于表示该语言中最基本、最简单的元素。

（2）组合方法，通过它们可以从较简单的元素出发构造出较复杂的元素。

（3）抽象方法，通过它们可以为复杂的元素命名，进而可用这个名字代替该复杂元素参与新的构造，在计算执行时再用该复杂元素替代该名字。这一机制包含了 3 个阶段：定义名字、应用名字进行新的构造、计算执行时的替代。注意：构造时，用名字替代复杂元素，参与构造；计算执行时，则用复杂元素替代名字，完成计算。

后续内容中将学习这些方法。学习过程中尤其要注意抽象方法的 3 个阶段的体验。

5.1.2　习与练：用运算组合式进行组合构造训练

下面用运算组合式练习程序的组合与构造。

示例2　基本构造表达示例。

(-　100　50)

(*　200　5)

(*　200　5　4　2)

(-　20　5　4　2　3)

(+　20　5　4　6　100)

这些运算组合式最终是可被计算出结果的，即上述括号内的最终结果是一个数值。不妨计算一下其结果数值是什么。

示例3　已知下列运算组合式，其中结果为 56 的是________。

A. (*　7　(+　5　2))

B. (*　(+　5　3)　(+　5　2))

C. (+　20　(+　6　6))

D. (-　(*　9　8)　(-　20　2))

题目解析：若要完成本题，首先要理解前缀表达式，它是将运算符写在前面，然后写计算对象。例如，+　15　30，*　20　4。为了区分表达式的边界，便于组合与构造，将一个表达式用括号括起来，形成了（运算符　计算对象 1　计算对象 2）这样的结构。这种运算组合式的优点是一个运算符可以有超过 2 个以上的计算对象，各计算对象之间用空格区分开，即（运算符　计算对象 1　计算对象 2　计算对象 3 …）。只要在一个括号内，就属于同一个运算符的计算对象。进一步地，有了括号后，就可组合构造，即一个计算对象可以是另一个运算组合式的计算结果，例如，（运算符　计算对象 1　计算对象 2）的计算对象 1 可以是另一个运算组合式（运算符 2　计算对象 a　计算对象 b）的结果。这样组合起来就是（运算符　（运算符 2　计算对象 a　计算对象 b）　计算对象 2）。

有了括号后，就可知道括号里面的第一个位置应是运算符，而其他位置应是计算对象，一个括号内仅有一个运算符，除非再引入括号。不管怎样，一个括号的最终计算结果就是一个数值。这种组合式的计算过程就是由最内层的运算组合式计算起，然后依次向外层计算。

答：先看一个选项的计算过程，如下所示。

(-　(*　9　8)　(-　20　2))

(-　72　18)

54

再看另一个选项的计算过程，如下所示。

(*　(+　5　3)　(+　5　2))

(*　8　7)

56

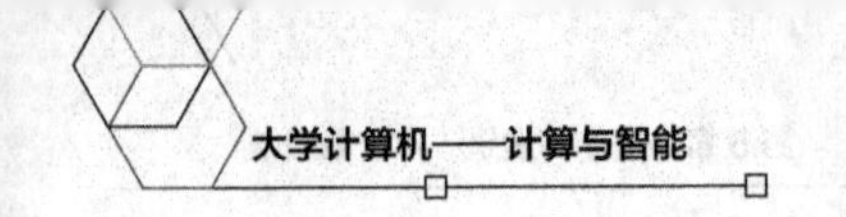

请读者一定要亲自体验这个计算过程。通过计算可知：A 选项的值为 49，B 选项的值为 56，C 选项的值为 32，D 选项的值为 54。故本题答案为 B。

示例 4 将一个组合式嵌入另一个组合式中，即组合式的“嵌套”使用。

(+ (+ 60 40) (- 305 100))

(* (* 3 (+ (* 2 4) (+ 3 5))) (+ (- 10 7) 6))

大家能给出上述两个组合式的结果数值吗？这里给出后一个组合式的计算过程示意，在每一步中先计算带下画线的子组合式，计算完成后产生下一步的组合式。依次计算可得到最终结果，如表 5.2 所示。

表 5.2 示例 4 的计算过程示意

计算步骤	运算组合式
（1）	(* (* 3 (+ (* 2 4) (+ 3 5))) (+ (- 10 7) 6))
（2）	(* (* 3 (+ 8 8)) (+ 3 6))
（3）	(* (* 3 16) 9)
（4）	(* 48 9)
（5）	432

可见无论运算组合式多么复杂，其最终都可被计算出一个数值。

示例 5 用运算组合式表达 $\dfrac{10+\dfrac{20}{8+4}}{3\times6+8\times2}$。

题目解析：若要完成本题，需要理解运算组合式的基本规则（运算符 计算对象 1 计算对象 2）。一个运算式中的计算对象可以被另一个运算式所取代，例如，（运算符 计算对象 1 计算对象 2）中的计算对象 1 可以是另一个运算式（运算符 2 计算对象 a 计算对象 b）的结果。这样组合起来就是（运算符 （运算符 2 计算对象 a 计算对象 b）计算对象 2）。因此题目中的计算式可以这样逐步构造：先用笼统的计算对象来表示，然后再将该计算对象替代为相应的运算组合式，直到所有笼统的计算对象都被替代为确定的运算组合式为止。

解：先从最后的除法运算构造起，可写出如下形式。

```
( /  计算对象1  计算对象2)
```

这里的计算对象 1 是分子，而计算对象 2 是分母。看分子分母，分子的最后计算是加法，分母的最后计算也是加法，将加法式替代计算对象 1 和计算对象 2。得到：

```
( /  (+ 10 计算对象a2)  (+ 计算对象a3  计算对象a4 ) )
```

第一个子运算式为分子，第二个子运算式为分母。再看分子的运算式是 10 加上另一个分式计算式，即计算对象 a2 又是一个分式（/ 20 计算对象 a5），而计算对象 a5 又是一个加法运算式（+ 8 4），代入（/ 20 （+ 8 4）），再用此式替代计算对象 a2 得到：

```
( /  (+ 10  ( / 20  (+ 8 4) ) )  (+  计算对象a3  计算对象a4 ) )
```

同样计算对象 a3 和 a4 的运算式为（* 3 6）和（* 8 2）。将其代入，得到最终的运算式为：

```
( /  (+ 10  ( / 20  (+ 8 4) ) )  (+  (* 3 6)  (* 8 2) ) )
```

解毕。

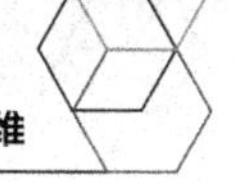

如此便可构造出题目计算式的运算组合式。注意，这里体验的是构造过程，也是一种程序设计训练。由上述过程可看出，运算组合式是通过组合简单的运算组合式而构造复杂的运算组合式的。

5.2　程序构造的基本——命名计算对象

5.2.1　计算对象的命名、再构造与计算执行

尽管运算组合式可以构造得很复杂，但仍旧满足不了一些复杂组合的需求。复杂的组合可能需要由前一个组合式的结果再进行组合，形成新组合式。此时可以将复杂的组合式进行命名，然后通过名字使用这个复杂的组合式。这是计算机语言提供的一种机制。下面先看计算对象的命名、再构造与计算执行。

运算组合式的形式规则 2：

```
(define  名字  (运算组合式P))
```

这里引入一个基本运算符 define，该运算符不是用于计算，而是用于定义一个名字，该名字可以任意命名。(define　名字　(运算组合式 P))的含义是将运算组合式 P 用一个“名字”来指代。注意，该运算组合式仍旧符合基本形式（运算符　计算对象 1　计算对象 2），其中 define 是运算符，而“名字”是一个计算对象，运算组合式 P 是另一个计算对象。

示例6 计算对象的名字定义示例：

```
(define  height  2)
(define  long  3)
```

上式表示：定义一个名字 height，并与 2 关联，以后可以用 height 来表示 2。又定义一个名字 long，并与 3 关联，以后可以用 long 来表示 3。

```
(define  amg  (*  (+  (-  100  20)  50)  200))
```

上式表示：定义一个名字 amg，用以代替（*　（+　（-　100　20）　50）　200）这个复杂的运算组合式。名字是可以任意指定的，但最好有一定的含义以便于理解。

示例7 应用计算对象的名字进行构造的示例：

```
(*  height  long)
(+  (+  height  40)  (-  305  height))
(+  (*  50  height)  (-  100  height))
(define  area  (*  height  long))
( *  area  height)
```

命名是为了简化运算组合式的书写。例如：

```
(*  amg  amg  amg)
```

如果不用命名，则将写为（*　（*　（+　（-　100　20）　50）　200）　（*　（+　（-　100　20）　50）　200）　（*　（+　（-　100　20）　50）　200）)，将会非常复杂，所以用命名来简化其构造。

示例8 带名字的运算组合式计算执行时，要用该名字所指代的运算组合式不断替代，直到可以执行的基本运算，并产生结果。

（ *　area　height）的执行过程如表 5.3 所示。

表 5.3　示例 8 的计算过程示意

计算步骤	运算组合式	计算执行过程的解释
（1）	(*　area　height)	用 area 指代的运算组合式替代 area
（2）	(*　(*　height　long)　height)	用 height 和 long 指代的数值分别替代 height 和 long
（3）	(*　(*　2　3)　2)	
（4）	12	

5.2.2　习与练：计算对象的命名、再构造与计算执行

复杂运算组合式可以通过命名来简化构造。一些常数也可以用名字来指代，便于程序中多处应用时的一致性。定义了名字，则可以用名字进行新组合式的构造。看下面 2 个例子，大家可以计算一下该组合式的结果数值为多少。

示例 9 程序构造示例。

```
(define pi 3.14159)          //名字的定义，将一个数值定义为一个名字
(define radius 10)           //名字的定义，将一个数值定义为一个名字
(* pi (* radius radius))     //名字的使用，用名字构造新的运算组合式
(define circumference (* 2 pi radius)) //名字的定义，将一个结果为数值的运算组合式定义为一
                             //个名字，即circumference代表(* 2 pi radius)这个组合式
(* circmference 20)          //名字的使用，用名字构造新组合式。
```

示例 10 程序构造示例。

```
(define x (+ 2 3))
(define y (+ 3 3))
(define sq (* x x))
(define sos (+ (* x x) (* y y)))
(+ sos sos)
(define soc (+ (* x x x) (* y y y)))
(+ sos soc)
```

示例 10 的计算过程如表 5.4 所示。

表 5.4　示例 10 的计算过程示意

计算步骤	运算组合式	计算执行过程的解释
（1）	(+　sos　soc)	用 sos 指代的运算组合式替代 sos
（2）	(+　(+　(*　*x*　*x*)　(*　*y*　*y*)) (+　(*　*x*　*x*　*x*)　(*　*y*　*y*　*y*)))	用 soc 指代的运算组合式替代 soc
（3）	(+　(+　(*　5　5)　(*　6　6)) (+　(*　5　5　5)　(*　6　6　6)))	用 *x* 指代的运算组合式的结果 5 替代 *x* 用 *y* 指代的运算组合式的结果 6 替代 *y*
（4）	(+　(+　25　36)　(+　125　216))	
（5）	(+　61　341)	
（6）	402	

5.3　程序构造的基本：定义新运算/新过程

5.3.1　定义新运算符，即新的运算（或新的过程）

到目前为止，本书在构造运算组合式时使用的都是基本运算符+、-、*、/和一个

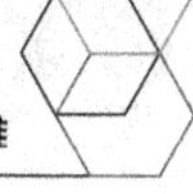

define。那能否定义新的运算呢？新运算符的运算组合式应该是：

```
(新运算符　计算对象a1　计算对象a2　…)
```

此处需要定义的是这样的带有新运算符的运算组合式，下面还是用 define 来定义。

运算符的定义、构造与计算

运算组合式的形式规则 3：

```
(define　(新运算符　计算对象a1　计算对象a2　…)　(运算组合式P))
```

注意，不同类型的计算对象可以有不同的定义方法。这里统一用 define 运算符来表示，在具体的计算机语言中是用不同的方法来定义的。

请注意这个例子，define 内由两个部分构成，由两组括号予以区分。前一组括号内给出了新运算的使用形式，包括新运算名字和形式参数；后一组括号给出了新运算名字所代表的运算组合式，被称为“过程体”或“函数体”，是关于形式参数的一种运算组合式。这种新定义的运算，也被统一称为过程或函数。

示例 11 (define　(square　x)　(*　x　x))。

上式说明，定义一个新运算名字为 square，在应用时可写为(square　x)形式，表示将 square 操作作用于对象 x 上，其中的 x 被称为形式参数（简称“形参”），使用时可以被任何具体的数值或组合式，即实际参数（简称“实参”）所替代。那么 square 是什么操作呢？其由后一个括号内的基本运算（*　x　x）来定义。此例中 square 的操作为求 x^2 操作，如图 5.1 所示。

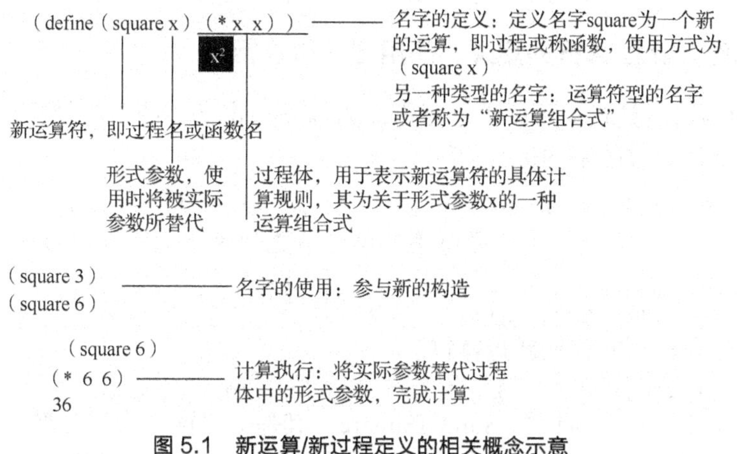

图 5.1　新运算/新过程定义的相关概念示意

当定义了 square 运算后，可以使用 square 运算来构造运算组合式，例如：

```
(square  3)
(square  6)
```

示例 11 分别表示求 3^2 和 6^2，其结果仍旧为一个数值型的结果对象。而 3 和 6 被称为实际参数，在计算时，将用 3 和 6 取代过程体中的形式参数 x 进行计算。

下面再给出一些应用新运算 square 的示例。

```
(square  10)
(square  (+  2  8))
(square  (square  3))
(square  (square  (-  8  5)))
```

上述示例中的形式参数分别由一个数值、一个基本运算组合式、新运算 square 自身和前几种情况的组合等来表示。此外，上述示例不管多么复杂，都是可计算的。例如，上面最后一个示例（square （square （- 8 5）））先计算最内层组合式（- 8 5）得到 3；再计算（square 3）得到 $3^2=9$；再计算（square 9）得到 $9^2=81$。最后结果数值为 81。

这种新运算组合式又称为过程或者函数。与数学函数相比，通常数学函数仅给出了函数的定义，但不一定都能够计算，而这里的函数给出了如何通过基本运算或者已定义的运算来计算该函数的步骤或过程。它是将复杂的可计算的运算组合式封装为一个名字的重要手段。

在定义中，出现了形式参数（形参）和实际参数（实参）的概念，新运算组合式中的形式参数可以被任何实际参数所替代，从而使该函数可应用于任何计算对象。在计算执行时，实际参数按照次序替代过程体中的形式参数，从而实现新过程/新函数随计算对象的变化而变化。

比较 5.2.2 小节示例 10 和本节示例 11：

```
(define  sq  (*  x  x))                                    //①
(define  (square  x)  (*  x  x))                           //②
```

如要计算 5^2 或 6^2，式②可以直接写为（square 5），（square 6）。而式①不能直接应用，需要在某一个运算组合式中应用，此外，在应用时还需事先定义 x 的值，一旦 x 的值确定，则 sq 就是确定的。如果已经学过某种计算机语言，则可对比：式①相当于一种“赋值语句”，而式②则相当于“函数”。请仔细比较其差别。

5.3.2 习与练：新运算符的定义、使用与计算执行

下面继续构造运算式。可以用已经定义的运算再定义和使用新的更复杂的运算。

示例12 求 3 个数的平均值。

解：(define (avg x y z) (/ (+ x y z) 3))

当定义了（avg x y z），便可用其再构造更为复杂的运算组合式，例如：

```
(avg  50  40  30)
(+  (avg  100  200  300)  (avg  50  100  60))
```

示例13 定义求平方和的新运算符。

```
(define  (SumOfSquare  x  y)  (+  (square  x)  (square  y)))
```

示例 13 定义了一个新运算 SumOfSquare，其是关于两个形式参数的运算，其过程体给出了该运算的计算规则为 x^2+y^2。有了名字的定义，即可使用该名字，例如：

```
(SumOfSquare  3  4)
```

当一个运算有多个形式参数时，在使用时相应地要给出对应数目的实际参数，并自前向后依次匹配。SumOfSquare 有两个形式参数，因此在使用时也要给出两个实际参数，如 3 和 4，其中 3 对应 x，4 对应 y。再例如：

```
(+  (SumOfSquare  3  4)  height)
```

上例表示的是计算（3^2+4^2）+height。

更进一步，用 SumOfSquare 再定义新运算 NewProc，如下：

```
(define  (NewProc  a)  (SumOfSquare  (+  a  1)  (*  a  2)))
```

新运算 NewProc 是关于形式参数 a 的运算，由过程体可以看出 NewProc 的计算规则为（$a+1$）^{2}+（$a*2$）^{2}。NewProc 的使用示例如下：

```
(NewProc 3)
(NewProc (+ 3 1))
```

示例 14 请定义一个过程，求某一数值的立方。

```
(define (cube x) (* x x x))
```

示例 15 请在示例 14 的基础上再定义一个过程，求某两个数值的立方和，进一步求 6^3+7^3。

```
(define (sumofcube x y) (+ (cube x) (cube y)))
(sumofcube 6 7)
```

示例 15 的计算过程如表 5.5 所示。

表 5.5　示例 15 的计算过程示意

计算步骤	运算组合式	计算执行过程的解释
(1)	(sumofcube 6 7)	用 sumofcube 的过程体替代
(2)	(+ (cube 6) (cube 7))	用 cube 的过程体替代
(3)	(+ (* 6 6 6) (* 7 7 7))	
(4)	(+ 216 343)	
(5)	559	

示例 16 (define (cube x y) (* x y))的功能是怎样的？

答： 上式定义了一个过程，过程名为 cube，但其实现的功能是 $x*y$。注意，这里的过程名并不要求与其文字含义一致，只是一种符号而已。例如，上式（define (cube x y) (* x y)）写成下面的形式都是可以的，过程所能完成的功能是一样的，仅过程名是不同的。

```
(define (cb x y) (* x y))
(define (product x y) (* x y))
(define (mk x y) (* x y))
```

示例 17 请用 define 运算，定义一个过程实现计算 a^3，其正确定义的过程为_____。

```
A. (define cube a (* a a a))
B. (define (cube x) (* x x x))
C. (define (cube a (* a a a)))
D. (define (cube a) (* x x x))
```

题目解析： 解本题要理解如何使用 define 定义新的运算组合式。对比（运算符 计算对象 1 计算对象 2），define 本身仍旧是运算组合式的形式：（define 计算对象 1 计算对象 2），将计算对象 2 定义为计算对象 1 这个名字，这里计算对象 1 不是一个简单的名字，而是一个含有新运算符的运算组合式（新运算符 计算对象 a1 计算对象 a2 …）。这个整体是一个名字，它说明了新运算符的应用格式，计算对象 a1、计算对象 a2 等被称为形式参数。而计算对象 2 是一个运算组合式，可以是很复杂的，但不管其多么复杂，其中出现的运算符都是基本的运算符或者是已经被定义过的运算符，而且使用前面定义的形式参数作为参数进行运算组合式的书写。合在一起书写便是：

```
(define (新运算符 计算对象a1 计算对象a2 …) (运算组合式P))
```

这是一个抽象的过程，即将复杂的运算组合式 P 命名为一种新的运算组合式。

答： 检查本题的各个选项。选项 A 不正确，define 应该是（define （新运算 a） （运算式 P））形式，这里的 cube a 应加上括号（cube a）。选项 B 是正确的，符合（define （新运算 x） （运算式 P）），这里的 x 可以不必是 a，因为它只是形式参数。只要后面的运算式P所使用的参数与此形式参数保持一致即可。选项C也是不正确的，其也不符合（define （新运算 a） （运算式P））形式。选项D也是不正确的，虽然形式上符合（define （新运算 a） （运算式P）），但运算式P中没有使用形式参数a，而是使用的与a无关的x。故本题正确答案为B。

示例18 已知一个新运算被定义为(define (newCalc x y) (* (+ x 1) (* y 2)))，问newCalc可以完成的计算功能为＿＿＿＿＿。

```
A.  (x+1)+2y
B.  (x+1)*2y
C.  (x+1) +(y+2)
D.  (x+1)*(y+2)
```

解：首先要了解define的格式。

```
(define (新运算 x) (关于x的运算式P))
```

然后识别题目式子中，哪一个是（新运算 x），哪一个是P。

```
(define (newCalc x y) (* (+ x 1) (* y 2)))
```

（newCalc x y）是新运算组合式，而（* （+ x 1） （* y 2））是P，是新运算组合式的过程体，即新运算能够实现的功能是P。

将（* （+ x 1） （* y 2））写成中缀表达式，即是（x+1）*（y*2），即（x+1）*2y。故本题正确答案为B。

为更好地理解，有兴趣的读者可将选项A、C和D的计算功能定义为newCalc，应如何书写呢？下面哪一个对应选项A、C和D呢？

```
(I)     (define (newCalc x y) (+ (+ x 1) (* 2 y) ))
(II)    (define (newCalc x y) (* (+ x 1) (+ 2 y) ))
(III)   (define (newCalc x y) (+ (+ x 1) (+ 2 y) ))
```

示例19 已知一个运算被定义为(define (firstCalc x) (* x x))，在其基础上进一步定义新运算secondCalc为$x^2+y^2+z^2$，下列运算组合式书写正确的是＿＿＿＿。

```
A.  (define secondCalc (+ (firstCalc x) (firstCalc y) (firstCalc z)))
B.  (define (secondCalc x y z) (+ firstCalc x y z))
C.  (define (secondCalc x y z) (+ (firstCalc x) (firstCalc y) (firstCalc z)))
D.  (define secondCalc x y z (+ (firstCalc x) (firstCalc y) (firstCalc z)))
E.  (define (secondCalc x y z) (+ (firstCalc x) (firstCalc x) (firstCalc x)))
```

题目解析：本题还是要理解如何定义新运算符。看已经定义的运算符(firstCalc x)，它表达了x^2，可被用于新运算符的定义中。看要定义的运算符secondCalc，涉及3个参数，其将来要使用的形式为（secondCalc x y z）。

再看其要完成的功能$x^2+y^2+z^2$，写成组合式的形式为：

```
(+ (firstCalc x) (firstCalc y) (firstCalc Z))
```

这里使用了(firstCalc x)表示x^2。将这两者装配起来，如下所示：

```
(define (secondCalc x y z) (+ (firstCalc x) (firstCalc y) (firstCalc Z)))
```

答：检查5个选项。选项A不正确，新运算符应加括号，不符合（define （新运算 x） （关于x的运算式P））的形式，过程体P的书写是正确的，但新运算式的书写不正确；选项B不正确，虽然符合（define （新运算 x） （关于x的运算式P））的形式，但过程体P中的firstCalc的书写不正确，既不符合参数，又不能表示$x^2+y^2+z^2$；选项C是正确的；选项D是不正确的，新运算符应加括号，不符合（define （新运算 x） （关于x的运算式P））的形式，过程体P的书写是正确的，但新运算式的书写

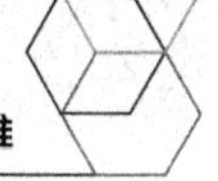

不正确；选项 E 是不正确的，虽符合（define （新运算 x） （关于 x 的运算式 P））的形式，过程体 P 的书写形式上是正确的，但内容上不正确，不能表示 $x^2+y^2+z^2$。而其表示的是 $x^2+x^2+x^2$。

5.3.3 运算组合式的两种计算模式

前面给出了运算组合式的构造。那么对于给定的运算组合式，如何一步一步地计算出其结果呢？通常情况下可以有两种方法：先求值再代入方法和先代入再求值方法。下面以（NewProc （+ 3 1））的计算过程为例来看这两种方法是如何计算并获取结果的。

首先看“先求值再代入”方法。

```
(NewProc  (+  3  1))                   //要计算的运算组合式
→   (NewProc  4)                       //首先计算(+  3  1)，得到值4后再代入新运算中
→  (SumOfSquare  (+  4  1) (*  4  2))//用NewProc的过程体代替该名字，用实际参数代替形式参数
→   (SumOfSquare  5  8)                //再计算其中的两个运算组合式得到结果数值后再代入新运算中
→   (+ (square 5) (square 8)) //再用SumOfSquare的过程体代替该名字，用实际参数代替形式参数
→   (+ (* 5 5) (* 8 8))          //再用Square的过程体代替名字Square，用实际参数代替形式参数
→   (+ 25  64)                   //计算运算组合式得到计算结果
→   89                           //计算运算组合式得到最终计算结果
```

接下来再看“先代入再求值”方法。该方法分代入阶段和求值阶段两个阶段进行计算：代入阶段即是将新运算用其过程体替代，其形式参数用其实际参数替代的阶段，只代入不求值，直到仅剩下基本运算为止，如下所示。

```
(NewProc  (+  3  1))                   //要计算的运算组合式
→  (SumOfSquare  (+  (+  3  1)  1)  (*  (+  3  1)  2))
   //用NewProc的过程体代替该名字，用实际参数组合式代替形式参数，不计算组合式
→   (+  (square  (+  (+  3  1)  1))  (square  (*  (+  3  1)  2)))
   //再用SumOfSquare的过程体代替该名字，用实际参数组合式代替形式参数
→   (+ (* (+ (+ 3 1) 1) (+ (+ 3 1) 1)) (* (* (+ 3 1) 2) (* (+ 3 1) 2)))
//再用square的过程体代替名字square，用实际参数代替形式参数。到此为止仅剩下基本运算。此后开始逐层计算
→  (+  (*  (+  4  1)  (+  4  1))  (*  (*  4  2)  (*  4  2)))
→  (+  (*  5  5)  (*  8  8))
→  (+  25  64)                   //计算运算组合式得到计算结果
→   89                           //计算运算组合式得到最终计算结果
```

通过模拟这两种计算过程，可以体验一下一个程序的执行过程。

通过上面若干个示例，可以看到程序是构造出来的，由基本运算，通过组合、抽象可以构造一个复杂的对象，也被称为复合对象。复合对象的构造可通过组合、抽象来构造，复合对象的计算可采取“先求值再代入”或者“先代入再求值”方法，通过逐层计算运算组合式得到最终结果。这里均用到了一个构造手段——递归。

5.4 扩展学习：复杂程序的构造

条件组合式的构造

5.4.1 运算组合式中条件的表达方法

如何构造如下函数形式的运算组合式呢？

$$|x| = \begin{cases} x, & x > 0 \\ 0, & x = 0 \\ -x, & x < 0 \end{cases}$$

上述的绝对值函数是一种带条件的计算规则。下面给出条件的表达方法。

运算组合式的形式规则 4：

```
(cond  ( <p1>  <e1>)
       ( <p2>  <e2>)
         ...
       ( <pn>  <en>) )
```

其含义为“若条件式 p_1 为真，则计算 e_1；否则若条件 p_2 为真，则计算 e_2；否则……若条件 p_n 为真，则计算 e_n”。其中条件 p_1，p_2，...，p_n 可由基本的比较运算符<、>、==、<=、>=和<>来构造。

例如，(>　2　3) 组合式被称为比较运算式，表示条件 2>3 是否成立，显然其结果为假。再如 (==　height　2)，表示条件 height==2 是否成立，结合前面的 height 定义可知其结果为真。

注意，p_1，p_2，…，p_n 等条件表达式，以及 e_1，e_2，…，e_n 等运算式也需符合前缀表达式的规定。

示例 20 定义计算绝对值的过程。

```
(define  (abs  x)
                (cond  ((>  x  0)  x)
((==  x  0)  0)
((<  x  0)  (-  x))
          ))
```

上述运算组合式说明 (abs　x) 的计算规则为：条件式 x>0 为真时，其值取 x 值；条件式 x<0 为真时，其值取-x；条件式 x==0 为真时，其值取 0。

运算组合式的形式规则 5：

```
(if  <condition>  <true-Expr>  <false-Expr>)
```

只有两种情况的判断：对 condition 求值，如果为真，则取<true-Expr>的值，否则取<false-Expr>的值。

示例 21 定义计算绝对值的过程。

```
(define  (abs  x)  (if  (<  x  0)  (- x)  x))
```

也可以由逻辑运算符 and，or，not 连接若干个比较运算式或逻辑运算式。条件运算的结果只有两个：“真”或“假”。

逻辑运算式的表达：

(and　<e_1> … <e_n>) 表示当某个<e_i>为假时，则为假；全为真时，则为真。

(or　<e_1> … <e_n>) 表示当某个<e_i>为真时，则为真；全为假时，则为假。

(not　<e>) 表示如果<e>求出的值为假，则 not 为真，否则其值为假。

示例 22 逻辑运算式示例：

```
(and  (>  x  5)  (<  x  10))
//  表达 x>5 and x<10
```

也可以用<、>和==这 3 个运算符来定义<=和>=，如下所示：

```
(define  (<=  x  y)  (or  (<  x  y)  (==  x  y)))
```

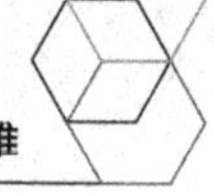


```
(define (>= x y) (or (> x y) (== x y)))
```

或者如下定义：

```
(define (>= x y) (not (< x y) ) )
```

5.4.2　习与练：用条件运算组合式构造复杂的程序

示例 23 请定义一个过程，它以 3 个数为参数，返回其中较大的 2 个数之和。

解： 首先定义 2 个判断 2 个数哪个大或小的运算。

```
(define (bigger x y) (If (>= x y) x y)
(define (smaller x y) (If (<= x y) x y)
```

然后用这 2 个运算依题定义新的过程如下。

```
(define (sum2max x y z) (+ (bigger x y) (bigger (smaller x y) z)))
```

示例 24 求 2 个正整数的最大公约数。

解： 如何计算 2 个正整数的最大公约数呢？可采用“辗转相除法”来求解。思想是这样的，假设求 M 和 N 的最大公约数，$M>N$。

第 1 步，M 除以 N，记余数为 R；

第 2 步，如果 R 等于 0，则最大公约数是 N，输出 N，算法结束。否则，继续执行第 3 步；

第 3 步，将 N 的值赋给 M，R 的值赋给 N，转第 1 步继续执行。

例如，求 28 和 8 的最大公约数的计算过程如表 5.6 所示。

表 5.6　求 28 和 8 的最大公约数的计算过程示意

计算步骤	x	y	商	余数
（1）	28	8	3	4
（2）	8	4	2	0

首先定义求余数的运算，假设 x/y 的商为 z，余数 k，则有 $yz+k=x$，即 $k=x-yz$。

```
(define (mod x y) (- x (* (/ x y) y)))
```

注意这里假设做的都是整数除法，商和余数也为整数。

```
(define (comdiv x y)
(if (= (mod x y) 0) y (comdiv y (mod x y))))
```

求 28 和 8 的最大公约数的运算组合执行过程如表 5.7 所示。

表 5.7　求 28 和 8 的最大公约数的运算组合式执行过程示意

计算步骤	运算组合式	执行过程说明
（1）	(comdiv 28 8)	用 comdiv 的过程体替代
（2）	(if (= (mod 28 8) 0) 8 (comdiv 8 (mod 28 8)))	(= (mod 28 8) 0) 值为假，继续 comdiv
（3）	(comdiv 8 (mod 28 8))	用 mod 的过程体替代
（4）	(comdiv 8 (- 28 (* (/ 28 8) 8)))	
（5）	(comdiv 8 (- 28 (* 3 8)))	
（6）	(comdiv 8 4)	用 comdiv 的过程体替代
（7）	(if (= (mod 8 4) 0) 4 (comdiv 4 (mod 8 4)))	(= (mod 8 4) 0) 值为真，取 4
（8）	4	

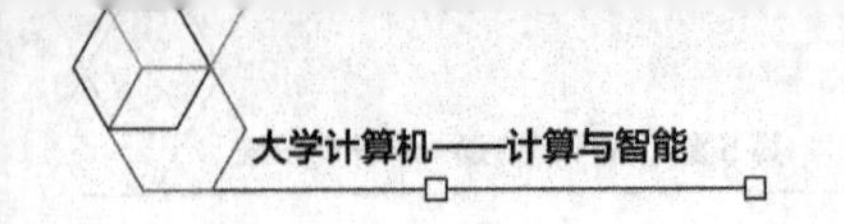

示例 25 用牛顿迭代法求平方根。

如何计算 x 的平方根呢？可采用牛顿迭代法来求解。步骤如下。

第 1 步，初始，对 x 的平方根有一个猜测值 y，假设 y=1.0。

第 2 步，如果该猜测值的平方 y^2 与 x 的误差在可接受的范围内，则 y 即可被认为是 x 的平方根，结束。否则执行第 3 步。

第 3 步，用 $y + x/y$ 的平均值取代 y 作为新的猜测值，转第 2 步继续执行。

例如，求 x=10 的平方根的计算过程如表 5.8 所示。

表 5.8 求 x=10 的平方根的计算过程示意

计算步骤	猜测值 y	$\|x-y^2\|$	商	平均值
(1)	1	$10-1^2=9$	10/1=10	(1+10)/2=5.5
(2)	5.5	$10-5.5^2=20.25$	10/5.5=1.8182	(1.8182+5.5)/2=3.6591
(3)	3.6591	$10-3.6591^2=3.38$	10/3.6591=2.7329	(3.6591+2.7329)/2=3.196
(4)	3.196	$10-3.196^2=0.21$	10/3.196=3.1289	(3.196+3.1289)/2=3.1625
(5)	3.1625	$10-3.1625^2=0.0014$	10/3.1625=3.1621	(3.1625+3.1621)/2=3.1623
(6)	3.1623	$10-3.1623^2=0.0001$		

如何用运算组合式来让机器自动求解呢？

可先定义一些基本的函数：求两数平均的函数 AVG，产生新猜测值的函数 newy，判断$|x-y^2|$是否充分小的函数 ifgood。

```
(define  (AVG  x  y)  (/  (+  x  y)  2))
(define  (newy  y  x)  (AVG  y  (/  x  y)))
(define  (ifgood  y  x)  (<  (abs  (-  (square  y)  x))  0.001))
```

然后用上述函数构造"迭代地进行计算"的函数 sqrtiter，该函数需要给出初始的猜测值。

```
(define  (sqrtiter  y  x)  ( if  ( ifgood  y  x)  y  (sqrtiter  (newy  y  x )  x)))
```

最后再封装一次，构造求平方根的函数 sqrt，可以看出其过程体主要是设置了初始猜测值。

```
(define  (sqrt  x)  (sqrtiter  1.0  x) )
```

求 x=10 的平方根的运算组合式执行过程如表 5.9 所示。这里面其实用到了递归的思想，将在第 6 章介绍。

表 5.9 求 x=10 的平方根的运算组合式执行过程示意

计算步骤	运算组合式	执行过程说明
(1)	(sqrt 10)	用 sqrt 的过程体 sqrtiter 替代
(2)	(sqrtiter 1.0 10)	用 sqrtiter 的过程体替代
(3)	(if (ifgood 1.0 10) 10 (sqrtiter (newy 1.0 10) 10))	(ifgood 1.0 10)为假，取 sqrtiter
(4)	(sqrtiter (newy 1.0 10) 10)	用 newy 的过程体替代
(5)	(sqrtiter (AVG 1.0 (/ 10 1.0)) 10)	用 AVG 的过程体替代
(6)	(sqrtiter (/ (+ 10 1.0) 2) 10)	

续表

计算步骤	运算组合式	执行过程说明
(7)	(sqrtiter　5.5　10)	用 sqrtiter 的过程体替代
(8)	(if (ifgood　5.5　10)　10　(sqrtiter　(newy　5.5　10)　10))	(ifgood　5.5　10)为假，取 sqrtiter
(9)	(sqrtiter　(newy　5.5　10)　10)	用 newy 的过程体替代
(10)	(sqrtiter　(AVG　5.5　(/　10　5.5))　10)	用 AVG 的过程体替代
(11)	(sqrtiter　(/　(+　1.8182　5.5)　2)　10)	
(12)	(sqrtiter　3.6591　10)	用 sqrtiter 的过程体替代
(13)	……	

再用(sqrt　x)构造更为复杂的运算组合式。

```
(sqrt  9)
3.00009155413138
(sqrt  (+  100  37) )
11.704699917758145
(sqrt  (+  (sqrt  2)  (sqrt  3) )
1.7739279023207892
(square  (sqrt  1000) )
1000.000369924366
```

5.5　为什么要学习和怎样学习本章内容

5.5.1　为什么：程序是体现计算系统千变万化功能的表达手段

本章的目的是帮助读者深入理解什么是“程序”，理解程序是计算系统的基本要素，是计算系统实现千变万化复杂功能的一种表达手段。设计并实现一个计算系统，包括 3 项工作，一是实现计算系统的基本动作（如本章的初始系统仅具有加减乘除四则运算）；二是对计算系统基本动作进行各种组合与抽象，形成程序，扩展功能（如本章通过程序构造，系统可以进行各种各样的复杂计算，注意是各种各样）；三是程序需要自动地被解释成基本动作并予以执行（如本章的计算执行，不断地“替代-计算”）。第一项和第三项由计算系统自动完成，第二项通常由人编写，由计算系统自动执行。因此，计算系统就是能够执行程序的系统，而程序是体现计算系统千变万化功能的表达手段。

本章的另一个目的是帮助读者理解程序是构造出来的，而“构造”的基本手段是组合与抽象，如图 5.2 所示。这些概念是理解计算学科后续各种计算思维和计算技术的基础，是最基本的思维模式。那什么是“组合”呢？组合就是将一系列动作代入到另一个动作中，进而构造出复杂的动作，是对简单元素的各种组合。最直观的例子就是：一个复杂的表达式是由一系列简单的表达式组合起来构成的。再比如，如果学过程序设计语言，就会了解一个复杂的函数是由一系列简单的函数组合起来构成的，函数之间的调用关系等体现的就是组合。那什么是抽象呢？“抽象”是对各种元素的已经构造好的组合进行命名，并将其用于更为复杂的组合构造中。比如将一系列语句命名为一个函数名，用该函数名参与复杂程序的构造，抽象是简化构造的一种手段。所以说程序是构造出来的，而不是编写出来的。这里要强调一点，计算学科的“抽象”与平常所表达的“抽象”既有相通的一面，又有些微的差别，计算学科的“抽象”是一种可掌握、可操作的方法，即用名字表达一种组合，而该名字可以参与新的更为复杂的组合构造，用名字进行构造，执行/计算中用被命名的组合来替代名字进行计算，这是计算学科最本质的方法。

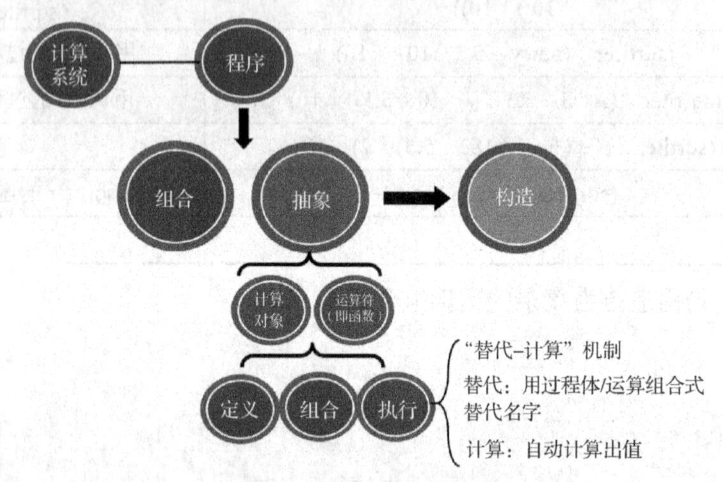

图 5.2　本章核心概念关系示意

5.5.2　怎样学：练中学与学中练

如果从基本内容角度看，本章仅学习了运算组合式的 5 条形式规则，但这 5 条规则千变万化的组合可以实现复杂的功能。因此，要注意本章是一定要在练中学，在学中练的。这 5 条规则的记忆并不重要，但通过应用这 5 条规则进行程序构造的练习，理解所体现出的程序构造思想是重要的。仔细体会如何从一个数值以及仅能完成加减乘除四则运算的基本运算式，通过一步一步构造，可以实现四则运算的各种各样的组合计算，再通过新运算符的构造使系统能完成如求平方、求平方和等复杂计算，这体现了程序构造的魅力，而这种魅力也一定是在练习当中体验到的。

如何进行组合？如何为计算对象命名？如何由基本运算符定义新运算符（新过程新系统）？如何使系统功能越来越强大？通过练习，强化对如何进行命名（抽象，将运算组合式定义为一个名字）、如何用已命名的对象进行构造（组合，用名字指代其定义式参与构造）以及构造的计算执行过程（替代，用名字的定义式替代该名字以便执行）的理解非常重要。

程序是构造出来的，不是编写出来的。仅学习计算机语言，也只是掌握了程序的编写方法，如本章中，只要记住用括号括起的前缀表达式就可以编写程序，但能否构造出如牛顿迭代法等程序，则体现的是程序构造能力，这是需要不断练习的。

第6章　程序的基本构造手段：递归与迭代

Chapter6

本章摘要

机器的最大特点是可以不断重复地执行大量的相似动作以便获得计算结果，而表达大量的可重复执行的相似动作就需要递归（包含了迭代的含义），因此，递归与迭代是程序构造的重要手段。递归是表达具有近乎无限的自相似性对象和动作的构造手段，是计算系统的典型特征，是重要的计算思维之一。学习递归，要理解3个层面：（1）用递归进行各种对象的定义；（2）用递归进行算法和程序的构造；（3）递归定义的对象或程序的执行过程。

6.1　一些需要递归表达的示例

递归的概念

递归是计算科学领域中一种非常重要的计算思维模式，既是抽象表达的一种手段，也是问题求解的重要方法，其最重要的能力在于构造——用有限的语句来定义对象或动作的无限集合。“递归”的概念是简单的，但对“递归”的理解和应用却不简单，需要不断地训练。理解和掌握递归思维与递归手段对于计算科学的学习，尤其是算法/程序的理解与设计至关重要。

当看到图 6.1 中图片时，你会有什么感觉呢？是否很奇妙呢？它们有什么共同特点？简单看右下角的示例，自己用笔绘制“自己用笔绘制‘自己用笔绘制‘……’”，再看左中的示例，一颗树可以说是“由字母 Y 构成，Y 的两个枝杈又是 Y，Y 的两个枝杈又是 Y……”。这些就是递归的一种视觉形象，其他示例亦如此。下面用一个示例来初识“递归”。

示例1 如何定义自己的祖先呢，如图 6.2 所示。

题目解析：本示例的难点是要定义所有的祖先，不能有遗漏。图 6.2 所示，用 $h(n)$ 表明上 n 代祖先，即 $h(1)$是上 1 代祖先，$h(2)$是上 2 代祖先，……，$h(n)$是上 n 代祖先。图 6.2 中是用省略号省略了 $h(3)$以上的祖先，因为太多了。但能否用确定的、有限的形式表达出来呢？分析图 6.2 可以看到 $h(n+1)$是可以用 $h(n)$定义的，即“假如 $h(n)$是上 n 代祖先，则 $h(n)$的父母即是上 $n+1$ 代祖先，即 $h(n+1)$”，因此只要给出任何一个 n，都可

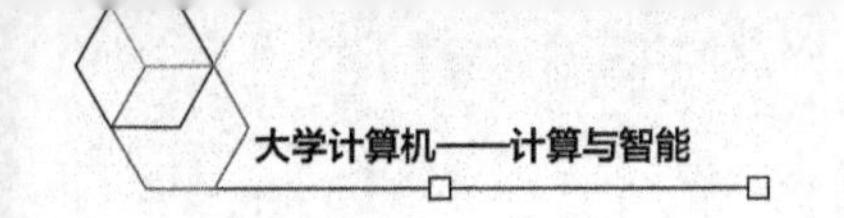

以用该规则由 $h(n)$定义出 $h(n+1)$，这就是“递归规则”。也就是说，给定 n，依据递归规则，$h(n+1)$可以由 $h(n)$求出，$h(n)$可以由 $h(n-1)$求出，……，$h(2)$可以由 $h(1)$求出。但这要有个前提，就是 $h(1)$必须明确给出，这就是“递归基础”，本示例中 $h(1)$是明确的，即“某人的父母是其祖先”。

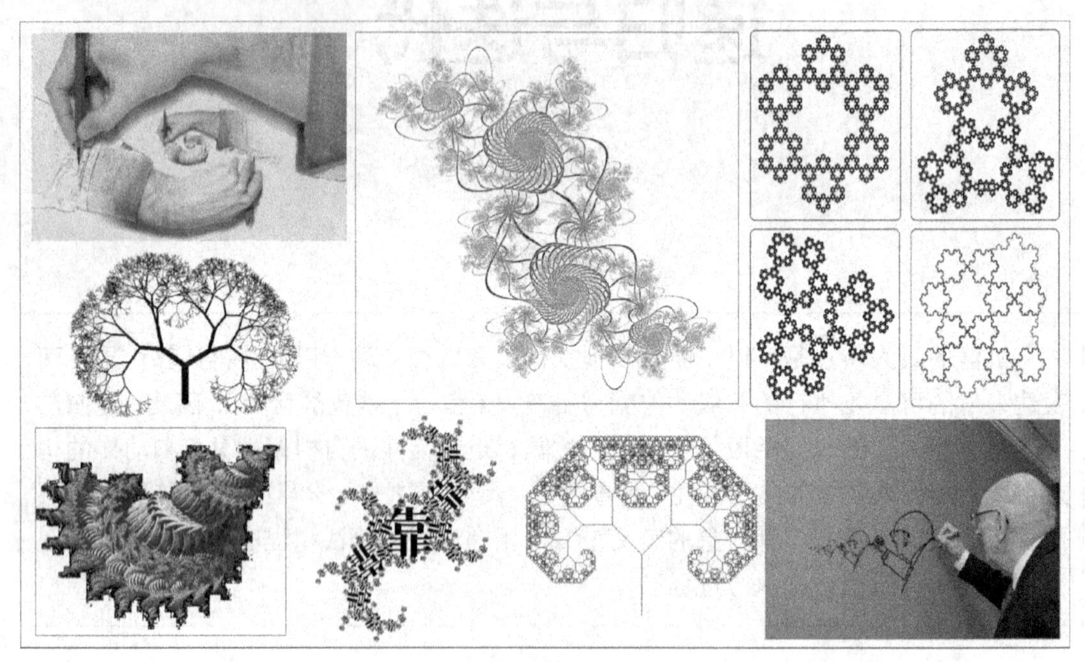

图 6.1 “递归”的形象示意

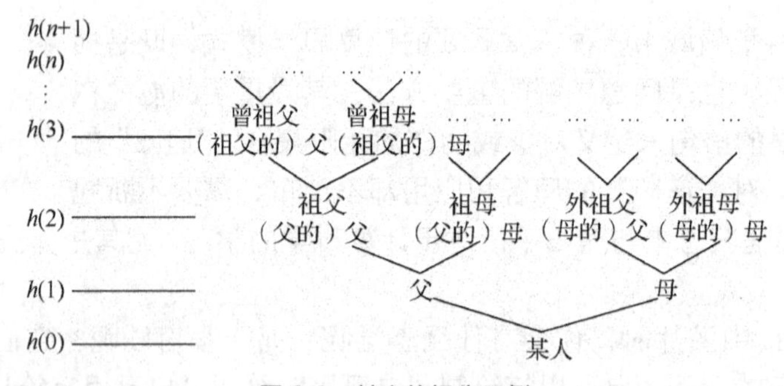

图 6.2 某人的祖先示例

答：祖先的递归定义如下。

（1）递归基础：某人的双亲（父母）是他的祖先。

数学形式表达即：$h(1)$是直接给出的。

（2）递归规则：某人祖先的双亲（父母）同样是某人的祖先。

数学形式表达即：$h(n+1) = g(h(n), n)$。

这里 n 是指第几代；$h(n)$是第 n 代祖先；g 是 $h(n+1)$与 $h(n)$和 n 的关系，此处即“$h(n)$的父母即 $h(n+1)$”。

这就是一个递归的例子，用“递归基础”和“递归规则”等有限语句，表达了祖先的无限多的示例，请读者仔细思考这个定义。

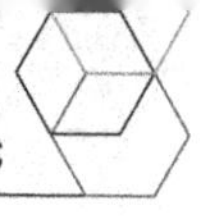

6.2　计算中的递推式与递归函数

6.2.1　递推式与递归函数的概念

在数学与计算机科学中，所谓递归，指用函数自身来定义函数的一种方法，也常用于描述以自相似方法重复事物的过程，可以用有限的语句来定义对象或动作的无限集合。

数学中有很多递推式。一个数列的第 n 项 a_n 与该数列的其他一项或多项之间存在某种对应关系，被表达为一种公式，称为“递推式”。

示例 2 数学上的一些递推式示例。

等差数列递推公式：（1）$a_0=5$；（2）$a_n=a_{n-1}+3$，$n\geqslant1$。

等比数列递推公式：（1）$a_0=5$；（2）$a_n=a_{n-1}\times4$，$n\geqslant1$。

更一般些的递推式：假设 $f(n)$为已知的关于 n 的函数，示例如下。

（1）$a_0=k$；（2）$a_n=a_{n-1}+f(n)$，$n\geqslant1$。

或者（1）$a_0=k$；（2）$a_n=a_{n-1}\times f(n)$，$n\geqslant1$。

这些递推式都有共同的特点：（1）递推基础直接给出，即数列的第 1 项或多项是直接给出的。（2）都有一个由第 $n-1$ 项或前 $n-1$ 项，推出第 n 项的公式。该公式相当于一组公式的集合，即计算第 1 项的公式，计算第 2 项的公式，……，计算第 $n-1$ 项的公式，直到计算第 n 项的公式。例如，等差数列递推公式相当于{ $a_1=a_0+3$，$a_2=a_1+3$，$a_3=a_2+3$，…，$a_n=a_{n-1}+3$}这一组公式的集合。

数学和计算机科学也有递归函数。此处并不想用严格的数学形式来定义递归函数，那样会涉及很多数学理论问题，也影响对递归思维的理解，但是必要的数学表达还是有意义的。

简单来讲，所谓的递归函数就是这样一类函数，它可以由基本函数来依次定义一组新函数。待定义的新函数可依次表示为第 1 个函数 $h(1)$，第 2 个函数 $h(2)$，……，第 n 个函数 $h(n)$，其中 n 为整数。可定义如下。

（1）递归基础：$h(0)$函数形式是直接给出的。

（2）递归规则：$h(n+1)=g(h(n),n)$。g 是相当于递推公式一样的一个函数形式，是明确给出的，其刻画了 $h(n+1)$函数与 $h(n)$函数、n 之间的关系。

示例 3 已知具体函数形式 $g(x_1,x_2,x_3)=x_1+x_2+x_3$，其中 x，x_1，x_2，x_3 均为自然数。一个递归函数可定义如下。

（1）$h(0,x)=x$。

（2）$h(n+1,x)=g(h(n,x),n,x)$。

其中，$h(n,x)$即第 n 个函数 $h(n)$，因为 $h(n)$函数也可能有自变量 x，故写为 $h(n,x)$。

依上述递归函数定义的一组新函数如表 6.1 所示。

表 6.1　依示例 3 的递归函数产生的一组新函数及产生过程

n	$h(n)$	计算说明
0	$h(0,x)=x$	直接给出
1	$h(1,x)=g(h(0,x),0,x)=g(x,0,x)=x+0+x=2x$	按递归规则计算

续表

n	$h(n)$	计算说明
2	$h(2,x) = g(h(1,x),1,x) = g(2x, 1, x) = 3x+1$	
3	$h(3,x) = g(h(2,x),2,x) = g(3x+1,2, x) = 4x+3$	
4	$h(4,x) = g(h(3,x),3,x) = g(4x+3,3, x) = 5x+6$	
5	……	

示例4 已知具体函数形式 $g(x_1,x_2,x_3)=x_1$，其中 x，x_1，x_2，x_3 均为自然数。递归函数定义如下。

（1）$h(0, x)=2$。

（2）$h(n+1, x)=g(h(n, x), n, x)$。

其中，$h(n, x)$即第 n 个函数 $h(n)$，因为 $h(n)$函数也可能有自变量，故写为 $h(n, x)$。

依上述递归函数定义的一组新函数如表 6.2 所示。

表 6.2　依示例 4 的递归函数产生的一组新函数及产生过程

n	$h(n)$	计算说明
0	$h(0, x)=2$	直接给出
1	$h(1,x) = g(h(0,x),0,x) = g(2, 0, x)=2$	按递归规则计算
2	$h(2,x) = g(h(1,x),1,x) = g(2, 1, x)=2$	
3	$h(3,x) = g(h(2,x),2,x) = g(2, 2, x)=2$	
4	$h(4,x) = g(h(3,x),3,x) = g(2, 3, x)=2$	
5	……	

6.2.2　习与练：体验递归函数的构造魅力

理解递归函数，首先需要不断地练习，体验递归函数的计算过程及其构造魅力，然后才能学好如何用递归函数进行定义和如何用递归函数进行构造。我们来进行下面的练习。

原始递归函数：复合与递归

示例5 已知递归函数定义如下：（1）$h(1)=1$；（2）$h(n+1)=g(h(n), n)$。

假设已知 $h(n+1) =(n+1)!$。请给出 g 的函数形式。正确的是______。

A. $g(x_1,x_2)=x_1 * x_2$

B. $g(x_1,x_2)=x_1 * (x_2+1)$

C. $g(x_1,x_2)=(x_1+1) * (x_2+1)$

D. $g(x_1)=n * (x_1)$

题目解析： 注意这道题，g 本应该是已知的函数，即由 g 的形式来定义 $h(n+1)$与 $h(n)$和 n 的关系。但这里给出了 $h(n+1)$的形式，让返回去找 g 的函数形式。

答： 首先将 $h(n+1)$这个函数转换为表达式中能够由 $h(n)$，n 等来计算的函数。

因为 $h(n+1)=(n+1)!$，则：

$$h(n+1)=(n+1)! = n! * (n+1)=h(n) * (n+1)$$

按前述的递归定义，则：

$h(n+1) = g(\ h(n), n) = h(n) * (n+1)$

如果把 $h(n)$看作一个参数 x_1，n 看作另一个参数 x_2，由上式即可得到下式：

$g(\ h(n), n\ ) = g(x_1, x_2)\ \ = x_1 * (x_2 + 1)$

由上可判断，本题答案为 B。

示例 6 已知 $g(x_1,x_2)=(x_1+1) * (x_2+1)$，递归函数定义如下：

（1）$h(1)=1$；（2）$h(n+1)=g(\ h(n), n)$。

请计算 $h(2)$～$h(5)$，并给出 $h(n)$的计算公式。

答： $h(2)$～$h(5)$的计算过程如表 6.3 所示。$h(n)$的计算公式为 $h(n)=(h(n-1)+1)*n$。

表 6.3　依示例 6 的递归函数产生的一组新函数及产生过程

n	$h(n)$	计 算 说 明
1	$h(1)=1$	直接给出
2	$h(2)=g(h(1),1)= (x_1+1) * (x_2+1)=(1+1) * (1+1)=4$	x_1 为 $h(1)$, x_2 为 1
3	$h(3) =g(h(2),2)=(x_1+1) * (x_2+1)=(4+1) * (2+1)=15$	x_1 为 $h(2)$, x_2 为 2
4	$h(4) =g(h(3),3)=(x_1+1) * (x_2+1)=(15+1) * (3+1)=48$	x_1 为 $h(3)$, x_2 为 3
5	$h(5) =g(h(4),4)=(x_1+1) * (x_2+1)=(48+1) * (4+1)=245$	x_1 为 $h(4)$, x_2 为 4
……	……	……
n+1	$h(n+1) =g(h(n),n)=(x_1+1) * (x_2+1)=(h(n)+1) * (n+1)$	……

示例 7 已知 $f(x)=x$，$g(x_1,x_2,x_3)=x_1*(x_2+1)$，其中 x，x_1，x_2，x_3 均为自然数。递归函数定义如下：

$h(0,x)=f(x)$，且 $h(n+1, x)=g(\ h(n,x), n, x\ )$

请按递归规则计算下列式子，不正确的是_____。

A. $h(1,x)=x$　　B. $h(2,x)=2x$　　C. $h(3,x)=6x$　　D. $h(4,x)=12x$

题目解析： 本题目的是使读者体验递归函数的计算过程，体验如何通过一些已知函数，借助于递归规则，一层一层地定义出一系列函数 $h(0,x)$，$h(1,x)$，…，$h(n,x)$，…，进而加深对递归的理解。来看看代入与计算的过程。

答： 需要一一计算才能判断哪一个是不正确的（注意本题是要找出不正确的）。

```
h(1, x)  =   g( h(0, x), 0, x))    // g(h(n, x), n, x)中的n=0
         =   h(0, x) * (0 + 1)     // 由g函数本身的定义g(x1,x2,x3)=x1*(x2+1)可得到
         =   f(x)                  // 由h(0, x) = f(x)得到
         =   x                     // 由f(x)本身的函数形式得到
h(2, x)  =   g( h(1, x), 1, x))    // g(h(n, x), n, x)中的n=1
         =   h(1, x) * (1 + 1)     // 由g函数本身的定义g(x1,x2,x3)=x1*(x2+1)可得到
         =   x * 2                 // 再进行h(1, x)的代入计算，此已由前面完成可直接使用
         =   2x
h(3, x)  =   g( h(2, x), 2, x))    // g(h(n, x), n, x)中的n=2
         =   h(2, x) * (2 + 1)     // 由g函数本身的定义g(x1,x2,x3)=x1*(x2+1)可得到
         =   2x * 3                // 再进行h(2, x)的代入计算，此已由前面完成可直接使用
         =   6x
h(4, x)  =   g( h(3, x), 3, x))    // g(h(n, x), n, x)中的n=3
         =   h(3, x) * (3 + 1)     // 由g函数本身的定义g(x1,x2,x3)=x1*(x2+1)可得到
         =   6x * 4                // 再进行h(3, x)的代入计算，此已由前面完成可直接使用
         =   24x
```

故由上可知本题 D 选项不正确。

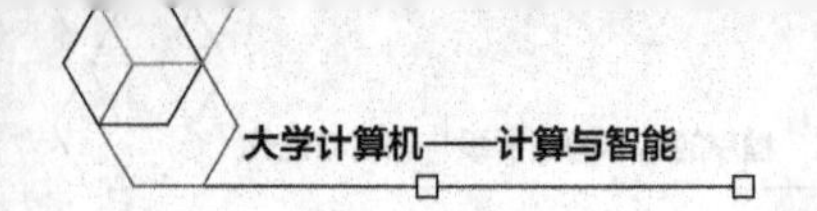

6.3 体验两种不同递归函数的魅力

6.3.1 习与练：体验两种递归函数的计算过程

下面看两个特殊的递归函数——斐波那契数列和阿克曼递归函数。注意体验它们的差别。

示例8 斐波那契数列。无穷数列 1，1，2，3，5，8，13，21，34，55，…称为斐波那契数列。它可以递归地定义为：

$$F(n)=\begin{cases}1 & n=0\\1 & n=1\\F(n-1)+F(n-2) & n>1\end{cases}$$

可见，斐波那契数列本身是递归定义的。$F(n)$的计算过程为：

```
F(0)=1;
F(1)=1;
F(2)= F(1) + F(0) =2;
F(3)= F(2) + F(1) = 3;
F(4)= F(3) + F(2)= 3+2=5;
...
```

示例9 阿克曼递归函数。阿克曼函数递归地定义为：

$$\begin{aligned}&A(1,0)=2\\&A(0,m)=1 && m\geqslant 0\\&A(n,0)=n+2 && n\geqslant 2\\&A(n,m)=A(A(n-1,m),m-1) && n,m\geqslant 1\end{aligned}$$

可以看到，阿克曼函数不仅函数本身是递归定义的，而且它的变量也是递归定义的，因此称为双递归函数。其计算过程示例如下：

m=0 时，$A(n,0)=n+2$。

m=1 时，$A(n,1)=A(A(n-1,1),0)=A(n-1,1)+2=A(n-2,1)+2+2=\cdots$，$A(1,1)=2$，故$A(n,1)=2*n$。

m=2 时，$A(n,2)=A(A(n-1,2),1)=2*A(n-1,2)$，$A(1,2)=A(A(0,2),1)=A(1,1)=2$，故$A(n,2)=2^n$。

m=3 时，类似的可以推出$\underbrace{2^{2^{\cdot^{\cdot^{2}}}}}_{n}$。

m=4 时，$A(n,4)$的增长速度非常快，以至于没有适当的数学式子来表示这一函数。

示例10 递归计算是重要的执行手段。例如一种形式的阿克曼函数如下所示：

$$A(m,n)=\begin{cases}n+1 & m=0\\A((m-1),1) & n=0\text{且}m>0\\A(m-1,A(m,n-1)) & m,n>0\end{cases}$$

任何一个$A(m,n)$都可以递归地进行计算。例如，$A(1,2)$的递归计算过程如下所示：

$A(1,2)=A(0,A(1,1))=A(0,A(0,A(1,0)))=A(0,A(0,A(0,1)))=A(0,A(0,2))=A(0,3)=4$

请按上述方法递归计算下列项，计算结果正确的是_____。

A. $A(1,8)=9$ B. $A(2,0)=2$ C. $A(2,1)=4$ D. $A(1,n)=n+2$

题目解析：计算机的计算过程就是不断地代入，直到某一项可计算出结果，然后再

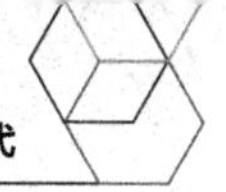

返回-计算，直到期望的结果计算出来。递归函数很好地体现了这一计算过程，对这一计算过程的体验有助于理解机器执行程序/算法的过程，进而判断程序/算法的正确性。本题就是要让读者体验这一计算过程。

答：来看看代入-计算的过程。需要一一计算才能判断哪一个正确。

```
A(1, 8) =   A(0, A(1, 7))                 //按m, n>0公式计算
=   A(1, 7) + 1                            //按m=0公式计算
=   A(1, 6) + 2                            //依次类推可得
=   A(1, 5) + 3
=   A(1, 4) + 4 = A(1, 3) + 5 = A(1, 2) + 6 = 4 + 6 = 10
A(2, 0)  =   A(1, 1)                        //A(2,0)按n=0公式代入
        =   A(0, A(1, 0))                   //A(1,1)按m,n>0公式代入
        =   A(1, 0) + 1                     //A(0,n)按m=0公式代入
        =   A(0, 1) + 1 =   2 + 1 = 3       //A(1,0)按n=0公式代入
A(2, 1)  =   A(1, A(2, 0))
        =   A(1, A(1, 1))
        =   A(1, A(0, A(1, 0)))
        =   A(1, A(0, A(0, 1)))
        =   A(1, A(0, 2))
        =   A(1, 3)
        =   A(0, A(1, 2))
        =   A(0, 4) = 5;
A(1, n)   = A(0, A(1, n-1))
=   A(1, n-1) + 1
=   A(1, n-2) + 2
=   …
=   A(1, 0) + n
=   A(0, 1) + n
=   1 + 1 + n  = n + 2
```

综上，可知本题正确答案为 D。

6.3.2　两种递归函数的计算过程分析

这两种递归函数的计算过程代表了两种相似但又有些许不同的思想：递归与递推。递推，数学学科一般称为递推，计算学科一般称为迭代，在本门课程中它们是指具有相同含义的术语。递归虽然包含了递推的含义，但也有不同于递推的含义。

先看递推和递归主要解决什么问题。二者其实都是解决如何由 $h(0)$, $h(1)$, …, $h(n)$ 来构造 $h(n+1)$的问题，这是它们的共同点。

二者的差别是，递推是能够由 $h(0)$计算 $h(1)$，由 $h(1)$计算 $h(2)$，这样依次计算下去，就能计算任何一个函数 $h(n+1)$，即从递归基础计算起，沿相同的计算路径，总能计算到 $h(n+1)$，如斐波那契数列的计算过程。而完全的递归（是指剔除掉那些能够用递推表达的，因为递归包含了递推）却不一定，即给定任何一个 $h(n+1)$，由递归基础计算起，沿相同的路径却不一定能计算出 $h(n+1)$，因此自前向后的、沿相同路径计算是不行的。那么怎么办，它需要由 $h(n+1)$开始，依递归规则代入回去，直至代入到 $h(0)$这个递归基础，找到一条计算 $h(n+1)$的路径，然后再沿这条路径由前向后依次计算，最终计算出 $h(n+1)$，如阿克曼函数的计算过程。所以简单而言，递推是自前向后计算；而完全

的递归则需要由后向前代入，找到一条计算路径后，再按这条计算路径由前向后计算，如图 6.3 所示。

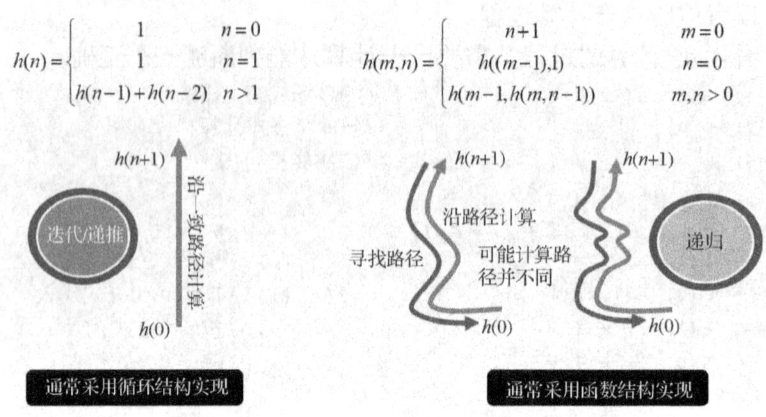

图 6.3 递归和递推/迭代的区别示意

再对比一下阿克曼函数和斐波那契数列的异同。

（1）二者的定义都是递归的，用自身定义了自身，或者说函数本身是递归的。

（2）斐波那契数列只有函数本身是递归定义的，而阿克曼函数则不仅函数本身是递归定义的，而且其参数也是递归定义的，是双递归函数。

（3）从计算执行角度，斐波那契数列不一定需要递归地执行，它可以由递归基础开始，依次计算出 $h(1)$，…，$h(n+1)$，这种计算过程可以采用循环结构实现，即计算过程可转化非递归的计算过程。而阿克曼函数则做不到，它必须由 $h(n+1)$公式依次代入，直到某一个递归基础，然后再按照代入次序的反序进行计算，这种计算过程通过循环结构难以实现，通常只能采用函数结构进行处理，也就是说必须递归地执行。

简单而言，递推可以按照递归公式采用递归的计算过程进行计算，也可以转化为非递归的计算过程进行计算；而完全的递归通常难以转化为非递归的计算过程进行计算，只能采用递归的计算过程进行计算。

因此说斐波那契数列是递推/迭代的典型代表，阿克曼函数是完全递归的典型代表。虽然递归包含了递推，而递推未必包含递归。用递归进行定义可以说是对数学能力的训练，而用递归构造计算的过程则是对计算思维能力的训练。

6.4 习与练：递归与迭代的运用

本节主要进行递归与迭代运用的练习。

6.4.1 语言语法要素的递归定义及运用

运用递归与迭代

在程序编写过程中，有时经常出现语法错误的情况，即所书写的对象不符合该对象的书写规范，原因是我们没有理解该对象的书写规范究竟是什么。用递归的方法可以清晰地定义语言语法要素的书写规范，即明确哪些是符合要求的，哪些是不符合要求的。如果理解了该规范，就不会出现语法错误的情况，对快速掌握计算机语言，从而将精力用于程序设计能力提高方面非常有帮助。

示例11 简单命题逻辑语言的递归定义。

（1）一个命题 X 是其值为真或假的一个判断语句（递归基础）。

（2）如果 X 是命题，Y 也是命题，则(X and Y)，(X or Y)，(Not X)也是命题（递归规则）。

（3）命题仅由以上方式构造。

若 X，Y，Z，M 等均是一个命题，则符合上述递归定义的语句是_____。

A. X and (Y and M)

B. (X and Y and Z)

C. (and X Y)

D. (X Y and Z)

E. (((X and Y) or (not Z)) and (not M))

题目解析：本题期望读者了解表达式的递归构造方法。无论是多么复杂的表达式，都可以按照类似上述以递归形式定义的构造方法进行构造。也期望读者能体验如何定义一种语言，那就是：首先定义基本要素形式，然后定义运算符（基本要素的组合方法），通过运算符连接，得到各种复杂的组合。

答：A 选项的构造是不正确的，不符合定义（2）。正确形式为(X and (Y and M))。

B 选项的构造是不正确的，不符合定义（2）。正确形式为((X and Y) and Z)。因为 X and Y 是一个命题，括号括起后再与 Z 做与运算也是命题。注意，尽管有些语言支持 X and Y and Z 这样的写法，但多数语言是不支持这种形式的写法的。

C 选项的构造是不正确的，不符合定义（2）。正确形式为(X and Y)。

D 选项的构造是不正确的，不符合定义（2）。(X Y and Z)中 X，Y 之间缺少运算符。

E 选项的构造是正确的。可以递归地检查其每一个要素，含子要素都符合定义，如表 6.4 所示。解毕。

表 6.4 运用递归定义检查表达式书写正确性的计算过程示意

检查次序	表达式	结论
（1）	X，Y，Z，M 都是命题	正确
（2）	(X and Y)，(not Z)，(not M)是命题	正确
（3）	((X and Y) or (not Z))是命题	正确
（4）	(((X and Y) or (not Z)) and (not M))是命题	正确

示例12 算术表达式形式规则的递归定义。

通常认为，仅包含+、−、*、/运算符的任何表达式都是算术表达式（注：还有一些其他运算符，在此暂时忽略）。例如，((*A*+5)*(*B*+(*C*+*X*)))是一算术表达式，((*A*+5)*(*B*+*C*)+(*A*+*B*)*(*C*−*X*))也是算术表达式，算术表达式可以任意复杂，变化多样，近乎无限。那么对其如何给出较为严格的定义呢？可以采用递归方法定义，如下所示。

递归基础：

（1）任何一个常数 C 是一个算术表达式；

（2）任何一个变量 V 是一个算术表达式。

递归规则：

（1）如 F、G 是算术表达式，则运算

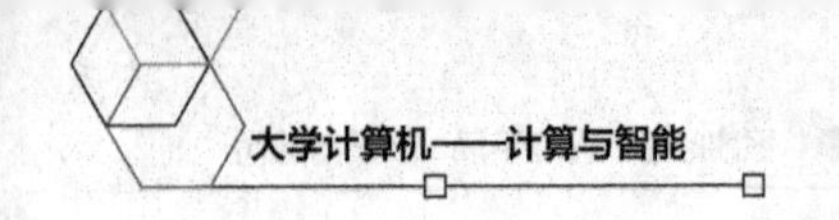

$(F+G)$，$(F-G)$，$(F*G)$，(F/G)是算术表达式；

（2）算术表达式仅限于以上形式。

在第 5 章学习的运算组合式也可以采用递归的方法定义。

示例13 基本算符的运算组合式定义。

递归基础：

（1）任何数值是一个原子的，可直接出现于组合式中；

（2）如果 X 是一个数值，则（X）是一个运算组合式，其结果仍旧是数值 X。

递归规则：

（1）如果 X_1，X_2，…，X_n 是组合式，则(+ X_1 X_2 … X_n)也是一个组合式，表示将加法运算应用于其后的一系列数值对象，即其结果是一个数值，等于 $X_1+X_2+\cdots+X_n$；

（2）如果 X_1，X_2，…，X_n 是组合式，则(- X_1 X_2 … X_n)是一个组合式，表示将减法运算应用于其后的一系列数值对象，即其结果是一个数值，等于 $X_1-X_2-\cdots-X_n$；

（3）如果 X_1，X_2，…，X_n 是组合式，则(* X_1 X_2 … X_n)是一个组合式，表示将乘法运算应用于其后的一系列数值对象，即其结果是一个数值，等于 $X_1\times X_2\times\cdots\times X_n$；

（4）如果 X_1，X_2，…，X_n 是组合式，则(/ X_1 X_2 … X_n)是一个组合式，表示将除法运算应用于其后的一系列数值对象，即其结果是一个数值，等于 $X_1\div X_2\div\cdots\div X_n$；

（5）基本运算组合式仅由以上规则进行构造。

为简化表述，这个语言定义没有定义第 5 章介绍的命名及条件表达方面的要素。

示例14 下列式子是运算组合式吗？

（1）(/ 5 (+ 10 5) + 7 8)

（2）(/ (+ 10 4 (- 8 (- 12 (+ 6 (/ 4 5)))) (- 15 8))

（3）(* (* 3 (+ (* 2 4) (+ 3 5))) (+ (- 10 7) 6))

解：本题首先依照定义由内层向外层检查，将符合规范的运算组合式用一个表示数值的名字，如“对象 1”“对象 2”等替代，直到最后能获得一个数值对象，则表明书写正确，否则书写不正确。参见表 6.5 所示的检查过程，可知（1）（2）不是正确的运算组合式，而（3）是正确的运算组合式。

表 6.5 运用递归定义检查表达式的计算过程示意

检查次序	表达式	结论
（1-1）	(/ 5 (+ 10 5) + 7 8)	正常
（1-2）	(/ 5 对象 1 + 7 8)	异常
（2-1）	(/ (+ 10 4 (- 8 (- 12 (+ 6 (/ 4 5)))) (- 15 8))	正常
（2-2）	(/ (+ 10 4 (- 8 (- 12 (+ 6 对象 1))) 对象 2)	正常
（2-3）	(/ (+ 10 4 (- 8 (- 12 对象 3)) 对象 2)	正常
（2-4）	(/ (+ 10 4 (- 8 对象 4) 对象 2)	正常
（2-5）	(/ (+ 10 4 对象 5 对象 2)	正常
（2-6）	(/ 对象 6	异常

续表

检查次序	表达式	结论
(3-1)	(* (* 3 (+ (* 2 4) (+ 3 5))) (+ (- 10 7) 6))	正常
(3-2)	(* (* 3 (+ 对象 1 对象 2)) (+ 对象 3 6))	正常
(3-3)	(* (* 3 对象 4) 对象 5)	正常
(3-4)	(* 对象 6 对象 5)	正常
(3-5)	对象 7	正常

6.4.2 汉诺塔——一种似乎只能用递归求解的问题

示例 15 汉诺塔（也称梵天塔）的递归求解思想。汉诺塔是印度的一个古老的传说。据说开天辟地之神勃拉玛在一个庙里留下了 3 根金刚石柱，并在第 1 根上从上到下依次串着由小到大不同的 64 片中空的圆形金盘，神要庙里的僧人把这 64 片金盘也按由小到大的顺序搬到第 3 根上，每次只能搬一个，可利用中间的一根石柱作为中转，并且要求在搬运的过程中，不论在哪个石柱上，大的金盘都不能放在小的金盘上面。神说，当所有的金盘都从事先穿好的那根石柱上移到另外一根石柱上时，世界就将在一声霹雳中消灭了。

答：这个问题被认为是一种似乎只能用递归求解的问题。将问题的规模（即盘子的数量 n）缩小，首先看 5 个盘子的汉诺塔问题的求解思路。

假设要将 A 柱上的 5 个盘子移到 C 柱，则需要首先将其上面的 4 个盘子移到 B 柱，然后将最下面的盘子由 A 柱移到 C 柱，再将 B 柱上的 4 个盘子移到 C 柱，如图 6.4（a）所示。此时的前提是能够将 4 个盘子从一个柱子移到另一个柱子，问题转化为 4 个盘子的汉诺塔问题。进一步，要将 A 柱上的 4 个盘子移到 C 柱，则需要首先将其上面的 3 个盘子移到 B 柱，然后将最下面的盘子由 A 柱移到 C 柱，再将 B 柱上的 3 个盘子移到 C 柱，如图 6.4（b）所示。此时的前提是能够将 3 个盘子从一个柱子移到另一个柱子，问题转化为 3 个盘子的汉诺塔问题。要将 A 柱上的 3 个盘子移到 C 柱，则需要首先将其上面的 2 个盘子移到 B 柱，然后将最下面的盘子由 A 柱移到 C 柱，再将 B 柱上的 2 个盘子移到 C 柱，如图 6.4（c）所示。此时的前提是能够将 2 个盘子从一个柱子移到另一个柱子，问题转化为 2 个盘子的汉诺塔问题。2 个盘子的汉诺塔问题如此类似，即转换为 1 个盘子的汉诺塔问题，如图 6.4（d）所示。而对于 1 个盘子的汉诺塔问题，直接从一个柱子移到目标柱子即可。

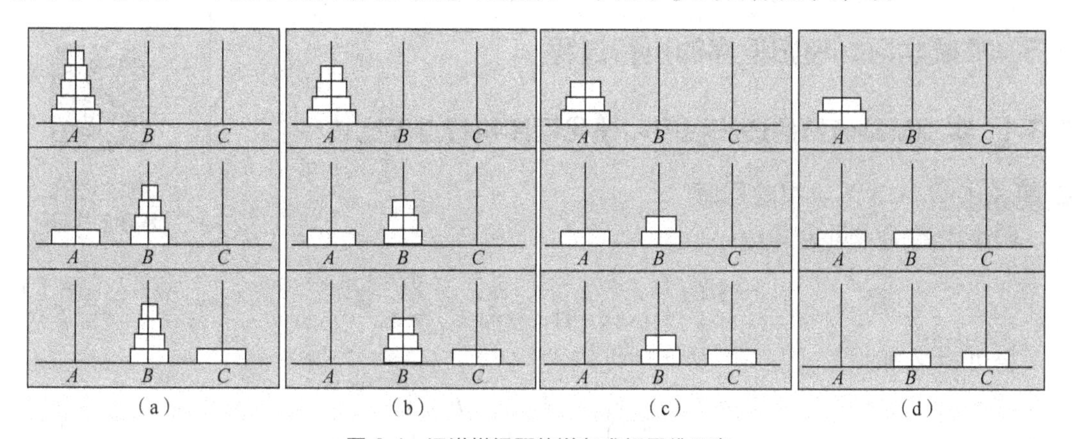

图 6.4　汉诺塔问题的递归求解思维示意

可以看出，本题可采用递归算法的求解。

（1）递归基础。1 个盘子的汉诺塔问题，直接将其从一个柱子移到目标柱子上。记为 $h(1, x, y, z)$，将 1 个盘子从 x 柱借助于 z 柱移到 y 柱上（此时可能不需要 z 柱，但为保持与后面的一致性，需要保留参数 z）。

（2）递归规则。假设 n 个盘子能够从一个柱子移到另一个柱子上，记为 $h(n, x, y, z)$，将 n 个盘子从 x 柱借助于 z 柱移到 y 柱上，则 n+1 个盘子的移动问题就是 $h(n+1, x, y, z)$，可借助于 $h(n, x, y, z)$求解：

① 将 n 个盘子由 x 柱借助于 y 柱移到 z 柱上，即 $h(n, x, z, y)$；

② 将 x 柱最上面的盘子移到 y 柱上；

③ 将 n 个盘子由 z 柱借助于 x 柱移到 y 柱上，即 $h(n, z, y, x)$。

有了递归算法的思维，将其转换成程序就是很容易的事情了。本书给出了一种伪代码描述的算法（可以依据具体的程序设计语言书写规则，很容易地将其转换为具体语言的程序）。

```
define Hanoi (N, X , Y, Z)
{     If  N > 1 Then {
           '把n-1个盘子从X放到Z上（以Y作中转）
           Hanoi(N - 1, X, Z, Y)
           '然后把X上最上面的盘子放到Y
           Print( X, "→", Y)
           '再把n-1个盘子从Z上放到Y上（以X作中转）
           Hanoi(N - 1, Z, Y, X)  }
      Else  {
           '只有一个盘子时，直接把它从X放到Y上
           Print( X, "→", Y)
           }
}
```

接下来，看这个问题的计算量是多少。当只有 1 个盘子时，需要移动 1 次；当有 2 个盘子时，则需要移动 3（2^2-1）次；当有 3 个盘子时，则需要 3+3+1（2^3-1）次；当有 4 个盘子时，则需要移动 7+7+1（2^4-1）次。以此类推，发现当有 n 个盘子时，需要移动 2^n-1 次，即当盘子为 64 片时，需要移动 18 446 744 073 709 551 615 次，假设移动一次需要 1 秒钟，一年 31 536 926 秒，则需要 5 800 多亿年。通过这个例子也可看出递归算法的计算量随问题规模（n）的增长是非常惊人的。

6.5 扩展学习：递归程序的执行过程

递归与迭代
程序的执行

6.5.1 实现阶乘运算的递归程序和迭代程序执行过程比较

示例16 求 n 的阶乘的程序。

阶乘函数的常见定义是：

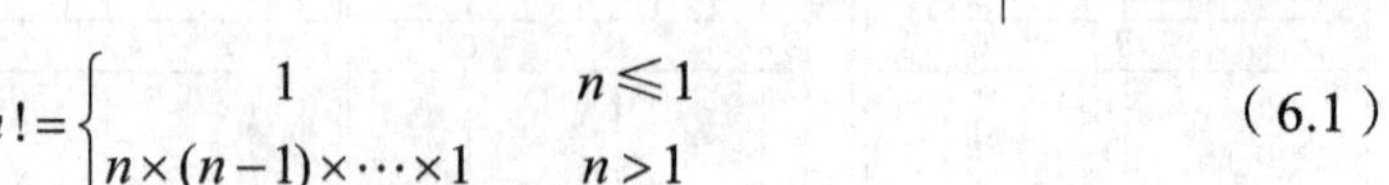

$$n!=\begin{cases}1 & n\leqslant 1\\ n\times(n-1)\times\cdots\times 1 & n>1\end{cases}\qquad(6.1)$$

也可定义为：

$$n!=\begin{cases}1 & n\leqslant 1\\ n\times(n-1)! & n>1\end{cases}\qquad(6.2)$$

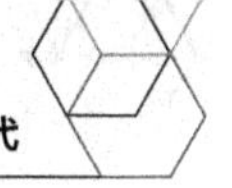

后者将 n 阶的阶乘问题转变为 n-1 阶的阶乘问题与 n 的表达式。

示例 16 的程序 1——用递归的方法实现阶乘的计算程序，如下所示。

```
(define  (fact  n)    ( cond  ((<=  n  1)  1)
                              ((>  n  1)  (*  n  (fact  (-  n  1)))) ))
(fact  4)
```

上述过程(fact　n)的计算规则是，当条件式 n<=1 时，结果为 1；当条件式 n>1 时，其结果为 n*fact(n−1)，即需要先计算 fact(n−1)，才能计算出 fact(n)。

将其转换为直观的程序流程图来形象地示意其执行过程，该函数名字为 Fact(n)，即相当于程序(fact　n)，其执行步骤以便于阅读的形式来表述。假设求 4!，其模拟执行过程如图 6.5 所示。

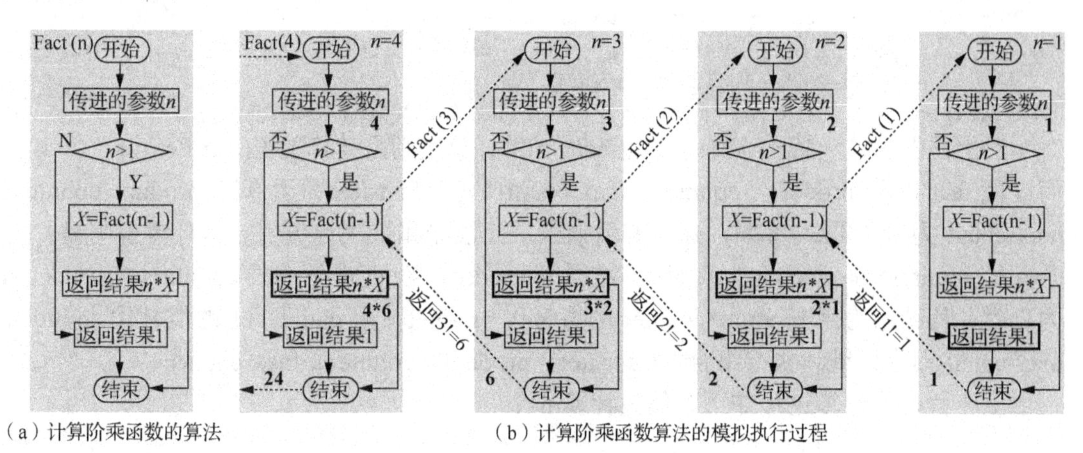

（a）计算阶乘函数的算法　　（b）计算阶乘函数算法的模拟执行过程

图 6.5　求 4! 的阶乘程序模拟执行过程示意

根据图 6.5，当调用 Fact(4)执行时，即 n=4，算法判断 n 大于 1，则算法先调用 Fact(3)，待 Fact(3)返回结果给 X 后，再接着计算 n*X（此时即 4*X）。在调用 Fact(3)执行时，即 n=3，算法判断 n 大于 1，则算法先调用 Fact(2)，待 Fact(2)返回结果给 X 后，再接着计算 n*X（此时即 3*X）。在调用 Fact(2)执行时，即 n=2，算法判断 n 大于 1，则算法先调用 Fact(1)，待 Fact(1)返回结果给 X 后，再接着计算 n*X（此时即 2*X）。在调用 Fact(1)执行时，即 n=1，算法判断 n 不大于 1，则算法直接给出递归基础值 1 返回。算法按这样一个路径来计算："调用 Fact(4)→调用 Fact(3)→调用 Fact(2)→调用 Fact(1)→直接给出 Fact(1)值返回→计算 Fact(2)的结果值并返回→计算 Fact(3)的结果值并返回→计算 Fact(4)的结果值并返回"。这种"依次由高阶调用低阶，直到递归基础，再由低阶返回结果，依次计算较高阶的结果并返回，直到给定阶的结果计算并返回"的问题求解过程即是递归算法或递归程序的基本执行过程。

递归程序是很精致的，它把一个复杂问题化简为与原问题相同但规模较小的问题进行求解，只要有递归基础，即只要与原问题相同的、最小规模的问题能够求解，复杂问题即可以求解，然而递归程序的计算量是很大的（即时间复杂度很高）。如图 6.5 所示，高阶函数调用低阶函数时需要保留调用前的程序状态，以便在返回时能够继续执行，这是通过一种被称为"堆栈"的存储器来实现的，可以看到当 n 越大时，对这种堆栈空间的要求越高。

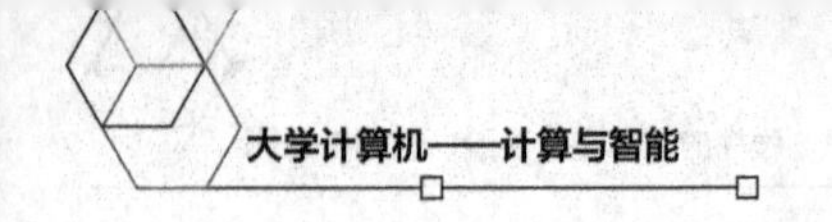

示例 16 的程序 2——用迭代的方法实现阶乘的计算程序，如下：

按式 6.2 构造出的是递归程序或递归算法。但 *n*!也可以如式 6.1 来计算，即只要能进行乘法(* Product Counter)，就能计算 *n*!，如下所示：

```
(* … (* (* (* (* 1 1) 2) 3) 4) … n)
```

但上式中的省略号是不允许的，怎样表示具有这一规律的重复计算呢？进一步分析上式：前一个计算结果被作为后一次计算的一个操作数。即：

```
Product ← Product * Counter
Counter ← Counter + 1
```

Product 不断地被新的积所替换。Counter 由 1 计数到 *n*；因此构造如下程序：

```
(define (fact n) (fact-iter 1 1 n))
(define (fact-iter product counter max-count) (
        cond ((> counter max-count) product)
          ((<= counter max-count)
(fact-iter (* counter product) (+ counter 1) max-count ))))
```

对上述程序做一简要解释：过程(fact n)的计算规则是计算过程(fact-iter 1 1 n)。而过程(fact-iter product counter max-count)，其中 fact-iter 为运算符，product、counter、max-count 为 3 个形式参数，分别表示乘积、计数器和最大计数值。其计算规则是：当条件式 counter>max-count 为真时，其结果为 product 值；而当条件式 counter<=max-count 为真时，其结果为用 product*counter 的值替代 product，用 counter+1 的值替代 counter，max-count 不变，继续执行组合式(fact-iter product counter max-count)。

上述程序的计算过程如下，假设计算 6!：

```
      (fact 6)
   → (fact-iter 1 1 6)
   → (fact-iter (* 1 1) (+ 1 1) 6) → (fact-iter 1 2 6)
   → (fact-iter (* 1 2) (+ 2 1) 6) → (fact-iter 2 3 6)
   → (fact-iter (* 2 3) (+ 3 1) 6) → (fact-iter 6 4 6)
   → (fact-iter (* 6 4) (+ 4 1) 6) → (fact-iter 24 5 6)
   → (fact-iter (* 24 5) (+ 5 1) 6) → (fact-iter 120 6 6)
   → (fact-iter (* 120 6) (+ 6 1) 6) → (fact-iter 720 7 6)
   → 720
```

比较上述计算过程和图 6.5（b）可以发现这两种程序执行过程的差异，这里的计算过程由前向后计算，直到 Counter 大于 *n* 时，即输出结果。而图 6.5（b）则是先递推地代入，再回归进行计算。因此图 6.5（b）的计算过程比上述过程要消耗更多的时间与空间。

这里所示的程序被认为是“迭代”程序。迭代与递归有着密切的联系，甚至一类如“$X_0=a$，$X_{n+1}=X_n*f(n)$”的递归关系也可以看作是数列的一个迭代关系，可以证明：迭代程序都可以转换为与其等价的递归程序，反之则不然。如汉诺塔问题，便很难用迭代方法求解。就效率而言，递归程序的实现要比迭代程序的实现耗费更多的时间和空间，因此在具体实现时又希望尽可能地将递归程序转化为等价的迭代程序。

6.5.2 实现斐波那契数列的递归程序和迭代程序执行过程比较

示例 17 对比求解斐波那契数列的两个程序。可以用递归的方法实现斐波那契数

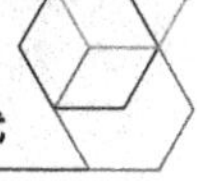

列的计算程序，也可以用迭代的方法实现斐波那契数列的计算程序，二者有什么差别呢？

示例 17 的程序 1——用递归的方法实现斐波那契数列的计算程序，如下所示：

```
(define  (fib  n)      ( cond  ((==  n  0)  0)
                        ((==  n  1)  1)
                      ((>  n  1)  (+  (fib  (-  n  1))  (fib  (-  n  2)))) ))
(fib  6)
```

递归算法或递归程序很简单，但是其计算量却很大。当计算高阶 Fib 时，始终要计算低阶的 Fib，由于低阶的 Fib 未能保留，因此重复计算频繁出现，故此计算量大增，如图 6.6 所示。

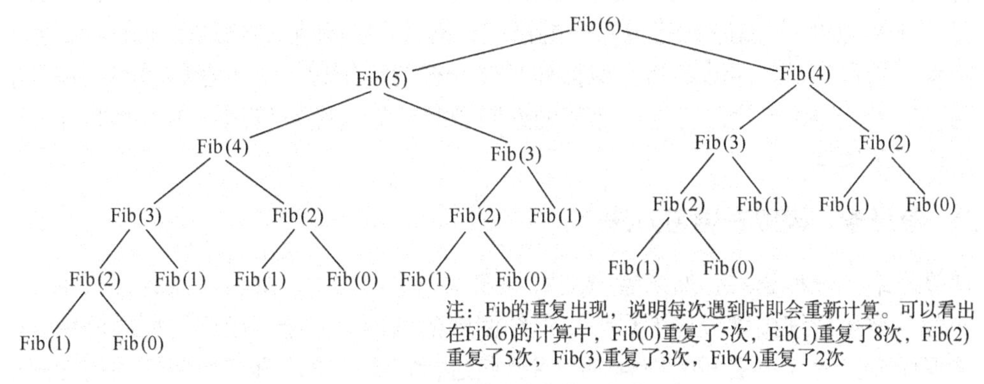

图 6.6　Fib 递归模拟计算的重复性示意

示例 17 的程序 2——用迭代的方法实现斐波那契数列的计算程序，如下所示：

```
(define  (fib  n)      ( fib-iter 1  0  n) )
(define  (fib-iter  a  b  count)
     ( cond  ((==  count  0)  b)
((>  count  0)  ( fib-iter  (+  a  b)  a  (-  count  1) ))))
(fib  6)
```

如表 6.6 所示为斐波那契数列的计算过程及其中的“迭”与“代”。每次迭代时，a 被前次的$(a+b)$替换，b 被前次的 a 替换，count 逐次减 1。当 count=0 时，b 为 $f(n-1)+f(n-2)$，即 $f(n)$。可以看出此程序只是一个循环，计算量有限。因此，循环迭代算法/程序比递归算法/程序要快得多。

表 6.6　斐波那契数列的迭代过程示意

a	b	Count		(+ a b)	计 算 内 容
1	0	7		1	初始调用
1	1	6		2	$f(0)+f(1)$
2	1	5		3	$f(1)+f(2)$
3	2	4		5	$f(2)+f(3)$
5	3	3		8	$f(3)+f(4)$
8	5	2		13	$f(4)+f(5)$
13	8	1		21	$f(5)+f(6)$
21	13	0			$f(6)+f(7)$

6.6 为什么要学习和怎样学习本章内容

6.6.1 为什么：递归和迭代是表达机器重复执行动作的基本方法

只有掌握了递归和迭代，才能说掌握了程序构造基本技巧。

递归是计算学科最基本的表达手段：将具有自相似性、重复的无限个对象或动作用少量的语句表达出来的一种手段。递归是计算学科最基本的构造手段：构造算法、构造程序，一种自身调用自身、高阶调用低阶的构造手段。计算机器/计算系统一般是“递归”地执行重复的动作，以完成大量的计算任务。因此，能否理解计算机器/计算系统的关键是能否理解“递归”，能否理解复杂算法和程序的关键也是能否理解“递归”。若要进一步学习“计算理论”“编译”等更深入的课程，对递归的理解是最最基本的。若要成为一个高水平的程序员，能够编写类似操作系统一样的系统程序，不理解递归也是不能够达到的。20 世纪 30 年代，正是可计算的递归函数理论与图灵机理论等一起为计算理论的建立奠定了基础。

6.6.2 怎样学：模拟式学习方法

计算思维是一种思维，如果看一遍听一遍就完全明白了，那就不是计算思维。计算思维一定是需要仔细揣摩、仔细思考、仔细回味的东西。关于“递归”要理解到什么程度？要理解递归的 3 个层面的内容，即用递归进行定义（表达具有自相似性的无限的对象或动作），用递归进行构造（构造算法和程序），（计算系统/计算机器）递归地执行（算法和程序的）过程。

学好本章内容，可采取模拟式学习方法，即将自己当作机器，按照示例给出的要求，模拟机器一步一步地计算过程/执行过程并获得结果，久而久之，对递归和迭代的理解就逐渐深化。关于递归函数的理解，只有将自己作为机器一步一步地模拟计算过程，才能领略递归思维的伟大，也才能体验递归思维的精妙绝伦。因此学习本章不是要记住“递归”相关的几个概念，而是通过一步一步的模拟计算，体验递归的表达、构造及其执行过程，模拟计算是强化理解深度的关键。

第7章　计算机语言与程序编写

Chapter7

本章摘要

人通过程序控制计算机完成各种工作，而程序的编写，既要人读得懂能理解，同时还需要机器读得懂能执行，这就需要用到计算机语言。计算机语言是人与机器交流的重要手段，是抽象的。本章试图使读者理解高级语言的基本构成要素，能够用高级语言编写简单程序、阅读高级语言源程序。

7.1　一个高级语言程序设计的示例及分析

语言概述

面对层出不穷的计算机语言（这里指高级语言，以下简称“语言”），应该怎样学习呢？

一般而言，语言的学习有 4 个方面：一是程序要素，指一个程序中可能出现的各种不同要素；二是程序设计，指用程序要素及其组合完成一个问题求解的程序编写；三是语法规则，指具体计算机语言对程序要素的书写规范。程序要素可能是相同的，但不同种语言的书写规范可能是不同的，如 C 语言用花括号“{}”区分语句段落，而 Python 语言用同长度的缩进区分语句段落，同一种语言的书写规范也可能会发生变化；四是编程环境，指能够进行程序编写、程序编译、程序调试与程序执行的环境，也称为集成开发环境。

本书并不希望为读者讲授涉及上述 4 个方面内容的一门具体语言，而是希望读者理解程序的基本要素以及程序设计。这些基本要素是各种语言普遍支持的，尽管书写规范略有不同。不同的语言在支持基本要素的基础上，还支持更多的程序要素，这是编写复杂结构程序和大规模程序所需要的，对初学者而言，首先要掌握用基本的程序要素进行程序设计，然后再学习更深入的内容。

下面先通过一个程序的编写来理解基本的程序要素。

示例1　编写一个程序：对一组数据{12，7，49，78，19，33，66，50，51，80}进行由大到小的排序。

题目解析：这里暂不讨论排序的各种算法，仅以一种典型的“冒泡法”作为讨论基础，也仅讨论基本思想及程序设计，暂不讨论算法的优化问题。

冒泡法排序的思想是这样的：（1）一个轮次一个轮次地处理；（2）在每一轮次中依

次将待排序数组元素中相邻的两个元素进行比较，将大的元素放在前，小的元素放在后。这样，经过一轮比较和移位后，待排序数组元素中最小的元素就会被找到，并被放到这组元素的尾部。

来看排序过程，如图 7.1 所示，假设元素的个数为 *N*。首先进行第 1 轮，从第 1 个元素开始依次向后，两两相邻的元素加以比较，图 7.1 中示意了一个轮次的比较过程，带有圆点的 2 个元素表示相比较的 2 个元素，下有箭头弧线表示这 2 个元素需要交换位置。可以发现经过 *N*-1 次比较和最多 *N*-1 次的移位，就可将最小的元素交换到这 *N* 个元素的尾部。接着进行第 2 轮，重复与第 1 轮相同的动作，只是待排序元素的个数减少为 *N*-1。经过 *N*-2 次比较和最多 *N*-2 次移位后，*N*-1 个元素中最小的元素被找到，并被放到这 *N*-1 个元素的尾部。如此，第 3 轮次可将 *N*-2 个元素中的最小元素放在这 *N*-2 个元素的尾部，第 4 轮次可将 *N*-3 个元素中的最小元素放在这 *N*-3 个元素的尾部，重复下去，直到第 *N*-1 轮，剩余 2 个元素，比较后该交换位置则交换，不该交换位置则不交换。这样排序过程就结束了。

接下来，要将思想变成程序。首先要明确下面几项内容：(1) 这一组待排序的数据放在哪里呢？图 7.1 中示意是在 lists 中，这里的 lists 是一种被称为“数组”的变量，用 lists[1]，lists[2]，…，lists[*n*]来表示该数组中的第 1 个元素、第 2 个元素、……、第 *n* 个元素。注意，变量是可以任意命名的（当然一些可能与系统冲突的名字是不允许使用的），例如，将 lists 写成 lis、ls、alpha 等都是可以的，至于 lists、Lists、LISTS 是否是指同一个变量则取决于不同的计算机语言，有些语言认为是，因为大小写无关；而有些语言则认为不是，因为大小写相关，这是要注意的。本书采纳“大小写无关”。(2) 待比较元素的个数、已做到第几轮的轮次号、已比较到第几个位置元素的位置号，等等，也可以用变量来表示，图 7.1 中 *i* 表示轮次号、*j* 表示位置号，后面程序中出现的 Count 表示元素个数，Count 的含义即前面分析中的 *N*，也可以在程序中用 *N* 替换 Count。这里的变量是一种被称为“整数”的变量。那些不变的数值可以直接出现于程序中，被称为“常量”。(3) 如何表达两个元素的比较？可以直接书写类似于 lists[*i*]>lists[*j*]或者 lists[*i*]<lists[*j*]等的表达式。加减乘除运算也可以直接书写，如 Count-1、*j*+1 等。(4) 如何表达“比较后该交换位置则交换，不该交换位置则不交换”？这就需要用到一种分支控制语句，在后面程序中看到使用了“if (条件) then {}”，这里的条件可以是简单的比较表达式，整条语句表示当“条件”经过计算，结果为真时，则执行 then 后面“{}”内的所有语句，否则 then 后面“{}”内的语句不被执行。(5) 如何表达“一个轮次一个轮次的执行”“依次……两两元素比较并判断是否交换”呢？这就需要用到一种循环控制语句，在后面的程序中可以看到，使用了 for i=1 to Count-1、for j=1 to Count-i 这样的语句，循环控制语句表明，“轮次号 *i* 需要从第 1 轮次到 Count-1 轮次重复执行一些语句，每执行一次，轮次号 *i* 要自动加 1”“位置号 *j* 需要从第 1 个位置到 Count-i 个位置重复执行一些语句，每执行一次，位置号 *j* 要自动加 1”。注意，程序的一个巧妙之处就是一个变量能够表示可统一于一起的多种含义。

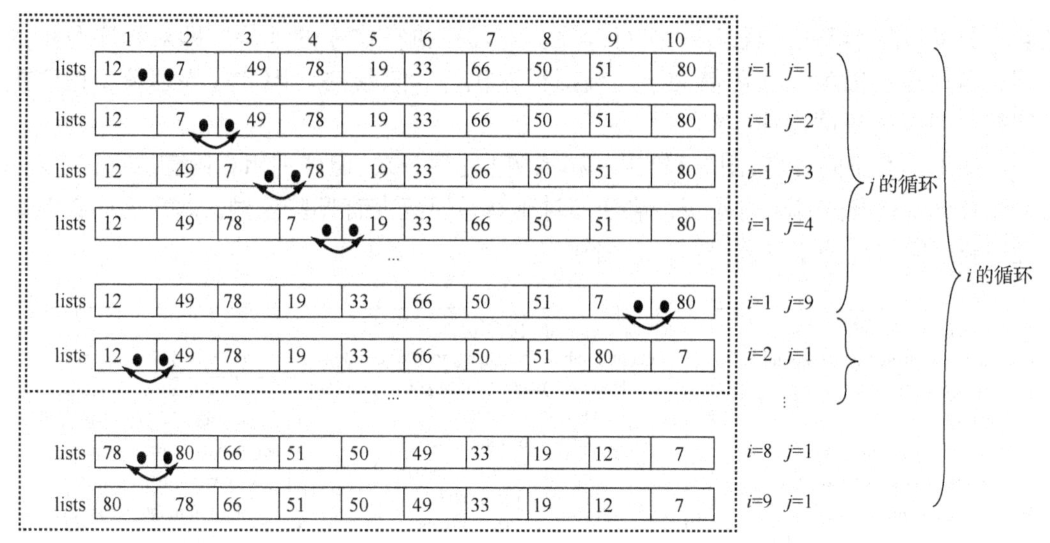

图 7.1　一组数据的“冒泡法”排序过程示意

综上可以看到，常量、变量、表达式、分支控制语句和循环控制语句是编制任何一个程序都需要的基本的程序要素，理解了这些程序要素，然后对照某一种语言的书写规范，就可以完成程序的编写。下面给出冒泡法排序的程序。

答：不涉及具体计算机语言的程序编写如下。

```
int Bubble_sort(int lists[], int Count)  /*递减排序，即较大值在后面，较小值在前面 */
{       for i=1 to Count-1  /* 从第1轮开始，最多到第Count-1轮，重复执行{ }内的语句 */
        {
                /* 从第1个位置，最多到第Count-i个位置，重复执行{ }内的语句 */
                for  j=1 to Count-i
                /*判断两个元素的大小，若成立则执行{ }内的语句  */
                {  if  (lists[j]<lists[j+1]) then
                     { k = lists[j];
                      lists[j] = lists[j+1];
                      lists[j] = k;
                      }
            /*该{ }内的语句为当lists[j]比lists[j+1]小时，交换lists[j]与lists[j+1]元素的值 */
        }  /* 该{ }内的语句是对每一个位置，做它和其后位置元素的比较，即1-2,2-3,3-4,4-5,…这
样位置的元素的比较，每完成一个位置，j会自动加1 */
        }  /*该{ }内的语句是每一轮次应该进行的内容，每完成一轮，i会自动加1 */
}   /*算法结束*/
```

仔细阅读该程序，在阅读过程中注意体会：(1)如何识别一条语句的开始与结束。如赋值语句(即“=”表示的语句，该“=”被称为赋值符号，意为将右侧的表达式的计算结果赋予左侧的变量进行存储)通常是一行是一条语句，有时一行也可书写多条语句，本书是以“;”分隔(其他语言可自行查找与对比)。但对于分支控制语句和循环控制语句，则通常是以“{}”来区分其结束与否，注意“{}”的对应关系。能够将语句区分开，则程序基本读懂 1/3。(2)注意理解变量及其含义，对变量的含义理解正确，则程序又可读懂 1/3。(3)理解程序执行的次序。通常程序是顺序执行的，即执行完一条语句，接着执行其下一条语句。但当有了分支控制语句和循环控制语句后，则程序的执行次序是会发生变化的。可首先将“for {…}”“if {…}”整条语句当作一条

来看，就可以很容易区分程序的执行次序。对程序执行次序的理解，即对程序逻辑的理解，有时可能很难，这可借助于“模拟程序执行”来解决。因此如果理解了程序执行逻辑，即能完整读懂程序。

为便于学习不同语言，图 7.2 给出了和示例 1 程序一致，但分别用 C 语言、Visual Basic 语言和 Python 语言书写的程序，请仔细对比书写规范上有哪些差异，本章后面针对基本程序要素简要介绍了这些差异，读者可自学之。

```
//C语言的冒泡排序程序
void bubble_sort(int *lists, int count)
{     int i , j;
      for(i=0; i<count-l; i++)
   {  for(j=0; j<count-i; j++)
      {  if   (lists[j]<lists[j+l])
            {    int k=lists[j];
                 lists[j]= lists[j+l];
                 lists[j+l]=k ;        }
      }
   }
}
```

（a）

```
'Visual Basic 语言的冒泡排序程序
Function bubble_sort(lists(l to 100) as integer, count as integer) As integer
    Dim i as integer, j as integer, k as integer
    for(i=l to count-l Stepl)
        for(j=1 to count-i Step l)
            if  (lists(j) < lists(j+1))
                k = lists(j);
                lists(j) = lists(j+1);
                lists(j+1) = k;
            end if
        next j
    next i
End Function
```

（b）

```
# Python语言的冒泡排序程序
def  bubble_sort(lists,count):
  for i in range(0, count):
     for j in range(0, count-i):
        if lists[j]<lists[j+l]
           k=lists[j] ;
           lists[j]=lists[j+l];
           lists[j+l]=k;
  return lists
```

（c）

图 7.2　用不同语言书写的冒泡排序程序

7.2　高级语言程序的基本要素

高级语言的基本要素（上）

7.2.1　常量、变量与赋值语句

程序是用来处理数据的，因此，数据是程序的重要组成部分。程序中通常有两种数据：常量（constant）和变量（variable）。

所谓“常量”是指在程序运行过程中其值始终不发生变化的量，通常就是固定的数值或字符串，可以在程序中直接使用。例如，45，30，-200，"Hello!""Good"等都是常量，在程序中，通常字符串形式的常量用“""”括起，而非字符串形式的常量直接使用。

所谓“变量”是指在程序运行过程中其值可以发生变化的量。在符号化程序设计语言中，变量可以用指定的名字来代表，换句话说，变量由两部分组成：一是变量的“标识符”，即变量名，二是变量的“内容”，即变量值。变量名在程序运行过程中是不变的，而变量值在程序运行过程中是可以变化的。

在程序中，变量最常见的有 3 种类型：数值型、字符型和逻辑型。其中，数值型通常包括整数类型和实数类型（分别简称“整型”和“实型”），一般按二进制进行存储。字符型表示该变量的值是由字母、数字、符号甚至汉字等构成的字符串，一般按 ASCII 码或汉字内码进行存储。逻辑型也叫布尔型，表示该变量的值只有两种：“真”和“假”，一般用 01 串进行存储，通常，全 0 表示“假”，非全 0 表示“真”，本书直接将其表示为 True 和 False。在此基础上各种语言通过组合这些基本类型的变量于一体，形成各种结构具有不同特性的变量，例如，前面介绍过的数组。变量使用前需声明其类型，具体

如何声明可参见具体语言，本书略过。

变量，在具体机器中就是指一个或多个存储单元，变量名即相当于存储单元的地址（如果是多个存储单元，则一定是连续地址的存储单元，变量名通常对应第 1 个存储单元的地址），而变量值则相当于存储单元的内容。如果是多个存储单元，则变量值是包含全部存储单元的值。不同类型的变量由于存储方式不同、占用存储单元的个数不同，因此使用前需要定义变量的类型，或称“声明”变量的类型。

变量可以在使用过程中被重新赋值，因此赋值语句是计算机语言中最基本、最常使用的语句。

赋值语句的形式规则：

```
变量名 = 值
变量名 = <表达式>;
```

其中“=”称为赋值符号，表示将右侧的值或表达式的计算结果赋给左侧的变量予以保存。表达式如何书写参见 7.2.2 小节内容。

示例 2 理解下面的赋值语句：

```
Exam = 50;
Exam = 70;
Exam = Exam - 20;
```

第 1 行的语句表示将 50 赋值给变量 Exam。第 2 行的语句表示将 70 赋值给变量 Exam。第 3 行的语句先要做一下“断句”，即“=”右侧的“Exam−20”是一个表达式，先计算其值，然后再赋给变量 Exam，用新值取代旧值。见到这一语句，只要清楚“=”右边的就是一个表达式，则不难理解了。如果这 3 条语句是连接在一起的一段程序，则最后 Exam 的值为多少呢？

注意，理解计算机语言时要注意理解其基本形式，很多高级语言会出现一些变化的形式，例如，Exam = Exam +1，在有些语言中也可能写为 Exam += 1、Exam++等，是对基本形式的组合或简化，在理解基本形式后查阅相关的手册不难理解，本章不考虑这些方面，以免影响初学者对程序设计本身内容的学习和训练。

7.2.2　算术表达式、比较表达式与逻辑表达式

程序对数据的处理，是通过一系列运算来实现的，而运算通常是由表达式来表达的。表达式通常采用中缀表示法，两个操作数在两边，一个运算符在中间。一个表达式可以作为操作数嵌入到另一个表达式中，如此层层嵌入，便可以构造出更为复杂的表达式。

表达式的形式规则：

```
变量或值 <运算符> 变量或值
变量或值  <运算符> （变量或值 <运算符> 变量或值）
```

通常有 3 种类型的表达式，即算术表达式、比较表达式（又称“关系表达式”）和逻辑表达式。

算术表达式即是用算术运算符构造的表达式。一般地，常见的加、减、乘、除等算术运算符采用+、−、*、/ 等符号来表达。算术表达式的结果一般是一个整型或实型的数值。例如，Area / 20、200+100*50/30 等都是算术表达式。

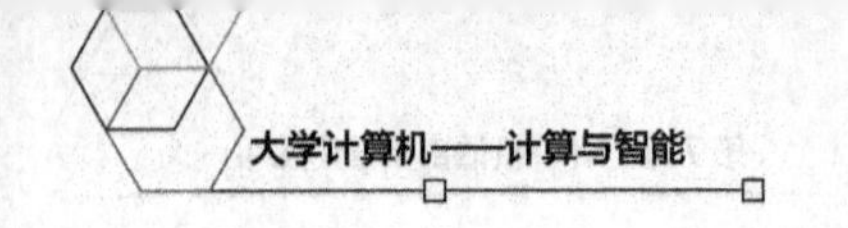

比较表达式即是用比较运算符构造的表达式。一般地，常见的等于、不等于、大于、大于等于、小于、小于等于等比较运算符采用==（双等号）、<>、>、>=、<、<=等符号来表达。比较表达式用于比较两个值之间的大小关系，结果是逻辑值，比较关系成立则其值为“真”（True），而比较关系不成立则其值为“假”（False）。注意，比较的两个值应属于同种数据类型，例如，“3>=2”成立，其结果为True；6<>6不成立，其结果为False。

示例3 理解下面的表达式：

```
Result1 =  (Exam - 20) > (Exam + 20);
Result2 =  Exam - 20 == Exam;
```

理解第1行的语句，首先要清楚这是赋值语句，“=”右侧的是一个表达式，该表达式按照语法规则看还是清晰的，可以判断Result1的值应为False。理解第2行的语句，首先要清楚这是赋值语句，“=”右侧的是一个表达式，该表达式按照语法规则看不够清晰，一是省略了一些括号，从严格意义上是不可以的，但现在很多高级语言也允许这样书写，遵循“当算术运算符与比较运算符在一起时，算术运算符优先”，二是单等号与双等号同时出现，感觉把握不准。双等号是比较运算符，单等号是赋值。严格写出来就是“Result2 = ((Exam – 20) == Exam);”这样是否清楚了呢？Result2的结果为False。

逻辑表达式即是用逻辑运算符构造的表达式。一般地，常见的与、或、非等逻辑运算符采用and、or、not等符号来表达。逻辑表达式用于对逻辑值进行逻辑操作，结果是逻辑值，即“真”（True）或“假”（False）。

各种运算符把不同类型的常量和变量按照语法要求连接在一起就构成了表达式。这些表达式还可以用括号复合起来形成更复杂的表达式。表达式的运算结果可以赋给变量，或者作为控制语句的判断条件。需要注意的是，单个变量或常量也可以看作是一个特殊的表达式。

7.2.3 分支结构控制语句 If

高级语言的基本要素（下）

高级语言程序的主体是由语句（statement）组成的。除前面介绍的赋值语句外，还有能够改变程序执行路径的语句，其中一种就是分支结构控制语句。

通常，程序默认的执行方式是一条语句接着一条语句的执行，这是基本的程序结构，即顺序结构。但有时需要依据一个条件判断来改变程序执行的路径，就像“道路上的交叉口，向左转还是向右转，需要依据条件做出选择”，被称为分支结构。分支结构通常采用If语句。

If语句的形式规则：

```
（1）If  (条件)  Then  语句;
（2）If  (条件)  Then {
           语句序列; }
（3）If  (条件)  Then {
          （条件为真时运行的）语句序列1; }
      Else {
      （条件为假时运行的）语句序列2;   }
```

其中，（1）主要用于条件为真时仅执行一条语句的情况。如果条件为真，则执行

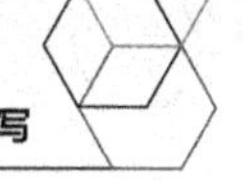

Then 后的语句，然后再执行该语句的下一条语句；如果条件不为真，则将顺序执行该语句的下一条语句。而（2）用于仅包含条件为真时的语句序列。即条件为真时，则执行 Then 后用花括号括起的语句序列，然后再接着执行花括号后的语句；如果条件不为真，则将顺序执行该语句花括号后的语句。（3）既包含条件为真时的语句序列，也包括条件为假时的语句序列。即条件为真时，执行 Then 后用花括号括起的语句序列 1；条件不为真时，执行 Else 后用花括号括起的语句序列 2。执行完毕后均将继续执行其后的语句。

示例4 分支语句的简单例子如下所示：

```
If  (D1>D2)  Then  D1=D1-5;
D1=D1+10;
```

如果已知 D1=10，D2=5，则以上程序的条件是满足的，因此将先执行 D1=D1-5，结果为 D1=5，然后再执行 D1=D1+10，最终结果是 D1=15。如果已知 D1=8，D2=10，则以上程序的条件是不满足的，因此将执行 D1=D1+10，最终结果是 D1=18。因此可以看出程序随条件表达式 D1>D2 的结果改变程序执行的路线。若阅读时能够注意上面是两条语句，则题目不难理解了。

上面语句如果写成下面的形式，是否更为清晰呢？

```
If  (D1>D2)  Then
{     D1=D1-5;   }
D1=D1+10;
```

7.2.4 有界循环结构控制语句 For

程序结构除前面介绍的顺序结构和分支结构外，还经常使用一种结构，即循环结构，循环结构是用于实现同一段程序多次重复执行的一种控制结构。一种常用的循环结构是有界循环结构，称为 For 循环。

For 语句的形式规则：

```
For 计数器变量 = 起始值 to 结束值 [Step 增量]
{    语句序列;  }
```

For 语句的含义为以“计数器变量”为变量，从“起始值”开始，每次按“增量”增加，直至“结束值”为止，每次执行一遍花括号内的语句序列。花括号内的语句序列称为循环体，每执行一次循环体，计数器变量都做一次修改。这里的“Step 增量”是可以省略的，形式规则中以“[ ]”表示，如其省略，则按默认增量值 1 来执行。由上可见，For 循环语句需明确知道起始值和结束值，或者说循环次数，才能被应用，因此其又被称为有界循环语句。

示例5 用循环结构实现求和 1+2+3+…+1 000 的程序。

```
Sum=0;                              //让Sum表示和，首先初始化为0
For  I =1  to  1000  Step 1         //I为计数器，从1～1 000计数，I每次加1
{  Sum = Sum + I;  }                //循环地将I值与Sum值相加，结果再保存在Sum中
```

该程序为一个循环结构的程序，通过阅读可以发现，其包括 4 个部分：初始化部分、循环体、修改部分和控制部分。初始化部分为循环做准备，设置计算结果的初值，如语句“Sum=0;”，如果缺失本条语句，则计算结果将不正确。循环体是核心，是将要重复执行的程序段落，如语句序列{ Sum = Sum + I; }，该语句序列将被重复执行。修改部分

在执行一次循环体后修改循环次数或修改循环控制条件，如上述循环，每当执行一次，I 的值将加 1。控制部分用于判断循环是否结束，如判断循环次数是否减为 0，或者达到某个预定值，也可能判断某个循环控制条件是否被满足。

7.2.5 条件循环结构控制语句 Do While

For 语句是循环次数已知的一种循环结构。如果循环次数未知怎么办？通常情况下，可以利用 Do While 语句来进行。

Do While 语句的形式规则：

```
While （条件）
{  语句序列；  }
```

其含义为“当条件满足时，则重复执行循环体中的语句序列。直到条件不满足时，跳出循环”。

另一种形式的写法：

```
Do  {
    语句序列；
}  While  （条件）
```

其含义为“重复执行循环体中的语句序列，直到条件不满足时，跳出循环为止”。

这两种表现形式还是有差异的，仔细理解其含义叙述的不同。Do While 是先执行循环体中的语句序列，然后判断条件，条件满足则继续执行，条件不满足则跳出循环；而 While 是先判断条件，条件满足则执行循环体中的语句序列，条件不满足则跳出循环。

示例 6 用 Do While 循环编程，求从 X=1，Y=2 开始循环计算 $X+Y$，X 和 Y 每次增 1，直到 $X+Y$ 的值大于 10 000 时为止。

答： 此时循环次数是未知的，所编程序如下。

```
X=1;
Y=2;
Sum=0;
Do { Sum = X+Y;
     X=X+1;
     Y=Y+1;
} While (Sum<=10000)
```

注意，阅读此段程序时，要将 Do {} While()当作整体来看待，尽管“{}”内又是由多条语句构成的。

7.2.6 函数结构语句

用高级语言构造程序

除顺序结构、分支结构和循环结构外，另一种非常有用的结构就是函数结构。函数结构是一种“调用—返回”式的程序控制结构。联想第 5 章的运算组合式，其中的“定义新运算/新过程”即是定义函数与使用函数。

函数（function）是由多条语句组成的能够实现特定功能的程序段，是对程序进行模块化的一种组织方式，是一种抽象，即将执行某功能的一个程序段落定义为一个名字，即函数名，以后可以用该名字来使用该程序段落。函数一般由函数名、参数、返

回值和函数体 4 部分构成。其中函数名和函数体是必不可少的，而参数和返回值可根据需要进行定义。对于有参数的函数，在对其进行定义时所使用的参数称为形式参数，在定义函数的函数体中使用形式参数进行程序设计；在调用该函数，即使用函数时，调用者则必须给出该函数所需的实际参数，即将函数的功能作用于实际参数上，换句话说，在调用时用实际参数相对应地取代形式参数来执行函数的函数体以获取计算结果。对于有返回值的函数，在函数执行完后将向调用者返回一个执行结果。图 7.3 所示为函数的定义和函数的调用示意。注意，数学上的函数只是一个符号表达或者符号抽象，而计算机语言中的函数则是一段可以执行的程序，不仅仅是符号抽象，而且用程序给出了其计算方法。

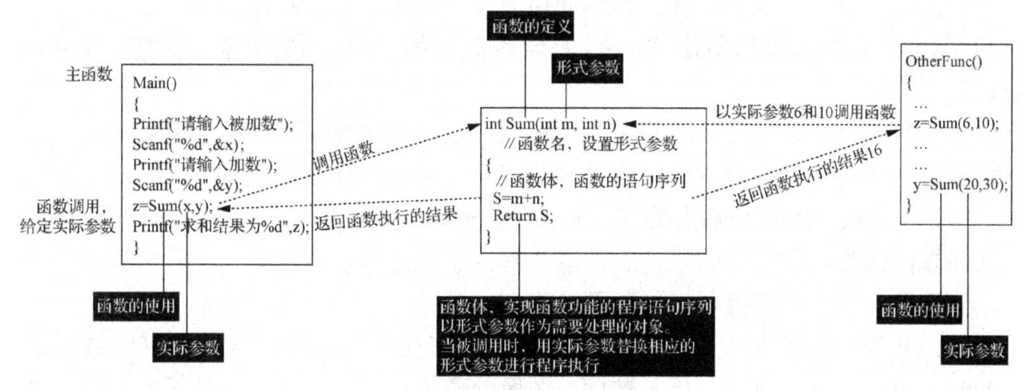

图 7.3　函数定义及函数调用示例

函数的形式规则：

```
类型 函数名(类型 形式参数1, 类型 形式参数2, …)
{  函数体; }

函数名(实际参数1, 实际参数2, …);
```

示例 7 函数编写示例。

```
int Sum(int m, int n)
//Sum为函数名，int是一个整数类型定义符，m和n为形式参数，其实际值将由调用者按此格式传递给该函数
{    int S;              //函数体，可由多条语句组成程序段落
     S = m + n;
     return S;
}
```

最终的程序通常是由一个或多个函数构成的，其中有一个特殊的函数，它是整个程序执行的入口，称为主函数。例如，C 语言语法中的主函数 main()：

```
main()    //程序的主函数
{
     Printf("请输入被加数");
                          //Printf是计算机语言提供的一个输出函数，表示在屏幕上输出函数参数所示的字符串
     Scanf("%d",&x); //Scanf是计算机语言提供的一个输入函数，表示将键盘输入的一个数值赋值给变量x
     Printf("请输入加数");
     Scanf("%d",&y);
     z = Sum(x,y); //调用Sum()函数，传递进两个实际参数，即x，y的值，函数执行完的结果赋值给z保存。
     Printf("求和结果为%d", z);
}
```

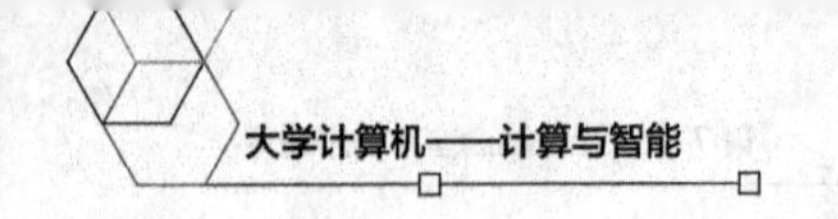

7.2.7 系统函数及其调用

除前面介绍的用户自定义的函数外，具体计算机语言通常还提供给用户丰富的系统函数（或称“标准函数”），这些系统函数是一系列事先已经编制好的程序，可被用户直接调用。

例如，示例中的 Printf()和 Scanf()指的便是两个系统函数，前者用于将字符串按指定格式输出到屏幕上，后者用于接收键盘的输入，并按指定格式将其存储于相应变量中。在使用前，可查阅相关的手册了解其详细使用方法。

系统函数一般包括以下几种，具体使用时可查阅相关的函数调用细节。

数学运算函数：如三角函数、指数与对数函数、开方函数等，例如，sin(α)，Log(x)等。

数据转换函数：如字母大小写变换、数值型数字和字符型数字相互转换等。

字符串操作函数：如取子串、计算字符串长度等，例如，Len("abcd")。

输入/输出函数：如输入/输出数值、字符、字符串等，例如，Printf(…)，Scanf(…)等。

文件操作函数：如文件的打开、读取、写入、关闭等。

其他函数：如取系统日期、绘制图形等。

目前比较受欢迎的高级语言中有很多是因为其提供了大量丰富的系统函数库。例如，Python 语言提供了数据分析函数库、图像处理函数库、网页处理分析函数库、画图函数库等，而且还有越来越多的第三方为 Python 语言提供系统函数库。因此学习 Python 语言，更重要的是学习这些系统函数库的使用，不仅仅是学习基本的语法。

7.2.8 几种计算机语言的程序基本要素书写规范比较

为方便学习其他计算机语言，本节用对比的方式列举了几种典型的计算机语言的基本程序要素，如 C 语言、Python 语言和 Visual Basic 语言的书写规范，熟悉了这些规范，也就掌握了这些语言的基本内容。表 7.1 中列出了几种典型计算机语言的程序要素书写规则及示例。

表 7.1 几种典型计算机语言的程序要素书写规则示例（基本内容）

基本程序要素（本书）	Python	C	Visual Basic
算术表达式 +、−、*、/、**（幂）、mod（取模）	基本部分：相同 +、−、*、/、**、%（取模）、//（取整）	基本部分：相同 +、−、*、/、%（取模）	基本部分：相同 +、−、*、/、^（幂）、mod（取模）
a + b　a**3　9 mod 4	a + b　a**3　9 % 4	a + b　9 % 4	a + b　a^3　9 mod 4
比较表达式/关系运算符 ==、<>、>、<、>=、<=	相同 ==、!=(<>)、>、<、>=、<=	基本部分：相同 ==、!=、>、<、>=、<=	相同 ==、<>、>、<、>=、<=
a > b　a <> b	a > b　a != b	a > b　a != b	a > b　a <> b

续表

基本程序要素（本书）	Python	C	Visual Basic
逻辑运算符 and、or、not	相同 and、or、not	不同 &&、||、!	相同 and、or、not
(a>b)　and　(c>d)	(a>b)　and　(c>d)	(a>b)　&&　(c>d)	(a>b)　and　(c>d)
赋值语句 数据类型　变量名; 变量 = 表达式;	相同：可直接赋值 变量 = 表达式	相同：变量需事先声明 数据类型　变量名; 变量 = 表达式;	相同：变量需事先声明 Dim 变量名 AS 类型 变量 = 表达式;
int　i, j; i = a + b;	i = a + b	int i; i = a + b	Dim i as integer i = a + b

If 条件 Then
{　执行语句 11;
　执行语句 12;
}
Else
{　执行语句 2; }
	If　条件:
	　　执行语句 11
	　　执行语句 12
	Else:
	　　执行语句 2
	（注：用等长缩进区分语句块）
		If 条件 Then
		{　执行语句 11;
		　执行语句 12;
		}
		Else
		{　执行语句 2; }
			If 条件 Then
			　执行语句 11;
			　执行语句 12;
			Else
			　　执行语句 2
			EndIf

If　(a>b)　Then
{　c=a;
　a=b;　}
Else { b=a;　a=c; }
	If　a>b:
	　c=a
	　a=b
	Else
	　b=a
	　a=c
		If　(a>b)　Then
		{　c=a;
		　a=b;　}
		Else { b=a;　a=c; }
			If　(a>b)　Then
			　c=a
			　a=b
			Else
			　b=a;　a=c;
			EndIf

For 计数器=起始值 to 结束值 {　循环语句 1; 　循环语句 2; }	for 计数器 in range(下界值, 上界值): 　　循环语句 1 　　循环语句 2 （注：用等长缩进区分语句块）	For（计数器=初值; 条件; 更新） {　循环语句 1; 　循环语句 2; }	For 计数器 = 起始值 to 结束值 　循环语句 1; 　循环语句 2; Next　计数器

For　a = 10　to 20 Step 1
{　Sum = Sum + a;
}
	For　a　in　range(10, 20):
	　Sum = Sum + a
		For(int a = 10; a < 20; a = a + 1)
		{　Sum = Sum + a ;
		}
			For　a = 10　to 20　Step 1
			　Sum = Sum + a;
			Next a

续表

基本程序要素（本书）	Python	C	Visual Basic
While　(条件) {　循环语句 1; 　循环语句 2; }	While　条件: 　循环语句 1 　循环语句 2 (注：用等长缩进区分语句块)	While　(条件) {　循环语句 1; 　循环语句 2; }	Do While　条件 　循环语句 1; 　循环语句 2; Loop

While (a < 20)
{　Sum = Sum + a;
　a= a−1;
}
	While　a < 20 :
	　Sum = Sum + a
	　a= a−1
		While (a < 20)
		{　Sum = Sum + a;
		　a= a−1;
		}
			Do While (a < 20)
			　Sum = Sum + a
			　a= a−1
			Loop

类型　函数名(Para)
{
　函数体;
}
变量　= funcname (para)
	def　函数名(para):
	　函数体
	　return [返回值]
	(注：用等长缩进区分语句块)
	变量　= funcname(para)
		类型　函数名(Para)
		{
		　函数体;
		}
		变量　= funcname(para)
			Function　函 数 名 (Para) As　类型
			　函数体
			End Function
			
			变量　= funcname(para)

Long Fib(int n)
{　Fib = 120;
}
ret = Fib(5);
	def Fib (n):
	　Fib = 120
	
	ret = Fib(5)
		Long Fib(int n)
		{　Fib = 120;
		}
		ret = Fib(5);
			Function　Fib(n　As Integer) As Long
			　Fib = 120
			End Function
			ret = Fib(5)

7.3　习与练：用高级语言编写程序

7.3.1　基本表达式及赋值语句的书写练习

示例8 表达式的含义理解示例。注意“//”后面的内容给出的是该语句或表达式的解释。

```
X = 100;          //表示将100送到X中保存
X = 2**3;         //表示将2的3次幂送到X中保存
X = X + 100;      //表示将X的值加上100后的结果再送回X中保存
M = X > Y+50;     //将X和Y+50的比较结果赋给变量M。如果已知X=10, Y= -30, 则表达式结果将为
                  //False，即M = False；如果已知X=100，Y=10，则表达式结果将为True，即M = True。
                  //M的值将依赖于变量X和Y的值来确定。此题的关键是记住“=”右侧，无论多复杂
                  //都是一个表达式
N = (A-B) <= (A+B);//将A-B和A+B的比较结果赋给变量N。如果已知A=10, B= -20, 则表达式
                      //结果将为False, 即N = False; 如果已知A=90, B=20, 则表达式结果将为
```

```
                    //True，即N = True。N的值将依赖于变量A和B的值来确定
M = (X>Y) and (X<Y);//可以看出，不管X、Y取何值，X>Y和X<Y中都至多有一个为True，因此整个
                    //表达式结果将始终为False，即M =False
N = (X>=Y) or (X <Y);//可以看出， 不管X、Y取何值，X>=Y和X<Y中都至少有一个为True，因此整
                    //个表达式结果将始终为True，即N = True
K = ((A>B) or (B>C)) and (A<B) or (B<C));
                              //在式中，如果假设A=25，B=19，C=25，则K = True;
                              //如果假设A=25，B=19，C=16，则K=False。K的值依赖
                              //于A、B、C的值来确定
```

7.3.2　基本程序控制语句的书写练习

示例9 分支结构训练。如果开始时 X=100，Y=50，Z=80，分析下面一段程序的执行过程，并说出每一步的结果，及最终 X，Y，Z 的值是多少。

```
X = Z + Y;                    //X开始时是100，但此语句为X重新赋值，则X=130
If (Y > Z) Then {
    X = X-Y; }
Else {
    X=X - Z; }                //由于Y>Z条件不满足，执行X=X-Z语句，此时X=130-80=50
X = X + Y;                    //将X+Y的结果送回X保存，此时X=50+50=100
If (X > Z) Then {
    X=Y; }                    //由于X>Z（即100>80）条件满足，执行X=Y，此时X=50
X = X-Z;                      //将X-Z结果赋值给X。此时X=50-80=-30
If (X>Y)Then {
    X=X-Y; }                  //由于X>Y条件不满足，不执行X=X-Y。X保留-30。程序结束
```

解： 本示例程序最终结果为 X=−30，Y=50，Z=80。可以看出，不管程序如何变化，只要一步一步模拟执行并分析，便可得到正确结果。读者可通过赋予 X、Y、Z 不同的初始值来模拟程序的运行结果。本题的关键是注意 If 语句的 If Else 的结束位置在哪里。

示例10 循环结构训练。如果欲求 1+2+…+10 000 的和，则可编写程序如下：

```
Sum=0;                        //初始值设定，如不设初始值，则程序执行结果可能不正确
    For I =1 to 10000 Step 1  //I为计数器，从1～10 000计数循环，I每次加1
    {    Sum = Sum + I;    }
```

该程序从执行 Sum=Sum+1 开始，一直执行到 Sum=Sum+10 000 为止，1～10 000 的变化是由计数器 I 来反映的。

如果欲求 1+3+…+9 999 的和，可在上述程序的基础上将增量值设为 2，程序如下：

```
Sum=0;                        //初始值设定，如不设初始值，则程序执行结果可能不正确
For I =1 to 10000 Step 2      //I为计数器，从1开始隔一个计一次，一直到9 999
    {    Sum = Sum + I;        }
```

如果欲求 1+2+…+10 000 的和，但又得减去 1 000+1 001+…+1 999 的和，则程序如下：

```
Sum=0;
    For I =1 to 10000 Step 1
    {    If (I<1000 or I>1999) Then {
             Sum = Sum + I;    }
    }
```

请仔细比较一下这几个例子，领会一下循环结构程序的编写方法。

7.3.3 啤酒瓶问题求解的程序设计

示例11 有1 000瓶啤酒，每喝完1瓶得到1个空瓶子，每3个空瓶子又能换1瓶啤酒，喝掉以后又得到1个空瓶子。问总共能喝多少瓶啤酒？还剩多少空瓶子？

解： 此题如用数学方法求解，1 000瓶喝完后，能够换1 000/3=333瓶余1空瓶，喝完333瓶后又能够换333/3=111瓶（累计余1空瓶），喝完111瓶后又能够换111/3=37瓶余1空瓶（累计余2空瓶），喝完37瓶后又能够换37/3=12瓶余1空瓶（累计余3空瓶，此时可再换1瓶），喝完13瓶后又能够换13/3=4瓶（累计余1空瓶），喝完4瓶后又能够换4/3=1瓶余1空瓶（累计余2空瓶），再借1瓶喝完后剩3空瓶然后换1瓶啤酒再还回去。因此喝掉总数=1 000+333+111+37+13+4+1+1=1 500。

只是需注意“在最后剩2个空瓶时，可借1瓶啤酒，喝完剩1空瓶，则够3个空瓶，再换回1瓶啤酒还回去”。

如何编写程序呢？可按题来进行，即一瓶一瓶地喝，当够3个空瓶时，则使待喝酒的瓶数加1，如图7.4所示。程序流程图是以图示化方法来表达程序思想的一种方法，其中用圆角形框表达程序的开始和结束。以矩形框表达顺序结构的程序，以菱形框表达条件判断，以箭头表达程序的走向。理解程序或程序流程图的关键是理解好各种程序变量，如本题中BeerBottle为啤酒数，EmptyBottle为空瓶数，*i*为已喝完的数目，每当Empty等于3时，则使BeerBottle加1，当*i*和BeerBottle相等时即表示完全喝完了。

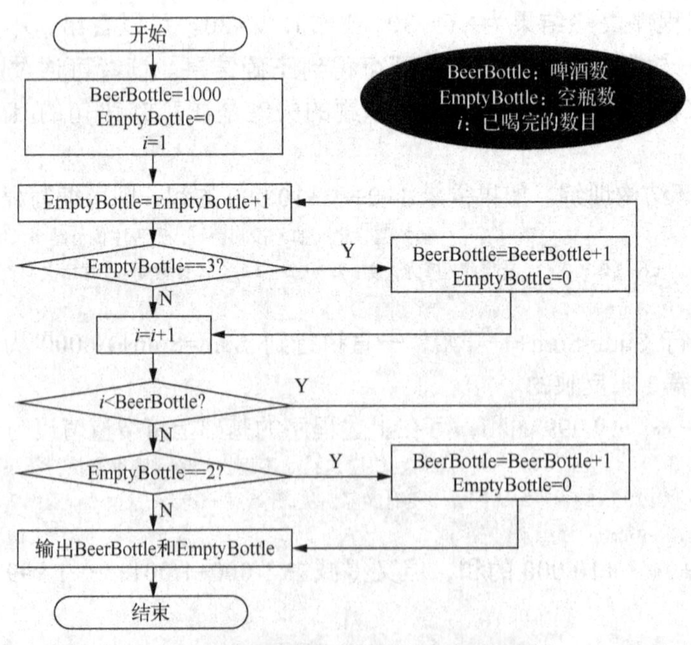

图7.4 啤酒瓶问题求解的程序流程图示例

如果绘制好程序流程图，则程序编写就是简单的事情了，程序代码如下：

```
int HowMuchBeer()
{   int BeerBottle = 1000;
```

```
    int EmptyBottle = 0;
    for i=1 to BeerBottle
    {  EmptyBottle = EmptyBottle+1;
       if (EmptyBottle ==3) then
       {   BeerBottle=BeerBottle+1;
       EmptyBottle=0;
        }
    }
    if (EmptyBottle ==2)         //在最后剩2个空瓶时，加1瓶即可
    {   BeerBottle=BeerBottle+1;
        EmptyBottle=0;
    }
   Printf ("EmptyBottle=%d", EmptyBottle);
   Printf ("BeerBottle=%d", BeerBottle);
}
```

7.3.4　利用差分法求解多项式的程序设计：迭代法

示例12 利用差分法求解多项式的程序设计。

如何求一个数的平方呢？可仅用加减法完成求平方的运算，如图7.5所示，方法如下：假设y_n表示n^2的值，初始情况，n=0，1，2时的y_n是已知的，分别为0，1，4。α_n从n=1开始计算，β_n从n=2开始计算。当已经获得y_n值后，y_{n-1}值也已经由前一轮计算获得，这时$\alpha_n= y_n-y_{n-1}$通过做减法即可获得，$\beta_n=\alpha_n-\alpha_{n-1}$亦可通过做减法获得。再做加法计算$y_n+\alpha_n+\beta_n$得到$y_{n+1}$，此即为$(n+1)^2$。例如，$n$=2时，$y_2$=4，$y_1$=1，$\alpha_2$=4−1=3，$\beta_2$=3−1=2，再计算$y_2+\alpha_2+\beta_2$得4+3+2=9，此即$3^2$。继续计算$\alpha_3$=9−4=5，$\beta_3$=5−3=2，$y_3+\alpha_3+\beta_3$=9+5+2=16，即为$4^2$。继续计算$\alpha_4$=16−9=7，$\beta_4$=7−5=2，$y_4+\alpha_4+\beta_4$=16+7+2，即为$5^2$。继续计算$\alpha_5$=25−16=9，$\beta_5$=9−7=2，$y_5+\alpha_5+\beta_5$=25+9+2，即为$6^2$。如此，便可通过加减法实现乘方的运算。

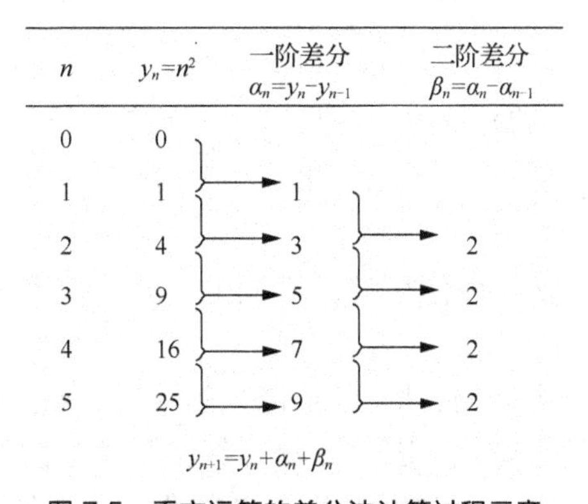

图7.5　乘方运算的差分法计算过程示意

这就是数学上的差分法——一种非常有用的求解数学函数的方法。这里的α_n、β_n称为一阶差分、二阶差分，类似的还可以有三阶差分、四阶差分等。在上述计算过程中仅需改变初始值，例如，n=0和1时，有y_n=3和6，其余计算过程不变，便可计算n^2+2n+3的值，如表7.2所示。一元三次多项式需要三阶差分来计算、一元四次多项式需要四阶差分来计算……差分法可用于将很多数学函数转换为加减法予以求值。

表 7.2 利用差分法求解一元二次多项式的值的计算过程示意

n	$y_n=n^2+2n+3$	$\alpha_n=y_n-y_{n-1}$	$\beta_n=\alpha_n-\alpha_{n-1}$
0	3		
1	6	3	
2	11	5	2
3	18	7	2
4	27	9	2
5	38	11	2
6	52	13	2
7	$y_7=y_6+\alpha_6+\beta_6$	$\alpha_7=y_7-y_6$	$\beta_7=\alpha_7-\alpha_6$

现在将上述思想变为程序。用 suqare[]，alpha[]，beta[]这 3 个数组分别表示 y_n，α_n，β_n。即当 n=0，1，2，3，4，…时，y_0，y_1，y_2，y_3，…分别用 square[0]，square[1]，square[2]，square[3]…表示，α_n，β_n类同于此。如此，按上述思想，程序编写如下：

```
DiffCalc()
{
    int k, n, square[ ], alpha[ ], beta[ ];          /* 声明一组变量 */
    Scanf("%d", &k);                    /* 输入一个整数值，保存在k中。即要计算k²的值 */
    square[0]=0;
    square[1]=1;
    square[2]=4;
    alpha[1] = 1;                       /* 上面这几行语句用于赋初值 */
    for n=2 to k-1                      /* k²是由n=2,3,4,…, k-1递推式计算的，故此需循环 */
    {
        alpha[n] = square[n] - square[n-1];               /* 计算αn */
        beta[n] = alpha[n] - alpha[n-1];                  /* 计算βn */
        square[n+1] = square[n] + alpha[n] + beta[n];  /* 计算yn+αn+βn */
    }
    Printf("%d", square[k]);                              /* 输出yk 即k²的值 */
}
```

此程序，当输入不同的初始值便可计算不同的一元二次多项式的值。读者可模拟试验之。

仔细观察此程序，有一个问题，即当 n 越来越大时，square[]，alpha[]，beta[]这 3 个数组的存储空间需求也越来越大，因为此程序保留了每一次的计算结果。这是不利于机器的设计和制造的，怎么办？此时可用有限的变量，采用迭代法实现程序。

为方便阅读，用 square_n 取代 square[]，即用一个变量替代同含义的数组。同样用 alpha_n，beta_n 取代 alpha[]，beta[]。square_n，alpha_n，beta_n 分别表示 y_n，α_n，β_n。还需要 3 个变量表示 y_{n+1}、y_{n-1} 和 α_{n-1}，这里用 square_nplus1，square_nminus1，alpha_nminus1 来表示。注意 square_nplus1 整个字符串是一个变量，类似的 square_nminus1、alpha_nminus1、square_n、alpha_n、beta_n 等也均是一个变量，不管名称有多长。

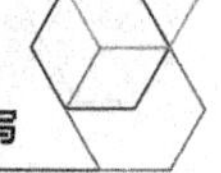


```
DiffIter()
{
    int k, n, square_nplus1, square_nminus1,square_n;
    int alpha_nminus1, alpha_n, beta_n;          /* 声明一组变量 */
    Scanf("%d", &k);                    /* 输入一个整数值，保存在k中。即要计算k^2的值 */
    square_nminus1=1;
    square_n=4;
    alpha_nminus1=1;                    /* 上面这几行语句，用于赋初值 */
    for n=2 to k-1                      /* k^2是由n=2,3,4,…, k-1递推式计算的，故此需循环 */
    {
        alpha_n = square_n - square_nminus1;   /* 计算α_n */
        beta_n = alpha_n - alpha_nminus1;      /* 计算β_n */
        square_nplus1 = square_n + alpha_n + beta_n;   /* 计算y_n+α_n+β_n */
        square_nminus1 = square_n;             /* 为下一次计算做准备，y_n赋值给y_n-1  */
        square_n = square_nplus1;              /* 为下一次计算做准备，y_n+1赋值给y_n  */
        alpha_nminus1 = alpha_n;               /* 为下一次计算做准备，α_n赋值给α_n-1  */
    }
    Printf("%d", square[k]);                   /* 输出y_k 即k^2的值 */
}
```

此程序反映的迭代思想，可由模拟其执行过程来体验。当 n 取每一个值时，suqare_nplus1, square_nminus1，square_n，alpha_nminus1，alpha_n，beta_n 都只保留一个值，旧值被新值取代，如图 7.6 所示。当 n=2 时，计算 alpha_n，beta_n，然后计算 square_nplus1=square_n+ alpha_n+ beta_n=16。然后做图示的替换，即将 alpha_nminus1 替换为 alpha_n，将 square_nminus1 替换为 square_n，将 square_n 替换为 square_nplus1，为 n=3 时的计算做准备。当 n=3 时，如上计算与替换，一步一步地完成 k^2 的计算。

n	square_nplus1	square_n	square_nminus1	alpha_n	alpha_nminus1	beta_n
2	9	4	1	3	1	2
3	16	9	4	5	3	2
4	25	16	9	7	5	2
5	36	25	16	9	7	2
		36	25		9	

图 7.6　示例 12 的迭代法程序执行过程示意

7.3.5　阅读并模拟执行高级语言程序

示例13 基本程序的阅读与执行。问：下面一段程序的功能是什么？

```
func()
{     int a,b,c,d,i;
      For i=1000 to 2000
      {
         a=i/1000;  b=i/100 ;  c=i/10 ;  d=i;
         if (i*9==(d*1000+c*100+b*10+a)) then
         {  printf(i); }
      }
}
```

答：该程序的功能是输出一个或多个 4 位数，该数的 9 倍恰好是其反序数。反序数就是将整数的数字倒过来形成的整数，如 1234 的反序数是 4321。

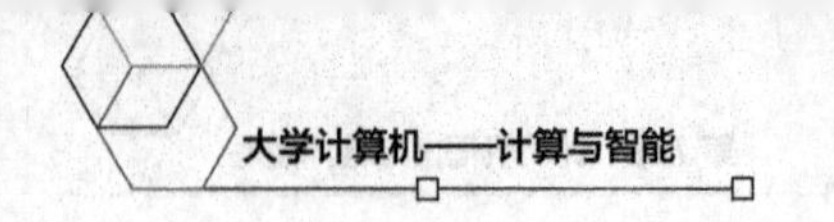

示例14 双重循环程序的阅读与执行。问：下面一段程序的功能是什么？

```
func()
   {   int a,b;
   for  a=0 to 19
   {   for  b=1 to 32
       {    if (( 5*a+3*b+(100-a-b)/3)==100 && ((100-a-b)%3==0)) then {
            printf(a, b, 100-a-b); }
       }
   }
  }
```

答：该程序的功能是求解不定方程 $5x+3y+z/3=100$ 及 $x+y+z=100$ 的整数解，并输出 x，y，z。

本题求解的是一个趣味问题“百钱买百鸡”，该问题是中国古代数学家张丘建在他的《算经》中提出的：“鸡翁一，值钱五，鸡母一，值钱三，鸡雏三，值钱一，百钱买百鸡，问翁、母、雏各几何？”。设公鸡、母鸡、鸡雏的个数分别为 x，y，z，假定有 100 钱要买百只鸡。若全买公鸡最多买 20 只，显然 x 的值在 0～20 之间；同理，y 的取值范围在 0～33 之间，可得到不定方程 $5x+3y+z/3=100$ 及 $x+y+z=100$。该问题可归结为求这个不定方程的整数解。

示例15 迭代程序的阅读与执行。读一读程序，问 func(5)=______？

```
func(n)
{  int X, Y, Z, I;
   if (n==0  or  n==1) then {  Y=1;  return Y; }
   else {  X=1;  Y=1;
           for  I=1 to n-1 step 1
           {  Z=X+Y;
              X=Y;
              Y=Z;
           }
            return Y ;
        }
}
```

答：该程序的功能为求斐波那契数列的值，func(5)=8。如果不知道斐波那契数列，则通过模拟程序的执行，也可求出 func(5)=8。

示例16 递归程序的阅读与执行。读一读程序，问 func(4)=_____？

```
func( n)
{      long int x;
       If (n > 1)
       {       x = func(n-1);
               return n*n*x+n+1;   }
       else return 1;
}
```

答：该程序的功能为计算递归函数 $F(n)=n^2*F(n-1)+n+1$ 的值，func(4)=1077。如果不清楚递归定义，则通过模拟程序的执行，也可求出 func(4)=1077，如下所示。

```
func(1) =1; func(2)=2*2*1+2+1=7; func(3)=3*3*7+3+1=67; func(4)=4*4*67+4+1=1077
```

7.4　为什么要学习和怎样学习本章内容

7.4.1　为什么：计算机语言是人与机器交流的工具

计算机语言是人与机器交流的手段。若要让机器完成各种各样的任务，必须编写能够被机器执行的程序。最初是用机器语言编写程序，机器能读懂并执行，但人编写程序不够方便，因此出现了符号化程序设计语言。首先出现的是汇编语言，人使用助记符号编写程序，再由一个编译器程序（对汇编语言则被称为“汇编程序”）将其翻译成机器程序，但还是不够方便。接着又出现了高级语言，人使用语句和函数编写程序，再由一个编译器程序将其翻译成机器语言程序，虽然理解起来较容易，但编程效率还不是很高。为提高编程效率，又出现了面向对象的程序设计语言，人使用类和对象编写程序。为追求更高的编程效率，又出现了语言积木块式的编程语言等。但不管是什么语言，都需要有一个编译器，将用该种语言编写的程序翻译成机器语言程序。因此说语言和编译器体现了计算思维最重要的抽象与自动化机制，计算机语言是抽象的手段，人用计算机语言表达抽象出的结果，即程序，编译器将用计算机语言书写的程序转换成机器可以自动执行的程序，实现的是自动化。掌握计算机语言，熟练编写程序，才能将思维变成现实。

7.4.2　怎样学：写程序与读程序

前面说过计算机语言的学习包括程序要素、程序设计、语法规则和编程环境 4 个方面。如要学好计算机语言，则首先要理解程序要素和程序设计，即本章介绍的内容。切记先不急着上机调试程序，俗话说“心急吃不了热豆腐”。先建立程序设计的思维模式，不断地写程序和读程序，提高自己理解程序和编写程序的能力非常重要。会不会编写程序，关键是有无求解问题的思维模式，有无程序设计的相关技巧，而思维模式与设计技巧，都只能通过编写程序和读程序来解决，别无他法。在此基础上，语法规则的学习是非常简单的，理解了程序要素，查阅相关语言的手册便可掌握。对编程环境的掌握相对而言则困难一些，但现在很多的编程环境提供一种“一键式”操作模式，功能虽然很强大，但开始时可能仅用到很小一部分，故此先能安装好编程环境，能进入到编程状态即可。随着程序设计能力的提高，再不断研究编程环境提供的更深入的内容。应该说将来影响程序设计能力的有两个方面：一是问题求解的思维和程序设计的技巧，二是对编程环境的深入理解。但不管怎样，多编写富有挑战性的程序，多阅读富有挑战性的代码，是提高程序设计能力的关键。

第8章 理解复杂计算环境：计算思维与管理

Chapter8

本章摘要

理解计算思维，关键还是要理解计算环境。而现代计算环境非常复杂，怎样才能理解呢？我们说，不论计算环境多复杂，只要把握住“程序是如何被执行的”这一主线索，也就能正确理解、把握计算思维。计算思维——“分工、合作与协同”思维，是一种化复杂为简单的思维，是一种在不可能完全了解其细节的情况下，把握复杂系统的思维。本章更多揭示的是管理方面的计算思维。

8.1 基本的计算环境：存储体系

现代计算机的存储体系

8.1.1 不同类型的存储器

计算机的发展最根本的是要解决两个问题：（1）程序和数据如何被自动存储？（2）如何自动执行程序，并按照程序处理数据？第3～4章介绍的是假设机器程序存储在存储器中，则CPU可以一条一条地读取并执行指令，进而执行该程序，这里用到了存储器。

人们对存储器有什么期望呢？是“存储容量无限大，存取速度无限快，保存时间无限长，价格无限低”？生产一种这样的存储器有可能吗？现实来说是不可能的。通常，企业会选择不同技术、不同工艺来实现不同性能、不同价格的存储器，加以区分，赋予它们不同的名字。

寄存器：CPU内部有若干寄存器，每个寄存器可以存储一个字（少则1个字节、多则8个字节）。它和CPU采用相同工艺制造，速度可以和CPU完全匹配。但其存储容量却特别少，只能用于指令级数据的临时存储。

RAM：随机存取存储器（Random Access Memory），又被称为“主存储器”或“内存储器”，简称为“主存”或“内存”。通常采用半导体材料制作，勉强能和CPU速度匹配，具有电易失性，只能临时保存信息。

目前典型的有SRAM（静态存储器）、DRAM（动态存储器）和SDRAM（同步动态存储器），它们之间的不同点是采用不同的技术存储0和1，其存储速度和价格有差别。

ROM：只读存储器，由半导体材料制作，但具有永久性存储特点，即其信息事先写在存储器中，只能读出不能写入，一般与 RAM 一同管理。由于其容量也非常小，通常用于存放启动计算机所需要的少量程序和参数信息。

随着技术进步，目前也出现了可编程只读存储器（PROM）、可光擦除可编程只读存储器（EPROM）、可电擦除可编程只读存储器（EEPROM）和闪存（Flash Memory）等。不同于 RAM 的是它们虽可重新写入，但其写入速度相对读出速度要慢得多。EPROM、闪存等是目前很多嵌入式系统中存储关键程序和数据的核心部件。

硬盘（Hard Disk）：硬盘是一种可永久保存信息的大容量存储器。硬盘有固态硬盘、机械硬盘、混合硬盘等。固态硬盘采用闪存技术来存储，机械硬盘采用磁性材料来存储，混合硬盘是把磁性硬盘和闪存集成到一起的一种硬盘。因硬盘通常是固定于机器内部的，故称为硬盘。

除寄存器、RAM/ROM 外的其他存储器，如闪存、硬盘等通常被称为“外存储器”，简称“外存”，与内存相对应。

除以上存储器外，现在计算机内部还有下列存储器。

Cache 高速缓冲存储器：位于寄存器与内存之间的一种存储器。其又分为一级 Cache 和二级 Cache，前者被集成于 CPU 内部，后者被集成在机器主板上面。

光盘：采用光学存储原理的一种存储器，存取速度比硬盘稍慢。

有学者做过一比喻：假如访问寄存器需要 1 分钟，则一级 Cache 约需 2 分钟，二级 Cache 约需 10 分钟，内存则约需 100 分钟（约 1.5 小时），硬盘则约需 1 000 000 分钟（约 2 年），光盘/磁带则约需 1 000 000 000 分钟（约 2 000 年），可见不同类型存储器在速度方面的差别。

因此，速度越快，价格越高，则容量不能做得很大；容量越大，则只能牺牲速度，换取价格不能过高。

8.1.2　不同类型的存储器需组合使用，实现性能—价格的优化

内存容量小（MB/GB 级），硬盘容量大（GB/TB 级）；内存存取速度快，访问一个存储单元的时间在纳秒级（ns），硬盘存取速度慢，读取磁盘一次的时间在毫秒/微秒（ms/μs）级；内存可临时保存信息，硬盘可永久保存信息。能否将性能不同的存储器组合成一个整体来使用呢？这就促进了现代计算机存储体系的形成，如图 8.1 所示。

存储体系具有以下特点。

（1）将不同类型、不同性能的存储器组合在一起形成统一的计算环境。图 8.1 中将外存、内存构成一个存储体系，外存用于永久保存信息，内存用于临时保存信息。

（2）以批量换速度，以空间换时间。图 8.1 所示为由“CPU—主存—外存”构成的存储体系。内存速度快，可与 CPU 一个存储单元一个存储单元地交换信息，一个存储单元就是一个字，可以是 1 个、2 个、4 个或 8 个字节。外存速度慢，读写一次外存不容易，就不能一个一个存储单元地访问，因此一次要读写更多的字节（批量）到内存中，即一个存储块一个存储块地访问，一个存储块通常可以是 512 个字节、1 024 个字节或 4 096 个字节等。以存储块（批量）将外存信息读取到内存后，在内存中 CPU 再一个字节一个字节地进行处理。这样以批量换速度，以空间换时间，可有效地实现外存、内存和 CPU 之间速度的匹配，使用户感觉到速度很快，同时容量又很大。

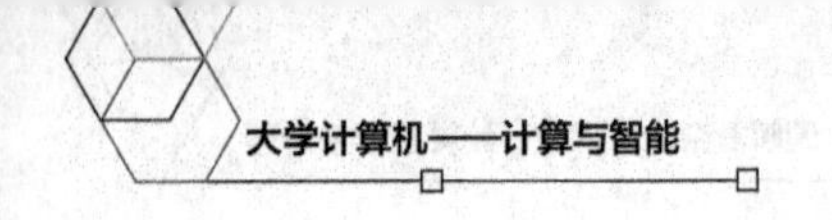

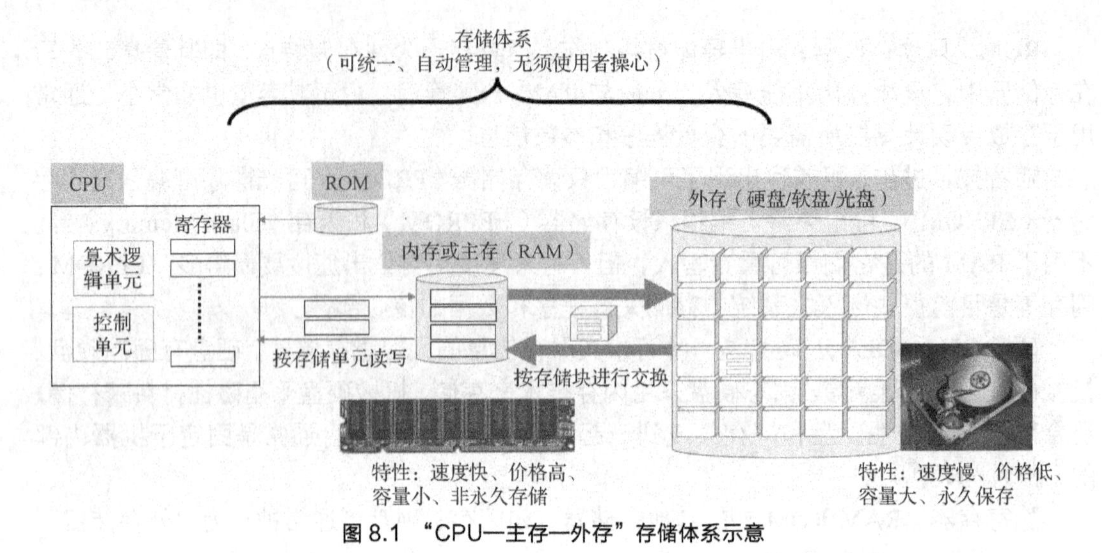

图 8.1 “CPU—主存—外存”存储体系示意

（3）有了存储体系后，CPU 只能直接读写内存，而不能直接读写外存，外存中的信息必须首先装载进内存后，才能被 CPU 处理，内存作为外存的一个临时缓冲区来使用。

（4）CPU—内存—外存之间的信息交换是自动管理的，无须使用者操心。

有了存储体系，使使用者感到容量像外存的容量，速度像内存的速度，内存外存的成本又能满足用户的期望，而且内存外存的使用由系统自动管理而无须用户操心。

现代计算环境中的存储体系比图 8.1 显示的要复杂，包括“CPU—一级 Cache—二级 Cache—内存—硬盘—光盘”等，读者可参阅上述思想理解之，这里不再叙述。

示例1 不同性能资源的组合，一定能提高效率吗?

答：笼统地看这个问题，回答当然是不一定。不同性能资源的组合要考虑资源的组合方式与协同方式，如果组合得不协调、不匹配，则效率是不能提高的。

图 8.2（a）中给出了低效率资源 A 和高效率资源 B 组合在一起使用的情况，资源 B 在单位时间内能处理 4 个对象，而资源 A 在单位时间内能处理 1 个对象，A 处理完后 B 才能处理，则组合后系统在单位时间内也只能处理 1 个对象，可见并未发挥出 B 的能力，这就是一种“窝工”现象。

为解决上述问题，就需要解决不同性能资源相互之间工作效率的匹配与协同问题。匹配得好，可有效提高系统的工作效率，而系统的工作效率是匹配与协同后各资源环节所呈现的最低工作效率。此时可采取缓冲技术——当高效率资源和低效率资源工作不匹配时，通过设置缓冲池，以匹配不同效率资源的处理速度，以及并行技术——将多个低效率资源组织起来同步并行地处理，以满足高效率资源处理的效率，等等，都是有效解决不同性能资源匹配与协同的技术。例如图 8.2（b）中采用一个缓冲池，每当资源 A 处理 4 个对象时启动一次资源 B 进行处理。这样可使资源 B 腾出时间去完成其他的工作。图 8.2（c）中，为充分发挥资源 B 的工作效率，可为一个资源 B 配备 4 个资源 A，4 个资源 A 并行工作，单位时间内同时产生 4 个对象，而资源 B 单位时间内能够处理 4 个对象，因此系统的产出效率提升为单位时间内产出 4 个对象。

类似的流水线技术、并行技术不仅在计算系统中广泛应用，而且现代工厂中也在应用，例如，将其生产系统组织成生产流水线以提高生产效率。

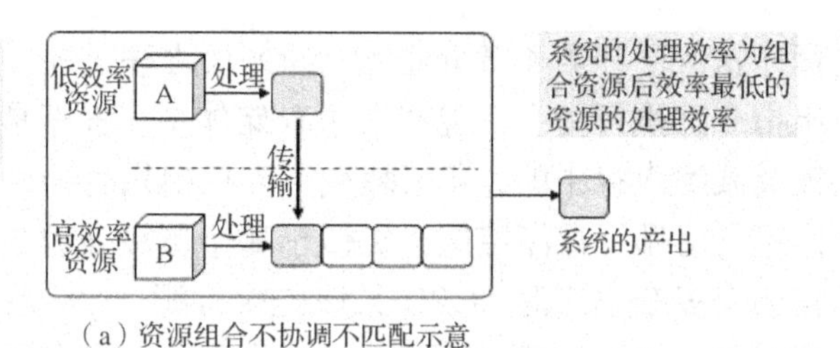

（a）资源组合不协调不匹配示意

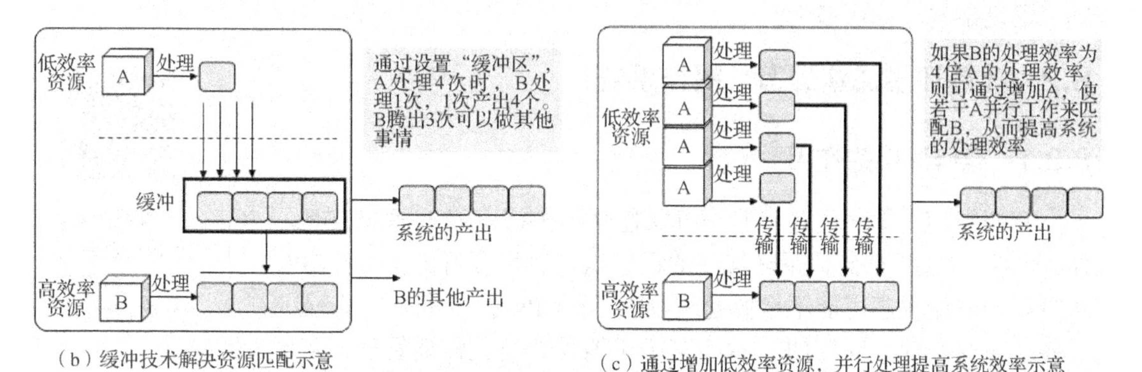

（b）缓冲技术解决资源匹配示意　　（c）通过增加低效率资源，并行处理提高系统效率示意

图 8.2　不同性能资源组合后不同协同方式执行效率示意

8.1.3　现代计算机的基本计算环境

当有了存储体系后，如何执行程序呢？如图 8.3 所示，可以使用高级语言编写程序，通过编译器将其转换成机器语言程序，为了永久保存，高级语言程序和机器语言程序均需保存在外存中，外存中的程序和信息在被执行时是需要装入内存的，内存中的程序可以被 CPU 取出并执行。

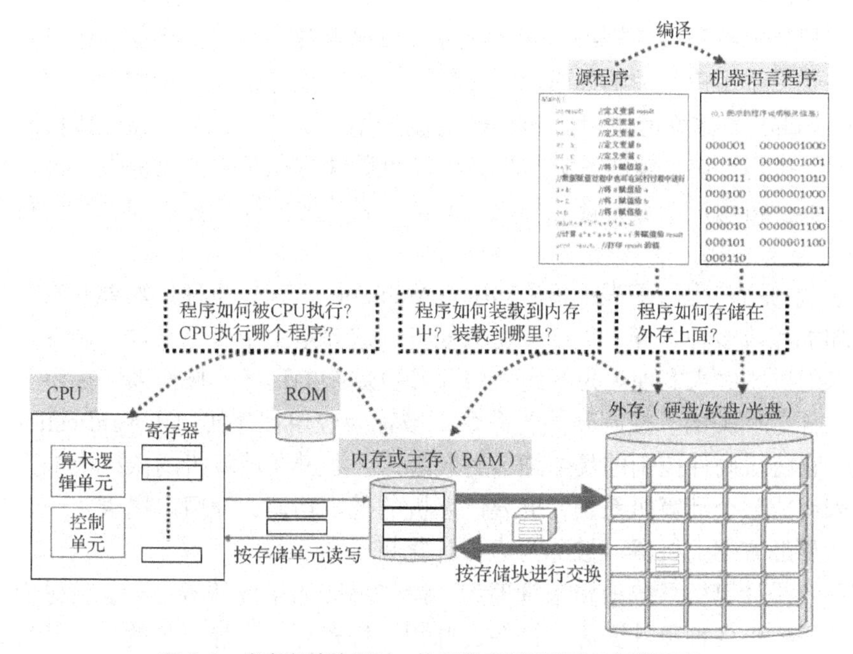

图 8.3　当有存储体系时，执行程序所要解决的问题示意

简单环境下的程序执行已在第 4 章介绍过，即如果程序已经存储在内存中，CPU 便可一条接一条地取出指令并执行指令。现在有了存储体系，程序是存储在外存中的，在执行前是需要首先被装载到内存中的，谁来装载？内存中只有一个待执行程序吗？如果是多个，那么哪个程序占用哪个存储空间（类似于哪个班级在哪个教室上课一样）？谁来分配？谁来管理？当有多个程序时，CPU 又该先执行哪一个，后执行哪一个呢？这些问题说明，计算环境需要一个管理者——这就是操作系统。操作系统该如何管理这个看起来很复杂的计算环境呢？

8.2 计算环境的管理者：操作系统

操作系统对计算机资源的分工、合作与协同管理思想

8.2.1 操作系统的作用

我们知道，单一内存、单一机器程序的执行可能不需要管理，而“外存—内存”存储体系环境下的程序执行就需要管理。一个 CPU 执行单一机器程序可能不需要管理，但一个 CPU 执行多个机器程序可能就需要管理，多个 CPU 执行多个机器程序就更需要管理。因此计算环境需要一个管理者，这个管理者就是操作系统。

操作系统是控制和管理计算机系统各种资源（硬件资源、软件资源和信息资源）、合理组织计算机系统工作流程、提供用户与计算机之间接口以解释用户对机器的各种操作需求并完成这些操作的一组程序集合，是最基本、最重要的系统软件。操作系统在现代计算机系统中的作用可以从以下 3 个方面来理解。

操作系统是用户与计算机硬件之间的接口。现代计算机可以连接各种各样的硬件设备，而直接操纵硬件设备既烦琐细致，又复杂多变，且容易出错，这给机器使用者带来了困难。如何让用户免于琐碎的硬件控制细节，而方便地专注于所要解决的任务呢？操作系统将对机器的操作与控制细节用一组程序封装起来，类似于将复杂电路封装成芯片一样，提供了便于用户使用的如桌面、按钮、命令等任务相关的操作，使用户使用起来更方便。因此说操作系统是对计算机硬件功能的第一次扩展，用户通过操作系统来使用现代计算机。换句话说，操作系统紧靠着计算机硬件并在其基础上提供了许多新的设施和能力，从而使得用户能够方便、可靠、安全、高效地操纵计算机硬件和运行自己的各种程序。

操作系统为用户提供了虚拟机（Virtual Machine）。计算机硬件功能是有限的，但现代计算机却能完成多种多样、复杂多变的任务，这都是由于有了软件。硬件实现不了的功能，可以通过软件来实现。为方便人们开发更复杂的程序，操作系统提供了人们更容易理解的、任务相关的、控制硬件的命令，被称为应用程序接口（Application Program Interface），它将对硬件控制的具体细节封装起来。通过在计算机的裸机上加上一层又一层的软件来组成整个计算机系统，扩展计算机的基本功能，为用户提供了一台功能显著增强，使用更加方便的机器，被称为虚拟计算机。

操作系统是计算机系统的资源管理者。操作系统的重要任务之一，就是有序地、优化地管理计算机中各种硬件资源、软件资源和信息资源，跟踪资源的使用情况，监视资源的状态，满足用户对资源的需求，协调各程序对资源的使用冲突，最大限度地实现各

类资源的共享，提高资源利用效率等。简单而言，操作系统的功能包括磁盘与文件管理（外存管理）、内存管理、任务与作业管理、程序与进程管理、设备管理等。

8.2.2　用“分工—合作—协同”的思维理解操作系统

操作系统是什么？本质上讲，操作系统就是一组程序，一组能够管理各种资源的程序，一组能够调度各种资源完成应用程序执行的程序。如何理解操作系统程序呢？

可采用“分工—合作—协同”的思维来理解。分工—合作—协同是一种理解复杂系统的思维，是一种化复杂为简单的思维，也是领导人的基本思维模式，比如在细节尚不能完全清楚的前提下如何把握全局，在别人都做不出来的情况下自己如何能把它做出来，这种能力是很重要的，如图 8.4（a）所示。一个复杂系统，可首先分资源类别来看，确定每一类资源如何独立管理，应该完成哪些基本工作，暂不考虑怎样完成。假定每一类资源都管理得井井有条了，基本工作也能完成了，那么如何通过合作来完成一项大的任务、宏观的任务呢？这就需要将宏观的大粒度的工作（被称为“任务”）分解为小粒度的工作（被称为“作业”），每一项作业都可以由某一类资源独立地完成，即每一项作业都是某一类资源应能完成的基本工作，这同时说明了宏观工作应分解到什么程度。当工作分解完成后，还需要考虑各项作业如何衔接以及衔接的次序。所以“合作”的管理者很重要，他首先要调度各“分工”管理者，完成基本工作即作业，然后要负责宏观工作即任务是否完成，换句话说，他要对整个任务是否完成来负责。这种“合作”的管理者即是领导者，而各个“分工”管理者即是基层管理者，具体完成作业的人员则是作业执行者。

我们以这样一种思维来理解操作系统，如图 8.4（b）所示。

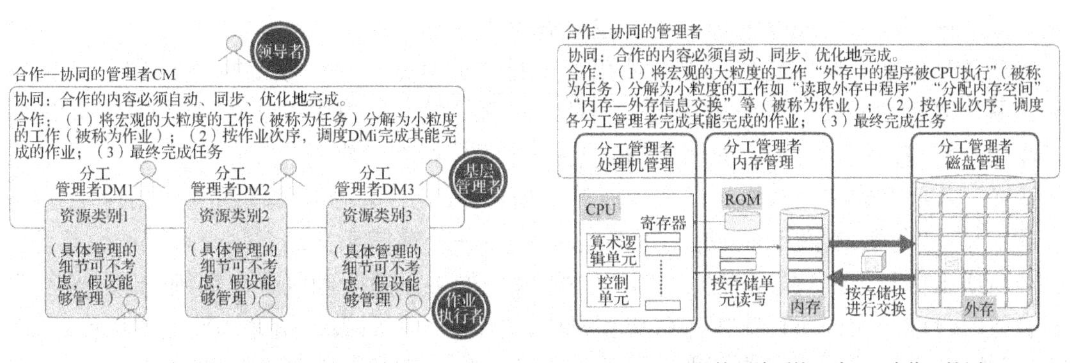

（a）一般意义的“分工—合作—协同”　　　　（b）计算环境下的“分工—合作—协同”

图 8.4　“分工—合作—协同”对比理解示意

1. 分工

计算环境中有内存、外存和 CPU，先独立考虑每个部件应完成哪些基本的工作，管理什么，暂不考虑怎样管理。例如，由“单一部件的执行”转变为“管理单一部件的执行”，要理解清楚管理什么。如此，可以有内存管理、磁盘管理和处理机管理，简单定位其管理功能，如下描述。

内存管理：顾名思义是管理内存的。管理什么呢？（1）分配内存空间；（2）回收内存空间；（3）实现外存—内存信息交换，这需要与磁盘管理联合完成，即将内存中信息写回磁盘，或将磁盘中信息读入内存。

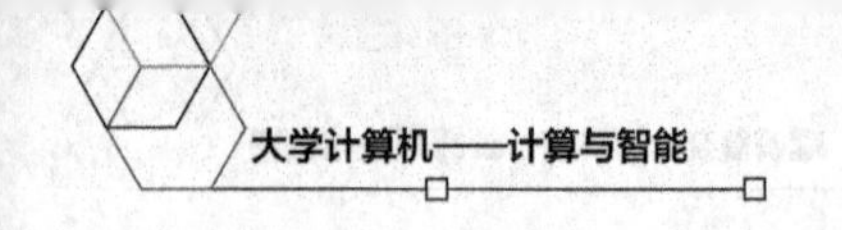

磁盘管理：顾名思义是管理磁盘的。管理什么呢？（1）将程序或数据组织成文件；（2）为文件分配磁盘存储空间；（3）将文件写入磁盘，或将文件从磁盘中读出。

处理机管理：顾名思义是管理 CPU 的。管理什么呢？（1）同时有多个程序时，CPU 执行哪一个程序；（2）当一个程序在执行过程中被中断执行时，如何保护它的相关信息以便日后还能接着被执行。

2. 合作

在前述基础上，再考虑合作。计算环境的中心任务就是"让计算机或者 CPU 执行存储在外存上的程序"。为完成该任务，CPU、内存和外存之间需要合作。

为将合作表述清楚，需要区分一组概念。

程序、进程和线程：以文件形式存储于磁盘上的程序文件，被称为"程序（Program）"。磁盘上的程序文件可能包含源程序文件及可运行程序文件。可运行程序文件被装载入内存，则被称为"进程（Process）"，进程中除可执行程序外，还应包含一部分描述信息，用于进程的调度与管理。简单理解，进程即内存中的可执行程序。线程（Thread）是进程中的一段可独立执行的代码，即一个进程又可被产生若干个线程，而每个线程可由不同的 CPU 来执行。线程是并行处理或分布式处理环境下的一个概念，是 CPU 调度的一个基本单位。

磁盘上的不同程序文件可依次被装载到内存中，形成多个进程，但每个进程占用不同的内存空间，相互独立运行，可以互不干扰。磁盘上的同一个程序文件也可被装载多次，形成多个进程，互不干扰地被执行。还有可能磁盘上的一个程序文件被分解为多个小程序装载到内存中形成多个进程，各自独立运行。后文叙述过程中如果无须明确区分，统一以"程序"来指代程序和进程，注意语境即可。

任务和作业：所谓任务，是从使用者来看的一项完整的大粒度的"工作"。所谓作业，是计算机为完成任务所要进行的一项项可区分的小粒度的"工作"。作业是对任务工作的分解与细化。例如，"让计算机或者 CPU 执行存储在外存上的程序"，这就是一个任务。若要完成它，需要将其分解成若干项细致的工作，如"读取外存中的程序"是一项工作，"分配内存空间"是一项工作，"内存—外存信息交换"是一项工作，等等，这一项项工作称为作业。注意，后文叙述过程中如果无须明确区分，则统一以"作业"来表述任务或作业，在有些操作系统教材中，"作业"有时被特指为大粒度的工作，"作业管理"特指大粒度工作的管理与调度，注意区分，其基本思想是一致的。

操作系统进程和应用程序进程：计算机中所有的工作都是由进程/程序来执行的。从工作区分的角度，又可将其区分为"操作系统本身的管理工作"和"应用程序本身的工作"，前者由"操作系统进程"来执行，后者由"应用程序进程"来执行。因此，从用户角度来看，一项任务是由应用程序进程来完成的；但从系统角度来看，一项任务是在操作系统进程的管理下，由应用程序进程来完成的。虽然有些拗口，但却是思维理解的重要组成部分。无论是操作系统进程的工作，还是应用程序进程的工作，都可被称为作业。

首先来看"让计算机或者 CPU 执行存储在外存上的程序"这个任务需要哪些作业来完成。一般而言，该任务至少需要分解成以下作业。

（1）任务与作业管理。显然待执行的任务仅由一个作业是完不成的，因此其将被分解成一个作业序列，每个作业完成简单独立的工作。“任务与作业管理”就是要识别任务，分解并产生作业序列，通过有序的调度执行一个个作业，这些作业包括后续描述的作业。此工作是由任务与作业管理进程来完成的（注：在具体操作系统中此部分工作也可能被归入“进程管理进程”）。

（2）进程创建。为执行任务，需要在内存中创建“进程”，为 CPU 执行一个进程做准备，确定其所需要的内存空间，对该进程的相关信息进行描述等。该作业可由“进程管理进程”这样一个进程来完成，该进程是管理所有进程相关信息的一组程序。但需“任务与作业管理进程”调用“进程管理进程”以完成此工作。

（3）申请内存空间。为执行任务，需要为（2）中创建的进程分配所需要的内存空间。该作业可由“内存管理进程”这样一个进程来完成，但需“任务与作业管理进程”调用“内存管理进程”以完成此工作。

（4）程序装载。为执行任务，需要将待执行任务的程序由外存装载到作业（3）所分配的内存空间中。该作业可由“外存管理进程”（即磁盘与文件管理进程）这样一个进程来完成，但需“任务与作业管理进程”调用“外存管理进程”以完成此工作。

（5）使 CPU 执行该程序。此时待执行任务的程序已被装载进内存指定区域，形成了其对应的应用程序进程，此时可调度 CPU 来执行该进程，即将该进程待执行指令的地址送给控制器的程序计数器 PC（注：为正确执行，还需做一些相应的处理工作，如进程状态信息的维护与管理等，本书略过）。该作业可由“处理机管理进程”这样一个进程来完成，但需“任务与作业管理进程”调用“处理机管理进程”以完成此工作。

仔细理解上述 5 个任务，包括 5 个方面：一是“调度×××进程，完成×××工作”，这是合作管理者下达命令，这里的“任务与作业管理进程”便是一个合作管理者；二是“×××进程，完成×××工作”，这是分工管理者接受命令后，完成具体的工作，此时的“进程管理进程”“外存管理进程”“内存管理进程”“处理机管理进程”都是分工管理者。读起来有些拗口，但这是作为一个管理者和执行者应理解的工作模式。显然，“任务与作业管理进程”“进程管理进程”“外存管理进程”“内存管理进程”“处理机管理进程”都是一组程序，都是操作系统应该具有的一组程序。

3. 协同

当基本的合作关系考虑好后，下一步就是协同，协同包含有“协作/合作”和“同步”的含义，同步即包含了自动化及最优化的含义，即如何优化地自动化地实现合作。协同是要追求更高的效率，因此对分工管理者与合作管理者都需要有优化的要求，本书不做细致讨论了。

8.3　习与练：存储资源的化整为零与还零为整

操作系统对几种资源的分工管理

8.3.1　一个化整为零的示例

示例 2　为什么需要化整为零？若要实现化整为零需要解决什么问题？

为什么需要化整为零？这也是管理方面的一种计算思维。图 8.5

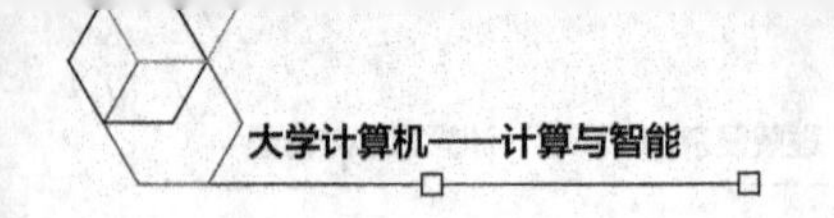

（a）所示，若将两个箱子的实物整体装入仓库，则做不到，尽管还有空间，但只能装入一个。如果按图 8.5（b）所示化整为零，则不仅两箱实物完全能够装下，而且有剩余空间。

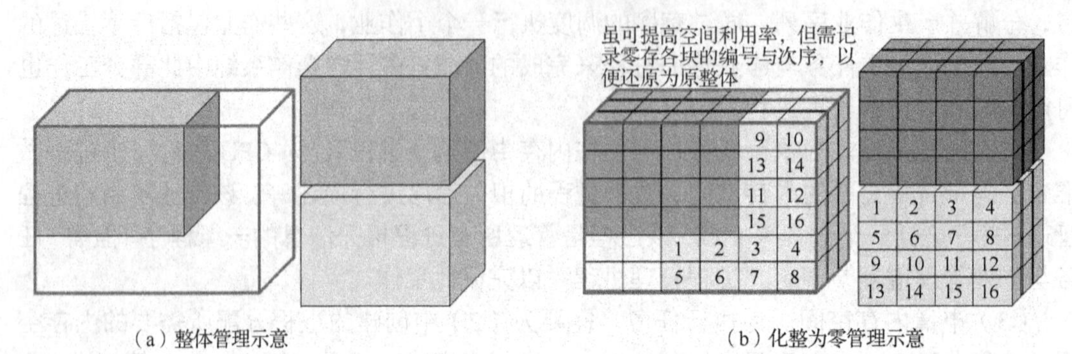

（a）整体管理示意　　（b）化整为零管理示意

图 8.5 “化整为零”管理的基本思维示意

若要实现化整为零，需要解决什么问题呢？首先是实物能够化整为零。在此基础上，还要考虑：一是这个“零存块”有多大，太大，则空间利用率不一定能提高，而太小，则管理起来可能过于复杂。二是化整为零能够存储了，但如何还零为整呢？由零存块还原出两整箱的实物，要求位置关系不变。这就要求保存实物在化整为零过程中零存块的编号及次序，以及零存块在仓库中的存放位置。如何保存呢？

假设仓库的空间由一(X_j，Y_j，Z_j)来刻画，例如，第 X_j 区第 Y_j 排第 Z_j 位，这是一个存储位置。实物 M 被分解的零存块记为 M_1，M_2，M_3，M_4，M_5。通过表 8.1 和表 8.2 记录的信息，能够保存实物化整为零的信息，也能够依据其信息实现还零为整。

表 8.1 实物的化整为零信息表

实物标识	实物被分解的零存块及次序
MA	M_1，M_2，M_3，M_4，M_5
MB	MB_1，MB_2，MB_3，MB_4

表 8.2 零存块在仓库中的存储位置信息表

零存块	存储在仓库中的位置
M_1	1, 0, 1
M_2	1, 0, 2
M_3	0, 0, 3
M_4	1, 1, 1
M_5	0, 1, 2
MB_1	0, 0, 1
MB_2	0, 0, 2
MB_3	0, 1, 3
MB_4	1, 1, 2

计算机的磁盘管理是化整为零存储信息的一种解决方案，它又是如何存储上述两个表的信息的呢？请仔细研究。

8.3.2 磁盘与文件管理

示例 3 磁盘管理的化整为零如何实现？

首先，磁盘管理的是信息，而信息就是一 01 串，其可能很大，比如几个 GB，也可能很小，比如 1 个字节或几个字节等。但无论其多大，都可将其看作 01 串，显然它是可以化整为零的。为更好地理解这个问题，先介绍一些基本知识。

文件：信息被操作系统组织成文件，文件是若干信息的集合。就好像一本书一样，书中的文字、表格与插图便是信息，而这些信息由书承载着被作为一个整体来管理，要么一起移动，要么一起消失，这就是文件。文件是操作系统管理信息的基本单位。

磁盘：磁盘被划分成盘面、磁道和扇区，扇区是磁盘一次读写的基本单位，通常为 512 字节。为提高访问速度和管理能力，操作系统将磁盘组织成一个个簇块（即若干个连续的扇区，通常为 2 的幂次方个，可一次性连续读写），以簇块为单位和内存交换信息。

文件中的信息也被按簇块大小进行分割，然后写入磁盘的一个个簇块上。由于文件大小的不断变化，以及写入磁盘的先后次序不同，文件写入磁盘时，操作系统不能保证其写在连续的簇块上，如图 8.6 所示。那么如何将分散的簇块再重新还原为文件呢？这就需要用到文件分配表。

文件分配表：文件分配表（File Allocation Table，FAT）是磁盘上记录文件存储的簇块之间衔接关系的信息区域，即磁盘上若干个特殊的扇区，其存储的信息如图 8.6 下部的表格所示。磁盘上有多少个簇块，FAT 表就有多少项，FAT 表项的编号与磁盘簇块编号有一一对应的关系。FAT 表项的内容指出了该簇块的下一簇块的编号。

例如，13 号簇块的下一簇块是哪一个呢？需要查找 FAT 表对应 13 号的表项内容，其为 24，则说明 13 号簇块后面是 24 号簇块；而由 24 号表项内容 26 可知，24 号簇块后面是 26 号簇块；以此类推，一直到表项内容为 End 的簇块为止。这样构成文件的各簇块就由 FAT 表形成一个簇链，前一个簇块指向后一个簇块，一直到结束为止。

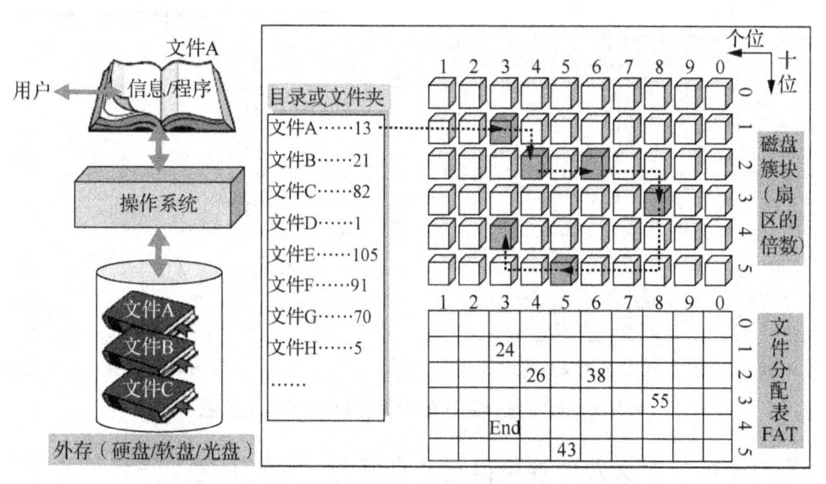

图 8.6　操作系统对文件与磁盘管理的基本思想示意

那么如何找到文件的第一个簇块呢？这就需要用到目录或者文件夹。

目录是磁盘上记录文件名字、文件大小、文件更新时间等文件属性的一个信息区域，该区域相当于一个文件清单。对应每一个文件名，目录中都会记录它在磁盘上存储的第一个磁盘簇块的编号。由此找到第一个簇块，再由 FAT 表即可找到文件的所有簇块，按先后顺序合并在一起，便可还原回原来的文件。

因此，每个磁盘在使用之前都需要格式化，即划分磁盘上的各个区域，建立 FAT 表和根目录，即磁盘首先被划分成：保留扇区区域、文件分配表区域、根目录区域和数据区域。磁盘的第一个扇区被称为引导扇区，其间记录着保留扇区的大小、逻辑分区信息和其他系统信息。保留扇区中还可能记录操作系统软件的存储位置等。根目录区域是一特殊的目录，不能被删除，也不能被更名，是存储文件名清单的第一个区域。其他目录和文件夹可由用户创建、删除和更改名字，它们和文件一样存储，能被操作系统识别。数据区域是存放除根目录外其他目录和所有文件的区域。

由上可见，简单归纳一下如何读取磁盘上的文件：首先读取磁盘的第一个扇区（引导扇区），获知文件分配表和根目录等关键区域的位置；然后在根目录中找到文件名，读取该文件名的相关信息，找到其在磁盘上的第 1 个簇块；读取第 1 个簇块，在文件分配表中找对应表项，其数字为第 2 个簇块编号；读取第 2 个簇块，再在文件分配表中找对应表项，其数字为第 3 个簇块的编号；如此读取，直到其 FAT 表对应表项指向的是 End 为止。磁盘采用文件分配表和目录联合记录了一个文件化整为零后的相关信息，依据这些信息可实现还零为整。

如图 8.7 所示，图 8.7（a）为 Windows 操作系统显示出的文件夹与文件名，以"记事本"打开的一个文件的内容（注：记事本只能打开 ASCII 码存储的文本文件），以专用软件显示出的其中一个扇区的存储内容——以十六进制显示的 0/1 信息。图 8.7（b）为以专用软件显示的磁盘的 FAT 表信息等。

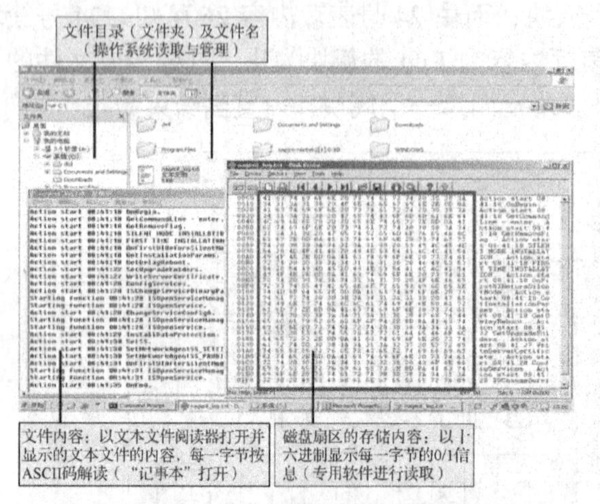

（a）以 Windows 操作系统显示的文件夹与文件名

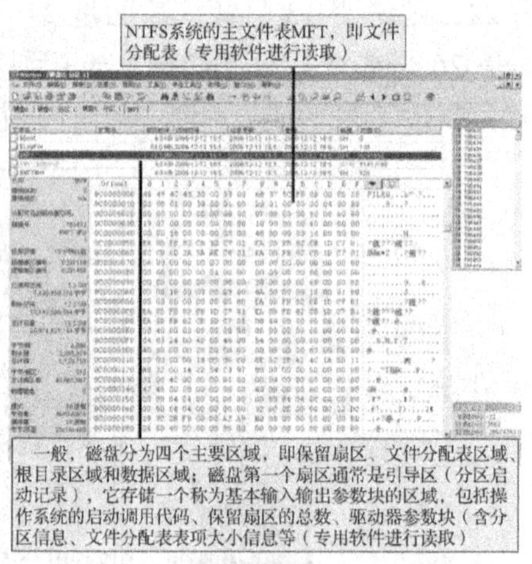

（b）以专用软件显示的 FAT 表信息

图 8.7 典型操作系统的重要区域信息显示示意

应该说现代计算机在这方面解决得是非常好的，目前不同操作系统的磁盘与文件管理基本思想是相通的，所不同的是：簇块大小可能不同，FAT 表的大小也可能不同，表项中簇块的编号方式可能不同等。大家可以进一步思考，假设 FAT 表的大小是固定的（即其表项数目是固定的，假设为 n 项），则其管理的磁盘空间大小就是有限制的，即其管理的磁盘有最大容量 MaxSize 限制，MaxSize = n *簇块大小。如果要管理比 MaxSize 大的磁盘该如何做呢？是否可通过增加簇块大小来实现此目标呢？是否可通过将一个物理磁盘划分成多个逻辑磁盘来实现此目标呢？逻辑分区是否要解决这一问题呢？这些问题留给读者进一步查阅资料来学习并回答。

当理解了磁盘与文件管理的基本思维后，便可理解计算机病毒会攻击的区域。如图 8.8 所示，磁盘目录、文件分配表是磁盘上的重要数据保存地。如果磁盘目录被破坏，则将有许多磁盘簇块因为其所在链的第一簇块编号被破坏而将永远被占用，从而可能出现磁盘上一个文件没有，但磁盘却没有存储空间的现象。如果 FAT 表被破坏，则整个文件的簇链就被破坏了，文件便不能被正确读取。如果破坏了文件的某一簇块，则可能造成局部内容的损坏；而如果破坏了系统引导区、逻辑分区信息等可能造成整个磁盘信息的破坏。如果病毒进入到内存中，则很有可能破坏正在运行的操作系统、正在读写的文件等，所以要防备病毒的侵袭。由于磁盘目录、文件分配表的重要性，因此它也是许多所谓“病毒”程序的攻击目标。

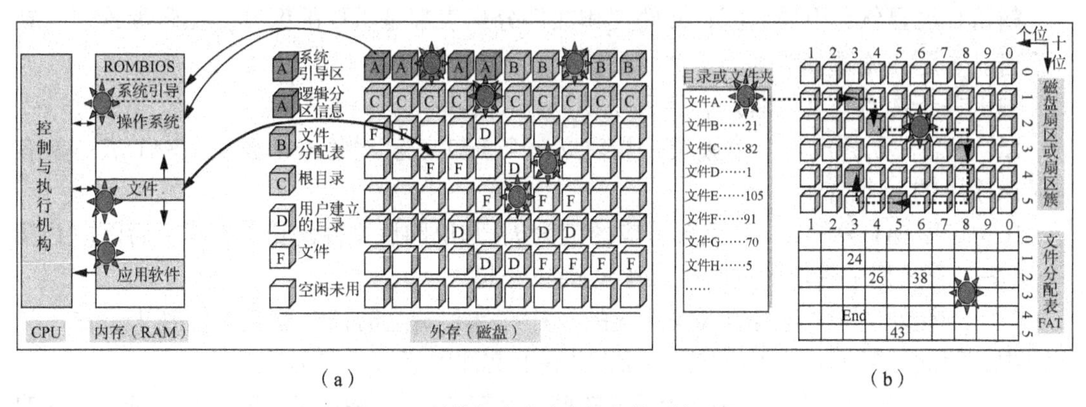

图 8.8　计算机病毒攻击的存储区域示意

8.3.3　进一步理解化整为零与还零为整

示例 4　图 8.9 给出了操作系统管理磁盘与文件的基本思路图，围绕该图回答下列问题。

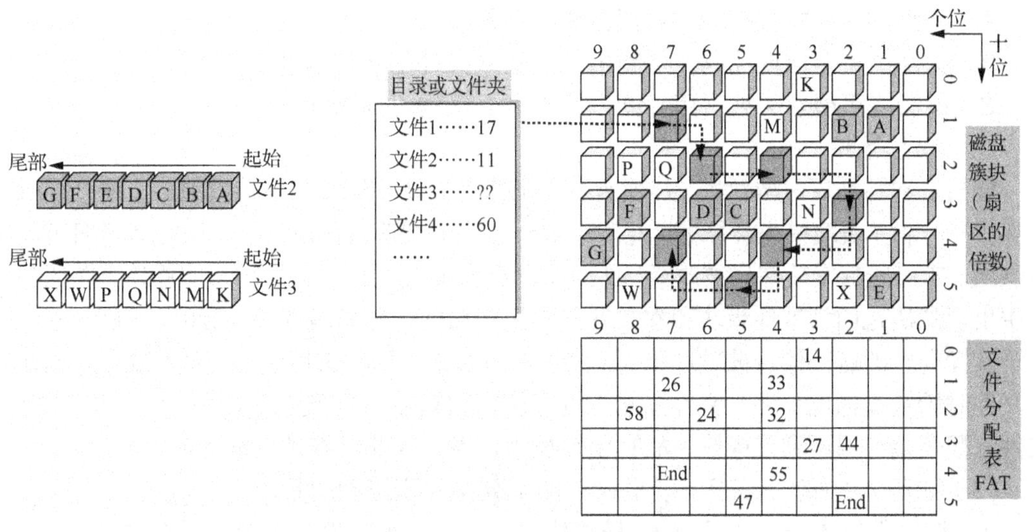

图 8.9　典型文件的存储示意

（1）操作系统管理信息的基本单位是______。

A．文件　　B．扇区　　C．簇块　　D．目录或文件夹

解析： 操作系统管理信息的基本单位是文件，磁盘一次读写的基本单位是扇区，若干个连续的扇区是簇块。目录或文件夹（除根目录外）是与文件一样的一个数据区域，

存储方式同文件一样，只是其存储的是文件名清单，对应每一个文件名，其背后有一个信息——指向其在磁盘上存储的第一个簇块的编号。本题正确选项为A。

（2）磁盘上有一些重要的区域，那里存放着操作系统管理磁盘所要使用的重要信息。这些区域是_____。

A. 文件夹或目录　　　　　　　　B. 文件分配表

C. 引导扇区（含逻辑分区）　　　D. 上述全部

解析：很显然，引导扇区、文件夹和文件分配表都是重要的区域，在磁盘管理中缺一不可。本题正确选项为D。

（3）关于磁盘与文件管理，下列说法不正确的是_____。

A. 磁盘被划分成一个个簇块，并建立一个FAT表。对每一个簇块，FAT表中都有对应该簇块的一个表项

B. 如果FAT表的第i个表项对应的值为j，则说明该文件的第i个簇块后面应是第j个簇块，应将两个簇块的内容按顺序连接在一起

C. 一个文件是由连续的簇块组成的，在存储到磁盘时被分散地存储到未被占用的簇块中，因此依靠FAT表中的信息记录磁盘上文件的簇块的先后次序

D. 文件在磁盘上存储的第一个簇块的编号是与文件名一起，存储在文件夹或目录中的

E. 上述说法有不正确的

解析：本题是复习型题目，选项A～D概括了磁盘文件的管理方法，都是正确的。因此，不正确的就是E。

（4）文件分配表中记录的是文件在磁盘上存储的簇块链——一个簇块可以是一个扇区或是若干连续的扇区，如果文件分配表被破坏了会带来什么影响？_____。

A. 完整的文件将被破坏，可能丢失一些簇块

B. 文件中将会出现乱码，可能出现不是本文件的簇块信息

C. 该簇块可能永久被占用，既读写不了，又得不到清除

D. 上述全部

解析：本题是复习型题目，选项A～C概括了文件分配表损坏的后果。文件分配表被损坏，一可能其表项信息被抹掉，此时可能会丢失一些簇块找不到了，尽管其仍旧可能在磁盘上。二可能其表项信息被改写，此时可能会链接到不是本文件的一些簇块，在读写过程中出现乱码是因为这些簇块和本文件并不是按照同一种编码方式存储的。三是一些簇块由于其指向它的链接信息被破坏了，而该簇块将始终处于被占用状态。因为操作系统在读写文件时始终是通过文件、文件分配表进行保存和删除。当链接信息丢失后，按照文件、文件分配表始终遇不到该簇块，故其始终被占用着。因此，本题正确选项为D。

（5）如图8.9所示，关于“文件1”的下列说法不正确的是_______。

A. 该文件第1个簇块是第17号簇块——此信息和文件名一起存放在文件夹中

B. 该文件的第3个簇块是第24号簇块——此信息存放在FAT表的第32号表项中

C. 该文件在磁盘上的簇块存储次序是17→26→24→32→44→55→47——此簇块链接信息可依据文件夹和FAT表来获取

D. 文件分配表某一表项的值是指对应该表项簇块的下一簇块的编号

解析： 本题需要正确理解文件夹、文件分配表中所记录的文件的簇链关系。按图 8.9，24 应存放在第 26 号表项中。选项 B 的说法是不正确的。

*（6）如图 8.9 所示，观察“文件 2”在磁盘上的存储，图 8.9 中的 FAT 表还没有给出其簇块链的信息。填写 FAT 表关于文件 2 的信息，下列说法不正确的是________。

A. FAT 表的第 11 号表项应该填写 12，第 12 号表项应该填写 35

B. FAT 表的第 35 号表项应该填写 36，第 36 号表项应该填写 51

C. FAT 表的第 51 号表项应该填写 49，第 49 号表项应该填写 End

D. 上述说法有不正确的

解析： 按图 8.9，第 51 号表项应该填写 38，第 38 号表项应该填写 49，第 49 号表项应该填写 End。因此选项 C 是不正确的，如果按此存储，则丢失了簇块 F。

*（7）如图 8.9 所示，观察“文件 3”在磁盘上的存储，图 8.9 中的 FAT 表没有给出其全部的簇块链的信息。填写 FAT 表关于文件 3 的信息，下列说法正确的是________。

A. 文件 3 根本没有涉及 FAT 表的第 52 号表项

B. FAT 表的第 58 号表项应该填写 27

C. FAT 表的第 27 号表项应该填写 28

D. 文件夹中的第一个簇块信息应该填写 14

E. 上述说法都不正确

解析： 按图 8.9，首先看文件 3 的存储：K(3)→M(14)→N(33)→Q(27)→P(28)→W(58)→X(52)。括号中的数字为其在磁盘上的簇块编号。可以看出选项 A 说法不正确，X 涉及了 FAT 表的第 52 表项，其应存储 End，表示文件到此结束。选项 B 说法不正确，第 58 号表项应该填写 52。选项 C 的说法是正确的，第 27 号表项确实应该填写 28。选项 D 的说法不正确，文件夹中的第一个簇块信息应该填写 3。既然选项 A～D 中有正确的，则选项 E 就是不正确的。因此本题答案为 C。

（8）文件分配表的大小与所能够管理的磁盘空间大小是有关系的。例如，磁盘的一簇被定义为 4KB（8 个扇区），则文件分配表的大小（即表项的多少）为所能管理的簇的数目的多少。如果一个文件分配表的表项数为 2^{20}，其能管理的磁盘空间为________。

A. 2^{20}KB　　B. 2^{21}KB　　C. 2^{22}KB

D. 2^{23}KB　　E. 上述说法都正确

解析： 所能管理的磁盘空间为：表项数*每一表项对应的簇块大小=2^{20}*2^{2}KB=2^{22}KB。正确选项为 C。

（9）如果磁盘的一簇被定义为 1KB（2 个扇区），文件分配表的表项数为 2^{10}，则其能管理的磁盘空间大小为 2^{10}KB。现在磁盘空间已经为 2^{14}KB，该如何进行管理呢？________。

A. 将原来一簇为 1KB，重新定义为一簇为 4KB

B. 将原来一簇为 1KB，重新定义为一簇为 8KB

C. 将原来一簇为 1KB，重新定义为一簇为 16KB

D. 不能管理这么大的磁盘空间

解析： 所能管理的磁盘空间为表项数*每一表项对应的簇块大小=2^{10}*2^{x}KB=2^{14}KB，

可知 x 为 4，即应重新定义一簇为 2^4KB，即 16KB。正确选项为 C。

（10）如果磁盘的一簇被定义为 4KB（8 个扇区），欲管理的磁盘空间大小为 2^{30}KB，则文件分配表的表项数应为________。

解析： 所能管理的磁盘空间为：表项数*每一表项对应的簇块大小=2^x*2^2KB=2^{30}KB，可知 x 为 30−2=28，即文件分配表的表项数为 2^{28}。

*（11）如果磁盘的一簇被定义为 4KB（8 个扇区），一个表项占用 2 个字节，问假如文件分配表占用 2^4 个簇块，其能管理的磁盘空间最大是多少呢？

解析： 一个表项占用 2 个字节，即一个无符号整数，表项内容的最大值为 2^{16}−1。

表项数目 = 2^4*2^{12}/2 = 2^{15} 个。因此，其能管理的磁盘空间最大为 2^{15}*2^2KB，即 2^{17}KB。

（12）如果磁盘的一簇被定义为 4KB（8 个扇区），一个表项占用 2 个字节，问假如文件分配表占用 2^8 个簇块，其能管理的磁盘空间最大是多少呢？

解析： 一个表项占用 2 个字节，即一个无符号整数，表项内容的最大值为 2^{16}−1。表项数目= 2^8*2^{12}/2 = 2^{19} 个。因此，其能管理的磁盘空间最大为 2^{16}*2^2KB，即 2^{18}KB。注意，此题虽然表项数目能达到 2^{19}，但因其编号为 0～2^{19}−1，而表项内容的最大值仅为 2^{16}−1，即仅能表达 2^{16} 个表项。

*（13）如果缩小公共 FAT 表的空间，将其他的 FAT 表当作文件管理会有怎样的效果？

解析： 前面介绍的是所有文件共享一个 FAT 表。如果不同的文件共享不同的文件分配表，应该如何管理呢？以此为线索思考一下“逻辑分区”的组织方式。如果将一些文件的文件分配表信息也做成一个文件，即该文件存储的是文件分配表，此时文件分配表并不是存放在固定的位置，会有什么效果呢？请以此为线索思考一下 Linux 的文件组织与磁盘管理方式。

8.4 现代计算机的演进与发展

现代计算机的演进

8.4.1 了解操作系统管理 CPU 的方式

前面说过，在同一时刻，内存中会有多个进程存在，而 CPU 只有一个，如何由一个 CPU 执行多个进程呢？CPU 要执行哪一个进程呢？

1. 分时调度策略

操作系统可支持多用户同时使用计算机，即一个 CPU 可执行多个进程。怎样让所有进程（及进程相关的用户）都感觉到其独占 CPU 呢？人们发明了分时调度策略，即操作系统管理着一个时间轮盘，该轮盘把 CPU 的时间划分成若干时间分区，每个时间分区间隔特别小，按照时间轮盘的时间分区轮流让 CPU 执行若干个进程中的每一个，从而使得每个进程都感觉其在独占 CPU，如图 8.10（a）所示。这就是典型的分时调度思维，它有效地解决了单一资源的共享使用问题。

分时调度策略解决了多任务共享使用单一资源的问题，如果任务很大，计算量很大，能否用多 CPU 来协同解决呢？答案是可以的。

2. 多处理机调度策略

可以将一个大计算量的任务划分成若干个可由单一 CPU 解决的小作业，分配给多个 CPU 来执行，当这些小作业被相应的 CPU 执行完后再将其结果进行合并处理，形成

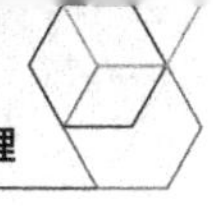

最终的结果返回给用户，这就是典型的多处理机调度策略。

图 8.10（b）所示，如果多个 CPU 是在一个微处理器芯片中，则此处理器称为多核心处理器。此时，一个 CPU 负责作业的拆分与合并问题，其他若干个 CPU 负责同时执行作业的某一部分，这就是并行求解问题。如图 8.10（c）所示，如果将每个 CPU 看作一台计算机，此时即相当于多台计算机构成的网络计算环境，此时可由一台计算机负责作业的拆分与合并，而其他若干台计算机负责同时执行作业的某一部分，这就是分布式求解问题或网络求解问题，此时不仅仅是作业拆分与合并，更重要的可能是网络连接与数据传输，这将极大地影响分布式系统的性能。大型计算任务相关的问题可以采用分布式或并行的方式来求解，例如，典型的“线程”即是描述类似于这种小作业的一个程序，多线程技术可控制多个计算机或嵌入式自主设备协同地进行问题求解。关于 CPU 的调度策略，尤其是并行调度策略、分布式调度策略，一直是计算机工程领域研究的热点。

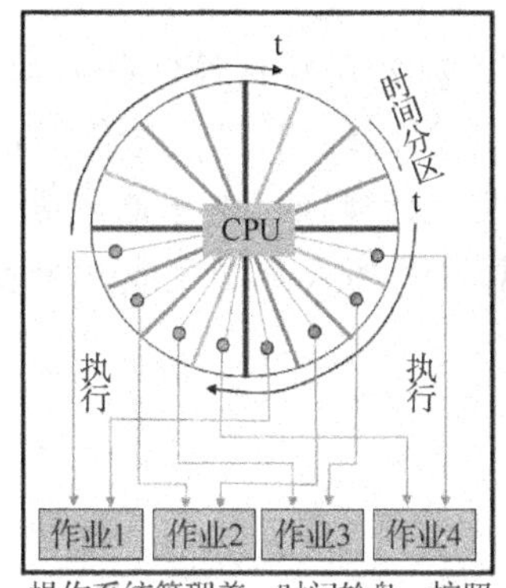

操作系统管理着一时间轮盘；按照时间轮盘的时间分区，轮流让CPU执行若干个程序。由于时间分区足够小，所以每个作业的用户都认为自己独占着CPU

（a）

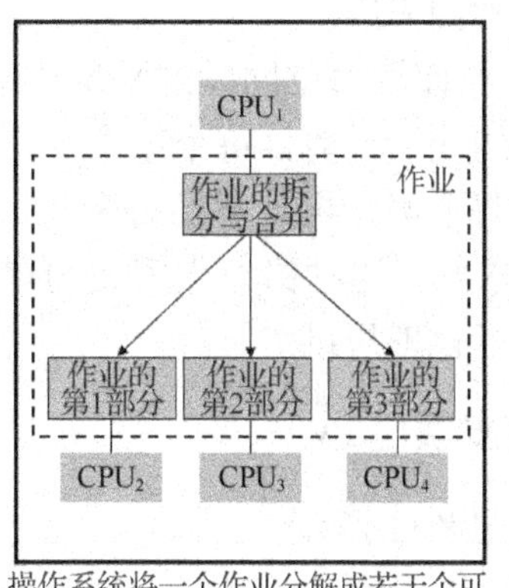

操作系统将一个作业分解成若干个可并行执行的小作业，由不同的CPU予以执行。其中一个CPU负责作业的拆分与合并工作，如CPU1，如此多CPU并行完成一个作业

（b）

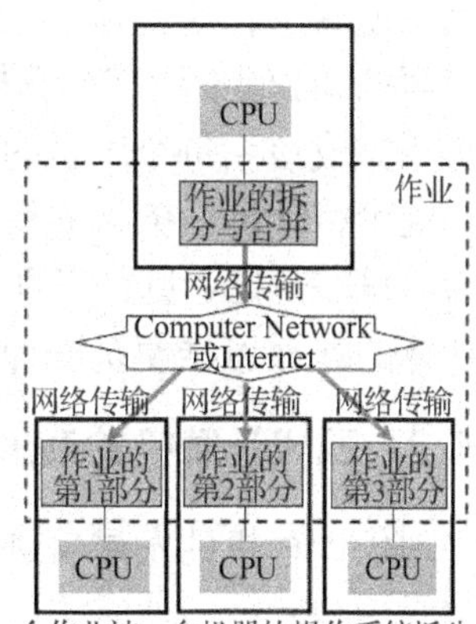

一个作业被一台机器的操作系统拆分成若干个可分布与并行执行的小作业，通过局域网络或互联网传送到不同的机器，由不同机器的操作系统控制其CPU予以执行。如此网络上，多台计算机可并行完成一个作业

（c）

图 8.10　单 CPU 分时调度、多 CPU 并行调度和多操作系统并行调度示意

并行是一种重要的计算思维方法。并行计算一般是指许多指令得以同时进行的计算模式。我们在计算机系统的设计中看到了很多运用并行技术提高系统效率的例子，例如，本章介绍的“多核处理器”技术，是从空间的角度，通过硬件的冗余，让不同的处理器并发执行不同的任务。该种技术体现了运用并行方法解决问题的思路。在日常生活中也不乏并行思维的例子。在高速公路收费站服务中也可以经常见到并行状态。在车流量多的高峰时段，收费站可以通过增加一些通行通道提高服务的并行度，从而提高服务能力，减少车辆通行的等待时间；而在车流量较少时，会通过关闭一些通道降低服务的并行度，在保证通行速度的同时减少高速公路收费站自身的运营成本。

示例5　一个并行计算的例子：“国王求婚”，这是一个很有意思的故事，一个酷爱数学的年轻国王向邻国一位聪明美丽的公主求婚，公主出了一道题：求出 48 770 428 433 377 171 的一个真因子。若国王能在一天之内求出答案，公主便接受他的求婚。国王回去后立即开始逐个数地进行计算，从早到晚共计算了 3 万多个数，最终还是没有结果。国王求情，公主告知 223 092 827 是其中的一个真因子，并说，我再给你一次机会，如果还求不出，将来你只好做我的证婚人了。国王立即回国并向时任宰相的大数学家求教，大数学家仔细地思考后认为，这个数为 17 位，则最小的一个真因子不会超过 9 位。于是他给国王出了一个主意，按自然数的顺序给全国的老百姓每人编一个号发下去，等公主给出数目后立即将它们通报全国，让每个老百姓用自己的编号去除这个数，除尽了立即上报赏金万两。最后国王用这个办法求婚成功。

解释：这是一个求大数 n 的真因子的问题，我们不知道特殊的算法，唯有一个数一个数地试验，从 2～n 产生每一个数 m，然后用这个大数 n 除以 m，如果商为 0 则其是一个因子。因此验证一个数是否是某数的因子很容易，只需做一除法即可，但若要求出该因子，则是不容易的，需要一个数一个数地计算，计算量很大，因此说“证比求易”。对于这样的问题，由于数字很大，国王一个人采用顺序算法求解，其时间消耗非常大。但如果让所有的人每人都验证一个数，将大计算量分解到众多的人中，则每个人的计算量大幅度减少，这就是并行求解的思维。

再例如，假设没有计算机，要计算每位同学的平均成绩怎么办？可将计算任务分解，每个系完成该系每个同学的平均成绩计算。每个系由一个人完成计算，其工作量仍旧很大，则可将计算任务再分解到每个班，再分解到每个人，每个人计算自己的平均成绩。然后汇总在一起，则任务即可求解。这种由每人完成简单计算，而多人共同完成一个复杂计算的处理思维便是一种并行处理思维。

8.4.2 现代计算机的演进与发展

现代计算机的发展轨迹如图 8.11 所示。

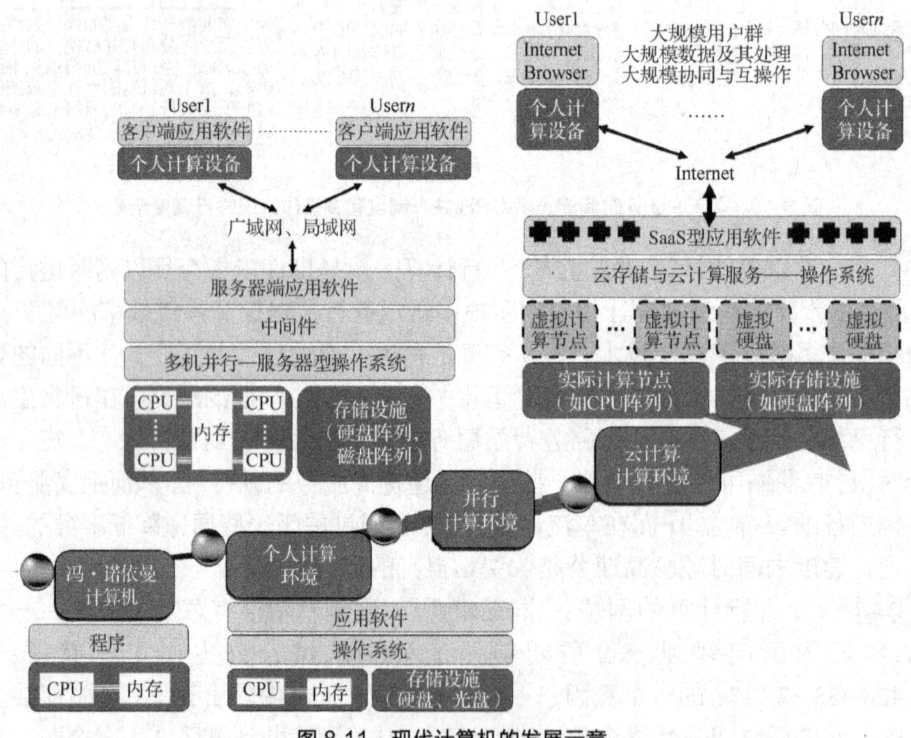

图 8.11　现代计算机的发展示意

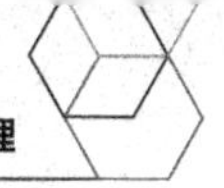

首先，现代计算机的基础就是冯·诺依曼计算机，它采用存储程序原理，将程序和数据事先存储在内存中，然后由 CPU 逐条从内存中读取指令、执行指令，实现程序的连续自动执行。简单地说，它解决了在内存中的程序如何被 CPU 执行的问题。

进一步发展，出现了个人计算环境，实现了内存、外存相结合的存储体系，具体的程序被存储在外存中，在执行时其被装载入内存由 CPU 执行。内存外存的使用无须使用者关心其细节，由操作系统实现存储体系的透明化管理，即由操作系统负责将存储在外存上的程序（应用软件）装入内存并调度 CPU 执行该程序。可以说，它解决了在存储体系这种相对复杂环境下，程序如何被存储、如何被装入内存、如何被 CPU 执行的问题。从本质上讲，它仍旧是冯·诺依曼计算机。

计算机硬件技术的进一步发展，促进了多核心处理器的出现，即一个微处理器中集成了多个 CPU，同时存储设施由单一的软盘、硬盘发展为磁盘阵列，极大地扩充了计算和存储能力：几十或上百个 CPU，几十或上百个 500GB 或 1TB 的硬盘。怎样发挥这种能力呢，如何充分利用多个 CPU、多个存储设施协同解决问题呢，这就需要操作系统能够支持并行、分布式程序的执行，把一个程序及一个任务并行、分布地安排到多个 CPU 上执行。由此出现了并行分布计算环境，这种并行分布计算环境促进了中间件技术，如应用服务器系统、数据库管理系统等的发展，也有力地支持了局域网络和广域网络的发展，通常作为网络服务器支持多用户多应用程序并行分布地对问题进行求解。

计算能力和存储能力更大规模的发展，数千或数万个 CPU，数千或数万个 500GB 或 1TB 的硬盘，就出现了如何充分发挥计算能力和存储能力的问题。为充分发挥这种能力，一种被称作云计算环境和虚拟化的技术开始出现并应用。它把提供硬设施的计算机和存储设备称为实际计算节点和实际存储节点，这种节点通常是多核心计算机或多磁盘阵列存储设备，即前述的并行计算环境。而同时它通过软件技术在一个实际节点上可建立若干个传统意义上的计算机，被称为虚拟主机或虚拟计算节点，这些虚拟主机可独立运行，用户使用虚拟主机就像使用个人计算环境或并行计算环境一样，而虚拟化技术可以将运行在虚拟主机上的程序映射到实际节点上运行。再通过互联网，可将这种虚拟主机提供给大规模用户租用与使用，可使任何一个普通人员在不用花费昂贵的购买费用的情况下获得大规模数据及其处理能力、获得大规模协同与互操作能力，并且可随客户的需求而弹性变化其配置（如配置不同的 CPU 数目、配置不同的内存和外存容量、配置不同的网络带宽），这就是云计算的基本思想。本质上说，云计算环境就是将计算机中 CPU—内存—外存之间的固定组合转变为动态组合，即可以从数千万个 CPU 中任意选出几个、几十个、几百个构成一台计算机，这台计算机就是虚拟计算节点。

理解现代计算机，一定要抓住“程序是被如何执行的”这个牛鼻子。内存中的程序如何被 CPU 执行，“外存—内存”存储体系环境下外存中的程序如何被执行，单一资源如何执行多个程序（分时调度），多资源如何执行多个程序（并行分布），再到大规模资源，如数千个 CPU、数千个外存—内存等，则动态组合成多台计算机（由静态的 CPU 与存储器的连接结构到动态的 CPU 与存储器的连接结构），以网络化出租的方式满足大规模人群的使用。这是现代计算环境的演变。

在云环境下，要注意这已经不是简单的技术进步，而更要注意它已经使软件技术发生了变化，出现了新型的软件模式（Software as a Service，SaaS），改变了软件开发与使用的习惯，进而也改变了人们的思维和生活。如淘宝网和苹果系统一样。先看苹果系统，苹果有若干终端设备，在购买这些终端设备时实际上仅仅买的是它的一些硬件，而它的软件需要通过网络连接到聚集了各种各样的应用软件的苹果商店上进行购买，这些应用软件可以下载到终端上。苹果商店把众多软件开发商所开发的各式各样的软件汇聚起来，汇聚后的这些软件提供给终端用户，而它的背后是一个复杂的计算机系统，可以称为“云计算环境”。那么，这样的软件把软件的开发者、提供者、使用者通过它的系统有机地连接起来，这已经成为一种生态环境。再看淘宝网，它把现实当中的各种供应商的商品汇聚起来，形成了各式各样的网上商店，淘宝网通过统一的网上商店平台进行商品展销，用户可以通过各种设备连入到网络当中选择商品、购买商品，它的背后也是一个云计算环境，也是计算机系统，而更多是指软件系统。

图灵奖获得者 Edsger Dijkstra 说过，计算工具的理解和使用，影响我们的思维习惯，进而影响我们的思维能力。计算系统由传统的冯·诺依曼计算机发展到并行、分布计算环境和云计算环境，确实改变了人们的很多思维习惯，例如，“天猫/淘宝”电子商务的成功、Wiki Pedia 的成功、谷歌与百度的成功等更多的事例说明对计算环境的理解和使用已经影响了人们的工作与生活的思维习惯，已经成为创新的重要源头，很多看起来不可能实现的事情成为现实，都说明理解计算系统所蕴含计算思维的重要性。

计算系统是 20 世纪伟大的成就之一，计算系统和现实中的各种系统（如交通系统、能源供应系统、企业生产系统等）既有相类似的思维模式，例如，化整为零的思维、分工—合作与协同的思维、并行化分布化提高资源利用效率的思维等，同时也互相支持出现创新的复合思维模式，如智能交通系统、智能电力系统等，这些智能系统本质上则是基于计算的系统。换句话说，计算学科中的很多思维，在现实系统中也得到了很好的体现，如计算学科的缓冲池技术，在机场的出租车服务系统中便能见到其应用，计算学科的流水线技术在很多现代企业生产中也能见到其应用等。

8.5 为什么要学习和怎样学习本章内容

8.5.1 为什么：由理解“计算资源的管理”到理解“社会资源的管理”

本章学习的不应仅仅是专业知识，也不仅仅是操作系统的应用，应该学习一种“管理思维”“领导思维”，操作系统是完成计算任务（程序）的计算资源的协调者、调度者，真实世界中的领导是完成各种宏观任务的各种资源的协调者、调度者，能够管理资源的多少、能够完成任务的规模，则显现出领导能力的高低，当然这一定程度上取决于展现你能力的机会，但如果给你这个机会，你是否有此能力呢？对操作系统的理解，有助于对真实世界复杂系统（包括人系统）的理解，计算机是存储体系——不同性能的存储器组合在一起优化利用，真实世界中是资源体系——同样需要不同性能资源的组合与优化；计算机中可以采用化整为零与还零为整提高效率的思想，真实世界中也可以采用化整为零与还零为整的思想，例如，仓储中的标准箱的概念等；计算机中可以分时、并行、分布地利用 CPU 资源，真实世界中同样可以分时、并行、分布地利用各种资源；计算机采用分工—合作—协同来管理复杂的计算环境，真实世界中同样可以

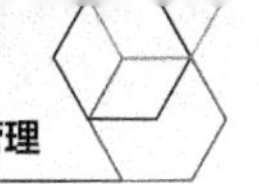

利用分工—合作—协同来管理复杂的系统。计算思维源于社会/自然生活，现在很多又反作用于社会/自然生活。计算思维，不仅仅改变的是技术，更重要的是改变了人们的思维和生活习惯。

8.5.2 怎样学：化复杂为简单

对于初学者而言，如能理解“程序是如何被执行的”，则有助于学生构造和设计可执行的算法和程序；如能理解“存储体系环境下程序是如何被执行的”，则有助于学生理解并习惯于资源（能源、时间、空间、带宽、体积、用户等）受约束条件下问题解决方案的构造，而不是一般的统而化之、不讲成本、不顾环境、不考虑用户体验地解决问题的方式。对现代计算环境，如云计算环境等的理解，则有助于建立问题求解的大思维，即能够改变人们生活、工作与研究方式的思维。对通用计算环境的理解，有助于研究具有各个学科自身特色的专业化计算系统，有助于建立各学科具体问题求解的计算环境，实现跨学科的共同创新。

本章既是学习“分工—合作—协同”的思维，又是学习如何运用“分工—合作—协同”思维理解复杂系统，不仅仅是理解操作系统，还可以理解任何真实世界的复杂系统，尤其是在很多细节不十分清楚的情况下，如何化复杂为简单，把握复杂系统非常关键。学习运用这种思维的关键是实践，我们可对任何感兴趣的系统，都按照这样一种思维进行化复杂为简单的理解，不断培养自己的管理能力、决策能力和领导能力。

第9章 问题求解策略与算法表达

Chapter9

本章摘要

算法被誉为计算学科的灵魂，算法思维是重要的计算思维。问题求解的过程是由问题到算法，再到程序，算法是计算机求解问题的步骤表达，程序编写的本质是找出问题求解的算法。本章重点介绍如何进行问题抽象概括以及算法表达。

9.1 问题求解与算法：两个问题的提出

算法与算法类问题求解概述

本节首先介绍两个问题，旅行商问题和背包问题，如图 9.1 所示。

旅行商问题（Traveling Salesman Problem，TSP）是威廉·哈密尔顿爵士于 19 世纪初提出的一个数学问题。

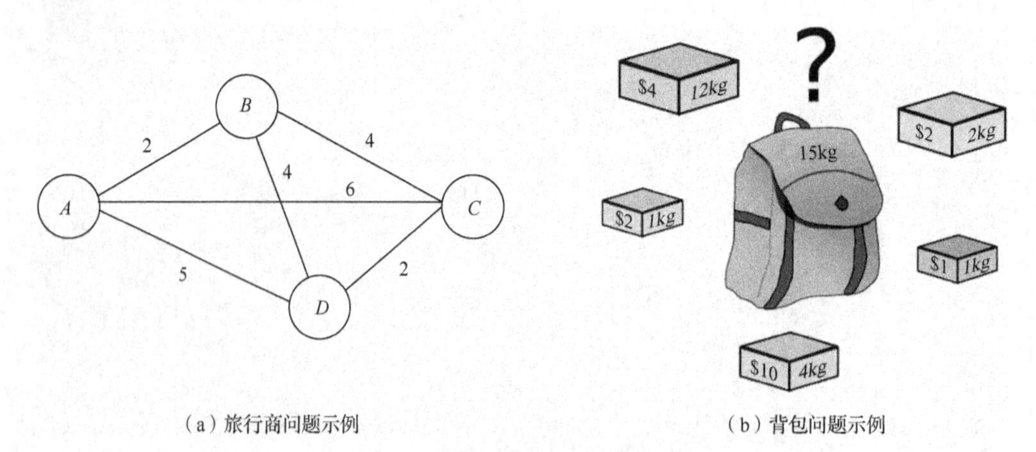

（a）旅行商问题示例

（b）背包问题示例

图 9.1 旅行商问题和背包问题示例

示例1 TSP 问题：有若干个城市，任何两个城市之间的距离都是已知、确定的，现要求一旅行商从某城市出发必须经过每一个城市且只能在每个城市逗留一次，最后回到原出发城市，问如何事先确定好一条最短的路线使其旅行的费用最少。

答：TSP 是具有代表性的组合优化问题之一，它的应用广泛渗透到各个技术领域和

日常生活中，至今还有不少学者在从事该问题求解算法的研究。许多现实问题都可以归结为 TSP 问题，例如，“电路板上机器钻孔的路径规划”问题、“物流配送中的路径规划”问题等都可以归结为 TSP 问题进行求解。

表 9.1 给出了与 TSP 问题相关的不同现实问题的抽象过程示意。

表 9.1 不同现实问题的抽象过程示例一

	物流配送中的路径规划	电路板上机器钻孔的路径规划	旅行线路的路径规划（TSP 问题）	数学抽象（组合优化问题）
问题简要表述	有 n 个地点需要送货，怎样一个次序，才能使送货距离最短	有 n 个位置需要钻孔，怎样一个次序，才能使钻头移动距离最短	有 n 个城市需要旅行，怎样一个次序，才能使旅行者花费的交通成本最低	有 n 个节点需要访问，怎样一个次序，才能使访问者访问路径的“权值和”最短
“输入/已知”的抽象表示	n 个地点 V_1，…，V_n，可简化为用编号 1，…，n 表示	n 个位置 V_1，…，V_n，可简化为用编号 1，…，n 表示	n 个城市 V_1，…，V_n，可简化为用编号 1，…，n 表示	n 个节点 V_1，…，V_n，可简化为用编号 1，…，n 表示
“输入/已知”的抽象表示	任何两个地点 i 和 j 的距离表示为 $d_{i,j}$	任何两个位置 i 和 j 的距离表示为 $d_{i,j}$	任何两个城市 i 和 j 的交通成本表示为 $d_{i,j}$	任何两个节点 i 和 j 的权值表示为 $d_{i,j}$
“输出/结果”的抽象表示	求一路径 T，$T=(T_1, T_2, \cdots, T_n)$，其中 T_i 为 1，…，n 中的某一个	求一路径 T，$T=(T_1, T_2, \cdots, T_n)$，其中 T_i 为 1，…，n 中的某一个	求一路径 T，$T=(T_1, T_2, \cdots, T_n)$，其中 T_i 为 1，…，n 中的某一个	求一路径 T，$T=(T_1, T_2, \cdots, T_n)$，其中 T_i 为 1，…，n 中的某一个
“输出/结果”需满足约束	任意两个不同的 i，j，则 $T_i \neq T_j$	任意两个不同的 i，j，则 $T_i \neq T_j$	任意两个不同的 i，j，则 $T_i \neq T_j$	任意两个不同的 i，j，则 $T_i \neq T_j$
“输出/结果”需优化达到的目标	T 要使得 $\sum_{k=1}^{k=n} d_{k,k+1}$ 最小，其中 $d_{n,n+1}$ 为最后地点与出发地点的距离	T 要使得 $\sum_{k=1}^{k=n} d_{k,k+1}$ 最小，其中 $d_{n,n+1}$ 为最后地点与出发地点的距离	T 要使得 $\sum_{k=1}^{k=n} d_{k,k+1}$ 最小，其中 $d_{n,n+1}$ 为最后城市与出发城市的距离	T 要使得 $\sum_{k=1}^{k=n} d_{k,k+1}$ 最小，其中 $d_{n,n+1}$ 为最后节点与第一个节点的权值

如欲研究算法类问题，首先就要学会抽象与数学建模。尽量用自然数编号表达现实的具体对象，如地点用自然数编号表示后，则类似于两个地点的距离便可用 $d_{i,j}$ 这样带两个自然数下标的变量来表示，在计算机中可以用二维数组 D[][]等表达；输出的路径也可用一个自然数序列来表示 $T=(T_1, T_2, \cdots, T_n)$，因为城市的编号为 1，…，$n$，而输出不一定是此次序，所以用 T_i 变量的序列来表示，此时的 i 表示为第 i 个，而 T_i 则为第 i 个城市的编号，在计算机中可以用一维数组 T[]来表达。用自然数将不同含义的变量关联起来，这是数学建模的要点之一。

再看一个问题的抽象示例——背包问题（Knapsack Problem）。背包问题也是一个经典的组合优化问题，简单来讲就是在一个背包中，尽可能装载最有价值的物品，应该怎样装载？

示例2 0-1 背包问题：有 n 种物品，物品 j 的重量为 w_j，价格为 p_j。假定所有物品的重量和价格都是非负的，背包所能承受的最大重量为 W。如果限定每种物品只能选择 0 个或 1 个，则问题称为 0-1 背包问题。

除 0-1 背包问题外，背包问题还有很多的变化。例如，如果限定每种物品 j 最多只能选择 b_j 个，则问题称为有界背包问题。如果不限定每种物品的数量，则问题称为无界背包问题。本书仅讨论 0-1 背包问题。

表 9.2 给出了与 0-1 背包问题相关的不同现实问题的抽象过程示意。

表 9.2 不同现实问题的抽象过程示例二

	股票投资组合问题	产品品种的组合优化选择问题	背包问题（0-1 背包）	背包问题（有界背包）
问题简要表述	有 n 种股票可供选择，每种股票 j 最多买 b_j 股，怎样一个组合，才能使股票收益最大	有 n 种产品可供销售，怎样一种组合，才能使销售价值最大	有 n 种物品，每种物品最多 1 件，怎样选择物品放入背包，才能使背包中物品价值最大	有 n 种物品，每种物品 j 最多选择 b_j 个，怎样选择物品放入背包，才能使背包中物品价值最大
“输入/已知”的抽象表示	n 种股票可用编号 1，…，n 表示	n 种产品可用编号 1，…，n 表示	n 种物品可用编号 1，…，n 表示	n 种物品可用编号 1，…，n 表示
“输入/已知”的抽象表示	每种股票 j 的价格为 w_j	每种产品 j 的库存数量为 w_j（或者每种产品 j 的生产能力为 w_j）	每种物品 j 的重量为 w_j	每种物品 j 的重量为 w_j
“输入/已知”的抽象表示	每种股票 j 的收益为 p_j	每种产品 j 的价格为 p_j	每种物品 j 的价值为 p_j	每种物品 j 的价值为 p_j
“输入/已知”的抽象表示	可用于购买股票的资本为 W	市场可接受产品的总数量 W（或者企业能生产产品的总数量 W）	背包的总重量为 W	背包的总重量为 W
“输出/结果”的抽象表示	求一组合 x，$x=(x_1, x_2, x_3, \cdots, x_n)$，其中股票 j 选择 x_j 股。$x_j=0, \cdots, b_j$ 为购买股数	求一组合 x，$x=(x_1, x_2, x_3, \cdots, x_n)$，其中产品 j 选择 x_j 个。$x_j=0, \cdots, b_j$ 为销售数量	求一组合 x，$x=(x_1, x_2, x_3, \cdots, x_n)$，其中 $x_j=0$ 不选物品 j，$=1$ 选择物品 j	求一组合 x，$x=(x_1, x_2, x_3, \cdots, x_n)$，其中物品 j 选择 x_j 个。$x_j=0, \cdots, b_j$ 为选择个数
“输出/结果”需满足约束	$\sum_{k=1}^{k=n} w_j x_j \leqslant W$，其中 $x_j=0, \cdots, b_j$	$\sum_{k=1}^{k=n} w_j x_j \leqslant W$，其中 $x_j=0, \cdots, b_j$	$\sum_{k=1}^{k=n} w_j x_j \leqslant W$，其中 $x_j=0,1$	$\sum_{k=1}^{k=n} w_j x_j \leqslant W$，其中 $x_j=0, \cdots, b_j$
“输出/结果”需优化达到的目标	x 要使得 $\sum_{k=1}^{k=n} p_j x_j$ 最大	x 要使得 $\sum_{k=1}^{k=n} p_j x_j$ 最大	x 要使得 $\sum_{k=1}^{k=n} p_j x_j$ 最大	x 要使得 $\sum_{k=1}^{k=n} p_j x_j$ 最大

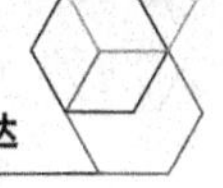

此例中可看到，用自然数表达现实的具体对象，如股票品种用自然数表示后，则股票价格、股票的收益便可用 w_j、p_j 等带自然数下标的变量来表示，并与股票品种相联系，在计算机中可以用一维数组 w[]，p[]等表达；输出也可用一个自然数序列来表示 $x=(x_1, x_2, \cdots, x_n)$，此时的 i 表示为股票 i，而 x_i 则为股票 i 的购买数量，在计算机中可以用一维数组 x[]来表达。通过自然数及其下标将不同类型的数据关联起来，是算法类问题抽象的重要方法。

通过以上两个例子可以看出，很多现实的问题经过抽象后就是同一类数学问题，即用数学表示的“输入/已知”“输出/结果”“约束”“目标”等都是相同的，因此说问题求解，首先要进行数学建模。那么如何求解呢？

9.2　算法及其基本表达方法

算法的控制结构设计 I

9.2.1　一种问题求解思维及算法的概念

9.1 节是用数学将现实问题抽象出来了，但如何求解呢？先看一个简单问题的求解。

示例 3　求任意一元多次方程的根。

答： 看简单的，求一个一元二次方程 $ax^2+bx+c=0$ 的根。如果由人求解，可以直接用求根公式 $x=\dfrac{-b\pm\sqrt{b^2-4ac}}{2a}$ 获得，这是已知求根公式的情况。但如果是任意的一元多次方程，如 $ax^5+bx^4+cx^3+dx^2+ex+f=0$，不知道求根公式时，又该如何求解呢？

其实，对于机器来讲，完全可以采用另外一种策略进行求解。例如，假设 x 是整数，其范围在 $-n\sim n$ 之间，则我们可从 $-n\sim n$ 依次产生 x 的每一个整数值，将其代入到方程中计算使得这个方程成立的，即 ax^2+bx+c 计算结果为 0 的所有的 x 值，就是要求的根。

同样的，对于任意的一元多次方程的求解，亦可采取此策略：从 $-n\sim n$ 产生 x 的每一个整数值代入方程的左边，如其计算结果为 0，则该值即是方程的根。

通过这个例子，可以看到计算机为什么能够求解很多数学家都解不出的问题，这就是运用简单的规则，让机器重复进行大量的计算，这就是被称为“遍历”或者“蛮干”或者“穷举”的一种计算思维。为什么要运用简单规则呢？这是因为制造能够完成复杂规则的机器较为困难，而制造能够完成简单规则的机器较为容易。在有了能够完成简单规则的机器后，通过组合这些简单规则形成程序，则该机器同样可完成复杂的计算。

针对机器，用计算机语言表达问题求解的方法和步骤，就是程序；而如果不针对机器，不考虑具体的计算机语言，仅针对问题表达问题求解的方法和步骤，就是算法。有了算法，则再用计算机语言将其转换为程序，便可用计算机进行问题求解。

算法在词典中被定义为“解某种问题的任何专门的方法”。有关算法的定义有很多，其内涵基本是一致的。所谓“算法”，就是一个有穷规则的集合，其中的规则规定了解决某一特定类型问题的一个运算序列。通俗地说，算法规定了任务执行及问题求解的一系列步骤。

一般而言，“算法”需要符合以下特性。

有穷性：一个算法在执行有穷步之后必须结束。

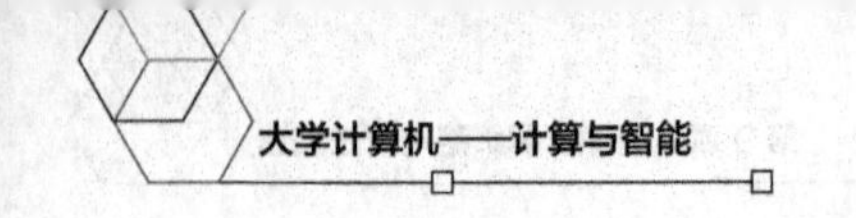

确定性：算法的每一个步骤必须要确切地定义，即算法中所有有待执行的动作必须严格而不含糊地进行规定，不能有歧义性。

输入：算法有零个或多个输入，即在算法开始之前，对算法最初给出的量。

输出：算法有一个或多个输出，即与输入有某个特定关系的量，简单地说就是算法的最终结果。

能行性：一种含义是算法中有待执行的运算和操作必须是相当基本的，可以由机器自动完成。另一种含义则是算法应能在有限时间内完成。

有穷性要求算法必须是能够结束的，确定性要求算法必须是用无歧义的确定含义的操作来表达，能行性要求算法中的步骤必须是机器能够执行的（因此也要求编写算法的人对算法中的计算步骤有明确的计算方法），输入、输出是算法的基本要求，算法可以被看作是将输入转换为输出的一系列步骤。

能行性还有一个含义就是“应能在有限时间内”完成，那什么是有限时间呢？这就涉及另一个概念，即算法复杂性。算法复杂性是衡量算法计算工作量大小的一种方法。如果算法的计算工作量小，则其在有限时间内能够完成；而如果算法的计算工作量大，则其在有限时间内不能够完成。

再看示例 3 求一元多次方程的根，是从$-n$～n 产生 x 的每一个整数值。有读者问，一元多次方程的根一定是整数吗？当然不是。那如果是实数怎么办呢？可以从$-n$～n 以 0.1 为步长产生每一个实数值代入方程左边，如果计算结果为 0.0，则是方程的根，此时产生的解的精度是在 0.1 范围内，也可以以 0.01，0.001，0.000 1，…，0.000 000 000 000 000 1 为步长产生每一个实数值，则可求得更高精度的解。可以看到，精度越高，产生的 x 值越多，则机器计算量越大，计算时间可能越长。此时，就需要算法复杂性来衡量计算的工作量。那怎样由算法复杂性来判断是否能在有限时间内完成呢？先看算法的表达方法，然后再继续探讨此问题。

9.2.2 算法的 3 种基本表达方法

算法是需要表达的，算法思维能力的提升也是通过不断地表达训练来完成的。通常有 3 种基本的算法表达方法：类自然语言表达法、算法流程图和伪代码表达法。

1. 类自然语言表达法

算法和程序有相通的地方：程序有顺序结构、分支结构和循环结构，算法也有顺序结构、分支结构和循环结构。为什么不直接说自然语言表达法呢？是因为自然语言在表达算法时容易出现不精确、不确定、有歧义的情况，应该加以约束，因此说“类自然语言表达法”。

（1）顺序结构的表达：“执行 A，然后执行 B”。

顺序结构的语句是按照次序执行的，如上，A 语句执行完，将继续执行 B 语句。顺序结构语句也可以分行来表达，即前一行语句段落执行完后，将继续执行其后面的语句。

（2）分支结构的表达：“如果条件 Q 成立，那么执行 A；否则执行 B”。或者“如果条件 Q 成立，那么执行 A”。其中 Q 是某些逻辑条件。

分支结构的语句执行是受条件控制的，如（2）中前一种表达方式，当条件 Q 为真时执行 A 语句，否则执行 B 语句；该分支结构执行完后继续执行其后面一行的语句。如（2）中后一种表达方式，当条件 Q 为真时执行 A 语句，然后执行其后面一行的语句，否则直接执行其后面一行的语句而跳过 A。

（3）循环结构的表达：包括有界循环的表达和条件循环的表达。

有界循环的表达："重复执行语句或语句段落 A 共 *N* 次"，其中 *N* 是一个整数。

条件循环的表达："重复执行语句或语句段落 A 直到条件 Q 成立"或"当条件 Q 成立时重复执行语句或语句段落 A"，其中 Q 是条件。

循环结构用于控制语句的多次重复性的执行。有界循环是由已知的循环次数 *N* 来控制语句 A 重复的次数。条件循环是由一个条件 Q 来控制语句 A 的重复次数，其关键词是"重复执行"。

一个算法可能需要多种控制结构的组合使用，顺序、分支、循环等结构可以互相嵌套。

例如，算法可以将循环结构嵌套，形成嵌套循环，其典型形式是"执行 A 语句段落 *N* 次"，其中 A 本身可能是"重复执行 B 语句段落直到条件 C 成立"，在这个过程中，"执行 A 语句段落 *N* 次"被称为外循环，而 A 本身的循环被称为内循环，内循环被嵌入进外循环中。外循环可能会执行 *N* 次，且外循环的每次执行，内循环会重复执行直到条件 C 成立，这里外循环是有界的，而内循环是条件性的。当然，其他的各种组合都是可以的。

类自然语言表示法通常将每一步骤进行编号，以编号来表示将要执行的语句。

2. 算法流程图

算法流程图又称程序流程图（Flowchart），是描述算法和程序的常用工具，采用美国国家标准化协会（American National Standard Institute，ANSI）规定的一组图形符号来表达算法。流程图可以很方便地表示顺序、分支和循环结构的程序或算法。另外，用流程图表达的算法不依赖于任何具体的计算机和计算机语言，从而有利于不同环境的程序设计。流程图用文字、连接线和几何图形描述算法/程序执行的逻辑顺序。文字是算法、程序各组成部分的功能说明，连接线用箭头指示算法、程序执行的方向，几何图形表示程序操作的类型，其含义如图 9.2 所示。

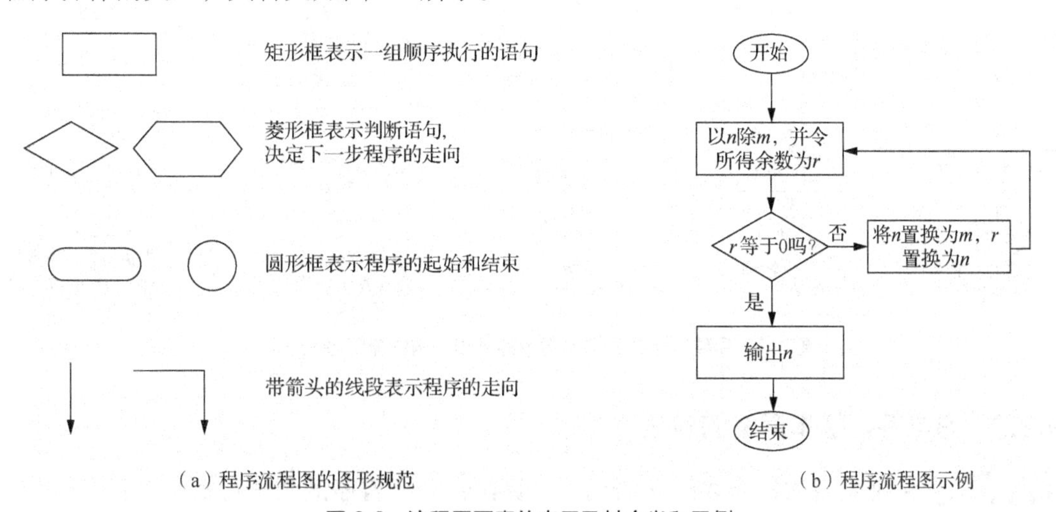

（a）程序流程图的图形规范　　（b）程序流程图示例

图 9.2　流程图要素的表示及其含义和示例

3. 伪代码表达法（更高要求）

伪代码是介于计算机语言和自然语言之间的一种语言，通常情况下以编程语言的书写形式表达算法的不同结构，既清晰地表达了算法的功能，又忽略了一些语言的细节，使人们可以很清晰地表达算法，同时又能很容易地转换成具体计算机语言所表达的程序，已成为算法表达的一般形式。

伪代码的基本特征如下。

（1）通常每个算法开始时都要描述它的输入和输出，而且算法中的每一行都需编上号码，在解释算法的过程中会经常使用算法步骤中的行号来指代算法的步骤。

（2）算法中的某些任务可以用文字来叙述。例如，“设 x 是 A[]中的最大项”。

（3）可以使用计算机语言中的各类表达式来表示算法中的计算公式。

（4）赋值语句通常是如下形式的语句：$a \leftarrow b$，其中 a 是一个变量，而 b 可以是一个复杂的表达式。当然，也可以直接用 $a = b$ 来表示赋值。若 a 和 b 都是变量，那么 $a \leftrightarrow b$ 表示 a 和 b 的内容进行交换。

（5）可以使用“goto 标号”使程序转向具有指定标号的语句。

（6）可以使用 If-Then-Else-EndIf 语句、While-Do-Wend 语句、For-EndFor 语句来表达分支结构、条件循环结构和有界循环结构。在通常的结束条件满足之前使用 exit 语句，可结束循环的执行，exit 将终止包含该 exit 的循环，跳转到该循环后面的一个语句继续执行。

（7）return 一般用来指出一个算法执行的终点，如果算法在最后一条指令之后结束，它通常是被省略的。

（8）可以使用 Read/Write 或 input/output 来简单地表达各种输入/输出等。

图 9.3 给出了典型算法与程序结构的标准流程图。

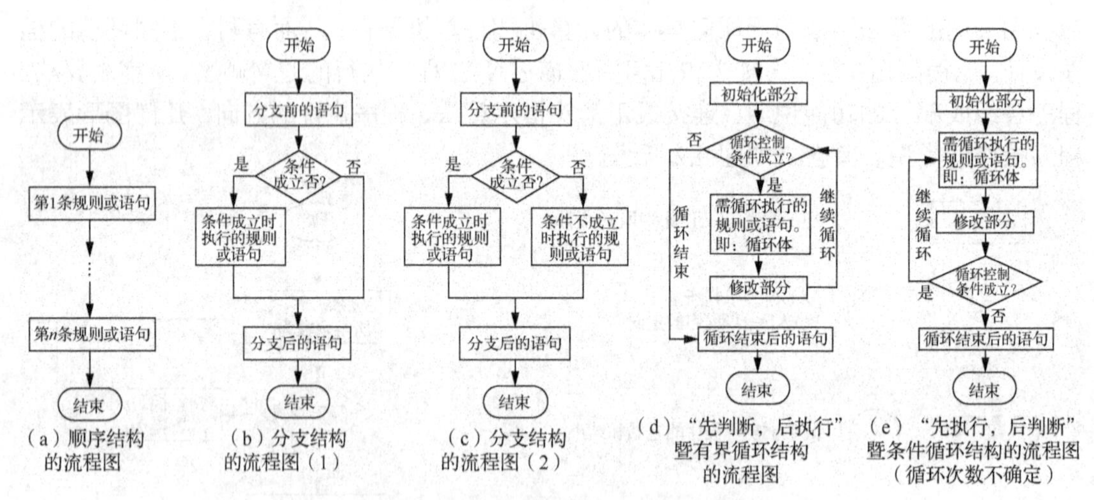

图 9.3 几种典型的算法与程序的逻辑结构的流程图表示

9.2.3 习与练：基本算法的表达

示例 4 请用类自然语言表达法表达一个算法：一组有序的数进行折半查找。

题目解析： 本题给出的是一组有序的数，假设是按降序排列，即由大到小排列，例如，{ 100，95，87，73，62，53，51，45，43，42，30，28，10 }。若要查找其中是否有 43 这个数，该如何查找呢？可采用折半查找法进行查找。折半查找的基本思想是，首先从这一组数的中间位置开始查找，若该位置的数比待查找数小，则在其左侧范围内

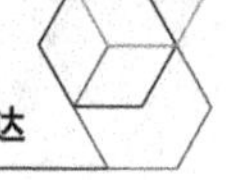

按此思想继续查找；若该位置的数比待查找数大，则在其右侧范围内按此思想继续查找；若相等，则输出找到，若最终无相等的，则输出未找到。如本题 13 个数，首先查看中间位置元素，即第 7 个数，第 7 个数是 51，比 43 大，则缩小查找范围为{ 100，95，87，73，62，53，51，45，43，42，30，28，10 }，再查看中间位置元素，即第 10 个元素，第 10 个数是 42，比 43 小，则再缩小查找范围为{ 100，95，87，73，62，53，51，45，43，42，30，28，10 }，再查看中间位置元素，即第 8 个元素，第 8 个数是 45，比待查找数 43 大，则再缩小查找范围为{ 100，95，87，73，62，53，51，45，43，42，30，28，10 }，与待查找数 43 相等，则输出找到。示例中带下画线的数字为待查找范围。

表达算法首先要表达数据，即这组数据存放在哪里，假设其存储在数组 A[]中。数据的个数存储在变量 N 中。此时算法表达如下。

解： 示例 4 的正确的算法表达如下。

Start of the algorithm（算法开始）

（1）按降序输入一组有序的数，保存在 A[]中。假设 A[]的下标序号从 1 开始。

（2）输入这组数的个数 N。

（3）输入待查找的数 K。

（4）设置查找范围的初始值<start,finish>，即 Start=1；Finish=N。

（5）计算查找范围的中间位置 i=(Start+Finish)/2。注意此处是整数除法，商仍为整数。

（6）读取 A[]中的第 i 个数，将其与 K 进行比较。如果相等，则输出结果“此一组有序数中包含待查找的数”并且转第（10）步；否则继续第（7）步。

（7）如果 K 小于 A[i]，那么 Start 用 i+1 替换，形成新的查找范围<start,finish>；否则 Finish 用 i−1 替换形成新的查找范围<start,finish>。

（8）如果 Start <= Finish，则转第（5）步继续执行。

（9）输出结果“此一组有序数中不包含待查找的数”。

（10）结束。

End of the algorithm（算法结束）

有读者将折半查找算法表达如下，这是一个不正确的算法表达，请读者仔细阅读此算法，观察一下问题出在哪里呢？

示例 4 的错误的算法表达如下。

Start of the algorithm（算法开始）

（1）按降序输入一组有序的数，保存在 A[]中。假设 A[]的下标序号从 1 开始。

（2）输入这组数的个数 N。

（3）输入待查找的数 K。

（4）计算 A[]的中间位置 i=N/2。

（5）读取 A[]中的第 i 个数，将其与 K 进行比较。如果相等，则输出结果“此一组有序数中包含待查找的数”，转第（9）步。

（6）如果 K 小于 A[i]，那么用 i 和 N 之间的中间位置替换 i，即 i =(i+N)/2；否则用 1～i 之间的中间位置替换 i，即 i=i/2。

（7）转第（5）步继续执行。

（8）输出结果“此一组有序数中不包含待查找的数”。

（9）结束。

End of the algorithm（算法结束）

通过上述示例可以看出，对于算法，不仅要理解其思想，更要注重其表达。算法思想可能是正确的，但表达出来的算法却不一定是正确的，因此要注意平时多训练自己的算法表达能力。示例 4 的错误的算法表达中主要错在第（6）步，对于每次缩小后的查找范围的表达不正确。

示例5 请用类自然语言表达法表达一个算法：打印出所有的“水仙花数”，所谓“水仙花数”是指一个 3 位数，其各位数字立方和等于该数本身。例如，153 是一个“水仙花数”，因为 $153=1^3+5^3+3^3$。

题目解析： 穷举每一个 3 位数 I，从 100～999，每个数 I 分解出百位 A、十位 B 和个位 C。然后计算其是否满足 $I=A^3+B^3+C^3$，如果相等，则输出；否则不输出。

解： 示例 5 的算法表达如下。

Start of the algorithm（算法开始）

（1）使 I 从 100～999，重复执行第（2）～第（6）步。完成后执行第（7）步。

（2）计算 $A = I/100$。注意此处是整数除法，商仍为整数，下同。

（3）计算 $B = (I-100*A)/10$。

（4）计算 $C = (I-100*A-10*B)$。

（5）计算 DATA = $A*A*A + B*B*B + C*C*C$。

（6）如果 DATA 等于 I，则输出 I 的值。

（7）结束。

End of the algorithm（算法结束）

示例6 请用类自然语言表达法，表达一个算法：将一个正整数分解成质因数的乘积。

题目解析： 将一个正整数分解成质因数的乘积，例如，130 分解成 1*2*5*13。再例如，120=1*2*2*2*3*5。其中的每个因子都是质数。算法的思想如下：首先输出 1，1 是每个整数的质因子。假设给定的数为 n，可从 i=2 开始。用数 n 除以 i，如果能整除，则 i 即是一个质因子，输出一个“*”号及 i 的值，然后用 n/i 的值替换 n，重复此步骤；如果不能整除，则使 i+1 替换 i，再重复前面。直到 i 大于 n 为止。

解： 示例 6 的算法表达如下。

Start of the algorithm（算法开始）

（1）输入一个正整数 n。

（2）输出 n 的值，再输出一个等号，再输出 1。

（3）I 从 2 开始。

（4）如果 $n \geqslant I$，则重复第（5）步，否则转第（6）步。

（5）如果 n 对 I 求模（余）等于 0，则输出一个“*”号，再输出 I 的值，用 n/I 替换 n，继续执行第（4）步；否则，使 I 加 1，继续执行第（4）步。

（6）结束。

End of the algorithm（算法结束）

示例 7 请用算法流程图和伪代码表示法表达一个算法：一组有序的数进行折半查找。

解： 算法思想参见示例 4。算法流程图如图 9.4（a）所示，伪代码如图 9.4（b）所示。

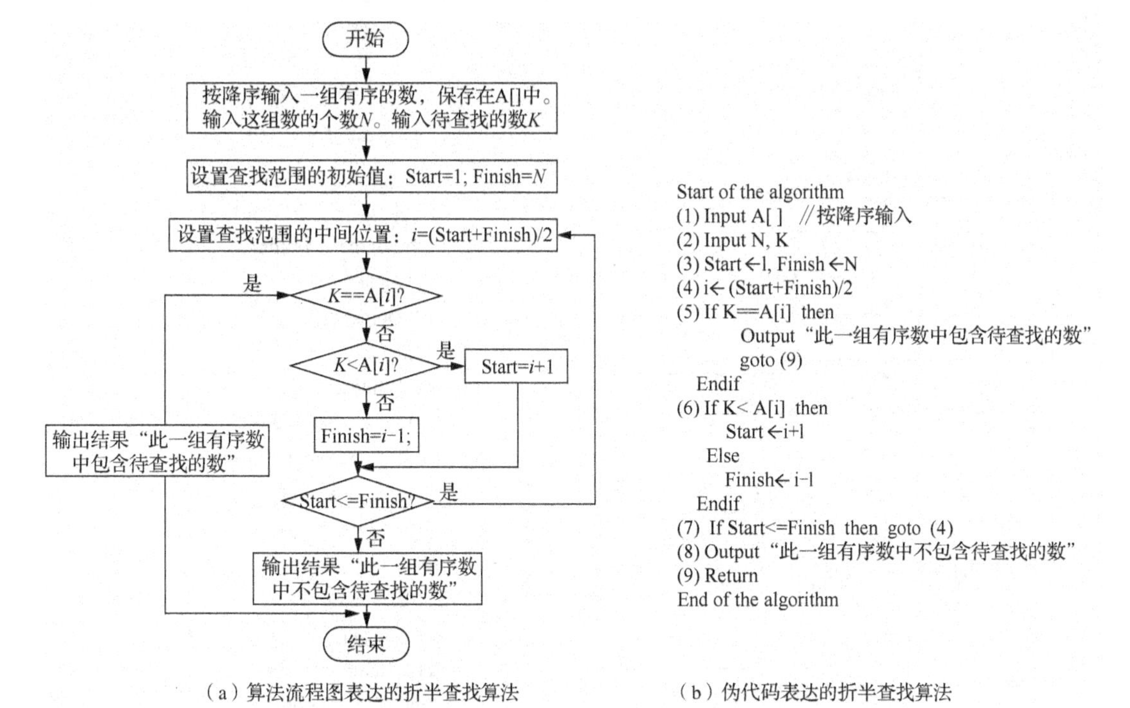

（a）算法流程图表达的折半查找算法　　（b）伪代码表达的折半查找算法

图 9.4　用算法流程图和伪代码表达的折半查找算法

示例 8 请用算法流程图和伪代码表示法，表达示例 5 的算法。

解： 算法思想参见示例 5。算法流程图如图 9.5（a）所示，伪代码如图 9.5（b）所示。

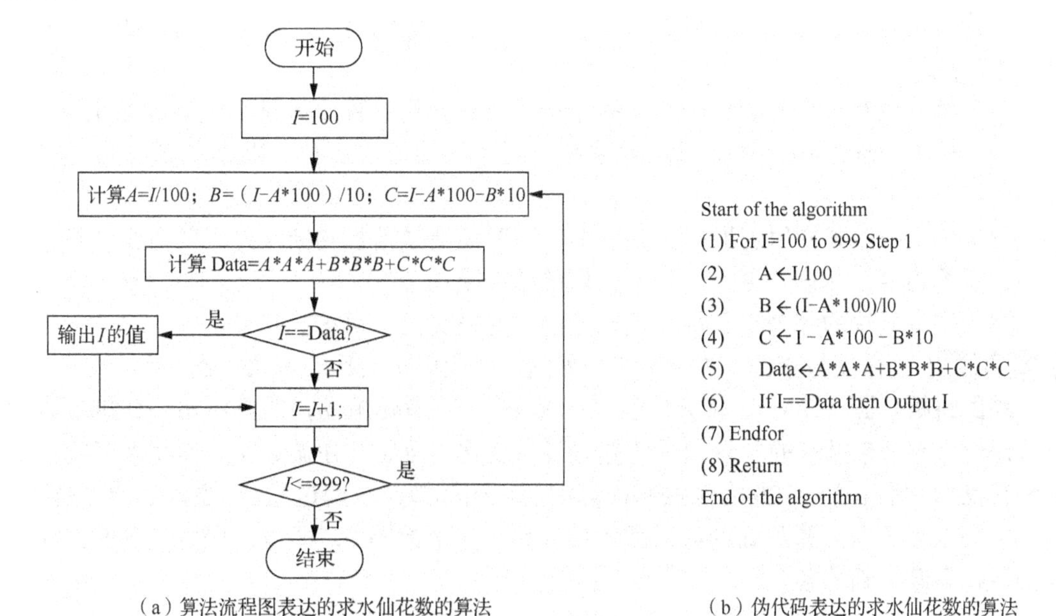

（a）算法流程图表达的求水仙花数的算法　　（b）伪代码表达的求水仙花数的算法

图 9.5　用算法流程图和伪代码表达的求水仙花数的算法

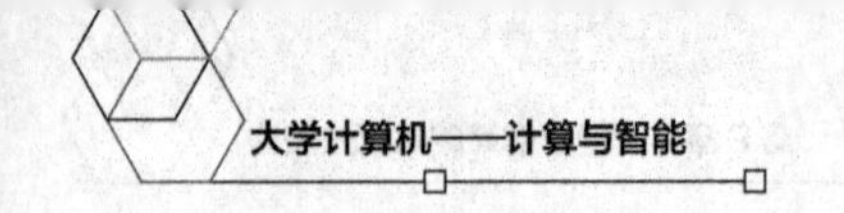

示例9 请用算法流程图和伪代码表示法，表达示例 6 的算法。

解：算法思想参见示例 6。算法流程图如图 9.6（a）所示，伪代码如图 9.6（b）所示。

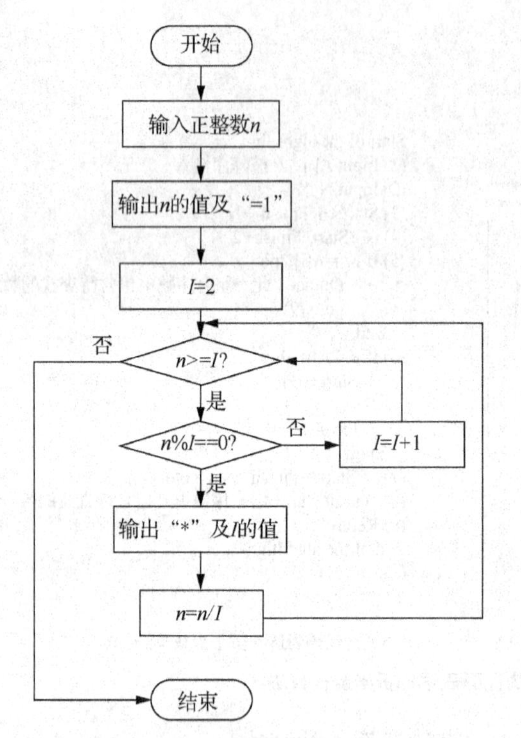

（a）算法流程图表达的求分解质因子数乘积的算法

```
Start of the algorithm
(1) Input n
(2) Output n;  Output "=1"
(3) I←2
(4) While n>=I do
(5)       If  n%I ==0 then
(6)           Output "*";  Output I
(7)           n ← n/I
(8)     Else
(9)           I ←I+1
(10)    Endif
(11) Wend
(12) Return
End of the algorithm
```

（b）伪代码表达的求分解质因子数乘积的算法

图 9.6　用算法流程图和伪代码表达的求分解质因子数乘积的算法

无论是用算法流程图、类自然语言表示法，还是伪代码表示法来表达算法，均需注意以下几点：

（1）算法应有一个开始和一个或多个结束，在执行过程中始终都能走到结束位置；

（2）对于循环结构，要特别注意循环控制条件的修改部分，以避免算法始终在循环中；

（3）分支结构要使用菱形框，菱形框中注意写清楚路径判断条件，并标识“是”于条件为真的路径，标识“否”于条件为假的路径上；

（4）注意算法的每个步骤都应是确定的、无歧义的、可被执行的。

示例10 请仔细检查图 9.7 中算法流程图或伪代码中会出现什么问题。

题目解析：图 9.7（a）将会出现“死循环”。所谓死循环，即算法始终在重复执行一些语句，因结束循环的条件相关的变量没有变化，故始终在循环中。你找到了吗？如果没有找到，则请以 n=120 为例按照此算法流程图模拟其求解过程，看看问题出在哪里。图 9.7（b）得不到问题正确的解，因为仅计算了一个数 100，即退出程序。图 9.7（c）也得不到问题正确的解。

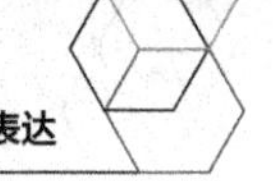

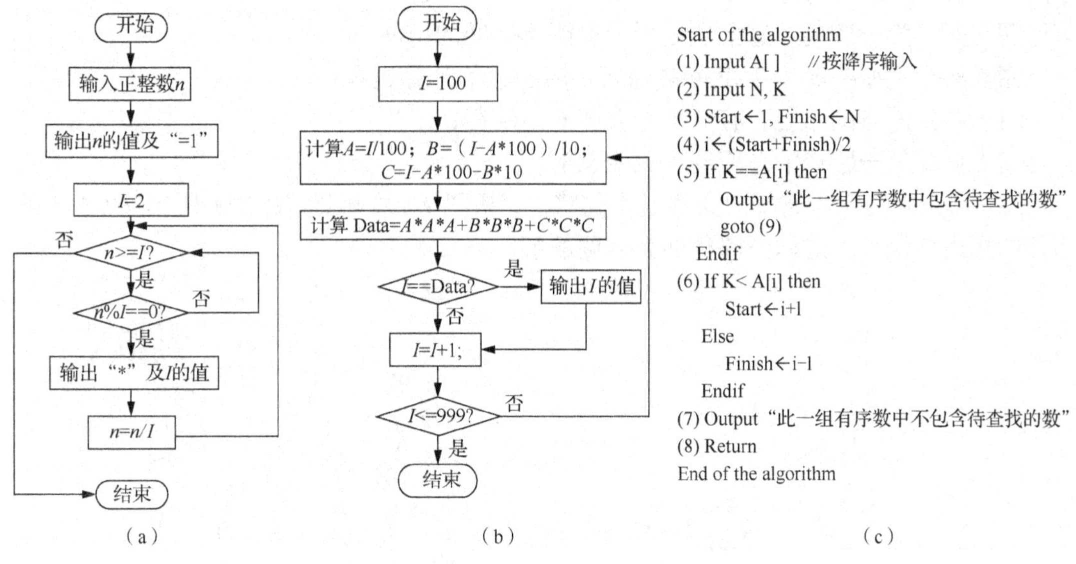

图 9.7　几个有问题的算法流程图/伪代码算法

9.3　习与练：用遍历策略与贪心策略进行问题求解

算法的控制结构设计 II

9.3.1　用遍历策略求解 TSP 问题与背包问题

9.2 节的示例 3 中介绍了一种“遍历”的计算思维，本节运用遍历的思维求解 TSP 问题与背包问题。所谓“遍历”，就是产生问题的每一个可能解，然后代入到问题中进行计算，进而通过对所有可能解的计算结果的比较，选取能满足约束条件和目标的解作为问题的解。遍历是一种最基本的问题求解策略。

1. 遍历策略求解 TSP 问题

一条路径表达为 $T=(T_1, T_2, \cdots, T_n)$，其中 T_i 为 1，⋯，n 中的某一个。由所有的 1，⋯，n 可以组合出所有的路径，即所有的可能解，被称为可能解空间（严格术语为状态空间 Ω）。然后遍历可能解空间 Ω，即对每一条路径，计算出该路径的总里程 $\sum_{k=1}^{k=n} d_{k,k+1}$。再从所有路径中选出一条总里程最短的路径 T_{opt}，该路径即为问题的解。

这里要注意，可能解是仅满足问题的解的形式的每一个解，如示例每一种组合出的路径为一个可能解，当 n=5 时，(1，2，3，4，5)是一个可能解，(1，3，1，2，4)也是一个可能解。但可能解并不一定能满足问题的约束，如(1，2，3，4，5)满足问题的约束 $T_i \neq T_j$，但(1，1，2，3，4)则不满足问题的约束 $T_i \neq T_j$，将满足问题约束的解称为“可行解”。状态空间可以是可能解的空间，也可以是可行解的空间，可能解空间⊇可行解空间。状态空间越小，计算量也越小。但可能解的空间容易给出，仅需按形式产生即可；可行解的空间需要逐步形成，需要验证问题的每一个约束条件，约束条件可能较为复杂并且不止一个。遍历策略强调，能找出哪一个解空间，便从哪一个解空间开始计算，能找出可行解空间，则以可行解空间为基础进行计算，找不到可行解空间但能找到可能解空间，则以可能解空间为基础进行计算。前述 TSP 问题由于约束相对简单，可直接产生可行解空间，为一般化，这里还是用的可能解空间的说法。

图 9.8 所示为 4-城市 TSP 问题遍历策略求解的计算过程：

（1）产生所有的路径，有 6 种组合即 6 条路径；

（2）计算每一路径的总距离（见图 9.8）；

（3）从所有路径中选择总距离最小的路径，从图 9.8 中可见 *ABCDA* 和 *ADCBA* 两条路径的总距离最小，这两条路径即为问题的解。

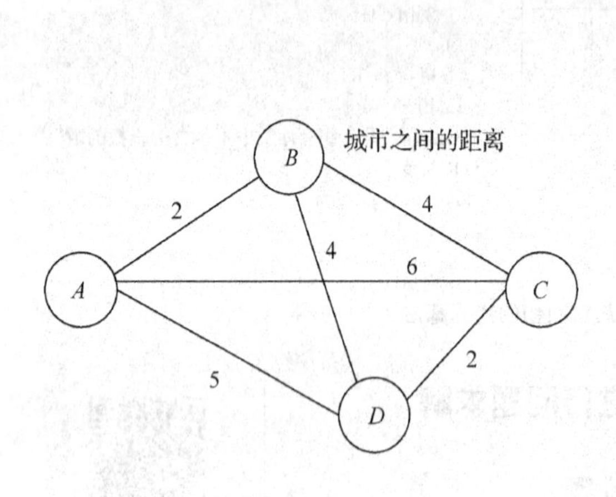

（a）TSP问题的一种抽象结构

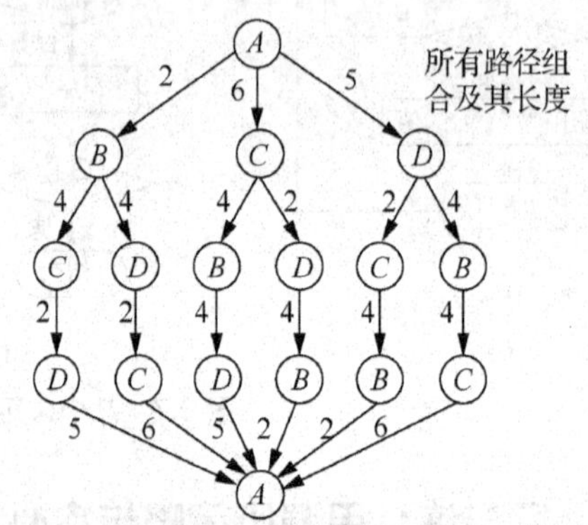

（b）TSP问题的解空间（所有可能的组合）示意

图 9.8 TSP 问题及其“解”状态空间

2. 遍历策略求解 0–1 背包问题

n 种物品的一个组合表达为 $x=(x_1, x_2, \cdots, x_n)$，其中 x_i 为 0 或 1，x_i 为 0 时表示不选择第 i 种物品，x_i 为 1 时表示选择第 i 种物品。由所有的 0，1 组合可以形成所有的物品组合方案，即所有的可能解，被称为可能解空间（严格术语为状态空间 Ω_1）。然后遍历可能解空间 Ω_1，即对物品组合的每一种方案，计算并检查约束条件

$$\sum_{k=1}^{k=n} w_j x_j \leqslant W$$

是否满足，满足约束条件的物品组合方案，即所有的可行解，被称为可行解空间 Ω_2。遍历可行解空间 Ω_2，即对物品组合的每一种方案，计算出该物品组合的总价值

$$\sum_{k=1}^{k=n} p_j x_j$$

再从所有组合中选出总价值最大的物品组合方案 x_{opt}，该组合即为问题的解。

图 9.9 给出了 4-物品的 0-1 背包问题及其求解过程。可以看出，可能解空间即是所有 4 位 01 的组合，是很容易产生的。在可能解空间基础上计算被选中物品的总重量，并判断其是否小于背包所能承载的重量（15kg），由所有满足约束条件的解构成可行解空间，由图 9.9 可看出 1001、1011、1101、1111 这 4 个解不满足约束，不是可行解。在可行解空间基础上，计算被选中物品的总价值，总价值最大的解即为问题的最优解或者精确解，图 9.9 中最优解是 0111 组合。

（a）背包问题示意

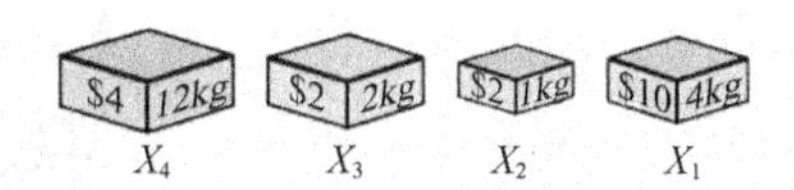

可能解空间 $X_4X_3X_2X_1$	$\sum_{k=1}^{k=n} w_i x_i \leqslant W$ 被选中物品的总重量	可行解空间 $X_4X_3X_2X_1$	$\sum_{k=1}^{k=n} w_i x_i$ 被选中物品的总价值	问题的最优解（精确解）$X_4X_3X_2X_1$
0000	0，满足约束	0000	0	
0001	4，满足约束	0001	10	
0010	1，满足约束	0010	2	
0011	5，满足约束	0011	12	
0100	2，满足约束	0100	2	
0101	2，满足约束	0101	12	
0110	3，满足约束	0110	4	
0111	7，满足约束	0111	14	0111
1000	12，满足约束	1000	4	
1001	16，不满足约束			
1010	13，满足约束	1010	6	
1011	17，不满足约束			
1100	14，满足约束	1100	6	
1101	18，不满足约束			
1110	15，满足约束	1110	8	
1111	19，不满足约束			

（b）背包问题求解过程示意

图 9.9　背包问题的可能解空间、可行解空间及精确解/最优解示意

9.3.2　遍历策略求解存在什么问题

1. 能否在有限时间内求解

遍历策略对于小规模的组合优化问题求解是有效的。这里所说的规模一般是指问题求解计算量的影响因素，通常用一些反映规模的参数来表达，最常见的是用自然数来表达。例如，TSP 问题，即可由城市的数目 n 来反映问题的计算量：4-城市 TSP 问题是 4 个城市的组合优化问题，20-城市 TSP 问题是 20 个城市的组合优化问题，10 000-城市 TSP 问题是 10 000 个城市的组合优化问题。再例如背包问题，也可由物品的种类数目 n 来反映问题的计算量：4-物品背包问题是 4 种物品的组合优化问题，20-物品背包问题是 20 种物品的组合优化问题，10 000-物品背包问题是 10 000 种物品的组合优化问题。

前面 9.2 节简单提到了算法复杂性的概念，在这里较为深入地讨论一下。算法复杂性一般包括时间复杂性和空间复杂性，本书仅讨论时间复杂性。时间复杂性是衡量算法计算工作量大小的一种方法，通常用算法在执行过程中各个步骤被执行的次数的总和来估计。为什么说估计？因为不同的算法步骤在执行过程中所消耗的时间可能是不同的，而这里将其看作是相同的，即忽略不同步骤在执行时间上的差异，只统计各步骤的执行次数总和。即使是执行次数总和，也无须统计得很精确，仅需统计出计算量的规模或量级即可。参见示例 11。

示例 11　请计算如图 9.10 所示算法的时间复杂性。

解： 参见图 9.10 的时间复杂性计算示意。当遇到条件循环时，无须精确计算，而只需归纳成 n 相关的次数即可。例如，图 9.10（a）中第（4）条语句是条件循环，精确次数不容易计算，但在估计时知道其最多不超过 n 次，因此可用 n 次来计算。第（5）～第（10）条语句由于是在循环内，故均执行了循环的次数，即最多 n 次。因此其总次数近似为 $5n$ 次。再看图 9.10（b），第（4）～第（7）条语句之间是循环结构，每次查找范围缩减 1/2，因此循环次数为 $\log_2 N$，其总次数近似为 $6\log_2 N$。

```
Start of the algorithm
(1) Input n                          1次
(2) Output n;  Output "=1"           1次
(3) I←2                              1次
(4) While n>=I do                    最多n次
(5)     If  n%I ==0 then               1次*n
(6)         Output "*";  Output I        1次*n
(7)         n ← n/I                    1次*n
(8)     Else                         1次*n
(9)         I←I+1                     1次*n
(10)    Endif
(11) Wend
(12) Return                          1次
End of the algorithm               ―――――――――――
                                     总次数≈4+n*5次
                                           ≈5n次
```

（a）算法复杂性计算示例1

```
Start of the algorithm
(1) Input A[ ]     //按降序输入                          1次
(2) Input N, K                                         1次
(3) Start←1, Finish←N                                  1次
(4) i←(Start+Finish)/2                                 1次*log2N
(5) If K==A[i] then                                    1次*log2N
      Output "此一组有序数中包含待查找的数"              1次*log2N
      goto (9)                                         1次*log2N
   Endif
(6) If K< A[i] then                                    1次*log2N
       Start←i+1
    Else
       Finish← i-1
    Endif
(7)  If Start<=Finish then goto (4)                    1次*log2N
(8)  Output "此一组有序数中不包含待查找的数"           1次
(9)  Return                                            1次
End of the algorithm                                 ―――――――――――
                                                       总次数≈5+6*log2N次
                                                             ≈6*log2N次
```

（b）算法复杂性计算示例2

图 9.10　算法的时间复杂性计算示意

时间复杂性通常都会被估计成问题规模 n 的函数，如示例 11 所示，即如果一个问题的规模是 n，解这一问题的某一算法所需要的时间为 $T(n)$，它是 n 的某一函数，则 $T(n)$称为这一算法的“时间复杂性”。在计算机科学中，时间复杂性通常用“大 O 记法”来表达，O 表示量级（Order），允许使用“=”代替“≈”。例如，图 9.10（a）的算法时间复杂性量级就是 $O(5n)$，图 9.10（b）的算法时间复杂性量级就是 $O(6\log_2 N)$。

我们来看如果问题规模是 n=20，则 $O(n^3)=20^3$=8 000 与 $O(3^n)=3^{20}$=3 486 784 401，$O(n!)$=20!=2.432*10^{18}。如果机器每秒计算一百万次，$O(n^3)$约需 0.008 秒，而 $O(3^n)$约需 58 分钟，$O(n!)$约需 7 万 7 千余年。随着 n 的增大，$O(3^n)$和 $O(n!)$的计算量增长太快。因此计算机科学家将时间复杂性分为多项式量级，如 $O(n^3)$和非多项式量级，如 $O(3^n)$或 $O(n!)$。前者称为“在有限时间内能完成”；后者在问题规模很小时可认为是“在有限时间内能完成”，而在问题规模很大时则被认为是“在有限时间内难于完成”。

再来看 TSP 问题的求解，问题规模即是城市的数目 n，满足约束条件的可行解空间即 n 个城市的所有组合形成的路径，其数目是$(n-1)!$，因此其时间复杂性为 $O(n!)$（注意这里是量级的概念，虽然相对精确的写法为 $O((n-1)!)$，但从量级上也可写为 $O(n!)$）。随着城市数目的不断增大，组合路径数将呈指数级数规律急剧增长，以致达到无法计算的地步，这就是所谓的“组合爆炸问题”。假设现在城市的数目增为 20 个，则组合路径数为$(20-1)!\approx 1.216\times 10^{17}$，如此庞大的组合数目，若机器以每秒检索 1 000 万条路径的速度计算，也需要花上 386 年的时间，而如果城市数目增加一个变为 21 个，则需要花上 7 700 余年。因此，对于大规模的 TSP 问题，遍历策略在时间上是不可接受的。据文献介绍，1998 年，科学家们成功地解决了美国 13 509 个城市之间的 TSP 问题，2001 年又解决了德国 15 112 个城市之间的 TSP 问题。但这一工程的代价也是巨大的，据报道，解决 15 112 个城市之间的 TSP 问题共使用了美国 Rice 大学和普林斯顿大学之间网络互联的、由速

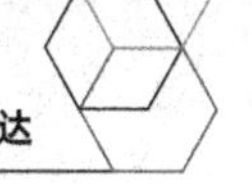

度为 500MHz 的 Compaq EV6 Alpha 处理器组成的 110 台计算机，所有计算机花费的时间之和为 22.6 年。

2. 精确解和近似解

对于如 TSP 问题、背包问题等这类组合优化问题，遍历算法可能是求解此类问题精确解的算法，即必须遍历所有的可能解，才能找出精确解——最优解。这就出现另一个概念——“计算复杂性”，计算复杂性是问题本身的复杂性，是求问题精确解的那个算法的复杂性。再比较一下：

算法复杂性是指求解问题的某一算法的复杂性。同一问题可以有不同的求解算法，不同的算法则有不同的复杂性。计算复杂性是指求解问题精确解的那一算法的复杂性。前者衡量一个具体算法的计算量的大小，后者衡量问题本身的计算量的大小。

如 TSP 问题、背包问题等，其遍历算法是求精确解的算法，因此其遍历算法的复杂性代表了 TSP 问题、背包问题的计算复杂性。

同样，按照计算复杂性可将问题分为多项式量级，如 $O(n^3)$和非多项式量级，如 $O(3^n)$或 $O(n!)$的问题。前者称为“在有限时间内可求解的问题”；后者在问题规模很小时可认为是“在有限时间内能求解”，而在问题规模很大时则被认为是“在有限时间内难于求解的问题”，简单地看作是难解性问题。

对于这类难解的问题，有无其他快速的办法来求解呢？这就涉及求解算法的策略选择问题。由于组合优化问题会产生组合爆炸，遍历算法对大规模的组合优化问题在时间上是不可行的，因此，寻找切实可行的简化求解方法就成为问题的关键，这意味着设计某些方法，这些方法在时间上是可行的，但所获得的解并不一定是最优的，可以是较优的，或者说在某些情况下已经“足够优”即可。对于这类组合优化问题，在可接受的时间内获得足够好的可行解更有现实意义。目前已出现很多的算法设计策略，如分治法、贪心算法、动态规划、分支定界、启发式算法、元启发式算法等，为一系列科学问题的求解提供了思想、方法和工具。限于篇幅，这里不对每种算法策略进行讲解，只介绍一种贪心策略，其他的算法设计策略请读者参阅算法方面的相关书籍和课程自学之。

9.3.3　用贪心策略求解 TSP 问题与背包问题

贪心策略（Greedy）是一种问题求解的策略，或者说是一种算法设计的策略。其基本思想可以用一句话来概括，就是“今朝有酒今朝醉”，一定要做当前情况下的最好选择，否则将来可能会后悔，故名“贪心”，它是一种局部优化的求解策略。下面以 TSP 问题和背包问题的求解来理解贪心策略。

1. 贪心策略求解 TSP 问题

从某一个城市开始，每次选择一个城市，直到所有城市都被选完（都旅行过）。每次在选择下一个城市时，只考虑当前情况下的最好选择，保证迄今为止经过的路径总距离最短，即该城市在其所有能到达的城市中选择距离最短的那个城市作为下一个城市。

如图 9.11 所示。首先从 *A* 开始，在选择下一个城市时，比较由 *A* 至 *B*、*C*、*D* 的距离后发现至 *B* 的距离最短，故选择 *B*；由 *B* 开始再选择下一个城市时，比较由 *B* 至 *C*、

D 的距离后发现距离相等，此时我们可任选一城市，如 *D*，否则仍旧是选择距 *B* 最短距离的城市；再由 *D* 选择下一个城市时，将会选择 *C*，最后回到 *A*，则将获得解 *ABDCA*，其总距离为 14。解 *ABDCA* 并不是最优解，但却是一个可行解。比较可行解与最优解的差距，可评价一个算法的优劣。

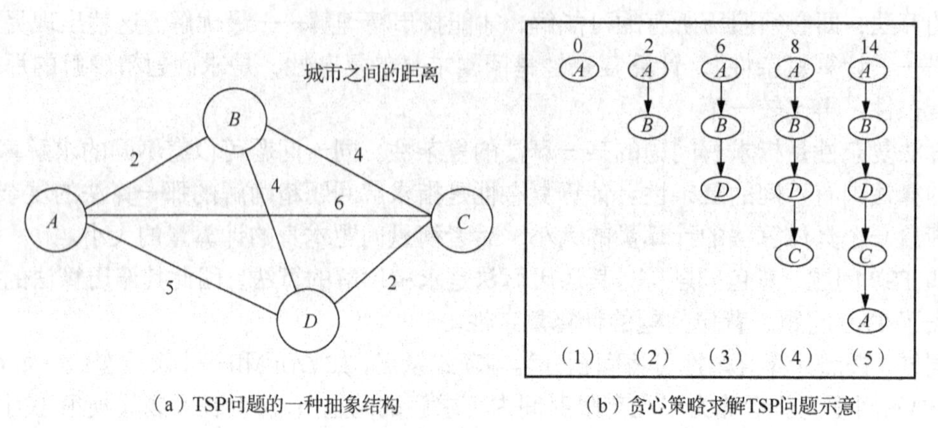

（a）TSP问题的一种抽象结构　（b）贪心策略求解TSP问题示意

图 9.11　贪心策略求解 4-城市 TSP 问题

2. 贪心策略求解 0-1 背包问题

每次选择一件物品放入背包，直到背包再也装不了任何物品为止。每次在选择下一件物品时，只考虑当前情况下的最好选择，保证迄今为止的选择是最优的。此时可有不同的“最好/最优”度量准则。例如：

最优度量准则 1——重量小的物品优先。将所有物品按照重量递增的顺序排序，每次选重量最小的放入背包。这个最优度量准则显然无法得到整体最优解，因为重量小的物品并不一定价值高。最优解与价值、重量这两个维度产生关系，而这个最优度量准则仅考虑了一个维度，因此这样选择并不能得到整体最优解。

如图 9.12 所示，按最优度量准则 1，可依次选出 X_5，X_2，X_3，X_1。累积总重量 8kg，价值 15 元。

最优度量准则 2——价值高的物品优先。这种选法也无法达到整体最优解，理由同上。

如图 9.12 所示，按最优度量准则 2，可依次选出 X_1，X_4。累积总重量 16kg，价值 14 元。

最优度量准则 3——性价比高的物品优先。首先计算所有物品的性价比（价值和重量的比值），每次优先将性价比高的物品放入背包。

如图 9.12 所示，按最优度量准则 3，可依次选出 X_1，X_2，X_3，X_5。累积总重量 8kg，价值 15 元。

最优度量准则的选择有多种方式，并不是所有的最优度量准则都能导致整体最优解。若根本找不到最优度量准则，就需要采用其他算法策略来求解了。

特别要注意的是，基于贪心策略设计的问题求解算法是一种局部最优的算法，一系列局部最优，并不一定能得出全局最优。因此基于贪心策略设计的问题求解算法总体上只是一种求近似最优解的算法，并不一定总能求出问题的最优解或精确解。

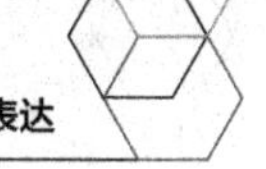

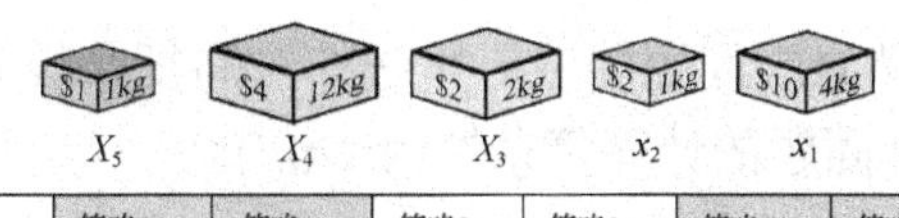

物品选择次序	策略1：重量小的物品优先	策略1：被选中的重量和价值	策略2：价值高的物品优先	策略2：被选中的重量和价值	策略3：性价比高的物品优先	策略3：被选中的重量和价值
第1次	X_5	1，1	X_1	4，10	X_1	4，10
第2次	X_2	2，3	X_4	16，14	X_2	5，12
第3次	X_3	4，5			X_3	7，14
第4次	X_1	8，15			X_5	8，15
最终结果	$X_5X_4X_3X_2X_1$ =10111	8，15	$X_5X_4X_3X_2X_1$ =01001	16，14	$X_5X_4X_3X_2X_1$ =10111	8，15

（a）背包问题示意　　　　（b）不同贪心策略求解背包问题示意

图 9.12　不同最优度量准则的贪心策略求解过程示意

*9.4　习与练：算法表达

9.4.1　TSP 问题求解的算法表达

算法的实现：程序设计

前面学习了遍历策略和贪心策略求解 TSP 问题，进一步能否将其求解算法表达出来呢？作为示例，以程序流程图的形式表达这两个算法。作为练习，读者可以自己以类自然语言表达法或伪代码表示法来表达这两个算法。图 9.13 给出了遍历求解 TSP 问题算法流程图。

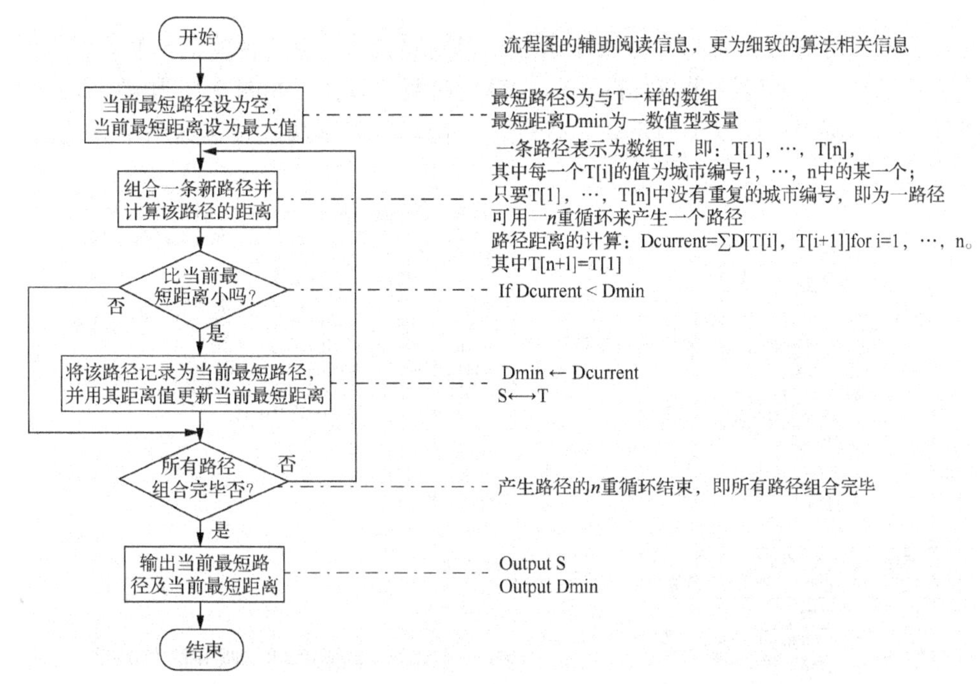

图 9.13　求解 TSP 问题的遍历算法流程图及其辅助阅读信息

图 9.14 给出了求解 TSP 问题的贪心算法流程图。

由图 9.13 和图 9.14 可知：

求解 TSP 问题的贪心算法的时间复杂性为 $O(n^3)$；

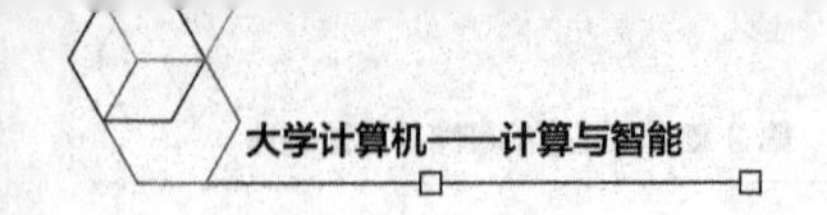

求解 TSP 问题的遍历算法的时间复杂性为 $O(n!)$；
TSP 问题的计算复杂性为 $O(n!)$。

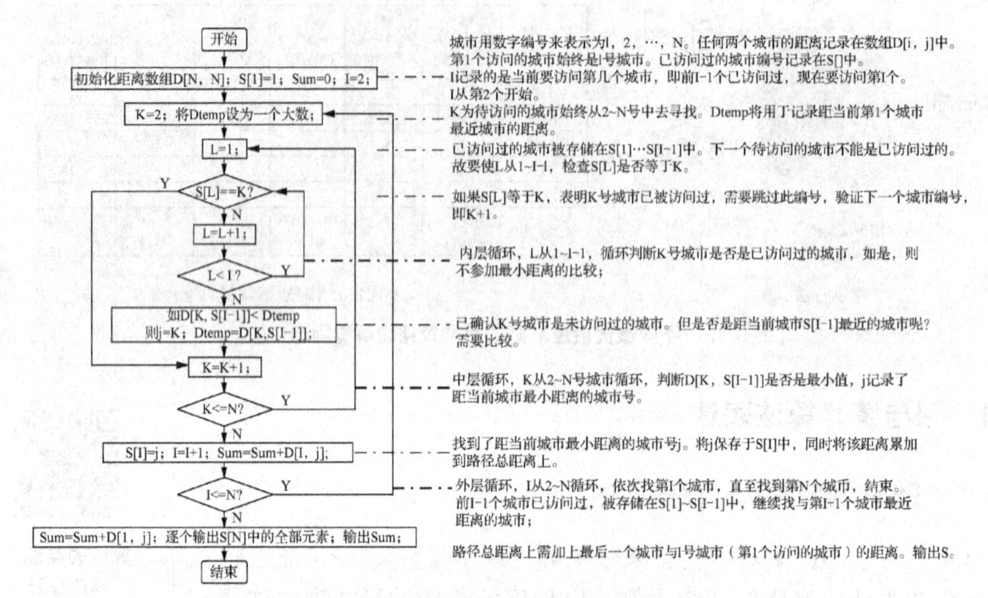

图 9.14　求解 TSP 问题的贪心算法流程图及其辅助阅读信息

9.4.2　背包问题求解的算法表达

前面学习了用遍历策略和贪心策略求解背包问题，进一步能否将其求解算法表达出来呢？作为示例，此处以程序流程图的形式表达这两个算法，如图 9.15 和图 9.16 所示。作为练习，读者可以自己以类自然语言表达法或伪代码表示法来表达这两个算法。

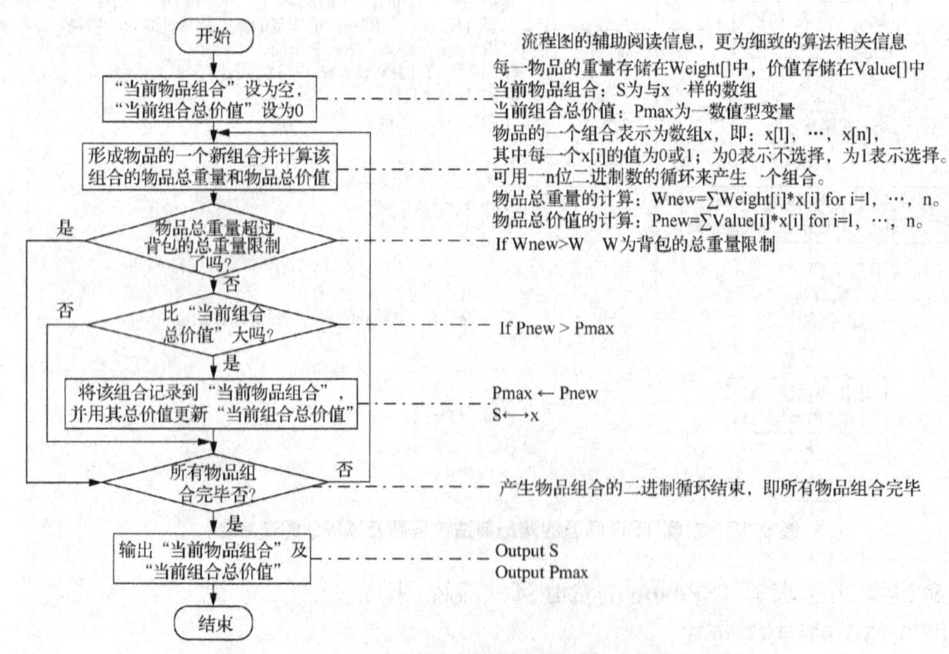

图 9.15　求解背包问题的遍历算法流程图及其辅助阅读信息

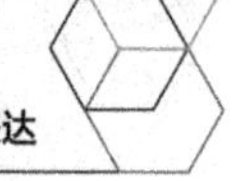

图 9.15 给出了遍历求解背包问题算法流程图，左侧的流程图中给出了遍历策略求解背包问题的算法流程，右侧给出了比算法流程更细致的一些表述，也即对左侧流程图中的功能的具体实现方式。例如，如何判断“所有物品组合完毕”？这个循环应怎样进行？图中说明可以使用一个 n 位的二进制数循环来产生。例如，8 个物品，使用 For J=0　to 255 Step 1 这样一个循环，即可产生 8 个物品的所有组合，从 00000000～11111111，一个数值表示一种组合，每一位表示一个物品的选择与未选。再例如，怎样计算物品的总重量或总价值？物品总重量的计算：Wnew = Σ Weight[i]*x[i]　for i=1,…,n。物品总价值的计算：Pnew = Σ Value[i]*x[i]　for i=1,…,n。其中 x[i]的值为 J 的第 i 位的值，Weight[i]、Value[i]为存放每一物品的重量和价值的数组。

再看图 9.16。为理解该算法流程图，首先需要理解算法中涉及的各个变量的含义。

物品用数字编号 1，2，…，N 来表示。每一物品的重量存储在 Weight[]中，价值存储在 Value[]中，W 为背包的重量限制。初始情况背包中物品重量为 0，价值为 0，x[]的初始值为全 0，表示背包中一个物品都没有。为简化表示，将图 9.16（b）的功能归纳出用自然语言表达的功能“从 1 号到 N 号物品的未被选中物品中选出重量最小者，假设其编号记为 j”放在左侧的流程图中。这其实也是流程图绘制的方法，复杂的流程图可以用自然语言归纳出其功能放在流程图中，待绘制完左侧的流程图，再来将自然语言归纳的功能进一步用更细致的右侧的流程图来实现。理解了这些变量的含义，左侧的流程图便不难理解了。读者可以自己阅读一下。

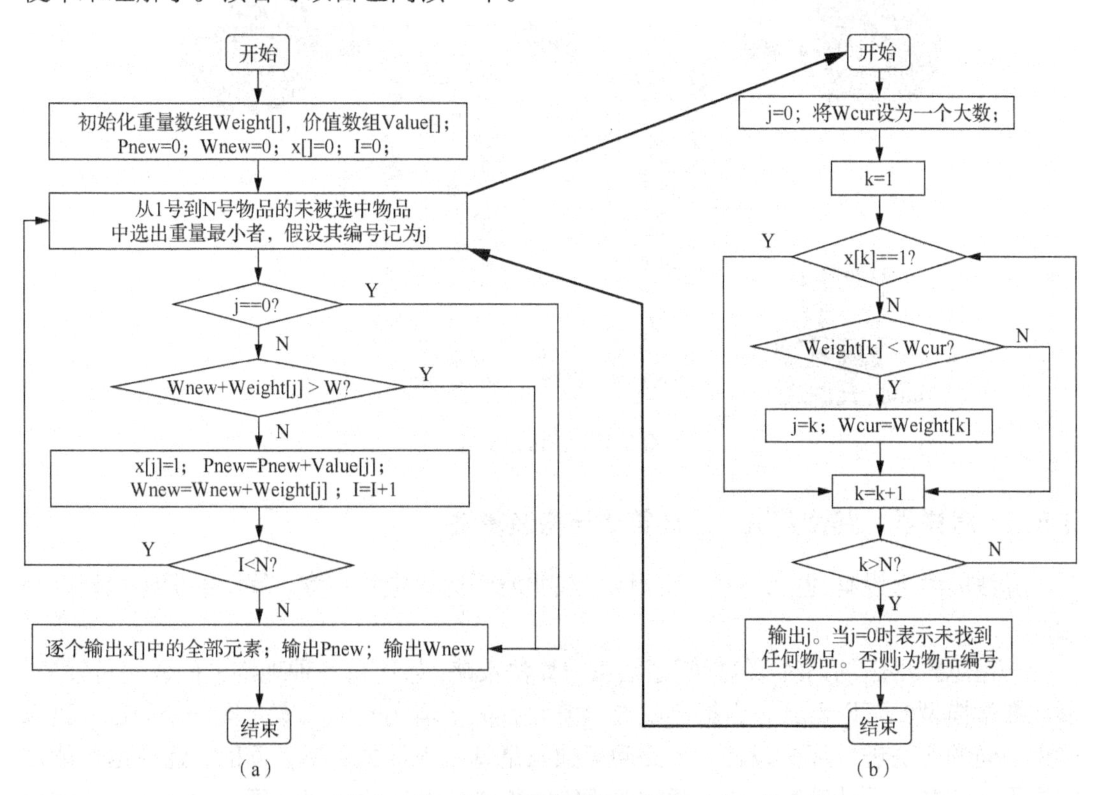

图 9.16　求解背包问题的贪心算法流程图（重量小物品优先策略）

再看图 9.16（b），它是实现“从 1 号到 N 号物品的未被选中物品中选出重量最小者，

假设其编号记为 j"。其中，k 从 1 号物品到 N 号物品，x[k]==1 的菱形框是判断 k 是否是已被选中的物品，如是已被选中的，则跳过不考虑它。Weight[k]<Wcur 用于寻找是否是重量最小的物品，如果找到，则将其编号赋值给 j，否则 j 为 0 表示已没有物品可供选择了。因此，图 9.16（a）图中"j==0？"的菱形框表示没有物品可选择了，则算法输出并结束。

图 9.16 采用的是重量小物品优先策略，也可采用价值高物品优先策略或性价比高物品优先策略，此时只要简单修改右侧的流程图及其对应的左侧流程图的相应功能即可实现。读者可自行修改以作为练习。

9.5 为什么要学习和怎样学习本章内容

9.5.1 为什么：所有的计算问题都体现为算法

算法被誉为计算系统之灵魂，问题求解的关键是设计算法，设计可实现的算法，设计可在有限时间与空间内执行的算法，设计尽可能快速的算法。所有的计算问题最终都体现为算法。"是否会编程序"本质上讲首先是"能否想出求解问题的算法"，其次才是将算法用计算机可以识别的计算机语言书写出程序。图 9.17 给出了算法的作用示意图。因此，算法是学习计算机必须掌握的内容。

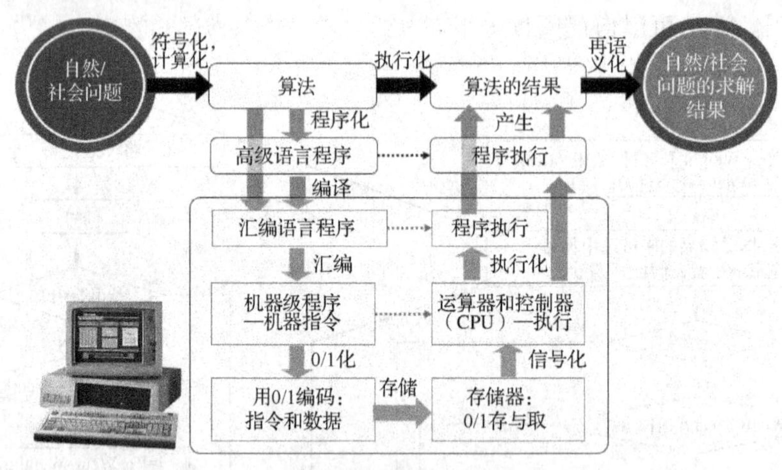

图 9.17 算法的作用

9.5.2 怎样学：阅读算法、表达算法与构造算法

算法的学习没有捷径，只有不断地训练才能到达一定的高度。算法的训练包括两个层面。

一是思维层面的训练，包括问题抽象与算法策略。如何将各种现实的问题进行抽象，形成数学模型？可以看到，当抽象成数学模型后很多现实问题其实是同一个问题，可以采用相同的方法进行算法设计，因此问题抽象是算法设计的关键。同时，还应尽可能地掌握不同的算法设计策略，如本章的遍历策略和贪心策略等，理解算法设计的本质尤为重要。这需要不断地训练才能有显著的提高。

二是表达层面的训练，应注意训练自己表达算法的能力，即熟练掌握用算法流程图、类自然语言表示法、伪代码表示法来表达算法。理解了算法的思想，还需能够正确地表达算法，这样才有可能将其转换为程序，转换为系统。即使将来不做程序员，但也需要提高自己的算法表达能力，因为它是业务人员和程序员交流的重要工具。

本章采取了一种渐进式的学习方法，即首先理解问题的抽象，以两类问题为例，即 9.1 节。其次，介绍了算法的 3 种表达方法，先学习简单的算法表达，即 9.2 节。然后针对这两类问题介绍了两种算法设计策略（遍历策略和贪心策略），理解算法设计的思想，属思维层面，即 9.3 节。这 3 节内容应该不是很难理解，但需要读者仔细阅读教材。在 9.4 节，给出了用两类算法设计策略求解两类问题的算法的表达，这一节相对较难，将思维表达成算法并不是件容易的事，即使对这种思维有了很好的理解。因此希望读者先仔细阅读这些算法，能够读懂这些算法。在此基础上，再试着表达这些算法，最后试着针对新问题来构造算法。这样循序渐进，算法能力才会不断提高。

第10章 人工智能及其应用

Chapter10

本章摘要

当今时代信息化已经从数字化、网络化阶段进阶到智能化阶段，人工智能技术迅猛发展并应用到社会的各个方面。我国已将发展人工智能上升为国家战略。人工智能的核心是利用各种有效的计算模型，通过数据计算使机器发挥智能功用。本章主要通过介绍人工神经网络计算模型在数据分析、图像识别和自然语言处理等方面的应用，引导读者理解什么是人工智能，体验智能化思维——这也是典型的计算思维。

10.1 人工智能概述

10.1.1 智能的本源

人工智能指人造物（物理的和逻辑的）所表现出的智能行为，包括感知、学习、推理、交流等行为，以及与其他智能体互动的行为。本质上看，这些行为通常是计算机根据某些数学模型通过对一定数据的计算产生的对环境的自适应行为。

提起智能，大家可能首先想到的是其神秘、复杂的一面，很少思考其根本、简单的一面。事实上，智能的本源可以追溯到人脑细胞的兴奋与抑制。人的大脑中脑细胞数量粗略估计有百亿～千亿的量级；每一个脑细胞可以通过神经突触连接另外数百到数千个脑细胞，从而构成一个巨大的脑神经网络，如图 10.1 所示。图 10.1（a）是脑神经元示意图，树突部分是神经元的输入端，捕捉接收其他神经元传递来的信号；轴突是输出端，轴突的突触把经过细胞体处理的信号传递给别的神经元。这个巨大的网络包括许多子网络，这些大大小小的子网络记忆存储着一个人一生学习到的点点滴滴的知识；这些知识互相连接构成意识、情感，进而形成更复杂的知识系统和观念。

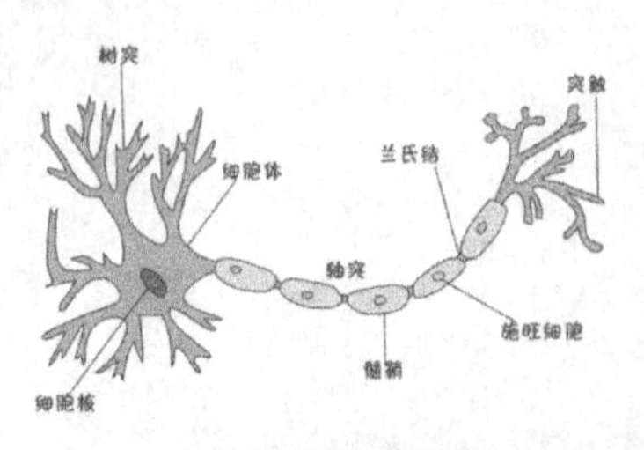

（a）脑神经元示意图

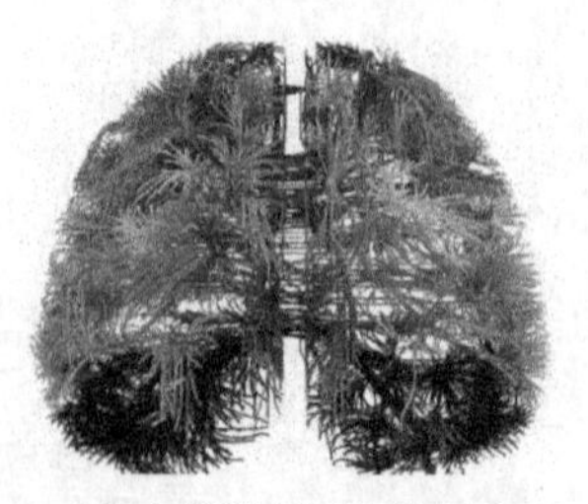

（b）脑神经网络想象图

图 10.1 脑神经元与脑神经网络

作为一套机电设备，计算机为什么可以产生智能？这或许可以追溯到计算机的运算器可以进行算术运算和逻辑运算。有了逻辑运算，就可以实现诸如“if X then Y else Z”之类的逻辑判断，这些朴素的智能还可以组合成更复杂一些的智能。早期的辅助决策、自动诊断等智能系统就是由许多“if … then …”组成的，这就是计算机智能的本源。

10.1.2 人工神经网络

计算机采用“if … then …”形式产生的智能，在实际应用中有很大局限性。后来人们从人脑神经网络（Biological Neural Network，BNN）中受到启发，研究出模仿人脑工作模式的计算模型：人工神经网络（Artificial Neural Network，ANN）。

人工神经网络是在对人脑神经网络进行简化和抽象的基础上建立的数学模型，通常简称为神经网络。人工神经网络模型的基本结构是：一定数量的节点（或称神经元）构成若干个层；通常有一个输入层，一个或多个隐含层，一个输出层（见图 10.2（b））；层之间的节点相互连接（称为全连接）。这些连接之间都具有连接信号加权值，又称为权重。其基本计算方法为：每个节点接收到的多个输入值，与其相对应的加权值两两相乘再相加，得到一个输出值，传递给下一层节点，最后通过输出层给出网络计算的结果。

人工神经网络中这组权重值很关键，它们组合起来就相当于一个人工神经网络对某种知识的记忆。这组权重值往往要采用一定的机制，经过多次训练才能得到。

图 10.2（a）所示的是一个人工神经元，它接收 x_1，x_2，…，x_n 等 n 个输入值，与相应的权重值 w_1，w_2，…，w_n 两两相乘后再相加（b 是一个偏移量，根据具体问题设置，此处暂时不考虑）作为该神经元的输出 y：

$$y = f(x_1 w_1 + x_2 w_2 + \cdots + x_n w_n) = f(\sum_{i=1}^{n} x_i w_i) \tag{10.1}$$

用于分类的神经网络，其输出层节点会设置一个激励函数，将网络运算的连续值转换为离散值，从而达到分类的目的。

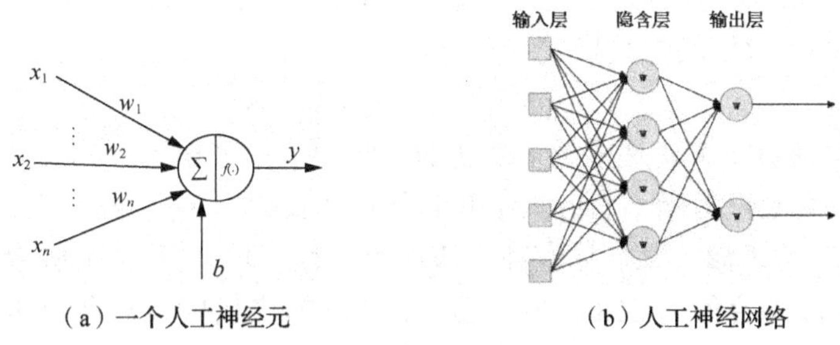

（a）一个人工神经元　　（b）人工神经网络

图 10.2 人工神经元与神经网络

人工神经网络通过一系列运算得到最终输出结果。输出结果可以是对某种物品的识别，或是对某种状态（如病症）的判断。如果输出正确，就把当前这组权重值 w_i 存储下来；否则，利用优化方法修改网络中每个 w_i 的值，直到得到正确的输出。这个过程往往要经过对多组带有分类标签的输入数据多次迭代运算，不断与标签比较，反复修改 w_i 的值才可以完成。迭代运算的过程称为机器学习，或对神经网络的训练。

经过学习训练的人工神经网络就具备了一定的智能——当输入一组不带标签的未

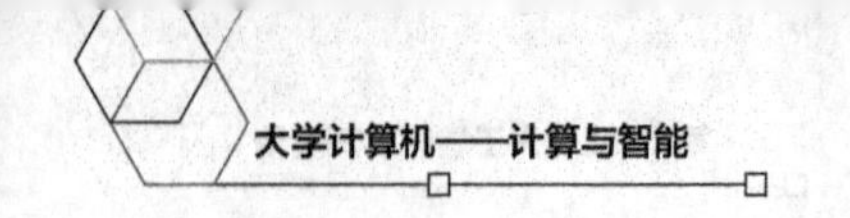

知数据时，就可以通过上述经过学习训练的人工神经网络的计算，得到一个正确的识别或判断结果。

这个过程跟孩子的认知过程是非常相似的。例如，如果孩子把桃子说成苹果，妈妈就会做出纠正，孩子则会在大脑中修正两种水果的特征区别，并记忆下来，下次再见到类似的水果，就可以正确认知。因此，机器学习的过程跟人类认知客观世界的过程是相似的。

10.2 机器学习：ANN 及病症诊断

10.2.1 搭建人工神经网络

前面提到孩子认识日常事物，其本质是在大脑中对物品的分类。分类是智能行为最典型的表现形式。譬如一张人脸图片，被识别为张三或李四，就是对图片的分类；根据若干项医学检查指标判断某种疾病是否存在或对病程的界定也是分类；可以说客观现实中对人、物、现象的分类无处不在。一个医生是“良医”还是“庸医”，可以看这个医生能否对病症做出正确分类。

下面就以某疾病的诊断为例，介绍如何搭建一个具体的人工神经网络实现自动分类。

背景知识：一种病症的确定可能需要参考多项医学检查指标。检查结果有两种描述方式，一种是定量检查结果，就是有具体数值的结果；另一种是定性检查结果，就是以阴性、阳性描述的结果。假设本例中某病症的诊断要参考 3 项检查指标，譬如某种蛋白、酶或离子（铁、钙、锰），我们标识为指标 A、指标 B 和指标 C，其结果都是定量表示的。3 项检查指标对于某病确诊的贡献率是不同的，医生根据生理学、病理学、诊断学等医学知识和大量临床经验，分别核定为 60%、30%和 10%。根据这个方法，可以得到一个计算诊断综合值的公式：

$$诊断综合值 = 指标\ A\times60\% + 指标\ B\times30\% + 指标\ C\times10\% \qquad (10.2)$$

参考式（10.1），写出其代数形式为：

$$y = x_1 \times w_1 + x_2 \times w_2 + x_3 \times w_3 \qquad (10.3)$$

式（10.2）、式（10.3）就是诊断某疾病的数学模型。根据这一模型，某疾病确诊的因素包括 6 个：3 项检查指标 x_1、x_2、x_3 和 3 个加权值 w_1、w_2、w_3。当诊断综合值高于某阈值，譬如 86，可确诊为某病症存在。假设有就诊者甲，其 3 项检查指标值分别为 90、80、70，其诊断综合值为 85.0；另有乙，其 3 项检查指标值分别为 98、78、69，其诊断综合值为 89.1，则诊断乙需要接受治疗。但通常医生做出诊断时，并不一一向就诊者详细解释诊断的依据和方法，也就是说，就诊者可以看到自己的 3 项检查结果，但并不清楚 3 个权值。只是发现有的就诊者某项检查指标较高却不需要治疗，而有的就诊者某些检查指标并不太高却需要接受治疗。如何了解该疾病诊断的模型呢？如果只有少数几个病例，是不容易发现其中规律的，如果有较多病例数据，就可以利用人工神经网络通过机器学习，找出上述 3 个权值，从而发现和掌握该疾病的诊断模型；进而通过激活函数将模型计算结果输出为“0”或“1”两个值：“0”代表“无须治疗”的一类就诊者，“1”代表“需要治疗”的另一类就诊者。从而实现了对就诊者的分类。当有经过大量被

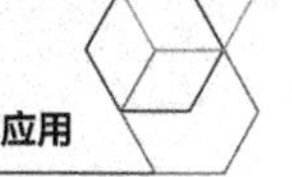

验证正确的病例数据之后时，网络便形成3个正确的权值，得到了这组正确的权值后，再接收到新的病例时，就能做到正确分类。

实现上述功能的神经网络结构，包括1个输入层、2个隐含层，以及1个输出层，如图10.3所示。为与程序代码形式一致，下文中 x_1、x_2 和 w_1、w_2 等参数均写为 *x*1、*x*2 和 *w*1、*w*2。

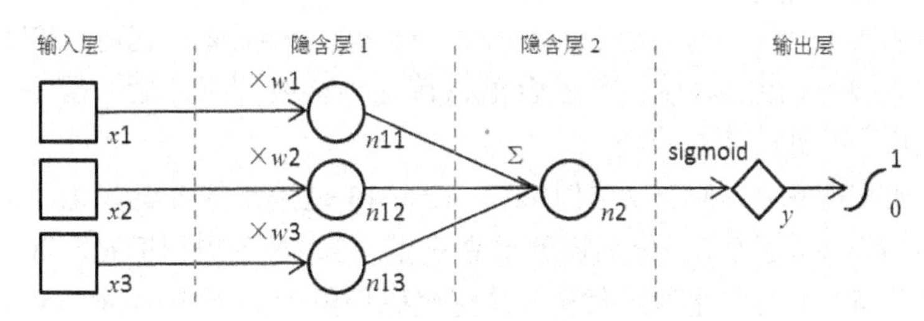

图10.3 某疾病诊断神经网络模型

输入层是描述输入数据形态的，用方块表示。一个方块称为一个输入节点，表示一条输入数据中的一个数。可以把一条输入数据理解为一个向量，用字母 **x** 表示，多个节点则为这个向量的分量，用 *x*1，*x*2，…，*xn* 表示。

隐含层用来抽象和表示一条输入数据的特征，是神经网络结构中非常重要的组成部分，用圆圈表示。可以有一个或多个隐含层，每一隐含层可有一个或多个节点，称为隐含节点，或神经元节点，或简称为节点。每一个节点都接收上一层传来的数据并进行一定的运算后向下一层输出数据。

神经网络结构的最后一层是输出层，可包含一个或多个输出节点，用菱形表示。输出节点代表着整个神经网络计算的最终结果。输出层节点用 *y* 表示。本书约定每个节点的右下方标记节点名称；左上方标记该节点所做的计算。如图10.3中，*x*1、*x*2、*x*3、*n*11、*n*12、*n*13、*n*2 和 *y* 都表示节点名称；而×*w*1、×*w*2、×*w*3 和 Σ 则表示节点所做的运算。

我们观察图10.3的网络结构，输入层节点 *x*1、*x*2、*x*3 分别代表3项检查指标——指标A、指标B和指标C的值。本例设计2个隐含层，第一个隐含层包括3个节点——*n*11、*n*12、*n*13，分别对来自输入层的3个指标值进行处理，处理的方法是3个输入值 *x*1、*x*2、*x*3 分别乘以3个权重值 *w*1、*w*2、*w*3，即：

$n11 = x1 \times w1$

$n12 = x2 \times w2$

$n13 = x3 \times w3$

第二个隐含层有1个节点 *n*2，该节点所做的运算操作是把来自隐含层 *n*11、*n*12、*n*13 的3个值进行连加求和。

上述神经网络部分运行过程可用伪程序代码10.1表示：

```
# 代码10.1
# 输入层：为输入节点赋值
x1 = 指标A的值
x2 = 指标B的值
x3 = 指标C的值
# 隐含层1：初始化3个权重值，然后进行n11、n12、n13节点的运算操作
w1 = 权值1初值
```

```
w2 = 权值2初值
w3 = 权值3初值
n11 = x1 * w1
n12 = x2 * w2
n13 = x3 * w3
# 隐含层2：节点n2进行Σ操作
n2 = n11 + n12 + n13
```

在这段代码中，只要为输入节点 *x*1、*x*2、*x*3 输入一组值，就可以在第二隐含层节点 ***n*2** 得到一个诊断综合值。该诊断综合值将传递给神经网络最后一层——输出层，在输出层被离散化后实现最终的分类。

在这部分神经网络中，3 个权重值 *w*1、*w*2、*w*3 是问题的关键。为了叙述方便，我们为 3 个权重值都赋初值 0.1。分别将就诊者甲的 3 项检查指标值 90、80、70 和乙的 3 项指标值 98、78、69 代入上述程序代码，并将代码调整为基于 Tensorflow 框架的 Python 程序代码，两次运行结果如图 10.4（a）和图 10.4（b）所示。

```
[array(90.0, dtype=float32), array(80.0, dtype=float32), array(70.0, dtype=float32),
 0.1, 0.1, 0.1, 24.0]
```

（a）

```
[array(98.0, dtype=float32), array(78.0, dtype=float32), array(69.0, dtype=float32),
 0.1, 0.1, 0.1, 24.5]
```

（b）

图 10.4　某疾病诊断神经网络代码运行结果

在 Python 中，一个数组类型的变量是用逗号分隔数组的各个数值。图 10.4（a）中第一行的 3 个数值 90.0、80.0、70.0 分别代表赋给 *x*1、*x*2、*x*3 的 3 个输入值，dtype=float32 表示 3 个值的类型均为 32 位浮点型（关于数据类型请参考 Python 语言资料）；第二行的 0.1、0.1、0.1 分别代表为 *w*1、*w*2、*w*3 设置的 3 个初始权值，24.0 则为节点 ***n*2** 的值。不难验算：24=90×0.1+80×0.1+70×0.1，与式 10.2 表示的模型是吻合的。

观察图 10.4（b）也可以得到同样结论：24.5=98×0.1+78×0.1+69×0.1。这说明我们搭建的神经网络运行结果是正确的，但离得到正确的诊断值 85 和 89.1 却还存在着较大差异。不难理解，这是因为 *w*1、*w*2、*w*3 只是我们人为赋予的权重初始值，而不是根据大量的病例诊断结果，通过学习和训练得到的正确的权重值，怎么学习和训练呢？

10.2.2　神经网络训练：回归模型

上面的神经网络虽可以“正确”运行，但并不能为实现正确分类提供有价值的依据——正确的诊断综合值，原因在于我们为 *w*1、*w*2、*w*3 预设的 3 个权值 0.1、0.1、0.1 并不是正确权值；更重要的是，从代码中可以看出，这个神经网络并没有修正 3 个权值向正确方向趋近的机制，而这样的机制才是神经网络智能的体现。如何让神经网络具有修正权值的机制，也就是使神经网络体现出智能呢？通过更多的样本数据对神经网络进行训练，在反复训练的过程中不断修正权值，直至输出的值非常接近我们允许的程度。这个训练过程也就是机器学习的过程，参见图 10.5。训练和学习结果称为回归模型，而回归模型是实现病症分类的基础。

神经网络的训练过程包含以下 5 个步骤。

（1）输入数据：输入一位就诊者的检查数据，为向量 ***x***（的每个分量 *x*1、*x*2、*x*3）赋值。

（2）计算结果：将步骤（1）输入的数据与当前的一组权值两两相乘再相加，得出 *n*2 值。

（3）比较误差：计算步骤（2）得到的 *n*2 值与预期目标值（又称标签值）*Target* 的误差 *loss*，*loss* = | n2−*Target* |。

（4）调整权值：根据步骤（3）所得的 loss 值的大小，使用特定的优化算法，相应修改神经网络中的权值。

（5）再次训练：回到步骤（1），重复上述步骤再次训练，直至误差 loss 值小于我们要求的理想值。结束网络训练。

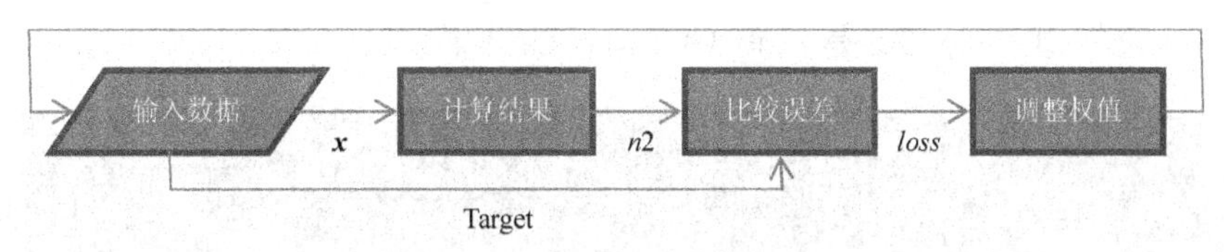

图 10.5　神经网络训练过程

上节的代码 10.1 实现了训练步骤中的（1）和（2），在此基础上实现剩余步骤的伪程序代码见代码 10.2。

```
# 代码10.2
# 输入层：为输入节点赋值
x1 = 指标A的值
x2 = 指标B的值
x3 = 指标C的值
Target=训练样本的目标值      #根据模型（1）由专家给出的值
# 隐含层1：初始化3个权重值，然后进行n11、n12、n13节点的运算操作
w1 = 权值1初值
w2 = 权值2初值
w3 = 权值3初值
n11 = x1 * w1
n12 = x2 * w2
n13 = x3 * w3
%% 隐含层2：节点n2进行Σ操作
n2 = n11 + n12 + n13
loss = abs(n2-Target)          #误差loss为| n2-Target |
#利用TensorFlowr的优化算子RMSPropOptimizer定义优化器 optimizer实现权值修正
optimizer = tf.train.RMSPropOptimizer(0.001)    #参数0.001为学习率
train = optimizer.minimize(loss)
print([train,x1,x2,x3,w1,w2,w3,n2,Target,loss])
```

与代码 10.1 相比，代码 10.2 增加了几行黑体字部分代码。其作用分别解释如下。

```
Target=训练样本的目标值
```

在为输入节点 *x*1、*x*2、*x*3 输入值之后，接着把该组值所对应的经专家确认为正确的诊断综合值赋给变量 Target。譬如，对于 *x*1、*x*2、*x*3 的一组值 90、80、70，则有 Target = 85。

```
loss = abs(n2-Target)
```

计算输出值与目标值的误差，*n*2 与 Target 的差值可正可负，loss 取其绝对值。

```
optimizer = tf.train.RMSPropOptimizer(0.001)    #参数0.001为学习率
```

optimizer 是程序定义的一个优化器，用来调节和修正神经网络中的一组权值。优化器可由多种方法生成，本例是通过机器学习框架 TensorFlow 中的 RMSPropOptimizer 函数实现的。该函数的参数 0.001 为学习率，可理解为优化器每轮训练中调节权值的幅度。关于优化器的工作原理和方法此处不展开介绍，有兴趣的同学可进一步参考机器学习方面的其他资料。

```
train = optimizer.minimize(loss)
```

train 是程序定义的训练对象，训练对象指定优化器以何种方式来训练神经网络。不难理解，本例是要求优化器按 loss 最小化方向来调节权值参数的。

按照代码 10.2 所定义的神经网络与上节相比有了质的改变：执行代码 10.1 只能是“运行”一次计算而已；而代码 10.2 的每次运行都是一次“训练”：程序可在优化器的作用下，逐步修正权值。图 10.6 是代码 10.2 运行的结果。

```
[None, array(90.0, dtype=float32), array(80.0, dtype=float32), array(70.0, dtype=float32),
 0.13160522, 0.13160056, 0.13159378, 24.0, array(85.0, dtype=float32), 61.0]
[None, array(98.0, dtype=float32), array(78.0, dtype=float32), array(69.0, dtype=float32),
 0.15544245, 0.15425727, 0.15436828, 32.242126, array(89.0999984741211, dtype=float32),
 56.857872]
```

图 10.6　增加优化器后神经网络的训练结果

我们看到程序第一次运行第一组数据就改写了权值 *w*1、*w*2、*w*3 的值为 0.13160522、0.13160056、0.13159378，*loss*=|24−85|=61；第二组数据训练中修改了权值为 0.15544245、0.15425727、0.15436828，*loss*=|32.242126−89.0999984741211|=56.857872。

图 10.7 是对同样两组数据连做两轮训练的情形，可见第二轮训练后，不论是 3 个权值还是 *loss* 值的变化都有良性改变。尤其是 *loss* 值的变化，分别从第一轮的 61、56.857872 下降为 47.863819 和 46.51458，收敛还是比较迅速的。

```
[None, array(90.0, dtype=float32), array(80.0, dtype=float32), array(70.0, dtype=float32),
 0.13160522, 0.13160056, 0.13159378, 24.0, array(85.0, dtype=float32), 61.0]
[None, array(98.0, dtype=float32), array(78.0, dtype=float32), array(69.0, dtype=float32),
 0.15544245, 0.15425727, 0.15436828, 32.242126, array(89.0999984741211, dtype=float32),
 56.857872]
[None, array(90.0, dtype=float32), array(80.0, dtype=float32), array(70.0, dtype=float32),
 0.17408279, 0.17362206, 0.17366353, 37.136181, array(85.0, dtype=float32), 47.863819]
[None, array(98.0, dtype=float32), array(78.0, dtype=float32), array(69.0, dtype=float32),
 0.1918032, 0.19046584, 0.19059581, 42.585419, array(89.0999984741211, dtype=float32),
 46.51458]
```

图 10.7　同样 2 组数据连续做 2 轮训练的结果

增加训练次数到 4 000 轮，第 4 000 轮训练结果见图 10.8。可见网络为两组训练数据计算出的 *y* 值分别为 85.44031 和 89.103271；两个 *loss* 值分别下降为 0.44403076 和 0.00327301，都已经比较接近目标值了；但 3 个权值中除了 *w*1 比较接近 0.6，*w*2 和 *w*3

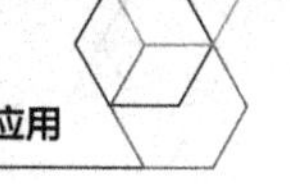

的训练结果与 0.3 和 0.1 相比还有较大误差，甚至两者的大小还是倒置的。这是因为训练数据太少。

```
[None, array(90.0, dtype=float32), array(80.0, dtype=float32), array(70.0, dtype=float32),
 0.57007682, 0.20927906, 0.24510118, 85.444031, array(85.0, dtype=float32), 0.44403076]
[None, array(98.0, dtype=float32), array(78.0, dtype=float32), array(69.0, dtype=float32),
 0.56903756, 0.20829114, 0.24410802, 89.103271, array(89.099998474121l, dtype=float32), 0.00327301
```

图 10.8 同样 2 组数据连续做 4 000 轮训练的结果

我们在现有的 2 组数据基础上再增加 2 组数据，对这 4 组数据进行 4 000 轮训练。第 4 000 轮训练结果见图 10.9。观察结果可知，4 组数据对应权值的训练结果已经比较接近 0.6、0.3、0.1 了；而 4 个 *loss* 值分别为 0.4568634、0.059745789、0.044914246 和 0.033805847，表示神经网络计算所得的 *n*2 值已经很接近预期的目标值 *Target* 了。

```
[None, array(90.0, dtype=float32), array(80.0, dtype=float32), array(70.0, dtype=float32),
 0.61911952, 0.31426722, 0.055850662, 84.543137, array(85.0, dtype=float32), 0.4568634]
[None, array(98.0, dtype=float32), array(78.0, dtype=float32), array(69.0, dtype=float32),
 0.62016982, 0.31521577, 0.056758359, 89.040253, array(89.0999984741211, dtype=float32),
 0.059745789]
[None, array(85.0, dtype=float32), array(75.0, dtype=float32), array(65.0, dtype=float32),
 0.61925101, 0.31429595, 0.055891551, 80.044914, array(80.0, dtype=float32), 0.044914246]
[None, array(98.0, dtype=float32), array(95.0, dtype=float32), array(97.0, dtype=float32),
 0.62030393, 0.31544077, 0.057143632, 95.966194, array(96.0, dtype=float32), 0.033805847]
```

图 10.9 对 4 组数据连续做 4 000 轮训练的结果

上述实验表明我们所搭建的神经网络是具有智能的，为有效分类做好了准备。注意这只是对 4 组数据进行的训练，如果训练数据更多，就会取得更好的训练效果。

这个神经网络目前的功能是帮我们找到（或验证）了诊断综合值的计算模型。这个模型的输出值是一个连续的数值，称为回归模型。回归模型还没有最终解决把一群就诊者划分为“有病—需要治疗”和“无病—无须治疗”两类人群的问题。下面将介绍在此基础上，如何让神经网络实现诊断分类的方法。

10.2.3 根据回归模型实现分类

在上节神经网络运算的基础上实现分类的方法，是在图 10.3 网络结构中的输出层设置一个激活函数，令上节计算出的连续值变换为用 0 或 1 表示的离散值。如果 1 代表“需要治疗”的一类就诊者，0 则代表“无须治疗”的另一类就诊者，从而实现了对就诊者的分类。

能将 *n*2 传递来的诊断综合值（连续的数值），变换为 0、1 离散值的激活函数有多种，此处介绍使用的是 Sigmoid 函数。Sigmoid 函数是如何实现将连续数值离散化的呢？我们来认识一下这个函数的表达式：

$$\text{Sigmoid}(n2)=\frac{1}{1+\mathrm{e}^{-n2}} \tag{10.4}$$

其函数曲线见图 10.10。

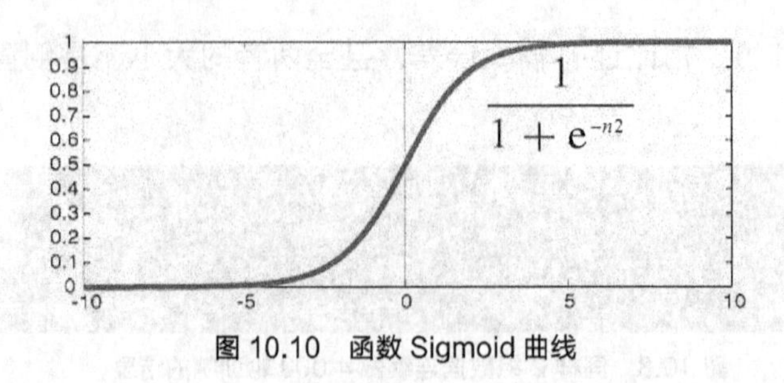

图 10.10　函数 Sigmoid 曲线

观察 Sigmoid 函数的曲线发现，当 $n2$ 的值小于-5 或大于 5 时，函数输出的 y 值就接近 0 或 1。但根据上节我们所做的实验得知，$n2$ 的值大多为 80 左右，也就意味着神经网络输出的分类结果总是 1 而没有可能为 0，这是不符合实际情况的。可以为 $n2$ 加上一个适当的偏移量，如-80。不难理解，这个偏移量对于正确分类是非常重要的，当然偏移量也可以通过神经网络训练得到。

把训练成熟的神经网络保存下来，即可以作为分类器，以便对分类数据进行分类操作。这样，一个能对一组诊断数据进行"有病""无病"分类判断的"神医"便产生了。

10.3　深度学习：CNN 及图像识别

上节通过诊病的例子介绍了利用人工神经网络进行机器学习实现自动分类的方法，本节介绍利用卷积神经网络（Convolutional Neural Network，CNN）进行深度学习（Deep Learning）实现图像处理和图像识别的基本原理。

传统的人工神经网络实现机器学习的方法，往往是直接使用原始数据来训练模型。模型的学习能力有较大的局限性，模型学习系统中相当多的专业知识往往需要从原始数据中（如图像的像素值）提取特征。深度学习方法一般包含多个层。每一层完成一次数据变换，把某些较细微的特征表示成更加抽象的特征。这些特征的提取、抽象过程都不需要人工干预和理解，完全由机器通过数据训练获取和认知这些特征，并在此基础上实现效果更好的识别和分类。由于深度学习具有这些良好的效果，被大量应用于计算机视觉（Computer Vision）、自然语言理解、药物发现和基因组学研究等领域。卷积神经网络是实现深度学习的典型方法之一，主要应用于图像处理与分析、车牌识别、人脸识别、物体检测与分类、自动驾驶等计算机视觉领域。

10.3.1　卷积神经网络及其结构特点

1. 卷积神经网络的提出

20 世纪 60 年代，休伯尔等学者通过对猫视觉皮层细胞的研究发现，这些细胞对视觉输入空间的子区域非常敏感，称之为感受野。这一发现对卷积神经网络的提出至关重要。1998 年，纽约大学的杨立昆在这一概念基础上进一步抽象和规范，提出了卷积神经网络的数学模型。

卷积神经网络中加入了一个或多个特殊的隐含层——卷积层。每个卷积层的节点与上层节点并不完全连接，而是只连接其中相邻区域的部分节点，即一个感受野。具体的连接方法是，通过一个被称为卷积核（亦称为滤波器）的矩阵，譬如 3×3 的方阵，与输入层相对应节点值构成的同型方阵（"感受野"），做"点乘"运算，其结果就是卷积层的一个节点值。也就是输入层一个“感受野”区域（3×3 的方阵）的节点值，被“感受”（运算）为一个单一值，映射到卷积层的一个节点。这就是卷积神经网络提取图像特征的基本方法，也是提出卷积神经网络的最重要意义之所在：网络自动提取和学习图像特征。

2. 卷积神经网络的特点

根据前面介绍的神经网络的结构不难理解，卷积核矩阵中的数相当于前面神经网络中的一组权值。该组权值被确定后在该卷积层不再改变，称为“共享参数”。

节点的部分连接与共享参数是卷积神经网络的两个主要特点。

卷积神经网络的输入层通常是一幅数字图像。该数字图像呈现为若干行和若干列像素点组成的一个二维平面，每一个输入节点数据就是数字图像一个像素点的值。对于黑白图像，像素点值可用 0 和 1 表示；灰度图像像素点的值可用 0～255 的数值表示；彩色图像则有 3 个通道分别表示 RGB（红绿蓝）三色，每个通道像素点的值均可用 0～255 的数值表示。关于数字图像的编码方法，参见本书 2.1.4 节。

卷积层的一个节点值就代表了上一层若干节点（譬如 9 个相邻像素点）的一个小特征图，也就是说，卷积层中一个节点的值就体现了上一层多个节点的形状特征。将该卷积层的节点值进一步传递到下一个卷积层，可实现更高一级的特征抽象，如图 10.11 所示。

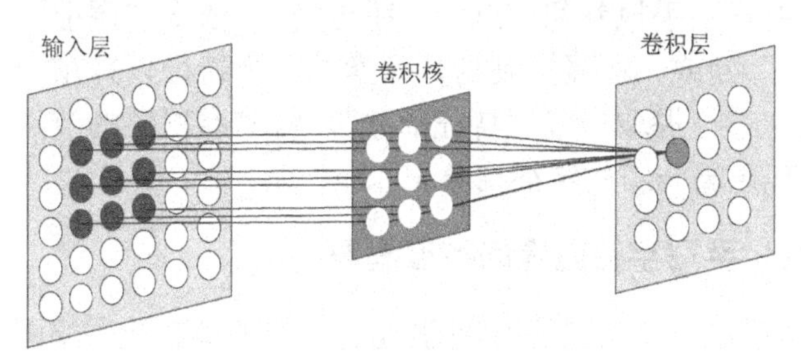

图 10.11　卷积层概念示意图

3. 图像识别原理：卷积层的语义理解

对于图像识别、分类等数据处理工作，图像往往以像素矩阵的形式作为原始输入，神经网络中第一个卷积层的学习功能通常是检测特定方向和形状的边缘，以及这些边缘在图像中的位置。第二层往往是检测多种边缘的特定布局，同时忽略边缘位置的微小变化。第三层可以把特定的边缘布局组合成为实际物体的某个部分。后续的层次将会把这些部分组合起来，实现物体的识别。CNN 概念示意图如图 10.12 所示。

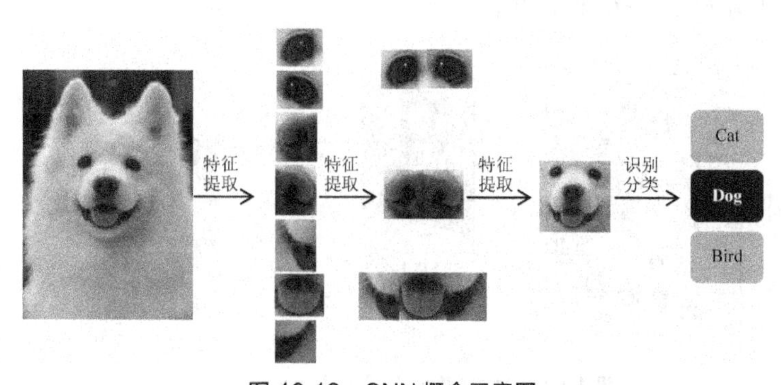

图 10.12　CNN 概念示意图

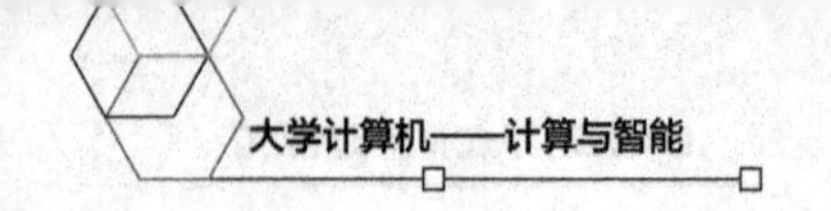

10.3.2 CNN 计算方法

检测图像特定方向和形状边缘的运算方法是这样的：可以把图 10.11 中的卷积核视为一个手电筒。这个手电筒发出一束平行光束，射向输入层与卷积核同型的一片像素点区域（一个感受野），即 3×3 = 9 个像素点。它从输入层最左上角像素点开始照射，把光束照射到的区域看作 3×3 的矩阵，该矩阵与卷积核矩阵做“点乘”运算，即两个方阵中同位置元素的数值，两两相乘再相加，其运算结果就是输出到卷积层的一个节点值。然后光束右移一个步长单位（通常一个步长单位为 1 位，也可以是 2 位或 3 位），构成另一个 3×3 的像素值矩阵，将该矩阵与卷积核矩阵做同样的“点乘”运算，运算结果也同样输出到卷积层相邻位置的节点，直到第一行“照射”到最右侧区域，换下一行做同样的“照射”与“点乘”运算操作，直到卷积核“照射”到输入层图像最右下角的 3×3 像素点区域。

通常情况下，后一级卷积层节点数会少于前一层的节点数。这是因为卷积层的一个节点值就代表了上一层若干节点（譬如 9 个相邻像素点组成的感受野）的一个小特征图。也就是说，卷积层中一个节点的值就体现了上一层多个节点的形状特征。”可以这样形象地理解卷积层：卷积层手执卷积核这个“手电筒”，依次“照射”前面的输入层，每“照射”一片就“看”到或“感受”到这片像素的一个特征，并用一个数把这个特征记录下来，实现一级“特征提取”或“特征抽象”。将该卷积层的节点值进一步传递到下一个卷积层，可实现更高一级的特征抽象。

10.3.3 应用案例：手写字符图像的特征提取

以计算机视觉的角度，一个手写字符被视为一幅图像，把这幅图像识别理解为一个字符的过程称为手写字符识别。计算机为什么可以把手写符号2和Z分别识别为数字“2”和英文字母“Z”这样两个不同的字符？关键在于对不同字符形状特征的认识。CNN 正是通过卷积层不断捕捉和提取手绘图像中的特征。我们以手写数字“2”的识别为例，学习 CNN 通过卷积计算提取图像特征的工作原理。

为简便起见，令表示“2”的数字图像为二值图像，像素数为 6×6，即图像的横向、纵向点阵均为 6 个像素点。并规定有笔画的地方为黑色，用数值 1 表示；其他位置为白色，用数值 0 表示。图 10.13 所示的左侧“输入层”。该卷积神经网络的输入层由这幅数字图像构成，共有 6×6 = 36 个节点。

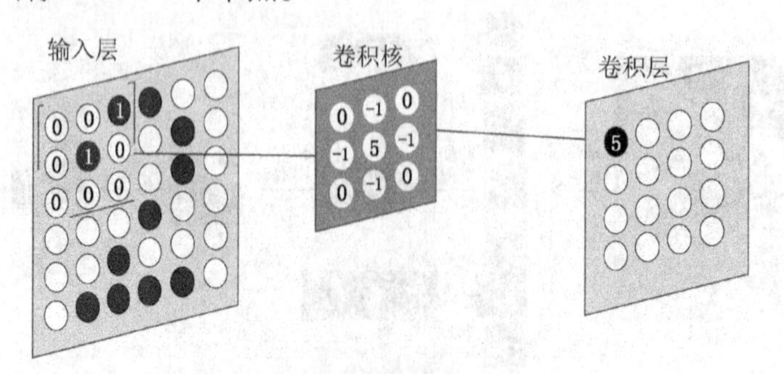

图 10.13 数字图像“2”的卷积运算之一

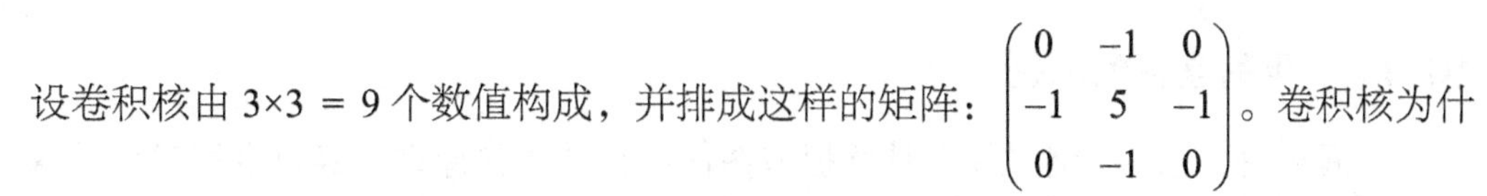

设卷积核由 3×3 = 9 个数值构成，并排成这样的矩阵：$\begin{pmatrix} 0 & -1 & 0 \\ -1 & 5 & -1 \\ 0 & -1 & 0 \end{pmatrix}$。卷积核为什么由这样一组数组成？概括地说，这组数是通过机器学习得到的，本书不具体介绍。卷积运算第一步，输入层左上角区域（图 10.13 输入层虚线框部分）9 个节点数值组成的矩阵$\begin{pmatrix} 0 & 0 & 1 \\ 0 & 1 & 0 \\ 0 & 0 & 0 \end{pmatrix}$与卷积核矩阵“点乘”，结果为 5，这个值输出到卷积层左上角第一个节点，如图 10.13 所示。

卷积层这个节点值 5 代表了数字图像“2”左上角部分向右上的一段弧，这就是对“2”这个字符一部分特征的提取或抽象。当然数字“3”“8”等的图像相应的部位可能也具有这样的特征，但随着卷积运算的进行，其他部位的特征将会把它们区别开来。

卷积运算第二步，将输入层中的虚线框右移一位，所对应的输入值矩阵$\begin{pmatrix} 0 & 1 & 1 \\ 1 & 0 & 0 \\ 0 & 0 & 0 \end{pmatrix}$继续与卷积核矩阵做同样的“点乘”运算，结果为-2，输出到卷积层第 1 行第 2 列的节点位置，如图 10.14 所示。

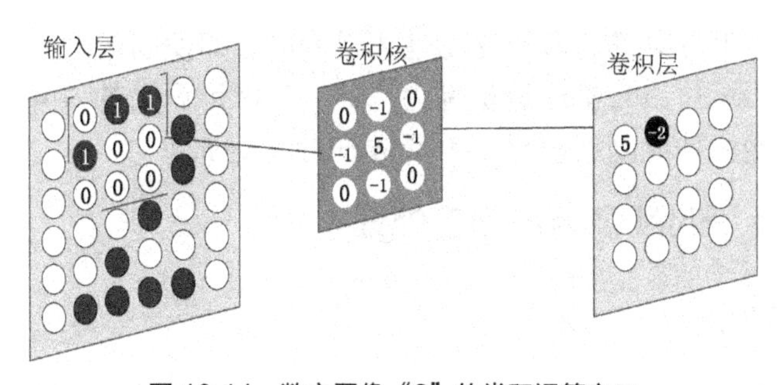

图 10.14 数字图像“2”的卷积运算之二

以此类推，可以得到该卷积层第一行另外两个节点的值，不难看出，卷积层第 1 行 4 个节点的值分别为 5、-2、-2、4。此时输入层的虚线框重回左端下移一行，对该区域的 9 个节点值重复上面的运算操作，直至虚线框移动到输入层最右下角的 9 个节点，运算得到卷积层最右下角，即第 16 个节点的值-1。

该卷积层 4×4 = 16 个节点的值，就代表了对字符“2”不同部分形状特征的抽象，抽象的结果用数值标识。这是对字符图像较小局部特征的提取或抽象。

如果将上述具有 4×4 = 16 个节点的卷积层作为下一级卷积运算的输入层，并对该输入层再次做相同的卷积运算，如果卷积核仍保持 3×3 = 9 个元素组成（具体元素值可能有所不同），相对应的下一级卷积层则由 2×2 = 4 个节点构成。这一层卷积运算是对上一层卷积运算所得图像局部特征的再次抽象，所得的 4 个结节值可以理解为数字图像“2”的左上、右上、左下、右下等 4 个部位形状的特征值。

对于数字字符识别这样比较简单、图像像素也比较少的应用而言，有上述 2 个卷积层就够用了。

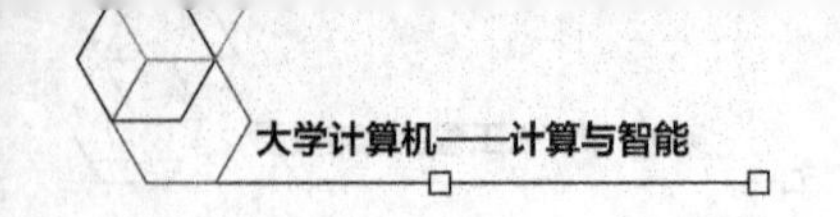

10.3.4 手写字符的识别

上面讨论了 CNN 通过卷积计算提取图像特征的工作原理。经过多层卷积计算，已经比较准确提取了手绘字符的特征，为字符的识别打下了良好基础，还需要一个或多个全连接层实现神经网络对字符的最终识别。

在上述 2 个卷积层之后设置 1 个或 2 个全连接层（本例只用 1 层）。将第二个卷积层所得的 4 个节点值作为全连接层的输入层，全连接层的输出结果经激活函数激活后即可得识别分类的结果，如图 10.15 所示。

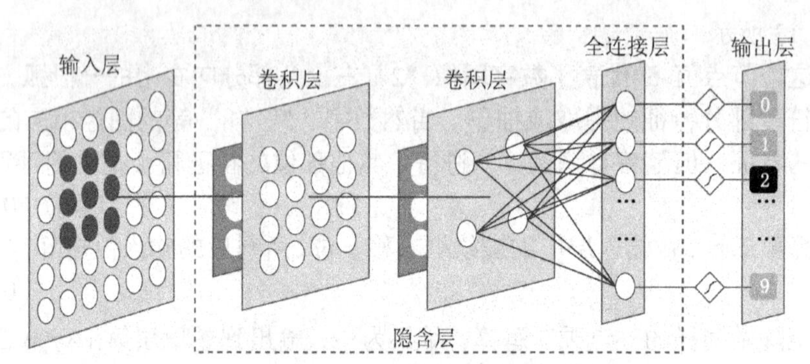

图 10.15 CNN 分类示意图

需要说明的是，手写字符的形状变化是非常大的，即使同一个人的笔迹也有千差万别的差异，譬如，2、2、2都应该识别为“2”。为保证识别的效果，与前述神经网络的训练过程相似，卷积神经网络也需要大量数据的学习训练。

10.4 深度学习：RNN 及自然语言处理

10.4.1 自然语言处理

语言是人类区别于其他动物的本质特征。人类的多种智能行为都与语言有着密切的关系。人类的逻辑思维以语言为表现形式，绝大部分知识也以语言文字的形式记载、存储和传播。因而，研究应用语言是人工智能的一个重要甚至核心的组成部分。

人类的自然语言是某种可分类符号编码的离散的无结构信号系统。一种语言的编码符号可以表现为声音、字符、手势、图形图像等通信信号。本节所讲的自然语言主要指文字符号。

与大多数计算机程序和其他特定语言有所不同，人们使用自然语言传递信息、表情达意时往往具有不准确、不明确、不确切性，有时文字表面所表达的语义与实际要表达的情感有很大差异甚至完全相反。因此，要使机器对人类自然语言进行准确处理、正确识别和理解，进行有效的知识发现、挖掘与应用具有高度的复杂性。

人工智能领域中的自然语言处理（Natural Language Processing，NLP）是研究能实现人与计算机之间用自然语言进行有效通信的各种理论和方法。自然语言处理是一门融语言学、计算机科学、数学于一体的科学，是计算机科学、人工智能、语言学关注计算机和人类自然语言之间相互作用的领域。

自然语言处理主要技术包括：词干提取、词形还原、词向量化、词性标注、命名实体消歧、命名实体识别、语义分析、情感分析等。主要应用领域包括：文本关键词提取、文本摘要、文本聚类与分类、知识图谱与可视化、问答系统与自动对话、机器翻译、自动写作（创作）、舆情监控等。

10.4.2 语言与数学的完美结合：统计语言模型

自然语言的基本特征是上下文相关，使用各种语法和规则研究机器处理自然语言的方法非常困难。后来人们发现，使用数学的方法倒是可以有效处理这种特征。这种数学方法就是统计语言模型。

我们看下面 3 个例句。

例句一：我先吃苹果然后吃香蕉。

例句二：然后吃香蕉我吃苹果先。

例句三：香蕉吃苹果然后吃先我。

同样都是 10 个字符组成的字符串，排列成例句一容易理解；例句二有些费解，但基本还能表达说话人的意思；而例句三就完全不知所云了。如果从语法规则分析，例句一符合语法规则；例句二部分符合语法规则；例句三不符合语法规则。这是对短句子的分析，相对简单。如果对长句子用语法规则来分析，就会带来很大困难和巨大的计算量，机器处理自然语言陷入困境。

抛开烦琐的语法规则回归常识，人们发现，例句一容易理解，是因为大家都是这么说话的；少数语无伦次的人（比如刚学话的小孩儿）也有诸如例句二那样讲的；而例句三则完全不是“人话”了，因为极少有人那样讲话。经常说、较少说、极少说，就反映成为数学上的概率与统计问题。

1. 统计语言模型

前文提到概率，本质上就是分子与分母的比率。如果把我们要分析的某个例句作为分子，分母应该是人类所讲的全部句子。这样的分母显然是不可能得到的。于是 IBM 公司的贾里尼克（Frederick Jelinek）提出一种比较靠谱的概率计算方法：既然一个句子(S)是由一个个字符（此处我们不妨理解为单字 w_i）构成的，那么这个句子出现的概率 $P(S)$ 可以表示如下。

$$P(S) = P(w_1, w_2, \cdots, w_n) \tag{10.5}$$

根据条件概率的计算方法，句子 S 这个单字序列出现的概率等于每一个字出现的条件概率相乘：

$$P(w_1, w_2, \cdots, w_n) = P(w_1) \cdot P(w_2|w_1) \cdot P(w_3|w_1, w_2) \cdots P(w_n|w_1, w_2, \cdots, w_{n-1}) \tag{10.6}$$

式中 $P(w_1)$是第一个字 w_1 出现的概率；$P(w_2|w_1)$是在已知第一个字出现的前提下，第二个字出现的概率；……；以此类推，不难看出，字 w_n 出现的概率取决于它前面的所有字出现的概率。

这种统计语言模型使得计算变得可操作，但实际的运算量仍然很大。

2. 马尔可夫模型与隐马尔可夫模型

20 世纪初，俄国数学家马尔可夫（Andrey Markov）提出过一种“偷懒”但有效的方法，就是假设任意一个字 w_i 出现的概率，只与它前面的字 w_{i-1} 有关，如式（10.7）所示。这就是著名的马尔可夫模型（Markov Model），又称为马尔可夫链：

$$P(S)=P(w_1)\cdot P(w_2|w_1)\cdot P(w_3|w_2)\ \cdots\ P(w_n|w_{n-1}) \tag{10.7}$$

显然，马尔可夫模型计算起来要方便简单许多。由于这种模型对概率的计算只与两个条件相关，吴军称其为二元文法模型，简称二元模型。

3. 隐马尔可夫模型

20 世纪 60—70 年代，美国数学家鲍姆（Leonard E. Baum）将通信理论与马尔可夫模型结合起来，创立了隐马尔可夫模型（Hidden Markov Model）。隐马尔可夫模型假设马尔可夫链中所发生的每个环节都会产生一个对应的输出状态，这个输出状态序列是可见的，而原本的马尔可夫链则是隐含不可见的。根据这一模型，我们根据可见的一个中文字符序列来推测出其对应的英文字符序列，就可以实现机器翻译。类似的，隐马尔可夫模型还被广泛应用于语音识别、手写字符识别、基因序列分析等。

10.4.3 自然语言处理常用方法简介：从 RNN 到 LSTM

一个中文文本从形式上看是由汉字（包括标点符号等）组成的一个字符串。由字可组成词，由词可组成词组，由词组可组成句子，进而由一些句子组成段、节、章、篇。无论是在上述的各种层次——字（符）、词、词组、句子、段……还是在下一层次向上一层次转变中，都存在着歧义和多义现象，即形式上一样的一段字符串，在不同的场景或不同的语境下，可以理解成不同的词串、词组串等，并有不同的意义。也就是说，一个文本所表达的语义和情感与这个字符串的时间前后（上下文）内容是有密切关系的。

而前面介绍的用于图像识别的 CNN 属于前馈神经网络，用来处理自然语言则显得有较大局限性，主要表现在：每次网络的输出只依赖当前的输入，没有考虑不同时刻输入的相互影响；输入和输出的维度都是固定的，没有考虑到序列结构数据长度的不固定性。这就需要引入新的识别方法，循环神经网络（Recurrent Neural Network，RNN）及其改进方法——长短期记忆网络（Long Short Term Memory Network，LSTM）是解决这一问题的有效方法。

循环神经网络是一种节点定向连接成环的人工神经网络。这种网络的内部状态可以展示动态时序行为。不同于 CNN 这种前馈神经网络的是，RNN 可以利用它内部的记忆来处理任意时序的输入序列，这让它可以更容易处理诸如前后相关联的语音信息、文本字符串、随时间序列变化的股票数据等信息形式的识别。图 10.16 所示，RNN 代表某时刻 t 的一个单元，除了输入本时刻的输入值向量 $\boldsymbol{x}_t$，同时还将前一时刻单元的输出信号 $\boldsymbol{h}_{t-1}$ 作为本单元的输入，在一个“控制门”（tanh 函数）的作用下，计算得到本网络单元的输出 $\boldsymbol{h}_t$；而本单元的输出 $\boldsymbol{h}_t$ 又影响到下一时刻的网络单元 t+1……图 10.16 中 A 代表一个网络单元或神经元。RNN 就是通过这样的网络机制达到记忆时间序列值的目的。以聊天机器人和自动写作应用为例，对于 “我喝__” 这样的短句子，RNN 容易根据上下文做出“水”或“饮料”等的判断。

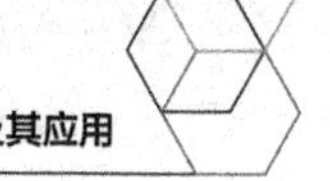

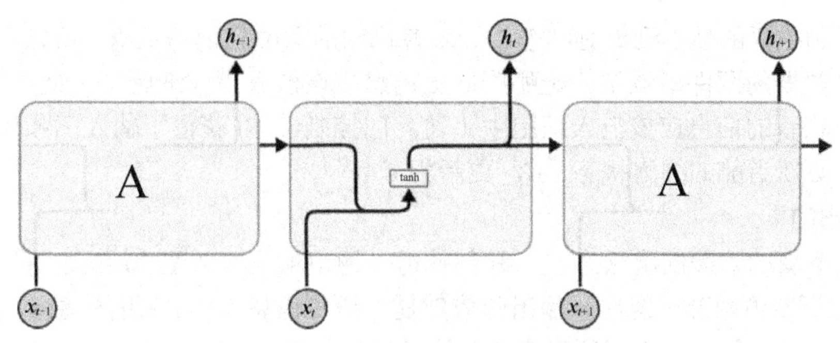

图 10.16　RNN 原理示意图

但更多时候，既需要有长期记忆，又需要及时忘记前面的某些记忆，接纳新的记忆。例如，想要写出："杨莉既聪明又美丽，所以她的人气值很高，……而王斌的情况正好相反，他……"由于句子包含对多个人的评价，所以系统需要长期记忆"聪明""美丽""人气值"等词汇；根据概率判断是女生，所以要记忆人称代词"她"；而当某时刻网络接收到新词"王斌"时，就需要忘记"杨莉"和"她"而记忆"王斌"和"他"，这就是短期记忆。这种情况下，RNN 就不容易很好地处理了，于是人们改进设计出长短期记忆网络 LSTM。网络结构如图 10.17 所示。

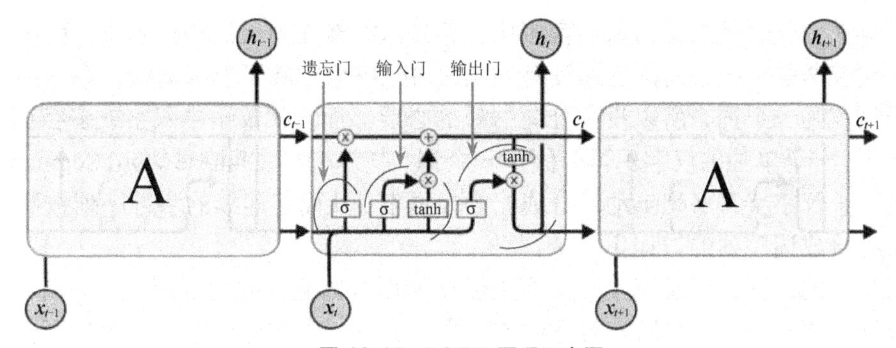

图 10.17　LSTM 原理示意图

LSTM 与 RNN 有着相似的网络结构，但是重复模块的结构更加复杂一些。不同于单一神经网络层，整体上除了 $\boldsymbol{h}$ 在随时间流动，细胞状态 C 也在随时间流动。细胞状态 C 就代表着长期记忆，而状态 $\boldsymbol{h}$ 则代表短期记忆。LSTM 通过精心设计的"门"来去除或增加信息到细胞状态，一般包括遗忘门、输入门和输出门 3 种。

1. 遗忘门

遗忘门（forget gate），顾名思义，是控制是否遗忘的，在 LSTM 中以一定的概率控制是否遗忘上一层的隐藏细胞状态。该门会读取 $\boldsymbol{h}_{t-1}$ 和 $\boldsymbol{x}_t$，在这里 $\boldsymbol{h}_{t-1}$ 表示历史信息，$\boldsymbol{x}_t$ 表示当前流入细胞中新的信息。$\boldsymbol{x}_t$ 在这里的作用是根据当前输入的新的信息来决定是否遗忘 $\boldsymbol{h}_{t-1}$。

2. 输入门

输入门（input gate）负责处理当前序列位置的输入，确定什么样的新信息被存放在细胞状态中。这里包含两个部分。第一，Sigmoid 层称"输入门层"，决定什么值我们将要更新。然后一个 tanh 层创建一个新的候选值向量，会被加入到状态中。譬如，我们希望增加新的主语的性别到细胞状态中，来替代旧的需要忘记的主语。所以在更新细胞状态时，主要做的两件事就是决定哪些历史信息应该流入当前细胞中（遗忘门控制），以及决定哪些新的信息应该流入细胞中（输入门控制）。在获得了输入门和遗忘门系数之后就可以更新当前的细胞状态，C_{t-1} 更新为 C_t。

3. 输出门

在得到了新的隐藏细胞状态 C_t，我们就得去输出结果。从图 10.17 中可以看出，隐藏状态 $\boldsymbol{h}_t$ 的更新由两部分组成，输出门依然是由历史信息 $\boldsymbol{h}_{t-1}$ 和新的信息 $\boldsymbol{x}_t$ 来决定的。

遗忘门、输入门、输出门所对应的激活函数都是 Sigmoid 函数。因为 Sigmoid 函数的输出值范围为 0~1，相当于控制门的百分比过滤，所以输出的结果是[0，1]。当为 0 时，3 种门完全关闭；当为 1 时，3 种门完全打开。

输入门控制着当前输入值有多少信息流入到当前的计算中，遗忘门控制着历史信息中有多少流入到当前计算中，输出门控制着输出值中有多少信息流入到隐含层中。所有 LSTM 除了有 3 个门来控制当前的输入和输出，其他的和 RNN 是一致的。

10.4.4 自然语言处理主要应用简介

1. 中文分词

与以英文为代表的拉丁语系语言相比，英文以空格作为天然的分隔符，而中文由于继承自古代汉语的传统，词语之间没有分隔。古代汉语中除了连绵词和人名地名等，单个汉字通常就是一个词，所以没有分词书写的必要。而现代汉语中双字或多字词居多，多数情况下，一个单独的汉字不再等同于一个词。中文分词（Chinese Word Segmentation）指的是将一个汉字字符序列自动切分成一个个词汇，从而将连续的字符序列按照一定的规范重新组合成词序列的过程。

目前常用的分词技术是基于一个手工建立的百万词汇级的大规模中文语料库，根据概率与统计学原理，通过机器学习方法实现中文分词。中文分词存在两大难题：歧义消除和新词处理。例如句子成分“结合成”可切分为“结合/成”，也可切分为“结/合成”，这就是分词歧义；而句子“他就职于中原钼金公司”中的“中原钼金”就是当前语料库中没有的新词。对于前者通过概率和上下文关系消歧；对于后者，需要将“中原钼金”识别为新词并加入语料库中。目前常用的分词工具 jieba，对于一般文本分词的正确率可达 98%。

例句：“我马上去中国人民银行为公司办理事情”。

```
Default Mode: 我/ 马上/ 去/ 中国人民银行/ 为/ 公司/ 办理/ 事情
Cut_all Mode: 我/ 马上/ 上去/ 中国/ 中国人民银行/ 国人/ 人民/ 人民银行/ 银行/ 行为/ 公司/
              办理/ 理事/ 事情
  for_search Mode: 我/ 马上/ 去/ 中国/ 国人/ 人民/ 银行/ 中国人民银行/ 为/ 公司/ 办理/ 事情
```

图 10.18　jieba 分词

图 10.18 中给出了 3 种分词模式，默认模式又称为精确模式，主要是用于文本分类、情感分析等场合；后面两种主要用于文本搜索。

2. 词频分析与词云显示

词频分析（Word Frequency Analysis）是对文献正文中重要词汇出现的次数进行统计与分析，是文本挖掘的重要手段。它是文献计量学中传统的和具有代表性的一种内容分析方法，基本原理是通过词出现频次多少的变化，来确定热点及其变化趋势。

词云显示是将文本中出现频率较高的“关键词”以可视化手段进行视觉上的突出显示，通过不同字体大小和颜色，形成关键词渲染或关键词云层，从而过滤掉大量的文本冗余信息，使读者直观、迅速了解文本基本、关键内容，示例如图 10.19 所示，图中文本有一些错别字，可以暂时忽略这些错误。

中华蜜蜂春季饲养管理知识

发布日期：2018-05-19 10:29:14　来源：未知

每年春天的时候是中华蜜蜂繁殖的关键时期，它直接关系到养殖户蜂群的发展与质量，因此这段时间中的饲养管理就显得十分重要。为此小编特意把中华蜜蜂春季饲养管理方面的要点进么了整理，现在写出来，养殖户看后肯定会大有收获的。

1. 及时检查蜂群同时做好保温工作

每年进么春天时，随着天气的回暖，中华蜜蜂也迎来了繁殖的高峰期。这里需要养殖户在初春时期，对自己的蜂群进么全面及时的检查，为失去蜂王或者是蜂王过老的蜂群及进更换新的蜂王。另外还要把蜂箱中多余的巢脾去掉，这样利于蜂群的保温，如果遇天气下降，最好能用稻草或者隔板等物体为蜂群人工保温。

2. 奖励喂养及时增加蜂脾

在进入初春一段时间之后，蜂王产卵量增中，中华蜜蜂幼虫的数量也会随之增加，这时由于外界天气的原因，蜜源较少，工蜂采集的蜂蜜不能满足蜂王和中华蜜蜂幼虫的需要，这时就需要养殖户对中华蜜蜂进么奖励喂养，最好的食用就是糖水，另外为了让蜂群快速繁殖养殖户还应该及时为中华蜜蜂幼虫增加新的巢脾。

3. 及时更换蜂王并防治分蜂热出现

在春季之中的中华蜜蜂蜂群壮大最快的时候，这里应该把育好的新王把蜂群中的旧王替换掉，而且对蜂群中较强与较弱的部分要及时进么分蜂处理，不然就会容易出现分蜂热，从而影响蜂群的正常发展。另外换王与分蜂都应该在大流蜜期之间来进行，而且提前的时间应该是三十天以上。这样才利于蜂群的安定和工作。

图 10.19　文档、词频及词云显示

3. 文档关键词提取

关键词提取就是从文档中把跟这篇文章意义相关度大的一些词语抽取出来。关键词在文献检索、自动文摘、文本聚类/分类等方面有着重要的应用，它不仅是进行这些工作不可或缺的基础和前提，也是互联网上信息建库的一项重要工作。

关键词提取的方法主要有两种：第一种是关键词分配，即给定一个已有的关键词库，对于新来的文档从该词库里面匹配几个词语作为这篇文档的关键词；第二种是关键词提取，即针对新文档，通过算法分析，提取文档中一些词语作为该文档的关键词。目前大多数应用领域的关键词抽取算法都是基于后者实现的，从逻辑上说，后者比前者在实际应用中更准确。

TF-IDF（Term Frequency - Inverse Document Frequency）是关键词提取的一种经典算法。这种基于数值统计的方法，可以反映一个词对于某篇文档的重要性。TF-IDF 的基本思想：如果某个词在一篇文档中出现的频率高，也即 TF 高；并且在语料库的其他文档中很少出现，即 DF 低，也即 IDF 高，则认为这个词专属于某文档的程度高。对于图 10.19 中的文档，使用 TF-IDF 算法提取出关键词如图 10.20 所示。我们看到“进行”一词被误写为“进么”，作为关键词提取了出来，因为其 TF、IDF 值均比较高，如果是“进行”一词，就不会作为关键词了，因为其 TF 值可能比较高，IDF 值比较低，即专属于该文档的程度低。但是系统把“中华”作为关键词，而没有把“中华蜜蜂”识别为关键词，可见算法还有待改进。

Key words：蜂群，蜜蜂，蜂王，中华，进么，养殖户，分蜂，及时，保温，巢脾

图 10.20　文档关键词提取

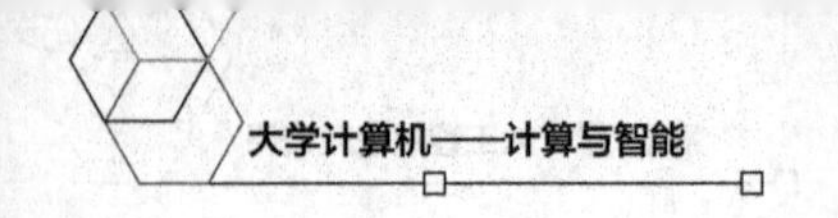

4. 文本聚类与分类

在图书馆、情报所等机构保存着大量的图书专著、学术论文、专利材料、科技情报等文献资料；新闻媒体上不断刊登大量各类新闻；互联网上更传递着海量网页文档。为叙述方便，此处将这些用文字记录的文献资料、新闻稿件、网页文档等统称为文本。在现实社会，为了有效保存、利用和传播这些文本，通常需要对文本进行聚类和分类操作。聚类是指将内容相近似的文本聚合为一类；而分类是指根据内容，将一篇文本贴上某一类的标签。聚类和分类是两种不同的操作。本节介绍计算机是如何对文本进行聚类的。

人对文本的聚类，首先要读懂文本的意思，譬如，一批都是谈论体育运动的文本聚为一个大类，其中谈论球类运动的聚为较小的一类；而谈论田径运动的聚为另一类；另外一些介绍花卉种植或蜜蜂养殖的文章则不被聚合到体育运动类之中。就目前的技术方法而言，计算机是无法直接理解一篇文章思想内容的，如何让计算机实现对文本聚类呢？既然计算机只能计算，要实现对自然语言组成的文本的处理，还得从计算上找出路。文本向量化就是目前行之有效的通过计算对文本进行聚类的方法。

文本向量化的具体方法为：首先去除对文本语义不起直接作用的虚词和标点符号，如“的、地、得”等，这一步称为去停用词；然后对文本的所有实词分别计算其 TF-IDF 值。把这些值按照对应的实词在词汇表的位置依次排列，就得到一个向量。譬如，词汇表中有 64 000 个词，其编号和词汇的对照关系见表 10.1。

表 10.1 词汇表

编　　号	词　　汇
1	阿
2	啊
…	…
365	国歌
366	国格
…	
64 000	做作

表 10.2 某文章 TF-IDF 值

实 词 编 号	TF-IDF 值
1	0
2	0
…	…
263	0.00652
264	0
…	…
63 999	0.00023
64 000	0

在某篇文章中，这 64 000 个词的 TF-IDF 值分别见表 10.2。

如果词汇表中某个词在该篇文章中没有出现，对应的值为 0，那么这 64 000 个数就构成一个 64 000 维的向量，这个向量就代表一篇文章。同样道理，每一篇文章都可以对照同一个词汇表，变为一个 64 000 维的向量。这样，原来用自然语言书写的一篇篇文章，就变成了一个个由数值构成的向量（的分量）。我们就可以用求两向量之间夹角余弦或欧氏距离等方法计算两个向量的距离，从而就计算出两篇文章的相似程度了。

譬如，某几篇谈论国庆活动的新闻，其“国歌”“国旗”等词汇的 TF-IDF 值可能会比较高；而另外一些“射门”“越位”“角球”等词汇的 TF-IDF 值较高的文章，一定是谈论足球的。

5. 更多自然语言处理的应用

限于篇幅，本书介绍了自然语言处理的几个基本应用。更多应用包括：情感分析、机器翻译、自动写作、知识图谱、看图说话等，请有兴趣的读者参阅其他文献资料。

10.5 人工智能其他应用

前面几节主要介绍了人工智能在计算机视觉和自然语言处理等领域的应用，其他应用领域包括：模式识别（Pattern Recognition）、数据挖掘（Data Mining）、智能物联网（Internet of Things）、商业智能（Business Inteligence）、自动驾驶（Auto Driving）、云计算（Cloud Computing）、虚拟/增强现实（Virtual Augmented Reality）、智能机器人（AI Robot）等。

模式识别：把一堆杂乱无章的数据或像素（图像）里深藏的"模式"或规则用计算机自动识别出来。

数据挖掘：从一大堆数据里挖掘出你想要的有用的信息。主要数据对象不仅包括数据库中的结构化数据，还包括半结构和无结构数据，譬如，文本挖掘（Text Mining）。

智能物联网：把所有东西（例如家电）都联网，并实时保持数据的连通，然后计算机处理这些数据。例如根据主人的生活习性自动开关暖气。

商业智能：人工智能应用在商业大数据领域。例如银行对欺诈性交易的监测。

自动驾驶：顾名思义，自动驾驶就是内置在汽车甚至设置在云端的计算机自动给你开车。自动驾驶利用的是计算机处理汽车上的摄像头实时产生的图片信息，以及传感器和雷达产生的信号。

云计算：把计算任务传送到"云端"，得出结果后再传送回来。云端可能是一个大的计算机集群（Cluster），难点在于如何协同 CPU 和 GPU。

虚拟/现实增强现实（VR、AR）：VR 眼镜大家应该都体验过吧？未来的趋势，3D 电影、演唱会等，人们足不出户就可以体验现场感。Pokémon GO 是 AR 最好的例子，使虚拟和现实混合在一起，称为"混合现实"。两者的核心技术都是计算机视觉，包括校准、3D 重建、识别、追踪等。

智能机器人：具备 3 个要素，一是感觉要素，能识别周围环境状态；二是运动要素，对外界做出反应性动作；三是思考要素，根据感觉要素得到的信息，决定采用什么动作。

10.6 为什么要学习和怎样学习本章内容

10.6.1 为什么：信息化 3.0 时代的国家战略

人工智能为当今时代的经济社会发展提供了新能量。如果把电子计算机引发的"数字化"信息革命视为人类信息化 1.0 时代，则"数字化+网络化"可以视为信息化 2.0 时代，而"数字化+网络化+智能化"则是信息化 3.0 时代。在信息化 3.0 时代，智能制造、智能交通、智能医疗、智慧城市、自动驾驶等以人工智能为核心的新产业、新业态、新形态已经逐步改变甚至颠覆人们的生产生活方式。我国政府已经于 2017 年将人工智能提升为国家战略，正式以国家意志发展人工智能科学和技术。

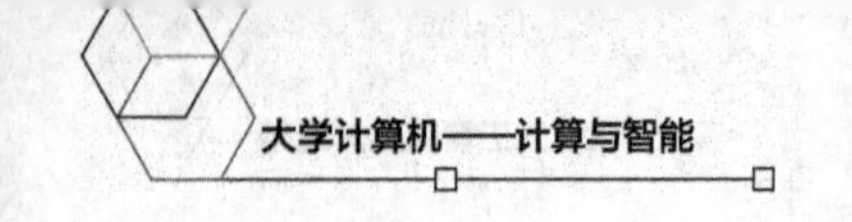

我国发展人工智能具体为“三步走”战略目标。

第一步：到 2020 年，人工智能总体技术和应用与世界先进水平同步，人工智能产业成为新的重要经济增长点，培育若干全球领先的人工智能骨干企业，人工智能核心产业规模超过 1 500 亿元，带动相关产业规模超过 1 万亿元。第二步：到 2025 年，人工智能基础理论实现重大突破，部分技术与应用达到世界领先水平，人工智能核心产业规模超过 4 000 亿元，带动相关产业规模超过 5 万亿元，初步建立人工智能法律法规、伦理规范和政策体系。第三步：到 2030 年，人工智能理论、技术与应用总体达到世界领先水平，成为世界主要人工智能创新中心，人工智能核心产业规模超过 1 万亿元，带动相关产业规模超过 10 万亿元，形成一批全球领先的人工智能科技创新和人才培养基地。

为落实这一国家战略，国家工信部、教育部提出了重点扶持 AI 企业、大力推广以人工智能为核心的新工科、新医科、新农科、新文科教育等举措。因此，任何专业的学生都应当学习人工智能，任何领域的决策者和专业人才都应当了解必需的人工智能知识。

10.6.2 怎样学：选准方向，不求甚解，掌握工具，会用为先

人工智能已经应用于社会生活的方方面面，一个人，特别是非计算机类专业的学生，不可能面面俱到都要学习。可大致将人工智能划分为以图像处理和识别为主要内容的“计算机视觉”，以语言、语音处理分析为主要内容的“自然语言处理”，与大数据技术相结合的“智能数据分析”，以智能制造、控制为主要内容的“智能机器人”等方面，学生可根据自己的专业需求和兴趣爱好选择学习。人工智能是新兴的应用技术，尚未形成完整的科学体系，正处于由“术”求“道”的阶段（这也是为什么我国要大力发展人工智能，抢占科学制高点的原因），但这并不影响人工智能技术的学习掌握和实际应用。所以大家在学习这部分内容时，不必苛求理解科学原理，首先是了解掌握具体应用的方法。如果要进一步学习，可选择一两种应用工具，如百度的“AI 开放平台”、谷歌的 TensorFlow（可在 Python 中加载）、Matlab 的相关工具箱等，都提供了人工智能最广泛的应用领域和可靠的技术方法，可以快速开发出适合自己需要的软件产品。更为简便快捷的应用方法是，使用各种现有人工智能应用软件（如 Weka）或在线应用系统，只需输入要处理或分析的数据，系统即可直接输出智能处理或分析的结果。通过具体、实际应用，逐步理解和掌握人工智能的基本方法和实用技巧。

第11章 数据管理思维也是一种计算思维

Chapter11

本章摘要

信息社会的关键要素是"数据"，"以数据说话""基于数据进行管理与决策"逐渐成为信息社会的基本准则。数据管理思维，包括数据的获取、处理、管理与分析思维，是重要的计算思维。本章主要介绍结构化数据管理思维。

11.1 数据与数据管理

数据为什么要管理：数据自有黄金屋

"除了上帝，任何人都必须用数据说话（In God we trust; everyone else must bring data）。"美国管理学家、统计学家爱德化·戴明的这句名言，已成为美国学术界、企业界的座右铭，他主张唯有数据才是科学的度量。用数据说话、用数据决策、用数据创新已形成社会的一种常态和共识。图 11.1 给出了信息社会工作方式的变迁示意。

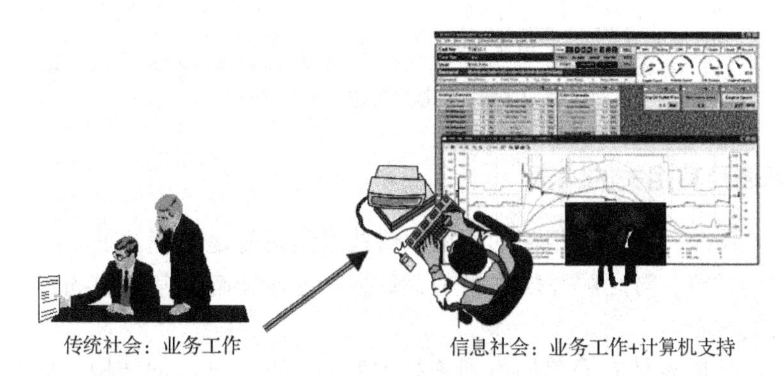

图 11.1 信息社会工作方式的变化示意

当前，"数据"已经渗透到每一个行业和业务领域，和人们的生活密切相关。例如，普通股民会密切关注股票指数、股票动态交易数据，通过股票买卖获取收益。连锁超市会密切关注通过 POS 机获取的每日或每月商品销售数据，通过优化组织货源，提高销售数量和销售收入。普通百姓会通过对比网上同类商品的价格来选购物美价廉的商品。各类企业通过关注购销存数据来优化供销渠道，扩大销售收入，降低采购成本。

数据之所以成为重要的生产因素，是因为其可以精确地描述事实，以量化的方式反映逻辑和理性，决策将日益基于数据和分析而做出，而并非基于经验和直觉。

数据被视为知识的来源，被认为是一种财富，数据收集、数据管理、数据分析的能力常常被视为核心的竞争力。

数据化思维的关键是首先将数据聚集成“数据库”，实现数据的积累；其次是对“数据库”的应用——数据的分析和运用，实现数据积累的效益。当数据积累能够由部分到全部，能够由小规模到大规模时，思维方式与决策能力将会发生很大变化。

11.2 数据的基本形态：表与关系

关系模型 I
什么是关系

日常生活中，通常将各类数据组织成一张张“表”来进行管理，如图 11.2 所示，围绕着各种表，数据管理人员日复一日地做着“填表”“查表”“汇集”“统计”等相关工作。这种表形式的数据是最基本的数据形态，被称为结构化数据。随着互联网的发展，又出现许多其他形态的数据，如网页数据、社交媒体数据、视频流数据、物联网数据等多种形态的数据，被称为半结构化或非结构化的数据。如果先理解了结构化数据管理，则再理解非结构化数据管理相对而言就非常容易了，因为非结构化数据管理借鉴了很多结构化数据管理的术语和概念。

学生登记表

学号	姓名	性别	出生年月	入学日期	家庭住址
98110101	张三	男	1980.01	1998.09	黑龙江省哈尔滨市
98110102	张四	女	1980.04	1998.09	吉林省长春市
98110103	张五	男	1981.02	1998.09	黑龙江省齐齐哈尔市
98110201	王三	男	1980.06	1998.09	辽宁省沈阳市
98110202	王四	男	1979.01	1998.09	山东省青岛市
98110203	王武	女	1981.06	1998.09	河南省郑州市

学生成绩单

班级	课程	教师	学期	学号	姓名	成绩
981101	数据库	李四	98秋	98110101	张三	100
981101	数据库	李四	98秋	98110102	张四	90
981101	数据库	李四	98秋	98110103	张五	80
981101	计算机	李五	98秋	98110101	张三	89
981101	计算机	李五	98秋	98110102	张四	98
981101	计算机	李五	98秋	98110103	张五	72
981102	数据库	李四	99秋	98110201	王三	30
981102	数据库	李四	99秋	98110202	王四	90
981102	数据库	李四	99秋	98110203	王武	78

图 11.2 数据的基本形态：“表”示例

11.2.1 熟悉表及其相关的术语

下面先来熟悉表，理解其相关的术语。这些术语首先是围绕“表”的各种形式要素的区分而形成的术语，对理解并表达相关的数据管理操作有非常重要的作用，是数据管理中非常重要的术语。

直观来看，数据表是由简单的行列关系约束的一种二维数据结构，如图 11.3 所示。

1. 列

列（Column）指表中垂直方向的一组数据，由列名和列值两部分构成。一般地，表的一列包含同一类型的信息，列名指出了该列信息的含义。在数据库领域，属性（Attribute）、字段（Field）和列是同义词，即也可以用属性名/字段名、属性值/字段值来取代列名、列值。

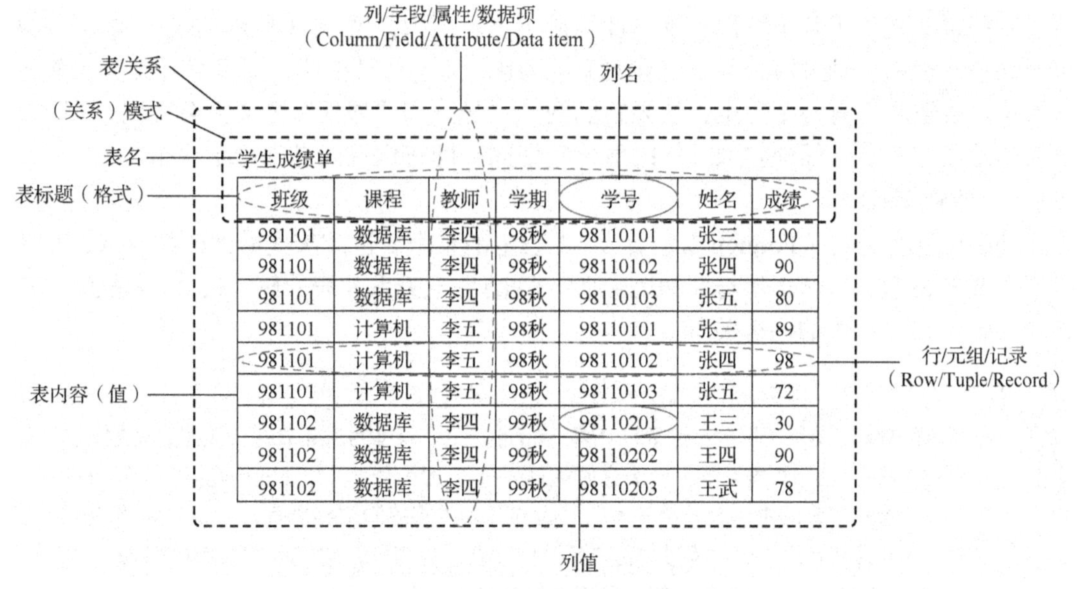

学生成绩单

班级	课程	教师	学期	学号	姓名	成绩
981101	数据库	李四	98秋	98110101	张三	100
981101	数据库	李四	98秋	98110102	张四	90
981101	数据库	李四	98秋	98110103	张五	80
981101	计算机	李五	98秋	98110101	张三	89
981101	计算机	李五	98秋	98110102	张四	98
981101	计算机	李五	98秋	98110103	张五	72
981102	数据库	李四	99秋	98110201	王三	30
981102	数据库	李四	99秋	98110202	王四	90
981102	数据库	李四	99秋	98110203	王武	78

图 11.3　数据表的构成要素及概念示意图

例如，在图 11.3 中，“学号”是一个列名，而 98110101、98110201 等则是列值，列名“学号”指明该列所有列值的含义是“学号”。

2. 行

行（Row）指表中水平方向的一组数据。一般地，表中每一行由若干个列值组成，描述一个对象的不同特性。在数据库领域，元组（Tuple）、记录（Record）和行是同义词，即如果说一个元组或者一条记录，都是指的一行。

例如，在图 11.3 中，(981101，计算机，李五，98 秋，98110102，张四，98)，描述了学号为 98110102 的同学学习“计算机”课程的相关信息，即这行数据是围绕某个对象被关联在一起的。

3. 表

表（Table）由表名、列名及若干行数据组成。表中的一行反映的是某一个对象的相关数据，表中的一列反映的是所有对象在某一属性方面的数据，即数据是有相互关联关系的，因此，这种简单结构的二维表又被称为“关系”（Relation）。

因此，在数据库领域，以“表”这种形式反映数据组织结构的模型被称为“关系模型”。如图 11.3 所示，这整张表，包含了结构部分和数据部分，被称为“关系”。而其结构部分，包括表名和表的标题（即表中所有列的列名），被称为“关系模式”。图 11.3 所示的关系模式为“学生成绩单（班级，课程，教师，学期，学号，姓名，成绩）”。

在表的各种属性中，有两种类型的属性或属性组很重要，一个是码/键，一个是外码/外键。

4. 码/关键字

表中的某个属性或某些属性组合，如果它们的值能唯一地区分该表中的每一行，且如果去掉其中的任何一个属性便区分不开，这样的属性或属性组合称作“码”（Key），也称为“键”，或者关键字。如果一个关系有若干个码，则可选择其中的一个作为主码。

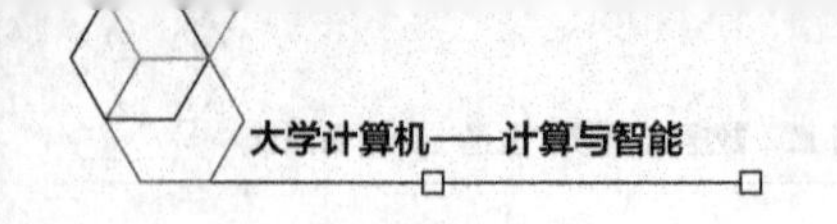

码的定义包含了两个特性：唯一性和最小性。例如，图 11.3 所示的表，属性组{学号，课程}就是码，它既可以唯一区分每个元组，又具有最小性，即学号和课程二者缺一不可。换言之，有两个元组，如果它们的“学号”和“课程”的值完全相同，那么，它们的姓名、专业和任课教师属性的值肯定相同，即它们只能是同一个元组。

5．外码/外键

外码也称为外键（Foreign Key），是 R 表中的某个属性或某些属性的组合 A，它可能不是 R 表的码，但它却是与 R 表有某种关联的另一关系 S 表的码。此时，A 被称为 R 表的外码，它与 S 表的码有关联。

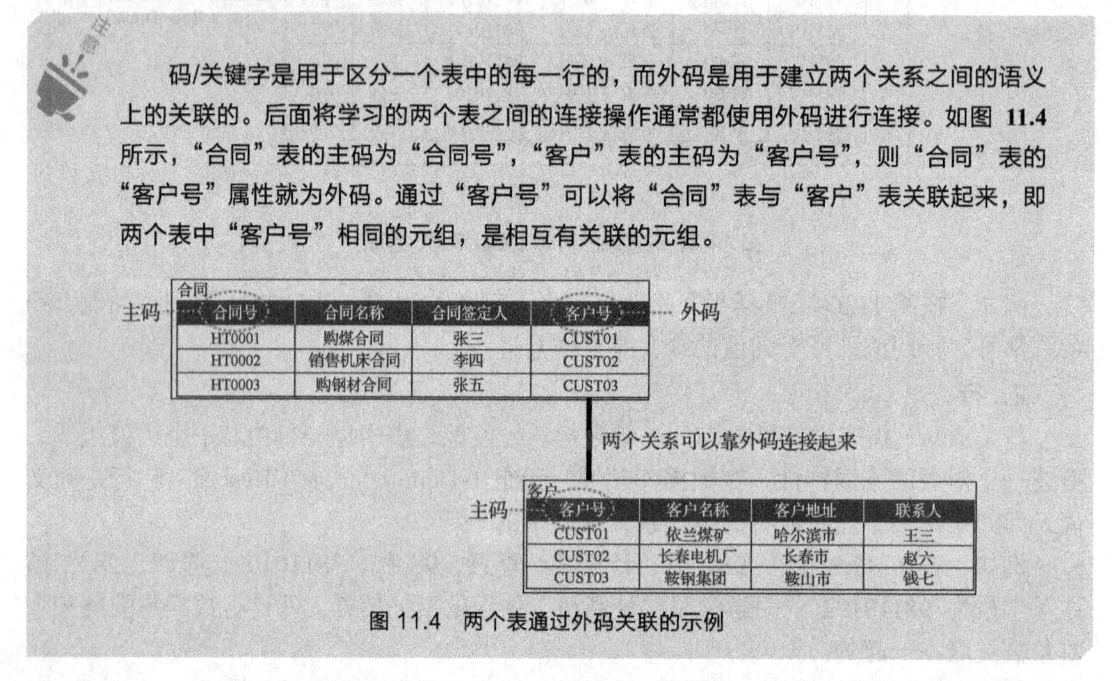

码/关键字是用于区分一个表中的每一行的，而外码是用于建立两个关系之间的语义上的关联的。后面将学习的两个表之间的连接操作通常都使用外码进行连接。如图 11.4 所示，“合同”表的主码为“合同号”，“客户”表的主码为“客户号”，则“合同”表的“客户号”属性就为外码。通过“客户号”可以将“合同”表与“客户”表关联起来，即两个表中“客户号”相同的元组，是相互有关联的元组。

合同

合同号	合同名称	合同签定人	客户号
HT0001	购煤合同	张三	CUST01
HT0002	销售机床合同	李四	CUST02
HT0003	购钢材合同	张五	CUST03

客户

客户号	客户名称	客户地址	联系人
CUST01	依兰煤矿	哈尔滨市	王三
CUST02	长春电机厂	长春市	赵六
CUST03	鞍钢集团	鞍山市	钱七

图 11.4　两个表通过外码关联的示例

通常，一个表用于描述客观世界中的一件事情，对不同事情的描述则用不同结构的表，如此若干数据表的集合便形成了一个数据库，因此，在关系模型中，数据库是指若干个关系的集合。

11.2.2　习与练：深入理解“表/关系”的特性

示例 1　关系和关系模式的异同点是什么?

答: 关系模式与关系是彼此密切相关但又有所区别的两个概念。它们之间是一种型与值的关系，型是数据的类型、形式、格式，值是该型下的一个个数据。

例如，列名是型，表示的是列的含义，列值就是值。关系模式是型，是所有列名的集合，定义的是元组的结构形式。关系是值，就是具有相同结构的若干个元组的集合。因此，所谓的定义“关系”，就是指定义该关系的关系模式，操纵“关系”就是指操纵该关系的元组。再通俗一些说，一个是关于“关系”的格式/结构的定义，一个是在该格式/结构下的数据的处理。数据格式和数据本身分开管理，这是数据管理的基本思维。

关系模式描述了关系的数据结构及语义限制，一般来说，它是相对稳定而不随时间

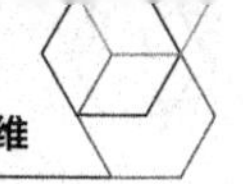

改变的；关系则是在某一时刻关系模式的当前值。例如，在图 11.3 中，“学生成绩单（班级，课程，教师，学期，学号，姓名，成绩）”是关系模式，而表中的若干行具体数据则构成了该关系模式下的一个关系。该表中记录了所有在校学生的课程成绩，但由于学生的课程成绩情况经常会发生变化，因而关系“学生成绩单”是动态变化的，但其关系模式一般是不会改变的，通俗些说，就是表的格式不会改变，但表中填写的数据可能会经常发生变化。

示例2 大家都说关系是与行列位置无关的，那既然行列位置无关，又怎样区分访问的是哪一行、哪一列数据呢？

答：关系的重要特性是行列位置无关性，即列的顺序可以任意交换，行的顺序也可以任意交换。怎样识别访问的是哪一行哪一列数据呢？不同的列是依“列名”来区分的，不同的行是依“关键字”的值来区分的，因此访问哪一列，要指明相应的“列名”，访问哪些行，要给出这些行的“关键字”的值的特征，与它们在表中的位置次序是无关的。这是数据库系统的重要特性，按名字而不是按位置进行处理。

示例3 关系和表是完全一致的概念吗？关键字的作用是什么？

答：关系是用数学形式严格定义的表，是用集合定义的概念，在后面会看到即“若干元组的集合被称为一个关系”，而集合中是没有重复元素的。现实应用中的表就是一组具有行列关系约束的数据，允许两行有重复。因此，数据库理论中的“关系”和数据库应用产品中的“表”，并不是完全一致的概念，通常说“关系”，则是无重复元组存在的，而通常说“表”，则可能有重复的元组，也可能没有重复的元组，需要特别指明。

在关系中，任意两个元组不能完全相同。在一个表中填写两行完全相同的数据是没有意义的，而且可能有负作用，例如，图 11.3 中统计学生选课的次数，如果出现完全相同的元组，统计便会出现问题，如本质上是同一行数据却被重复统计等。因此，为处理方便，要求一个表中不能出现完全相同的元组。

关键字属性的定义主要用于约束不能出现完全相同的两行或多行数据，同一个表中，关键字属性或属性组的值必须做到不能完全相同。

示例4 关系的定义要求“表中每一数据项必须是不可再分割的数据项”，即都应是如图 11.3 所示的按行按列管理的简单的二维表，满足这个性质的表称为规范化关系。而现实当中经常出现如图 11.5 所示的表，即非规范化的关系，此时该如何处理呢？

家庭

户口本证件号	丈夫	妻子	子女		住址	
			第一个	第二个		
000001	李基	王芳	李健		<1 地址>	<2 地址>
000002	张鹏	刘玉	张睿	张峰	<A 地址>	

图 11.5 非规范化的关系示意

答：对图 11.5 所示的表，可将其拆分成图 11.6 所示的 3 个表进行处理，以使每个表都满足规范化关系的要求。

读者可对比图 11.5 和图 11.6。对图 11.5，一个“家庭”有不多于 2 个子女的情况是可以填写的，但如果有 3 个或 3 个以上子女该如何填写呢？是否要一列列的增加呢？显然，列的增加需要改变表的定义，将会很麻烦；同样，一个“家庭”如有不多于 2 个的家庭住址是可以填写的，但如果有3个以上的家庭住址，是否也要增加列数呢？将其拆分成图11.6所示的3个表后，则前述问题在不改变表的定义的前提下，都是可以填写的，是否有很大的好处呢？这只是好处，但有什么问题呢？那就是对图11.5的表只要查一个表就可获得所有信息，而对图11.6的表则需将3个表关联起来进行查询才能获得所有信息。

家庭

户口本证件号	丈夫	妻子
000001	李基	王芳
000002	张鹏	刘玉

家庭子女

户口本证件号	子女	排序
000001	李健	1
000002	张睿	1
000002	张峰	2

家庭住址

户口本证件号	住址
000001	<1 地址>
000001	<2 地址>
000002	<A 地址>

图 11.6 非规范化的关系拆分示意

拆分的原则是怎样的呢？首先要清楚图11.5所示的表“家庭”的关键字是哪一个，可看出“户口本证件号”可作为关键字，能唯一区分开每一行，即一个证件号代表一个家庭。其次，哪些列需要拆分呢？如“住址”属性相对于关键字而言，是有多个值的，即多值属性，这种多值属性需要用另外的表进行存储，但为和本表发生关联，需要将本表的关键字和此多值属性共同构成一个新表——家庭住址。同样的，“子女”属性也是一个多值属性，也需将本表的关键字和此多值属性共同构成一个新表——家庭子女。这里，“户口本证件号”是“家庭”表的主码，是“家庭子女”和“家庭住址”2个表的外码，是这3个表之间的连接纽带，靠此属性，可实现这3个表无错误的联合查询。因此，任何非规范化关系都可被转化成规范化关系来处理。

示例5 请结合实际，针对下列几个关系模式分别应选择哪一个属性或属性组作为关键字呢？

（1）学生注册表（学号，姓名，性别，年龄，班级，家庭住址）。

（2）学生成绩单（学号，课号，教师编号，学期，成绩）。

（3）图书借阅单（图书号，借书证号，借阅日期，归还日期）。

（4）物资入出库单（物资编码，日期，出入类别，数量，金额）。

答：（1）学生注册表，应该是一个学生注册一次即可，不需要重复注册，因学号可以唯一区分开每一个学生，故“学号”可作为关键字。“姓名”不可以作为关键字，因为可能有重名的同学，单靠姓名无法区分每一个学生。其他属性与此类似。

（2）学生成绩单，通常一个学生一门课程有一个成绩，因此“学号，课号”联合在一起可区分开每一行，故“学号，课号”这个属性组可作为关键字。但因有补考情况的存在，如果既需要记录正考的成绩，又需要记录补考的成绩，一个学生一门课程则有两个及以上的成绩，则需“学号，课号，学期”作为关键字，通常正考和补考在两个不同学期进行。如果正考和补考可能在同一学期进行，则需增加一个新属性，比如“序号”，才能符合关键字的要求。注意，确定了关键字，即确定了数据的处理规则，它是和业务工作密切相关的。随意改变关键字，可能会影响信息系统程序的正确性。如原来是一个属性作为关键字，现在改为两个属性联合作为关键字，则先前的针对一个属性关键字的程序在查询和处理过程中会出现行为异常，需要特别注意。

（3）图书借阅单，一个同学可能对同一本图书有多次借还，因此"图书号，借书证号，借阅日期"3个属性联合才能区分开每一行，故可为关键字。

（4）物资入出库单，如果能够确认一种物资一天只能入库最多一次和出库最多一次，则关键字可以为"物资编码，日期，出入类别"。否则需要增加一新属性"序号"作为关键字，以区分同一天一种物资可以多次出库和入库。

通过以上描述可以看出，在表的设计中，关键字属性的确定非常重要。

11.3　数据表的基本操作：关系操作

关系模型Ⅱ
关系运算：并、差、交、积

11.3.1　熟悉表的基本操作：关系操作

关系操作是指关系模型能够提供哪些运算或操作以便用户可以源源不断地构造新的关系。关系模型至少提供5种基本的关系操作，包括并、差、笛卡儿积、选择、投影，以及两种常用的关系操作包括交和连接操作。依靠这些操作的各种组合，可以表达对一个或多个关系的各种查询和处理需求。

下面先给出这7种操作简单而直观的描述，然后再通过练习熟悉并掌握这些操作的应用。

并、差和交操作需要有个前提，就是关系R和关系S必须具有相同的属性数目，且相应的属性值必须是同一类型的数据。其他操作无须满足此前提。

1．并操作

关系R和关系S的并操作的结果是将两个关系的元组合并形成一个新关系，使之既包括关系R的元组，又包括关系S的元组，被记为R　UNION　S或者$R \cup S$。

2．差操作

关系R和关系S的差操作的结果是由属于R但不属于S的元组组成的新关系，即从关系R中将属于关系S的元组去掉，被记为R　DIFFERENCE　S或者$R-S$。

3．交操作

关系R和关系S的交操作的结果是由同时属于R和S的元组组成的新关系，被记为R　INTERSECT　S或者$R \cap S$。

4．选择操作

选择操作是从某个给定关系R中筛选出满足限制条件Condition的元组，即从所有的行中选择出某些行的数据，Condition可以是条件表达式，它用属性名作为变量，被记为$\text{SELECTION}_{\text{Condition}}(R)$或者$\sigma_{\text{Condition}}(R)$。

5．投影操作

投影操作是从给定的关系R中保留指定的属性子集而删去其余属性，并且它可对留下的属性的排列次序做调整，被记为$\text{PROJECTION}_{\text{属性名}1,\cdots,\text{属性名}n}(R)$或者$\pi_{\text{属性名}1,\cdots,\text{属性名}n}(R)$。其中，"属性名1，…，属性名$n$"指出了保留哪些属性及其排列次序。

6．笛卡儿积操作

笛卡儿积操作是将两个关系R和关系S拼接起来的一种操作，它由一个关系R的每个元组和另一个关系 S 的每一个元组组合并拼接成一个新元组，由这样的所有新元组构成的关系便是笛卡儿积操作的结果，被记为 R PRODUCT S 或者 $R \times S$。

7．连接操作

连接操作是将两个关系 R 和关系 S 中满足一定条件的元组拼接成一个新元组，由这样的新元组构成的关系便是连接操作的结果，这个条件便称为连接条件，被记为 R JOIN S ON $A\ \theta B$ 或者 $R \underset{A\theta B}{\bowtie} S$，其中 A 为关系 R 的属性、B 为关系 S 的属性，θ为各种比较运算符，也可以用复杂的连接条件替换 $A\ \theta B$。

在数据库中一般最常使用的是自然连接操作，即要求两个关系的同名属性值相同的情况下，才能将两个关系的元组拼接成一个新元组，同时在新元组中去掉一组重复属性。自然连接操作被记为 R NATURAL JOIN S 或者 $R \bowtie S$。

特别注意选择操作是从某个关系中选取一组行的子集，投影操作是从某个关系中选取一组“列”的子集，它们都是对一个关系进行的操作，而笛卡儿积操作和连接操作则是对两个关系的操作——笛卡儿积操作是对两个关系的所有元组的所有组合进行拼接操作，而连接操作是对两个关系的满足连接条件的元组的组合与拼接操作。一般的连接操作是对两个关系的任何连接条件的连接操作，而自然连接操作是对两个关系的特殊条件，即所有的“同名属性，值必须相等”这个条件的连接操作。

图 11.7 所示为关系基本操作的差异示意。

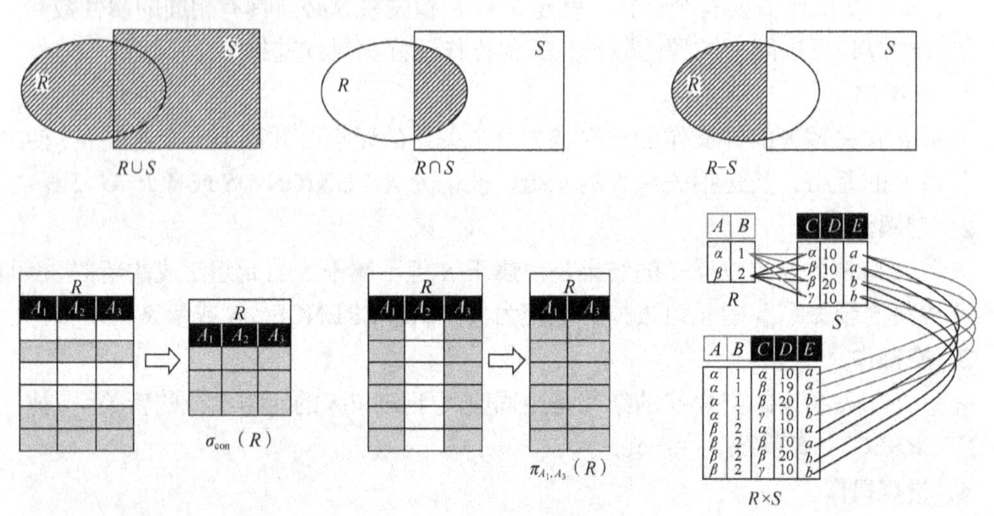

图 11.7 关系基本操作的差异示意图

11.3.2 习与练：用关系操作及其组合操纵数据

关系模型 III
关系运算：选择、投影、连接

示例6 熟悉关系操作的若干特性。假设关系 R 的属性数目为 p，元组数目为 m；关系 S 的属性数目为 q，元组数目为 n。$V(A,R)$、$V(A,S)$分别表示关系 R、S 中属性 A 出现非重复值的个数。回答下列问题。

（1）若要进行 $R \cup S$、$R \cap S$ 和 $R-S$，则 p 和 q 的关系是怎样的？

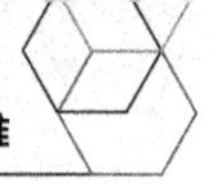

（2）若要进行 $R\times S$、$R \cup S$、$R \cap S$、$R-S$、$\sigma_{\text{Condition}}(R)$、$\pi_{\alpha}(R)$，假设结果关系的属性数目 I、元组数目 J，问 I、J 与 p、q、m、n 的关系是怎样的？

（3）假设关系 R 和关系 S 只有共同的 A 属性，结果关系的属性数目 I、元组最大数目 J，①问做关系 R 和关系 S 的自然连接运算，I 和 J 与 p，q，m，n，$V(A,R)$，$V(A,S)$ 之间的关系是怎样的？②若已知 A 是关系 R 的码，则做关系 R 和关系 S 的自然连接运算，I 和 J 与 p，q，m，n，$V(A,R)$，$V(A,S)$之间的关系是怎样的？③若已知 A 是关系 S 参照关系 R 的外码，则做关系 R 和关系 S 的自然连接运算，I 和 J 与 p，q，m，n，$V(A,R)$，$V(A,S)$之间的关系是怎样的？

答：（1）$p=q$。做此 3 种操作需要关系 R 和关系 S 属性数目相等，且对应属性值是相同数据类型。

（2）$R\times S$ 操作，则 $I=p+q$，$J=m\times n$。$R \cup S$ 操作，则 $I=p=q$，$J\leqslant m+n$，因为关系 R 和关系 S 中可能有重复的元组，只能保留 1 个。$R \cap S$ 操作，则 $I=p=q$，$J\leqslant \min(m,n)$。$R-S$ 操作，则 $I=p=q$，$J\leqslant m$。$\sigma_{\text{Condition}}(R)$操作，则 $I=p$，$J\leqslant m$。$\pi_{\alpha}(R)$操作，则 $I\leqslant p$，$J=m$。

（3）①：$I=p+q-1$，可以求得。J 是求最大值，怎么求呢？分析一下。关系 R 中属性 A 出现非重复值的个数为 $V(A,R)$，说明该关系中 A 值相同的元组最多有 $m-V(A,R)+1$ 个，同样，关系 S 中属性 A 出现非重复值的个数为 $V(A,S)$，说明该关系中 A 值相同的元组最多有 $n-V(A,S)+1$ 个。因此，自然连接的结果元组数目最多时，应该是这两个关系中出现 A 值最多重复的恰巧又相等，其他 $V(A,R)-1$ 个元组均只出现 1 次。如果关系 R 和关系 S 的元组均只出现 1 次，则自然连接后该元组最多也只产生 1 个元组，此时关系 R 和关系 S 自然连接后的元组数应为关系 R 和关系 S 中的元组数目的最小者。

因此，$J=(m-V(A,R)+1)\times(n-V(A,S)+1)+\min\{V(A,R)-1, V(A,S)-1\}$。

举个例子试验一下：假设 $m=5$，$n=6$，$V(A,R)=3$，$V(A,S)=4$，则 $J=11$ 个元组，即自然连接后产生的最多元组数是 11 个。

②③：$I=p+q-1$，可以求得。J 是求最大值，怎么求呢？分析一下。②③实际上是一道题，都是指出 A 是关系 R 的码，只是②是直接给出，而③是通过外码的概念给出，多考了一个概念"外码"，即若已知 A 是关系 S 参照关系 R 的外码，则 A 是关系 R 的码。本题的关键是，如果 A 是关系 R 的码，则关系 R 中 A 的属性值是没有重复的，即关系 R 中每一个不同的 A 值仅存在一个元组。此时关系 S 中的每个元组与关系 R 自然连接的结果是，其将仅与关系 R 中至多 1 个元组进行连接。因此 $J=n$。

举个例子试验一下：假设 $m=5$，$V(A,R)=5$，$n=10$，$V(A,S)\leqslant 5$，则 $J=10$ 个元组，即自然连接后产生的最多元组数是 10 个。$V(A,R)=5$，则 $V(A,S)\leqslant 5$，这是由 A 是 S 的外码决定的。如果没有声明 A 是 S 的外码，则可能 $V(A,S)\leqslant n$，结果是一样的。

示例7 已知关系 S 是学生关系，关系 C 是课程关系，关系 SC 是选课关系。参照图 11.8 给出的 3 个关系的数据。请阅读下列关系操作组合式，并用自然语言准确表述该操作的含义。

（1）$S-\sigma_{\text{班级}=\text{"1309"}}(S)$

（2）$\pi_{\text{班级}}(S \bowtie \sigma_{\text{成绩}<60}(SC))$

（3）$\pi_{\text{课程号，学分}}(C)$

（4）$\pi_{\text{教师，课程号，学分}}(C)$

（5）$\sigma_{\text{身高}>=1.80}(S)$

pS（学生）

学号	姓名	性别	班级	身高
1309203	欧阳林	女	1309	1.62
1208123	王义平	男	1208	1.71
1104421	周远行	男	1104	1.83
1309119	李维	女	1309	1.68
1209120	王大力	男	1209	1.75

C（课程）

课程号	学时	学分	学期	教师
CS-110	60	3	秋	张敏
CS-201	80	4	春	张敏
CS-221	40	2	秋	李刚
EE-122	106	5	秋	李静
EE-201	45	2	春	王明

SC（选课）

学号	课程号	成绩
1309203	CS-110	82.5
1309203	CS-201	80
1309203	EE-201	75
1208123	EE-122	54
1208123	EE-201	83
1104421	EE-201	100
1104421	CS-110	55
1309119	CS-110	72
1309119	CS-201	40
1209120	CS-221	75
1208123	CS-221	90
1208123	CS-201	83
1209120	CS-201	70

图 11.8　3 个关系及其初始数据

（6）$\sigma_{\text{身高}>=1.80\ \text{and 性别}=\text{"女"}}(S)$

（7）$\sigma_{\text{班级}<>\text{"1309"}\ \text{and 性别}<>\text{"女"}}(S)$

（8）$\sigma_{\text{成绩}<60\ \text{and 性别}=\text{"女"}}(S)$

（9）$\pi_{\text{学号}}(SC)-\pi_{\text{学号}}(\sigma_{\text{成绩}<60}(SC))$

（10）$\pi_{\text{班级}}(S)-\pi_{\text{班级}}(S \bowtie \sigma_{\text{成绩}<60}(SC))$

（11）$\pi_{\text{姓名,班级}}(S \bowtie (\pi_{\text{学号}}(SC)-\pi_{\text{学号}}(\sigma_{\text{成绩}<60}(SC))))$

答：（1）检索不包含 1309 班同学的所有同学。

（2）检索包含成绩不及格同学的所有班级。

（3）列出每门课程及其学分。

（4）列出每位教师所开课程及其学分。

（5）列出身高不低于 1.80 的所有学生的信息。

（6）列出身高不低于 1.80 的所有女学生的信息。

（7）列出不属于 1309 班且不是女学生的所有学生信息。

（8）列出所有不及格的女学生的信息。

（9）检索所有课程成绩都及格的学生的学号。

此题$\pi_{\text{学号}}(\sigma_{\text{成绩}<60}(SC))$是有不及格课程的学生的学号，因此$\pi_{\text{学号}}(SC)$是学过课程的所有学生的学号，差运算就是所有学过课程的学生中去掉有不及格课程的学生，即如答案。

（10）检索所有学生成绩都及格的班级。

此题$\pi_{\text{班级}}(S \bowtie \sigma_{\text{成绩}<60}(SC))$是有不及格课程的班级，因此$\pi_{\text{班级}}(S)$是所有的班级，差运算就是所有班级中去掉有不及格课程的班级，即如答案。

（11）检索所有课程成绩都及格的学生姓名及其所在班级。

示例8 已知关系 S 是学生关系，关系 C 是课程关系，关系 SC 是选课关系。参照图 11.8 给出的 3 个关系的数据。请按检索需求写出相应的关系操作组合式。

（1）检索有课程不及格的学号、课程号、成绩。

（2）检索有课程不及格的学号、课程号、学分及成绩。

（3）检索有学分不低于 4 的课程不及格的学号、课程号、学分及成绩。

（4）检索有课程不及格的学生姓名、课程、学分、成绩及其所在班级。

（5）检索 1309 班有学分不低于 4 的课程不及格的学号、课程号、学分及成绩。

（6）检索既学过 CS-110 课程，又学过 CS-201 课程的学生的学号。

（7）检索既学过 CS-110 课程，又学过 CS-201 课程的学生的学号、姓名、班级。

（8）检索既没有学过 CS-110 课程，又没有学过 CS-201 课程的学生的学号。

题目解析： 这是一组递进式训练题目，由简单的关系操作书写，到复杂的关系操作组合式的书写，训练读者正确理解查询需求并用关系操作及其组合正确表达查询需求的能力。

答：（1）$\sigma_{成绩<60}(SC)$。

（2）$\pi_{学号,\ C.课程号,学分,成绩}(\sigma_{成绩<60}(SC \bowtie C))$或者$\pi_{学号,\ C.课程号,学分,成绩}(\sigma_{成绩<60}(SC) \bowtie C)$。

此题两种写法执行结果是一样的，但后一种写法应该比前一种写法运算速度快，因为后者是先做选择，再做连接，选择运算将使两个关系的组合量极大地变小。

（3）$\pi_{学号,\ C.课程号,学分,成绩}(\sigma_{成绩<60\ \text{and}\ 学分>=4}(SC \bowtie C))$或者$\pi_{学号,\ C.课程号,学分,成绩}(\sigma_{成绩<60}(SC) \bowtie \sigma_{学分>=4}(C))$。

（4）$\pi_{姓名,C.课程号,学分,成绩,班级}(\sigma_{成绩<60}(S \bowtie SC \bowtie C))$。

此题写法体现的是最基本的思维模式，首先分析题意都涉及哪些关系，可以看出涉及关系 S，关系 SC 和关系 C，因此第一步就是先将这 3 个表做自然连接，形成一个大的关系$(S \bowtie SC \bowtie C)$，然后再做选择操作，书写相关的条件得到$\sigma_{成绩<60}(S \bowtie SC \bowtie C)$，最后再做投影运算，保留需要的列得到$\pi_{姓名,C.课程号,学分,成绩,班级}(\sigma_{成绩<60}(S \bowtie SC \bowtie C))$。这种由内及外、一个操作施加于另一个操作的结果之上，再施加一个操作，再施加一个操作，一层层构造的思维是用关系操作表达各种查询的基本思维模式，即它不是由外及内、由左至右的书写，而是由内及外，一层层构造，这是我们要训练的。

（5）$\pi_{姓名,C.课程号,学分,成绩}(\sigma_{成绩<60\ \text{and}\ 班级="1309"}(S \bowtie SC \bowtie C))$或者$\pi_{姓名,C.课程号,学分,成绩}(\sigma_{班级="1309"}(S) \bowtie \sigma_{成绩<60}(SC) \bowtie C)$。

（6）$\pi_{学号}(\sigma_{课程号="CS-110"}(SC)) \cap \pi_{学号}(\sigma_{课程号="CS-201"}(SC))$。

（7）$\pi_{学号,姓名,班级}((\pi_{学号}(\sigma_{课程号="CS-110"}(SC)) \cap \pi_{学号}(\sigma_{课程号="CS-201"}(SC))) \bowtie S)$。

（8）$\pi_{学号}(S) - (\pi_{学号}(\sigma_{课程号="CS-110"}(SC)) \cup \pi_{学号}(\sigma_{课程号="CS-201"}(SC)))$。

此题可转换为“从所有学生中，去掉‘或者学过 CS-110 课程或者学过 CS-201 课程’的学生”。不可以写作$\pi_{学号}(\sigma_{课程号<>"CS-110"}(SC)) \cap \pi_{学号}(\sigma_{课程号<>"CS-201"}(SC))$，或者$\pi_{学号}$(σ课程号<> "CS-110"(SC)) ∪ π学号(σ课程号<> "CS-201"(SC))，这两个关系操作表达式是有问题的，参见图 11.8 中的数据，按需求，查询结果应不包括 1309203 同学，但看此表达式$\pi_{学号}(\sigma_{课程号<>"CS-110"}(SC))$，结果包含了 1309203 同学，而$\pi_{学号}(\sigma_{课程号<>}$

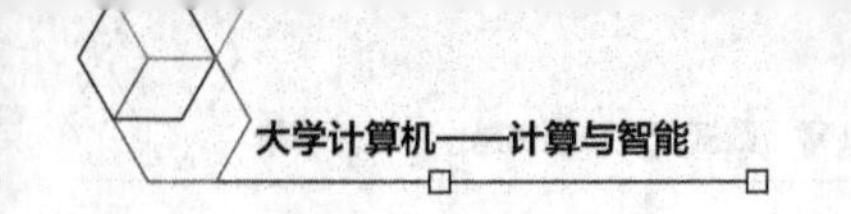

$_{\text{"CS-201"}}(SC)$)也包含了 1309203 同学，因此无论是用交操作还是并操作，结果都将包含 1309203 同学，与题意不符。请读者思考一下，为什么会出现此问题呢？

示例9 已知关系 S 是学生关系，关系 C 是课程关系，关系 SC 是选课关系。参照图 11.8 给出的 3 个关系的数据。请阅读下列关系操作组合式，并用自然语言准确表述该操作的含义。

（1）$\sigma_{\text{课程号="EE-201" and 课程号="EE-122"}}(SC)$

（2）$\pi_{\text{学号, 姓名}}(\sigma_{\text{课程号 <> "EE-122"}}(S \bowtie SC))$

（3）$\pi_{\text{学号, 姓名}}(S - \sigma_{\text{课程号 ="EE-122"}}(S \bowtie SC))$

（4）$\pi_{\text{学号, 姓名}}(\sigma_{\text{课程号 ="EE-122"}}(S \times SC))$

答:（1）结果为空，注意它不表示“既学过 EE-201 课程又学过 EE-122 课程的学生”。选择操作是按行检查选择运算符下面的条件，对于 SC 的一行数据，当条件“课程号="EE-201"”为真时，则条件“课程号="EE-122"”一定为假，反之亦然。因此，“课程号="EE-201" and 课程号= "EE-122"”将始终为假。注意，它与此组合式的差别：$\sigma_{\text{课程号="EE-201" or 课程号= "EE-122"}}(SC)$，该组合式表示了“或者学过 EE-201 课程，或者学过 EE-122 课程的同学”，这是正确的。

（2）该组合式的结果几乎为所有学过课程的学生，即只有当一个同学仅学过一门课程且是 EE-122 课程时，结果才不包括该学生，否则均被包括在内。注意此组合式不表示“没学过 EE-122 课程的学生”。参照图 11.8 分析一下，假设该同学没有学过 EE-122 课程，则满足“课程号 <> "EE-122"”这个条件，被包括在结果关系中；假设该同学学过 EE-122 课程，且还学习了一门其他课程，很显然它至少包含 2 行数据，而对后一行数据，显然也满足“课程号 <> "EE-122"”这个条件，因此该同学也将被包括在结果关系中。

（3）该组合式是错误的，不满足差运算的前提“两个关系的属性数目要求相等”。看题，S 是 5 个属性，$\sigma_{\text{课程号 ="EE-122"}}(S \bowtie SC)$因没做投影，其应有 7 个属性，二者不能做差运算。此组合式正确的写法应为$\pi_{\text{学号, 姓名}}(S - \pi_{\text{学号, 姓名,性别, 班级, 身高}}(\sigma_{\text{课程号 ="EE-122"}}(S \bowtie SC)))$，表示“没有学过 EE-122 课程的所有学生”。

（4）该组合式的结果为所有学生，其并不表示“学过课程 EE-122 的同学”。原因是其后做的是笛卡儿积操作，而不是自然连接操作。若一定用笛卡儿积操作而不用自然连接操作，则需在选择操作的条件中应加上连接条件“S.学号=SC.学号”，即$\pi_{\text{学号, 姓名}}(\sigma_{\text{课程号 ="EE-122" and }S.\text{学号}=SC.\text{学号}}(S \times SC))$，这样才正确地表达了“学过课程 EE-122 的学生”。特别强调，当用笛卡儿积操作而不用自然连接操作时，一定不要忘记连接条件的书写。

这几个例子告诉我们，数据管理，一定要有严谨的思维，尤其是在要求“以数据说话”的信息社会，所谓“差之毫厘，谬以千里”。如果将来要编写程序处理数据，用了错误的表达式但自己还认为是正确的，将会造成什么后果呢？怎么敢相信你这个程序呢？因此训练自己的严谨思维能力是未来数据管理工作者的重要任务。

示例10 （1）$R \cap S = R - (R - S) = S - (S - R)$，能证明吗？

（2）下列推导过程错在哪里了？

$R \cap S = R - (R - S) = R - R + S = S$

$R \cap S = S - (S - R) = S - S + R = R$

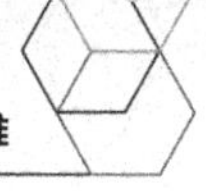

答：（1）按差运算的定义，$R-S$ 表示是关系 R 的元组但不是关系 S 的元组。关系 R 的元组由两部分构成，即“关系 R 的所有元组”等于“是关系 R 的元组但不是关系 S 的元组”加上“是关系 R 的元组但也是关系 S 的元组”。前一部分即 $R-S$，后一部分按照交运算的定义，即 $R \cap S$。因此 $R \cap S=R-(R-S)$。

即从关系 R 中将“是关系 R 的元组但不是关系 S 的元组”去掉，则剩余的就是“是关系 R 的元组但也是关系 S 的元组”。同理可证明 $R \cap S=S-(S-R)$。

（2）推导过程中，$R \cap S=R-(R-S)$是正确的，但 $R-(R-S)=R-R+S$ 是错误的，这里的差运算是集合的差运算，而不是代数的减法，不能应用代数加减法打开括号。同理，$S-(S-R)=S-S+R$ 也是错误的，其用代数加减法打开括号，所以产生了错误的结果。

11.4　扩展学习：关系及关系代数

11.4.1　关系：“表”的数学定义

前面几节用非严格的形式描述了表相关的术语及相关的操作，使用了“关系”这个术语，而关系是用数学形式对表的严格的定义。怎样把一张表定义清楚呢？所谓的定义清楚，是指要将其包含几行几列，每行每列取什么值都表示清楚。

如图 11.9 所示，表可以这样来定义。首先定义一张表包含几列。那每列的列值怎么定义呢？一个表中的列值具体是什么可能不知道，取决于用户，但一列中的所有可能的取值是可以定义清楚的，因此需定义一个概念：域（或者称值域），是每一列的列值的取值范围。换句话说，该列的列值一定是来自于该值域的某一个值。一个表 n 列，则就有 n 个域，当然两列或者多列可以共享同一个值域。列和列值定义清楚了，接着要定义元组。从 n 个域中的每个域取一个值，形成的一个值的组合称为一个元组。同样，一个表中具体的元组可能也不知道，但能说清楚所有可能的元组，即 n 个域中每个域的所有值都和其他域的值进行组合，这所有的组合这里定义为笛卡儿积，指的是表中元组的最大范围，换句话说，表中的元组一定是来自于该笛卡儿积的某一个元组。基于此，认为表中的元组是笛卡儿积中具有某种含义的元组，这些元组的集合被称为关系，由一个关系名来表征，同样，关系中的每列，虽然其值来自于值域，在此表中的列值有特定的含义，需要特别命名，就形成了属性名，列也就是属性。理解这些内容后，再理解下面的定义应该就不会很难了。

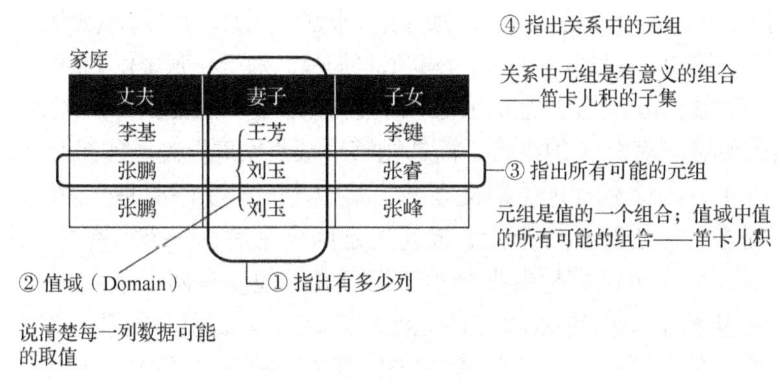

图 11.9　表的数学定义过程示意

定义 11.1 域。

域（Domain）是值的集合。

例如，整数、大于 10 小于 180 的正整数、{男，女}、实数等都可以是域。在数据库系统中，域可以简单地用数据类型来代替。但严格的定义，域不仅仅是数据类型，还包括在此数据类型基础上设定的取值约束条件。集合中元素的个数通常称为基数（Cardinality），因此，域的基数就是指域中值的个数。

定义 11.2 笛卡儿积。

给定一组域 D_1，D_2，…，D_n，这些域可以相同，也可以不同，则域 D_1，D_2，…，D_n 的笛卡儿积（Cartesian Product）为：

$D_1 \times D_2 \times \cdots \times D_n = \{(d_1, d_2, \cdots, d_n) \mid d_i \in D_{i/i}, i=1, 2, \cdots, n\}$

其中每一个元素（$d_1, d_2, \cdots, d_n$）叫作一个 n 元组（n-tuple），或简称为元组；元素中每一个值 d_i 叫作一个分量（Component）。笛卡儿积为从每一个域 D_i 中任取一个值 d_i 所组成的所有可能的元组的集合。若 D_i（$i=1, 2, \cdots, n$）为有限集，其基数（元素个数）为 m_i（$i=1, 2, \cdots, n$），则 $D_1 \times D_2 \times \cdots \times D_n$ 的基数为 $m = \prod_{i=1}^{n} m_i = m_1 \times m_2 \times \cdots \times m_n$。

定义 11.3 关系。

$D_1 \times D_2 \times \cdots \times D_n$ 的一个子集称为在域 D_1，D_2，…，D_n 上的一个关系（Relation）。

这里关系的每一列的列值集合应有一个唯一的属性名，以确定该列列值的含义，n 个域 n 列应有 n 个不同的属性名 $A_1, A_2, \cdots, A_n$，而整个关系用一个关系名 R 来表示。因此，关系被表达为 $R(A_1\text{: } D_1，A_2\text{: } D_2，\cdots，A_n\text{: } D_n)$，或者简单写为 $R(A_1，A_2，\cdots，A_n)$，此即关系模式，刻画了关系的结构。其中 A_i: D_i 表示属性 A_i 的值来自于域 D_i。n 是关系的目或度（Degree）。n 目关系即有 n 个属性。关系中元组的数目称为关系的基数。

示例 11 “家庭”关系的定义过程。

参见图 11.9。首先定义 3 个域：

D_1 = 男人（MAN）＝ {李基，张鹏}

D_2 = 女人（WOMAN）＝ {王芳，刘玉}

D_3 = 儿童（CHILD）＝ {李健，张睿，张峰}

接着给出这 3 个域的笛卡儿积 $D_1 \times D_2 \times D_3$，用集合表示就是：

{(李基，王芳，李健)，(李基，王芳，张睿)，(李基，王芳，张峰)，(李基，刘玉，李健)，(李基，刘玉，张睿)，(李基，刘玉，张峰)，(张鹏，王芳，李健)，(张鹏，王芳，张睿)，(张鹏，王芳，张峰)，(张鹏，刘玉，李健)，(张鹏，刘玉，张睿)，(张鹏，刘玉，张峰)}

共有 12 个元组，笛卡儿积是 n 个值域中值的所有可能组合，但这所有组合并没有什么意义，因此要选取有意义的组合，就是能够形成“家庭”关系的组合，即“家庭（丈夫，妻子，子女）”，则就有一定的语义含义，其中丈夫与妻子应是一对一的，而父母与子女可能是一对多的。如图 11.9 所示，描述的是两个家庭，一个家庭是由李基、王芳和其子女李健组成；另一个家庭是由张鹏和刘玉组成，他们有两个子女——张睿和张峰。图 11.9 实际上是从笛卡儿积的 12 种可能元组中选取能构成家庭关系的 3 个元组构成的。

此时“家庭”的关系模式为“家庭(丈夫：男人，妻子：女人，子女：儿童)”。

亦可仅定义一个域：“自然人”={李基，张鹏，王芳，刘玉，李健，张睿，张峰}，

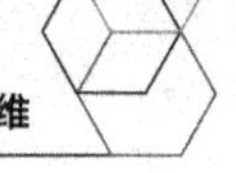

使得：

D_1 = “自然人” ={李基，张鹏，王芳，刘玉，李健，张睿，张峰}

D_2 = “自然人” ={李基，张鹏，王芳，刘玉，李健，张睿，张峰}

D_3 = “自然人” ={李基，张鹏，王芳，刘玉，李健，张睿，张峰}

此时这 3 个域的笛卡儿积 $D_1 \times D_2 \times D_3$ 的基数为 7×7×7=343。“家庭”关系亦可在此基础上定义，即“家庭（丈夫：自然人，妻子：自然人，子女：自然人）”。这说明，关系中属性名是不允许重复的，但不同属性对应的域可以是相同的。

11.4.2　关系代数：“表”操作的数学定义

在以数学方式定义了关系后，就可以以数学的方式定义关系上的基本操作，这就是关系代数，即以关系为对象的一组高级运算的集合，它可分为两类。

传统的集合运算，包括“并”“交”“差”“笛卡儿积”。这类运算将关系看成元组的集合，其运算是从关系的“水平”方向即表格中行的角度来进行的。专门的关系运算，包括“投影”“选择”“连接”“自然连接”，这类运算不仅涉及表格中的行，而且涉及列。

关系代数的运算对象是关系，运算结果亦为关系。关系代数的运算符如下。

集合运算符：$\cup$（并），$-$（差），$\cap$（交），$\times$（广义笛卡儿积）；

专门的关系运算符：σ（选择），π（投影），$\bowtie$（连接）。

1. 传统的集合运算

传统的集合运算是两个关系的运算。设关系 R 和关系 S 都是 n 目关系，且相应的属性值取自同一个域，则可以定义如下 4 种运算：

定义 11.4 并。

关系 R 和关系 S 的并（Union）记为 $R \cup S$，结果仍为 n 目关系，定义为：

$R \cup S = \{ t \mid t \in R \lor t \in S \}$，其中 t 是元组变量，表示关系中的元组。即关系 R 和关系 S 的“并”是由属于关系 R 或者属于关系 S 的元组组成的集合。

$R \cup S$ 与 $S \cup R$ 运算的结果是同一个关系。计算示例如图 11.10 所示。

R

A_1	A_2	A_3
a	b	c
a	d	g
f	b	e

S

B_1	B_2	B_3
a	b	c
a	b	e
a	d	g
h	d	g

$R \cup S$

C_1	C_2	C_3
a	b	c
a	d	g
f	b	e
a	b	e
h	d	g

图 11.10　并运算计算结果示意（A_i，B_i，C_i具有对应关系）

定义 11.5 差。

关系 R 和关系 S 的差（Difference）记为 $R-S$，结果仍为 n 目关系，定义为：

$R - S = \{ t \mid t \in R \land t \notin S \}$，其中 t 是元组变量，表示关系中的元组。即关系 R 和关系 S 的“差”是由属于关系 R 但不属于关系 S 的元组组成的集合。

注意，$R-S$ 与 $S-R$ 是不同的。计算示例如图 11.11 所示。

定义 11.6 交。

关系 R 和关系 S 的交（Intersection）记为 $R \cap S$，结果仍为 n 目关系，定义为：$R \cap$

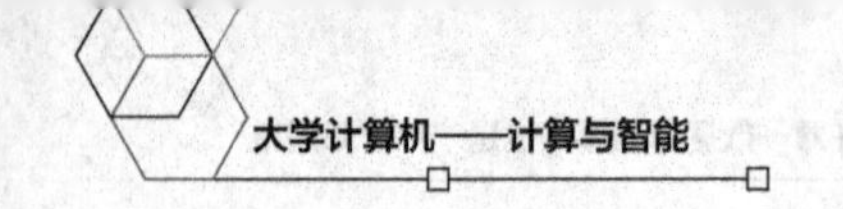

$S = \{ t \mid t \in R \land t \in S \}$，即关系 R 和关系 S 的“交”是由既属于关系 R 又属于关系 S 的元组组成的集合。

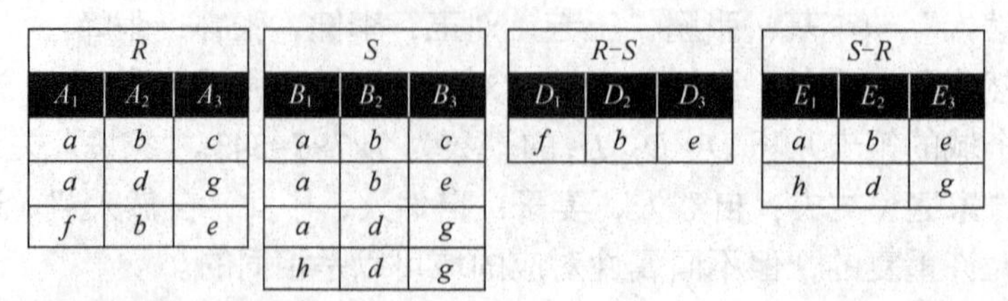

R		
A_1	A_2	A_3
a	b	c
a	d	g
f	b	e

S		
B_1	B_2	B_3
a	b	c
a	b	e
a	d	g
h	d	g

R−S		
D_1	D_2	D_3
f	b	e

S−R		
E_1	E_2	E_3
a	b	e
h	d	g

图 11.11　差运算计算结果示意（A_i，B_i，D_i，E_i具有对应关系）

$R \cap S$ 与 $S \cap R$ 运算的结果是同一个关系。计算示例如图 11.12 所示。

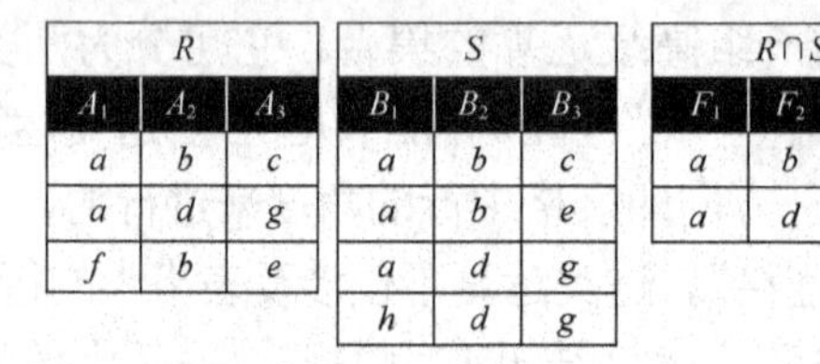

R		
A_1	A_2	A_3
a	b	c
a	d	g
f	b	e

S		
B_1	B_2	B_3
a	b	c
a	b	e
a	d	g
h	d	g

R∩S		
F_1	F_2	F_3
a	b	c
a	d	g

图 11.12　交运算计算结果示意（A_i，B_i，F_i具有对应关系）

定义 11.7 广义笛卡儿积。

设 R 为 n 目关系，S 为 m 目关系，它们的广义笛卡儿积（Extended cartesian product）表示为 $R \times S$，这个新关系具有 $n+m$ 目，元组的前 n 个分量是 R 中的一个元组，后 m 个分量是 S 中的一个元组，定义为：$R \times S = \{ (a_1, a_2, \cdots, a_n, b_1, b_2, \cdots, b_m) \mid (a_1, a_2, \cdots, a_n) \in R \land (b_1, b_2, \cdots, b_m) \in S \}$，即关系 R 和关系 S 的“广义笛卡儿积”是由关系 R 中每一个元组和关系 S 中每一个元组组合形成的所有元组的集合。

由关系的行列位置无关性可知：$R \times S$ 与 $S \times R$ 运算，结果是同一个关系。计算示例如图 11.13 所示。

R		
A_1	A_2	A_3
a	b	c
a	d	g
f	b	e

S		
B_1	B_2	B_3
a	b	c
a	b	e
a	d	g
h	d	g

R×S					
A_1	A_2	A_3	B_1	B_2	B_3
a	b	c	a	b	c
a	b	c	a	b	e
a	b	c	a	d	g
a	b	c	h	d	g
a	d	g	a	b	c
a	d	g	a	b	e
a	d	g	a	d	g
a	d	g	h	d	g
f	b	e	a	b	c
f	b	e	a	b	e
f	b	e	a	d	g
f	b	e	h	d	g

图 11.13　广义笛卡儿积运算计算结果示意

2. 专门的关系运算

定义 11.8 选择。

选择（Selection）运算是从某个给定的关系 R 中筛选出满足限定条件 F 的元组，它是一元关系运算，定义为：$\sigma_F(R) = \{ t \mid t \in R \ \wedge \ F(t) = '真' \}$。

其中 F 是一个公式，取值为“真”或“假”。F 由逻辑运算符 ¬（非，not）、∨（或，or）、∧（与，and）连接各比较表达式组成。比较表达式基本形式为 $X \ \theta \ Y$。$\theta = \{>, \geqslant, <, \leqslant, =, \neq\}$；$X$，$Y$ 是属性名、常量或简单函数。属性名也可用该属性在元组中的序号来代替，如“[序号]”。

计算示例如图 11.14 所示。

R

A_1	A_2	A_3
a	a	10
a	d	−4
f	b	5

$\sigma_{A_3>0}(R)$

A_1	A_2	A_3
a	b	10
f	b	5

$\sigma_{A_2=\text{"a"} \vee A_2=\text{"b"}}(R)$

A_1	A_2	A_3
a	b	10
f	b	5

$\sigma_{A_3>0 \wedge A_1=A_2}(R)$

A_1	A_2	A_3
a	a	10

图 11.14　选择运算计算结果示意

定义 11.9 投影。

设给定某关系 $R(X)$，X 是 R 的属性集，A 是 X 的一个子集，$A \subseteq X$，则 R 在 A 上的投影（Projection）定义为：$\pi_A(R) = \{ t[A] \mid t \in R \}$。

其中 $t[A]$表示只取元组 t 中相应 A 属性中的分量。计算示例如图 11.15 所示。

R

A_1	A_2	A_3
a	b	c
a	d	g
f	b	e

$\Pi_{A_3}(R)$

A_3
c
g
e

$\Pi_{A_3,A_1}(R)$

A_3	A_1
c	a
g	a
e	f

图 11.15　投影运算计算结果示意

定义 11.10 连接。

连接（Join）运算是从两个关系的笛卡儿积中选取属性间满足一定条件的元组，定义为：$R \underset{A\theta B}{\bowtie} S = \sigma_{t[A]\theta s[B]}(R \times S)$。

其中 A 是关系 R 中的属性组，B 是关系 S 中的属性组，它们的目数相同且可比较，θ为比较运算符（即>，⩾，<，⩽，=，≠）。

连接操作也是对两个关系的拼接操作，但它不同于笛卡儿积操作，笛卡儿积是两个关系的所有元组的所有组合，而连接操作是将两个关系中满足一定条件的元组拼接成一个新元组，这个条件便是所谓的连接条件。计算示例如图 11.16 所示。

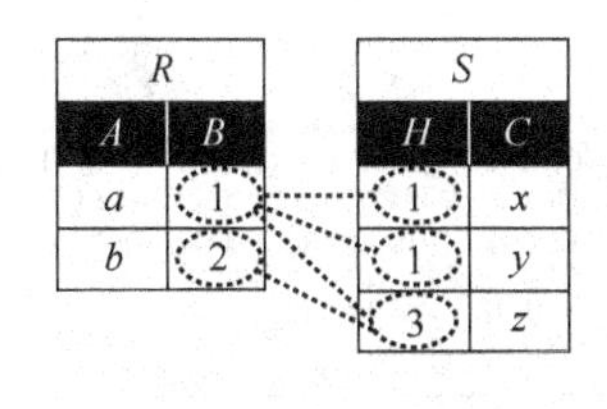

R

A	B
a	1
b	2

S

H	C
1	x
1	y
3	z

$R \times S$

A	B	H	C
a	1	1	x
a	1	1	y
a	1	3	z
b	2	1	x
b	2	1	y
b	2	3	z

$R \underset{B<=H}{\bowtie} S$

A	B	H	C
a	1	1	x
a	1	1	y
a	1	3	z
b	2	3	z

图 11.16　连接运算计算结果及其与广义笛卡儿积运算计算结果的比较示意

定义 11.11 自然连接。

连接运算中最有实用价值的一类运算称为自然连接（Natural Join）运算。它要求参与运算的两个关系在同名属性上具有相同的值，才能进行连接。由于同名属性上的值相同，所以在产生的结果关系中同名属性也只出现一次，它可定义为：

$$R \times S = \{< t_r', t_s' > \mid t_r \in R \wedge t_s \in S \wedge t_r[B] = t_s[B]\}。$$

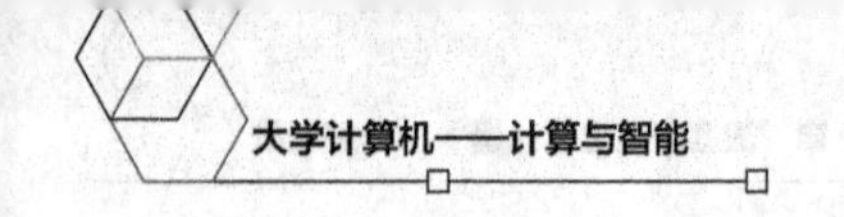

其中，B 为 R，S 中的相同属性，$<t'_r, t'_s>$为串接 t_r，t_s 两个元组所组成的新元组后去掉一组重复属性 B 后形成的新元组（因为属性 B 在串接后出现两次，所以去掉一组）。

计算示例如图 11.17 所示。

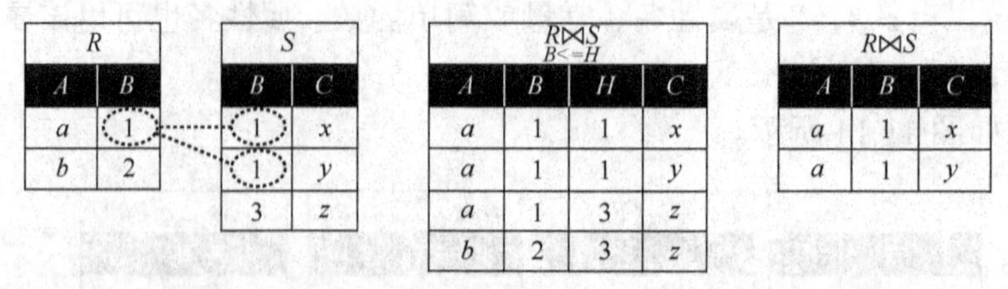

R

A	B
a	1
b	2

S

B	C
1	x
1	y
3	z

R⋈S (B<=H)

A	B	H	C
a	1	1	x
a	1	1	y
a	1	3	z
b	2	3	z

R⋈S

A	B	C
a	1	x
a	1	y

图 11.17　自然连接运算计算结果及其与一般的连接运算计算结果的比较示意

11.5　为什么要学习和怎样学习本章内容

11.5.1　为什么：数据管理需要抽象、理论和设计

利用计算机进行工作，主要做两件事，一是算法和程序，二是数据。本章介绍的表就是数据的基本形态，数据管理首先要能定义表和操纵表。本章的目的是训练读者严谨的数据管理思维：深入理解表的特性，熟练运用关于表的各种操作，用自然语言和关系代数语言理解并表达关于表的各种检索需求和处理结果。本章内容还体现了计算机学科中的抽象、理论和设计三大研究过程，如图 11.18 所示。

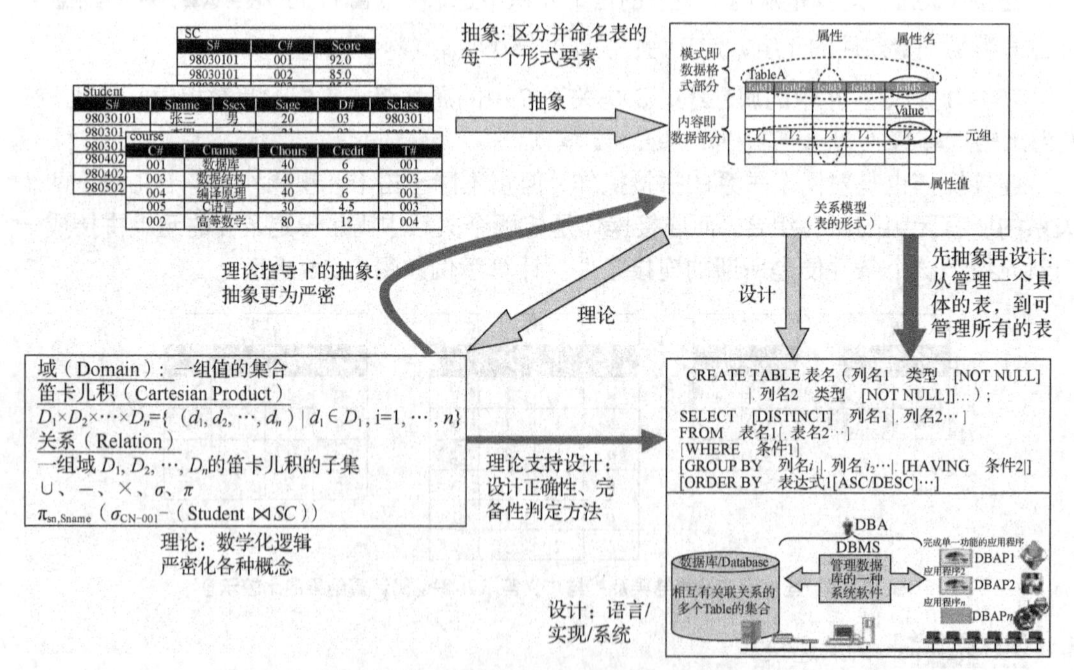

图 11.18　数据管理思维的抽象—理论—设计 3 个过程及其关系示意

“抽象”使我们从观察一批具体的表，上升为观察形式上的表，区分并命名表的每一个形式要素，如表、行、列、列名、列值等，抽象的结果是表达，可以用数学形式对抽象出的每一要素进行严格的定义，如域、笛卡儿积、关系等，进而严格定义这些要素

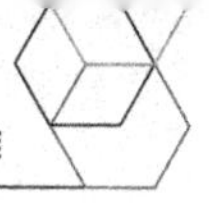

上的各种操作，如并、差、积等，有了严格的定义，就可探讨相应的性质，形成公理和定理，由此进入“理论”研究。也可以将抽象出的要素表达为设计形式，第 12 章的数据库语言就是一种设计形式的表达结果。E. F. Codd 用数学上的集合与关系的概念严格定义了“表”，进而提出了关系代数和关系数据库理论，获得了图灵奖。软件商基于关系代数，设计了关系数据库管理系统软件，出现了很多著名的关系数据库管理系统产品，如 Oracle，SQL Server，Sybase，DB2，Informix 等，这些产品已成为信息社会不可或缺的基础设施。

可以发现，先抽象再设计，可使读者从管理一个具体的表，提升为能管理任意的表，从低抽象度的系统开发，提升为高抽象度系统的开发。理论指导下的设计，可使设计的正确性和完备性得到保障，理论指导下的抽象可使抽象更严密。数据管理思维是严谨的思维，通过抽象、理论与设计这三大过程的训练可使读者的思维越来越严谨。

11.5.2　怎样学：理解—区分—命名—表达

理解，就是对现实事物进行观察和分析，以发现一些规律性的内容，简单而言，就是“共性中寻找差异，差异中寻找共性”，从若干不同但看起来相似的事物中发现共性的要素，从若干看起来相同但事实上不同的事物中发现差异，能否发现是决定理解与否的关键。如图 11.18 所示，从若干具体的表，而发现形式上的表便是一种理解。

区分，就是对所观察的事物或者待研究事物的各方面要素进行区分，不同要素起着不同的作用，要区分此要素非彼要素，区分各个要素的颗粒度、程度，要考虑这种区分的必要性和可行性。图 11.18 中的一行数据为相互存在关联的数据，一列数据为具有相同类型的数据等。能否区分开各种要素是衡量是否理解的标志。

命名，就是对每一个需要区分的要素进行恰当的命名，以反映区分的结果，命名体现了抽象是“现实事物的概念化”。以概念的形式命名和区分所理解的要素。图 11.18 中将行命名为“元组”，将列命名为“属性”等。是否给出恰当的命名是衡量能否区分的标志。

表达，就是以适当的形式表达前述区分和命名的要素及其之间的关系，也即形成“抽象”的结果。如果将所抽象的结果用数学形式严格地进行表达，便可研究相应的性质，提出公理和定理，由此进入“理论”领域；而如果将所抽象的结果用模型、语言或程序表达，便可设计算法和系统，进入“设计”领域。

我们应该训练自己的抽象能力，即按照“理解—区分—命名—表达”的步骤进行日复一日的训练，则抽象能力就会提高。表达能力，有面向数学的表达与面向应用的表达。如前面用数学形式对表及其各种操作予以严格的定义，就是面向数学的表达。如用关系操作或关系代数对各种现实的查询需求进行表达，则是面向应用的表达。要提高自己的表达精度，对复杂事物的表达能力，唯一的方法就是练习、练习、再练习。

本章中的练习包括：

（1）查询需求的理解，即正确理解用自然语言表达的查询需求；

（2）用关系操作及其组合表达查询需求；

（3）关系操作及其组合式的计算结果。不断在这 3 个方面训练，就会形成严谨的数据管理思维，提高表达能力。

第12章 数据库系统与数据库语言

Chapter12

本章摘要

数据管理需要有系统予以支撑，目前关系数据库系统是最成熟的结构化数据管理系统。数据管理软件虽多种多样，但其管理数据库的思维模式基本是一样的，所使用的数据库语言也基本是一样的，都是基于关系模型的SQL语言。本章主要介绍标准的数据库语言，使读者掌握用数据库语言对数据库进行各种形式的操纵和计算的方法。

12.1 数据库系统与数据库管理系统

在第 11 章介绍了数据的基本形态“表”，被抽象为关系，关系指“表”这种形式的数据，关系操作是对“表”这种形式的数据所能够进行的各种操作，合在一起被称为关系模型。基于关系模型，目前出现了众多商用的关系数据库管理系统，同时，围绕着关系模型，提出了数据库语言（Structural Query Language，SQL），该语言已经成为各种关系数据库系统所支持的标准的数据库语言。那什么是数据库系统？什么是数据库管理系统呢？

12.1.1 数据库系统

数据库与数据库系统

图 12.1 给出了数据库系统构成及某图书管理数据库系统示例。

一般而言，数据库系统是由数据库、数据库管理系统、数据库应用程序、数据库管理员、计算机及网络基本系统组成的一个系统。

1. 数据库

数据库（DataBase，DB）就是一个特定组织所拥有的数据的集合。通常它以统一的数据结构进行组织并存储，为该组织各类人员通过应用程序共享使用。

2. 数据库管理系统

数据库管理系统（DataBase Management System，DBMS）是管理数据库的一种系统软件，负责数据库中数据的组织与存取、数据的保护以及对数据库中数据的各种操作。目前常见的 DBMS 有 SQL Server、Oracle、Sybase、DB2、MySQL 等。

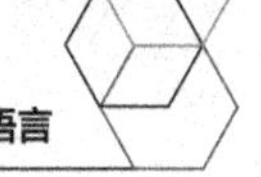

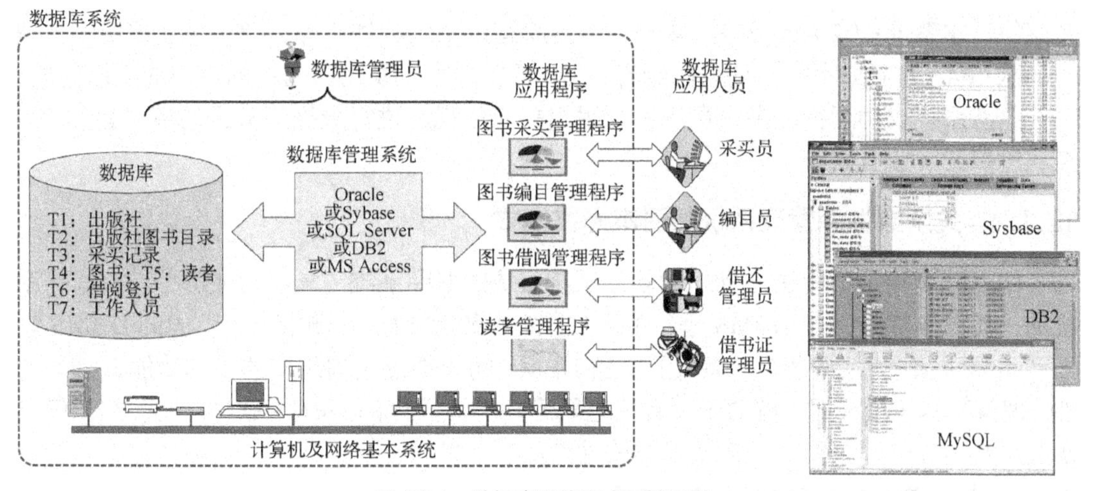

图 12.1　数据库系统构成及其示例

3. 数据库应用程序

数据库应用程序（Database Application，DBAP）是为方便用户使用而基于某种 DBMS 开发的一组应用程序。一个组织中，通常不同人员有不同的职责和权限，因此需要为不同人员开发相应的应用程序。用户通过应用程序使用数据库，而应用程序访问数据库又是通过 DBMS 实现的。DBMS 支持多个应用程序同时对同一数据库进行操作。

4. 数据库管理员

数据库管理员（DataBase Administrator，DBA）是使用 DBMS 对数据库进行协调、控制和管理的人员。一般而言，DBA 使用 DBMS 对数据库进行全局性、控制性的管理，包括数据库的建立、数据库的维护、数据库的控制等。数据库和人力、物力、设备、资金等有形资源一样，是整个组织的基本资源，具有全局性、共享性特点，因此对数据库的规划、设计、协调、控制和维护等需要专门机构或专职人员来统一管理。

5. 计算机及网络基本系统

数据库、数据库管理系统和数据库应用程序都是建立在计算机及网络基本系统之上的。存储数据库的计算机一般要求有较大容量的存储器、较强的输入/输出能力、能支持 DBMS 运行的操作系统以及一些必要的软件，计算机网络可支持分布于组织不同位置的人员共享使用同一数据库。

示例1 某图书管理数据库系统。

例如，图 12.1 所示的图书管理数据库是一关系型数据库。该数据库包含了一些表，如“出版社”“出版社图书目录”“采买记录”“图书”“读者”“借阅登记”“工作人员”等，即这些表的集合被称为图书管理数据库。可以用任何一种 DBMS 来进行数据库管理，如 SQL Server、Oracle、Sybase、DB2、MySQL 等。人员被分类为采买员、编目员、借还管理员和借书证管理员。为不同人员开发不同的应用程序，不同人员使用不同应用程序进行业务工作：借书证管理员使用读者管理程序，借还管理员使用图书借阅管理程序，编目员使用图书编目管理程序，采买员使用图书采买管理程序。这些应用程序都是基于某种 DBMS 开发的，通过 DBMS 使用和更新图书管理数据库中相应的数据，为相应用户提供数据操纵服务。因此说建立“图书管理数据库系统”，就是要：（1）建立计算机及网络基本系统；（2）选择并配置一款数据库管理系统软件产品；（3）设置数据库管理员团队；（4）建立如上一系列表的结构；（5）开发如上一系列面向不同用户的应用程序；（6）这些系统成功运行，各人员正常利用相关应用程序进行数据库数据的增、删、改、查，进行正常业务工作。

12.1.2 关系数据库管理系统的基本思维模式

DBMS 是对数据库进行管理的软件系统，是数据库系统的核心组成部分。数据库系统的一切操作都是通过 DBMS 进行的。12.1.1 小节图 12.1 右侧给出了不同的 DBMS 软件产品界面示意。尽管软件产品不同，但 DBMS 的思维及面向用户的基本功能有其一致性。理解基本思维模式，有助于读者快速熟悉并掌握具体的 DBMS 软件产品。本章仅涉及关系数据库管理系统，不涉及具体软件产品。

1. 关系模式与关系数据是分离存储的

在关系数据库系统中，关系模式与关系数据是分离存储的。通常关系模式，即表的结构等方面的信息，被保存在一个特殊的、统一的数据库中，被称为系统数据库，或者称为数据字典或数据目录。而关系数据本身则被保存在用户建立的数据库中，被笼统地称为用户数据库。DBMS 依据系统数据库中的结构信息，对用户数据库中的数据进行查询和处理。

例如 12.1.1 小节图 12.1 中，图书管理数据库系统中各种表的结构信息被保存在系统数据库中，而各种表的数据本身被保存在用户数据库中。

因此，在使用数据库或者具体表时，是分两阶段进行的，一是“定义”，二是“操纵”，即定义数据库和操纵数据库，定义表和操纵表。定义数据库/表，也有的称为创建数据库/表，是定义相应的结构信息。操纵数据库/表，是按已定义的结构对数据进行查询和处理。因此，在操纵数据库/表前，一定要先定义数据库/表。

2. 关系数据库系统的操作对象

关系数据库系统的操作对象有数据库、表、元组和数据项。数据库是若干表的集合，表是若干元组的集合，数据项被组织成元组保存在表中，若干个表被保存在数据库中。因此，其初始操作次序是：创建/定义数据库→操纵/打开数据库→创建/定义表→操纵表。以后便可以操纵/打开数据库→操纵表→ …… →操纵表→操纵/关闭数据库。

3. 关系数据库系统的基本功能

DBMS 是如何管理表及其数据呢？分两个阶段来进行。

阶段 1 让用户自己定义表的格式。阶段 2 则按照已经定义的格式来操纵表中数据的输入和输出。这两个阶段分别被称为数据定义和数据操纵。因此，一个 DBMS 至少应该具有数据定义功能、数据操纵功能、数据控制功能和数据库维护功能等，如图 12.2 所示。

（1）数据定义功能。DBMS 提供数据定义语言（Data Definition Language，DDL）供用户创建数据库及表。用户使用数据定义语言来表达所要建立表的结构。DBMS 依据用户的表达在计算机内创建相应的数据库及表。这些定义被存储在系统数据库中，是 DBMS 运行的依据。

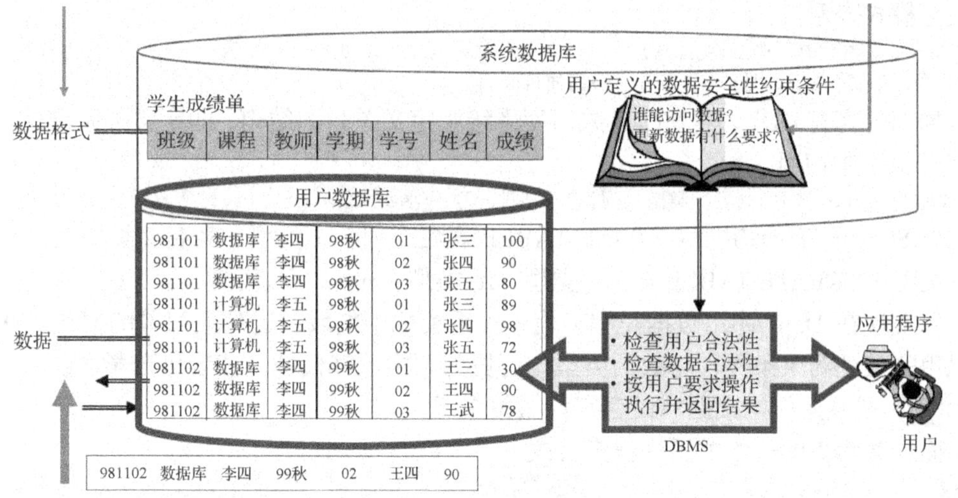

图 12.2　用户及 DBMS 管理和应用数据库示意

（2）数据操纵功能。DBMS 提供数据操纵语言（Data Manipulation Language，DML）供用户对数据库的数据进行检索、插入、修改和删除等操作。用户使用数据操纵语言来表达对表的各种操作，如插入一条记录、删除一条记录、检索满足条件的记录等。DBMS 将按照用户的表达对数据库中数据进行存取和检索操作，以实现用户的要求。

（3）数据控制功能。DBMS 要对使用数据库的人员或应用程序，以及进入数据库中的数据进行限制，以保证应该使用数据库的人员或应用程序能够使用数据，不应该使用数据库的人员或应用程序不能使用数据；DBMS 提供数据控制语言（Data Control Language，DCL）对数据库的安全性进行控制，用户（一般是 DBA）使用 DCL 表达对表的各种限制条件，如哪些人可访问而另一些人则不能访问等；当其他用户访问该表时，DBMS 会依据 DBA 所定义的限制条件进行检查，如果符合要求，则允许访问；否则，不允许访问。

（4）数据库维护功能。它包括数据库初始数据的装入和转换功能、数据库的转储和恢复功能、数据库的重新组织功能和性能监视与分析功能等。

因此，DBMS 的基本功能包括数据定义、数据操纵、数据控制和数据库维护功能，这些功能最主要的是以数据库语言的形式提供给用户使用。当然，还包括数据存储、数据索引、查询优化和执行、数据通信、并发控制、故障恢复等系统性功能，以便正确地、快速地、可靠地完成 DBMS 的基本功能，参见后面 12.6 节的介绍。数据定义语言、数据操纵语言和数据控制语言都是数据库语言。因此，学习并掌握数据库语言是应用数据库管理系统进行数据管理的关键。

12.2　关系数据库语言 SQL

12.2.1　由关系模型初步认识 SQL

由关系模型到结构化数据库语言 SQL

在学习了第 11 章的关系模型后，可以很容易地理解数据库语言 SQL。

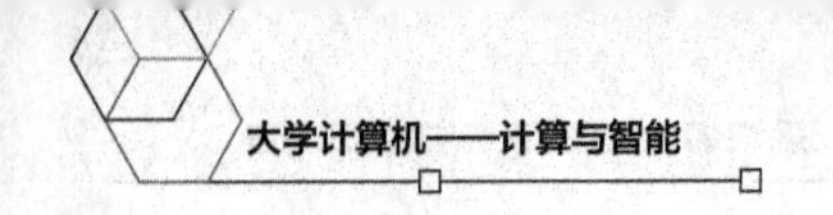

示例2 关系模式与数据库语言有什么关系呢?

关系模式表示为：

```
R(A1: D1, A2: D2, … , An: Dn)
其中的Ai是属性名，Di是域名，描述了关系的结构
```

数据库语言有 DDL，其专门在数据库系统中定义关系的结构，即定义关系模式。例如，SQL 语言中使用：

```
CREATE TABLE 表名(列名1 类型，列名2 类型，…，列名n 类型)
```

例如 SQL 语言中使用：CREATE TABLE 表名（列名 1 类型，列名 2 类型，……，列名 n 类型）CREATE TABLE R（A_1 类型，A_2 类型，……，A_n 类型）。

可以发现在 DDL 中用数据类型替代了关系模式中的域，这是最简单的情况。DDL 还可以用完整性约束条件，与数据类型一起更为严格地替代域，读者可自学之。

示例3 关系操作与数据库语言有什么关系呢?

下面看最常用的一组关系操作组合式。

$$\pi_{列名1,\cdots,列名n}(\sigma_{检索条件}(表名1 \times 表名2 \times \cdots \times 表名n))$$

数据库语言有 DML，其专门在数据库系统中对关系数据进行查询、增加、删除等。例如，SQL 语言中使用：

```
SELECT 列名1, … , 列名n  FROM 表名1,表名2, …,表名n WHERE 检索条件;
```

比较两者，可以发现 SELECT 替代了投影操作符“π”，FROM 替代了一组关系的笛卡儿积操作符“×”，WHERE 替代了选择操作符“σ”。即 SELECT…FROM…WHERE…语句等价于一组笛卡儿积操作后再做选择操作，之后再做投影操作。这是最基本的情况，SQL 语言是将关系操作不容易在键盘上输入的符号替换为易于输入又易于理解的类英文符号，因此关系操作/关系代数的学习对理解数据库语言非常重要。

12.2.2 SQL 语言总体概览

SQL 语言是一种能实现数据库定义、数据库操纵、数据库查询和数据库控制等功能的数据库语言，目前已经成为关系数据库的标准查询语言。本节只介绍其基本内容，较为详细内容可参阅其他专门的数据库书籍。

SQL 语言主要由以下 9 个单词引导的操作语句构成，但每一种语句都能表达复杂的操作请求。

DDL 语句引导词：CREATE（建立），ALTER（修改），DROP（撤销）。主要用于定义 Database，Table，View，Index 等，以及修改和撤销之前的定义。

DML 语句引导词：INSERT（插入），UPDATE（更新），DELETE（删除），SELECT（查询）。主要用于各种形式、各种条件的更新与检索操作。

DCL 语句引导词：GRANT（授权），REVOKE（撤销授权）。主要用于安全性控制。

SQL 语言自 20 世纪 70 年代问世以来，陆续发布了多种标准，如 SQL 86，SQL 89，SQL 92（也称为 SQL 2），SQL 99（也称为 SQL 3），SQL 2003，SQL 2006，SQL 2008，SQL 2011，SQL 2016。每一次更新都在 SQL 中添加了新特性，并在语言中集成了新命令和功能。还有一个标准是 SQL X/Open 标准，主要强调各厂商产品的可移植性，仅包含被各厂商广泛认可的操作。基于这些标准，目前出现了越来越多的开源关系数据库软件产品，如 MySQL、PostgreSQL、SQLite 等。

12.2.3　熟悉建立数据库的 SQL 语句

利用 SQL 语言进行数据库操作可以分 3 个阶段进行，即：

（1）定义数据库，定义表的结构；

（2）向已定义的数据库中添加、删除和修改数据；

（3）对数据库进行各种查询与统计。

注意本书只介绍数据库的定义、表的定义和增加、删除、修改表中数据的语句，也仅做最简单的介绍，以使读者能够体验数据库的建立过程。重点是介绍并训练 SELECT（查询）语句的运用。

1. 数据库定义语句

数据库定义语句格式如下：

```
CREATE  DATABASE  数据库名;
```

其中，CREATE　DATABASE 是定义数据库的语句引导词。数据库名就是一个名字，由定义者命名。该语句的功能为创建一个数据库，用给定名字命名。

2. 表定义语句

表定义语句格式如下：

```
CREATE  TABLE  表名 (列名1  类型  [PRIMARY KEY|NOT NULL]
         [, 列名2  类型  [PRIMARY KEY|NOT NULL]] );
```

其中，CREATE　TABLE 是定义“表”的语句引导词。“[ ]”中的内容为可选项，可以省略，“|”表示“或者”的关系。该语句的功能为创建一个新的表，表名、属性名（列名）就是一个名字，由定义者命名；每一列的数据类型，如字符型、数值型等（具体可使用的数据类型请查阅 SQL 标准），由定义者指明。可选项 NOT NULL 表明该列的值不能为空，PRIMARY KEY 表明该列为主码/主键。

3. 插入元组语句

插入元组语句格式如下：

```
INSERT INTO 表名[(列名1, … , 列名n)]
VALUES (对应列名1的值, … , 对应列名n的值);
```

其中，INSERT INTO 是向“表”插入元组的语句引导词。该语句的功能是将 VALUES 后面的数据插入到指定的表中。当需要插入表中所有列的数据时，表名后面的列名可以省略，但插入数据的格式必须与表的格式完全吻合；若只需要插入表中某些列的数据，那么就需要列出插入数据的列名，当然相应值数据位置应与之对应。

4. 更新元组的语句

更新元组的语句格式如下：

```
UPDATE  表名 SET 列名1=表达式1[, 列名2=表达式2[, …]]  [WHERE 条件];
```

其中，“UPDATE”是更新表中指定元组的语句引导词。该语句的功能是对由表名指定的表进行修改。修改时，对表中满足条件的行（WHERE 子句给出条件），将用表达式的值替换相应列的值（SET 子句给出）。

5. 删除元组的语句

删除元组的语句格式如下：

```
DELETE  FROM  表名 [WHERE  条件];
```

其中，DELETE FROM 是删除表中指定元组的语句引导词。该语句的功能是从由表名指定的表中删除满足条件的行（WHERE 子句给出条件）。当没有 WHERE 子句时，表示删除表中全部的数据。

12.2.4 习与练：利用 SQL 语言建立数据库

示例4 建立一个数据库 SCT，其中包含 5 个表。表的模式与数据如图 12.3 所示。

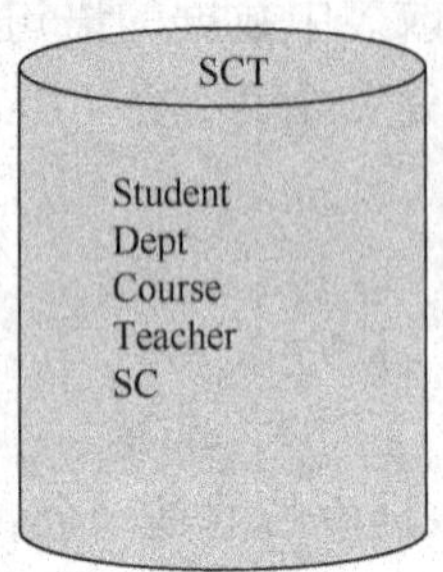

Student

S#	Sname	Ssex	Sage	D#	Sclass
98030101	张三	男	20	03	980301
98030102	张四	女	20	03	980301
98030103	张五	男	19	03	980301
98040201	王三	男	20	04	980402
98040202	王四	男	21	04	980402
98040203	王五	女	19	04	980402

Dept

D#	Dname	Dean
01	机电	李三
02	能源	李四
03	计算机	李五
04	自动控制	李六

SC

S#	C#	Score
98030101	001	92
98030101	002	85
98030101	003	88
98040202	002	90
98040202	003	80
98040202	001	55
98040203	003	56
98030102	001	54
98030102	002	85
98030102	003	48

Course

C#	Cname	Chours	Credit	T#
001	数据库	40	6	001
003	数据结构	40	6	003
004	编译原理	40	6	001
005	C语言	30	4.5	003
002	高等数学	80	12	004

Teacher

T#	Tname	D#	Salary
001	赵三	01	1200.00
002	赵四	03	1400.00
003	赵五	03	1000.00
004	赵六	04	1100.00

图 12.3 SCT 数据库及其中的表示意

（1）首先创建数据库 SCT。

```
CREATE  DATABASE  SCT;
```

（2）依次定义 5 个表。

① 定义表 Student。

```
CREATE  TABLE  Student (S#  char(8)  PRIMARY KEY , Sname  char(10),
Ssex  char(2),  Sage  integer,  D#  char(2),  Sclass  char(6) );
```

其中，Char(n)是指长度为 *n* 的字符类型，integer 为整数类型。S#为主码/主键。

各属性的含义为：S#—学号，Sname—姓名，Ssex—性别，Sage—年龄，D#—所属系别，Sclass—班级。

② 定义表 Course。

```
CREATE  TABLE Course ( C#  char(3) PRIMARY KEY,  Cname  char(12),
Chours  integer, Credit  float(1),  T# char(3) );
```

其中，float(n)为小数点后保留 *n* 位的浮点数。

各属性的含义为：C#—课号，Cname—课名，T#—教师编号，Chours—学时，Credit—学分。

③ 定义表 Dept。

```
CREATE  TABLE Dept (D# char(2) PRIMARY KEY, Dname char(10), Dean  char(10));
```

各属性的含义为：D#—系别，Dname—系名，Dean—系主任。

④ 定义表 Teacher。

```
CREATE  TABLE Teacher ( T# char(3) PRIMARY KEY, Tname char(10), D# char(2), Salary
float(2) );
```

各属性的含义为：T#—教师编号，Tname—教师名，D#—所属院系，Salary—工资。

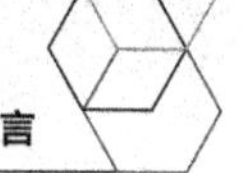

⑤ 定义表 SC。

```
CREATE  TABLE SC  ( S#  char(8), C#  char(3), Score  float(1));
```

各属性的含义为：S#—学号，C#—课号，Score—成绩。

（3）依次插入 5 个表中的元组数据。

① INSERT INTO Student Values ('98030101' , '张三', '男', 20, '03', '980301');

数值型常量直接书写，字符类型常量需要用引号引起来。

② INSERT INTO Student Values ('98030102' , '张四', '女', 20, '03', '980301');

③ INSERT INTO Student Values ('98030103' , '张五', '男', 19, '03', '980301');

读者可依次输入表中后续的数据。

④ INSERT INTO Course(Cname, C#, Credit, Chours, T#)

VALUES ('数据库','001', 6, 40, '001');

如列名未省略，须与语句中列名的顺序一致。

⑤ INSERT INTO Course(Cname, C#, T#, Credit, Chours)

VALUES ('数据结构','003', '003',6, 40);

⑥ INSERT INTO Course VALUES ('004', '编译原理',40,6,'001');

如列名省略，须与表结构定义中列名的顺序一致。

读者可依次输入表中后续的数据和其他表中的数据，建立起完整的数据库。

下列语句为什么提示输入错误？

① INSERT INTO Teacher VALUES(1, '赵三', 1, 1200.00);

因为 T#，D#是字符型数据，而 INSERT 语句中输入的是整型数据，不匹配，出错。

② INSERT INTO Teacher VALUES('','赵三', '01', 1200.00);

因为 T#是主码/主键，不能为空值。

③ 在已经输入了图 12.3 中的数据后，又拟插入一条：

```
INSERT  INTO  Teacher  VALUES(  '003', '赵七',  '01',  1200.00);
```

因为 T#是主码/主键，不能有重复。其他属性值是允许有重复的。

12.3　习与练：用 SQL 语言进行数据查询

12.3.1　熟悉 SELECT-FROM-WHERE-ORDER BY 语句

建立数据库的目的并不只是为了保存数据，而是要使用数据。

SQL-SELECT 之简单使用

数据被使用的频率越高，其价值就越大。SQL 语言最强大的功能也是数据的查询。

关系查询语句的格式如下：

```
SELECT  [DISTINCT]  列名1  [列别名1] [, 列名2  [列别名2] …]
FROM 表名1  [表别名1][, 表名2  [表别名2] …]
[WHERE 条件1]
[ORDER BY 表达式1  [ASC | DESC]…];
```

其中“[]”中的内容表示可以被省略。该语句的含义为：从 FROM 后面列出的“表名 1[, 表名 2…]”的表中，找出满足 WHERE 子句中“条件 1”的元组，然后按 SELECT 子句给出的“列名 1, [列名 2…]”目标列的顺序，选出元组中的分量形成结果表。(1) FROM 后面如果有多个用逗号区分开的“表名 1[, 表名 2…]”，则其做的是笛卡儿积运算。(2) 如果没有 WHERE 子句，则选择出所有元组。(3) 如果有 ORDER BY 子句，则结果表要根据指定的“表达式 1”按升序(ASC)或降序(DESC)排序。如果没有指明是 ASC 还是 DESC，则默认按升序排序。(4) 如果 SELECT 子句中有 DISTINCT，则表明结果表中去掉重复的元组，否则结果表中允许有重复的元组。(5) SELECT 子句中的“列名 别名”，表明在结果表中以“别名”作为该列的名字。(6) FROM 子句中的“表名 表别名”，表明在该表参与运算时是以表别名的名字参与此 SQL 语句中其他部分的表达式的书写的。(7) WHERE 子句中的条件，可以使用“Like 字符串”表示模糊的判断，其中给定字符串中可以出现“%”“_”等匹配符，“%”表示可以在该“%”位置用一至多个任意的符号替换，“_”表示可以在该“_”位置用一个任意的符号替换。若要匹配“%”和“_”本身，则可用“ \ ”转义字符，用于去掉一些特殊字符的特定含义，使其被作为普通字符看待，如用“\%”去匹配字符“%”，用“_”去匹配字符“_”。

此 SQL 语句的功能非常丰富，下面以示例的形式，练习此 SQL 语句的应用。

SQL-SELECT 之多表联合操作

12.3.2 习与练：用 SELECT-FROM-WHERE-ORDER BY 语句进行数据查询

本节中的练习均以 12.2 节图 12.3 的数据库为操作对象。

示例 5 针对下列基本检索需求，写出其 SQL 语句。

(1) 检索学生表中所有学生的信息。

(2) 检索学生表中所有学生的姓名及年龄。

(3) 检索学生表中所有年龄小于等于 19 岁的学生的年龄及姓名。

(4) 检索教师表中所有工资少于 1 500 元或者工资大于 2 000 元并且是 03 系的教师的姓名。

(5) 下面这条语句能满足题目 (4) 的检索需求吗？为什么？

```
SELECT   Tname  FROM  Teacher
WHERE   Salary < 1500  or  Salary  > 2000  and  D# = '03';
```

(6) 求“或者学过 001 号课程，或者学过 002 号课程的学生的学号”，可以写成：

① SELECT S# FROM SC WHERE C# = '001' OR C#='002';

而“求既学过 001 号课程，又学过 002 号课程的学生的学号”为什么不可以写成：

② SELECT　S#　FROM　SC　WHERE　C# = '001'　AND　C#='002';

解：（1）SELECT　S#, Sname, Ssex, Sage, Sclass, D#　FROM　Student ;

或者 SELECT　*　FROM　Student ;

这是最简单的 SQL-SELECT 语句。如投影所有列，则可以用“*”来简写。

（2）SELECT　Sname, Sage　FROM　Student ;

这是包含了投影操作的 SQL-SELECT 语句。仅需将保留的列放入 SELECT 子句即可。

（3）SELECT　Sage, Sname　FROM　Student　WHERE　Sage <= 19;

这是包含了选择和投影的 SQL-SELECT 语句。注意，投影的列是可以重新排定顺序的。

（4）SELECT　Tname　FROM　Teacher WHERE　(Salary < 1500　or　Salary > 2000)　and　D# = '03';

这是根据相对复杂一些的条件书写的 SQL-SELECT 语句。与关系操作中选择运算的条件书写一样，逻辑运算符用 and、or、not 来表示。书写要点是注意对自然语言检索条件的正确理解，如果不能确认运算符的优先次序，则可使用括号做明确区分。

（5）本题给出的这条语句是不能满足题目（4）的检索需求的。其含义是“检索教师表中所有工资少于 1 500 元或者‘工资大于 2 000 元并且是 03 系的教师姓名’”。而题目（4）的需求是“检索教师表中所有‘工资少于 1 500 元或者工资大于 2 000 元’并且是 03 系的教师姓名”。注意此二者之不同。

（6）①题的语句中用或运算实现的是题目要求的内容。而②中的与运算实现的却不是题目要求的内容，这种写法执行的结果始终为空，因为 WHERE 子句是对关系中的每个元组进行验证的，其 C#不能同时等于'001'和'002'的，正确的 SQL-SELECT 写法在后面介绍。

示例6 关于检索结果的唯一性。请依据需求写出其 SQL 语句。

（1）在选课表 SC 中，检索成绩大于 80 分的所有学号。

（2）如果将题目（1）的需求写成下面的形式，会存在什么问题？

```
SELECT  S#  FROM  SC  WHERE  Score > 80 ;
```

解：（1）SELECT　DISTINCT　S#　FROM　SC　WHERE　Score > 80;

（2）如果按此写法，则在结果表中会有很多重复的学号出现，当进行如“统计次数”等工作时则会出现问题。

第 11 章介绍过关系和表的细微差别，关系是不允许有重复元组的，而表则是允许的。SELECT 子句中有 DISTINCT，表明要对结果表中的重复元组进行过滤，只保留一份，如果不写 DISTINCT，则结果表中是允许出现重复的。

在需要定义的表中要求无重复元组是通过定义 PRIMARY KEY（主键）来保证的；而在检索结果中要求无重复元组，则是通过 DISTINCT 保留字的使用来实现的。

示例7 关于检索结果的排序。请依据需求写出其 SQL 语句。

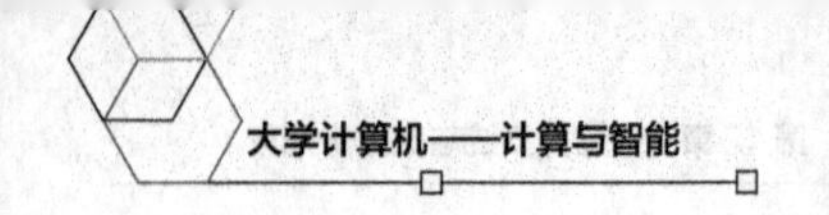

（1）按学号由小到大的顺序显示出所有学生的学号及姓名。

（2）检索 002 号课成绩大于 80 分的所有学生的学号，并按成绩由高到低顺序显示。

解：（1）SELECT S#, Sname FROM Student ORDER BY S# ASC ;

（2）SELECT S# FROM SC WHERE C# = '002' and Score > 80 ORDER BY Score DESC ;

示例 8 关于模糊查询。请依据需求写出其 SQL 语句。

（1）检索所有姓张的学生的学号及姓名。

（2）检索名字为张某某的所有学生的姓名。

（3）检索名字不姓张的所有学生的姓名。

解：类似的模糊查询，需使用模糊比较运算符 Like，而不能使用比较运算符“=”。然后在比较字符串中使用“%”/“_”来表示可用任意多个/任意一个字符来替代。

（1）SELECT S#, Sname FROM Student WHERE Sname Like '张%' ;

（2）SELECT Sname FROM Student WHERE Sname Like '张_ _';

（3）SELECT Sname FROM Student WHERE Sname Not Like '张%';

这几条语句中如果将 Like 运算符换成比较运算符“=”，其含义将完全不同。（1）检索的是名字严格为“张%”的人。（2）检索的是名字严格为“张_ _”的人。根本没有这样名字的人，结果也就只能为空。（3）将会列出所有的名字，所有名字都满足此条件“Sname <> '张%'”。

示例 9 关于多表连接查询。请依据需求写出其 SQL 语句。

（1）按 001 号课成绩由高到低的顺序显示所有学生的姓名（二表连接）。

（2）将题目（1）的需求写成下列语句后，结果会怎样？

```
SELECT  Sname  FROM Student, SC
WHERE  SC.C# = '001'  ORDER BY  Score  DESC;
```

（3）按“数据库”课程成绩由高到低的顺序显示所有同学姓名（三表连接）。

解：（1）SELECT Sname FROM Student, SC

```
WHERE  Student.S# = SC.S#  and  SC.C# = '001'  ORDER BY  Score  DESC;
```

如连接时有同名属性，则可使用“表名.属性名”方式来限定是取自于哪一个表的属性。特别注意 Student.S# = SC.S#这个条件的书写。因为 FROM 子句以逗号分隔的多个表是做笛卡儿积运算，加入这个条件才能是做连接运算。

（2）写成这样的语句，首先其不能实现题目（1）的需求。其次该语句的执行结果将会是列出 Student 中的所有名字。

（3）SELECT Sname FROM Student, SC, Course

WHERE Student.S# = SC.S# and SC.C# = Course.C# and Cname ='数据库'

ORDER BY Score DESC;

示例 10 关于多表连接查询。请依据需求写出其 SQL 语句。

（1）求有薪水差额的任意两位教师。

（2）求年龄有差异的任意两位同学的姓名。

（3）求 001 号课程有成绩差的任意两位同学。

（4）求既学过 001 号课又学过 002 号课的所有学生的学号。

（5）求 001 号课成绩比 002 号课成绩高的所有学生的学号。

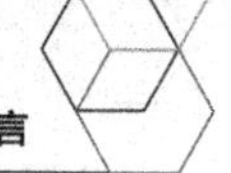

题目解析：这几个检索需求都是对同一个表进行的条件比较：首先从该表中找到某一个对象（某一行）的属性值，然后与该表中另一个对象（另一行）的属性值进行比较。这样的比较不能直接写在 WHERE 子句中，因为 WHERE 子句中的条件只能是对同一对象（行）的一个或多个属性值的条件。怎么办呢？可将同一个表自身做连接，如图 12.4 所示。这样可将原来在一个表中的两行数据转换为连接后的表的一行数据，这样就可在 WHERE 子句中书写条件了。同一个表自身做连接，为加以区分，就需要对表重新命名，此时便用到“表名 表别名”的形式。初始，是采用“表名 AS 表别名”的格式，后来省略 AS，便写成“表名 表别名”的形式。有了表别名后，便可用表别名限定是哪一个属性，即“表别名.属性名”是可以区分开这些重名属性的。如果在结果表中有重名的属性，则可以“列名 [AS] 列别名”的形式为该列重新命名。

SC SC1			SC SC2		
SC1.S#	SC1.C#	SC1.Score	SC2.S#	SC2.C#	SC2.Score
S01	C01	80	S01	C02	90
S01	C01	80	S01	C03	85
S01	C02	90	S01	C01	80
S01	C02	90	S01	C03	85
S01	C03	85	S01	C01	80
S01	C03	85	S01	C02	90

图 12.4　同一个表自身做连接操作示意

解：（1）SELECT　T1.Tname as Teacher1, T2.Tname as Teacher2

FROM　Teacher　T1,　Teacher　T2　WHERE T1.Salary > T2.Salary ;

（2）SELECT　S1.Sname as Stud1, S2.Sname　as Stud2

FROM　Student　S1, Student　S2　WHERE　S1.Sage > S2.Sage ;

（3）SELECT　SC1.S#　FS#, SC2.S# SS#　FROM　SC　SC1, SC　SC2

WHERE　SC1.C# = SC2.C#　and　SC1.C#='001' and　SC1.Score > SC2.Score ;

（4）SELECT　SC1.S#　FROM　SC　SC1, SC　SC2

WHERE　SC1.S# = SC2.S#　and　SC1.C#='001'　and　SC2.C#='002';

（5）SELECT　SC1.S#　FROM　SC　SC1, SC　SC2

WHERE　SC1.S# = SC2.S#　and　SC1.C#='001'　and

SC2.C#='002'　and　SC1.Score > SC2.Score;

示例 11　有读者依据①“列出学过李明老师讲授课程的所有同学的姓名”可以写成

① SELECT Sname FROM Student S, SC, Course　C, Teacher　T

WHERE T.Tname == '李明'　and　C.C# = SC.C# and SC.S# = S.S# and T.T# = C.T#;

将②“列出没学过李明老师讲授课程的所有同学的姓名”写出了如下 SQL 语句，正确吗？

② SELECT Sname FROM Student S, SC, Course　C, Teacher　T

WHERE T.Tname <> '李明'　and　C.C# = SC.C# and SC.S# = S.S# and T.T# = C.T#;

解：①是正确的，②是不正确的。因为②中 WHERE 子句是对表中的每一行进行验证，一位学生可能学习超过 2 门的课程，其一行不等于“李明”，不代表所有行都不等于“李明”，而检索需求要求的是该同学相关的所有行都不等于“李明”，故②是不正确的。正确的会在后面介绍。

12.4 习与练：用 SQL 语言进行数据统计计算

SQL-SELECT 之分组聚集操作

12.4.1 熟悉SELECT-FROM-WHERE-GROUP BY语句

利用 SQL-SELECT 不仅可以进行查询，更重要的是可以进行统计计算。例如，从 SC 表中，可以获取每一课程所有学生的平均成绩、每一课程不及格的人数、每一课程成绩优秀的人数、每一个班级每一课程的平均分数等，这些信息如果靠人工统计将会花费大量人力和物力，且易出错误，而利用数据库则只需一条语句，很短时间便可获得。

关系查询语句如下。

```
SELECT 列名1 | expr|agfunc(列名1)  [[,列名2 | expr | agfunc(列名2) ] … ]
FROM 表名1[, 表名2…]
[WHERE 条件1]
[GROUP BY 列名i1  [, 列名i2 …] [HAVING 条件2]]
[ORDER BY 表达式1  [ASC/DESC]…]
```

其中，SELECT 子句中的“|”表示其分隔的多个部分可以在 SELECT 子句中相互替换。该语句的基本含义参见 12.3.1 小节的介绍，这里仅介绍新增加的功能：（1）SELECT 子句中不仅可出现列名，而且可出现一些计算表达式 expr，即常量、列名，或由常量、列名、特殊函数及算术运算符构成的算术运算式，表明在投影的同时直接进行一些计算。（2）SELECT 子句中也可以出现聚集函数 agfunc，表明在投影的同时直接进行统计计算。（3）如果有 GROUP BY 子句，则将结果按后面指定的“列名 i1 [, 列名 i2…]”的值分组，然后按每一个分组计算相关的统计值。（4）如果有 HAVING 子句，则结果中将仅包含满足“条件 2”的分组，不满足的分组被过滤掉了。

一些常见的聚集函数 agfunc 介绍如下。

MIN()——求（字符、日期、数值列）的最小值。

MAX()——求（字符、日期、数值列）的最大值。

COUNT()——计算所选数据的行数。

SUM()——计算数值列的总和。

AVG ——计算数值列的平均值。

12.4.2 习与练：用 SELECT-FROM-WHERE-GROUP BY 语句进行统计计算

示例 12 请按下列要求进行查询并计算。

（1）求有差额（差额>0）的任意两位教师的薪水差额。

（2）依据学生年龄求学生的出生年份，当前是 2015 年。

解：这两个例子都可以用 SELECT 子句中的算术运算表达式来实现。

（1）SELECT T1.Tname as TR1, T2.Tname as TR2, T1.Salary – T2.Salary

FROM Teacher T1, Teacher T2 WHERE T1.Salary > T2.Salary;

（2）SELECT S.S#, S.Sname, 2015 – S.Sage+1 as Syear

FROM Student S;

示例13 请按下列要求进行数据统计。

（1）求教师的工资总额。

（2）求计算机系教师的工资总额。

（3）求数据库课程的平均成绩。

解： 这 3 个例子都可以用 SELECT 子句中的聚集函数来实现，但不需分组，即满足 WHERE 条件的所有元组是一个分组，在此分组上计算求和值或平均值。

（1）SELECT Sum(Salary) FROM Teacher;

（2）SELECT Sum(Salary) FROM Teacher T, Dept

WHERE Dept.Dname = '计算机' and Dept.D# = T.D#;

（3）SELECT AVG(Score) FROM Course C, SC

WHERE C.Cname = '数据库' and C.C# = SC.C#;

示例14 请按下列要求进行分组数据统计。

（1）求每一个学生的平均成绩。

（2）求每一门课程的平均成绩。

解： 这 3 个例子都可以用 SELECT 子句中的聚集函数来实现，但还需分组，即满足 WHERE 条件的所有元组，再按照 GROUP BY 子句的条件进行分组，每个分组计算一个求和值或平均值。不同条件的分组结果如图 12.5 所示。

S#	C#	Score
98030101	001	92
98030101	002	85
98030101	003	88
98040202	002	90
98040202	003	80
98040202	001	55
98040203	003	56
98030102	001	54
98030102	002	85
98030102	003	48

（a）按S#分组：S#值相同则在同一组

S#	C#	Score
98030101	001	92
98040202	001	55
98030102	001	54
98030101	002	85
98030102	002	85
98040202	002	90
98040202	003	80
98030101	003	88
98040203	003	56
98030102	003	48

（b）按C#分组：C#值相同则在同一组

图 12.5 同一个表按不同条件分组的结果示意

（1）SELECT S#, AVG(Score) FROM SC GROUP BY S#;

按学号进行分组，即学号相同的元组划到一个组中并求平均值。

（2）SELECT C#, AVG(Score) FROM SC GROUP BY C#;

按课号进行分组，即课号相同的元组划到一个组中并求平均值。

示例15 有读者将"求不及格课程超过 2 门的同学的学号"写成下列语句，正确吗？

```
SELECT  S#  FROM  SC
WHERE  Score < 60  and  Count(*)>2  GROUP BY  S#;
```

解： 带有聚集函数的条件，类似于有 2 门以上，有 10 人以上等，通常都是针对多个元组/多行数据进行的，是不允许用于 WHERE 子句中的，因为 WHERE 子句是对每一元组进行条件选择，而不是对元组集合进行条件选择。对多个元组或者说对元组集合进行条件选择，则需使用 GROUP BY 子句中的 HAVING 子句，如图 12.6 所示，HAVING 子句是对每一个分组检查带有聚集函数的条件。

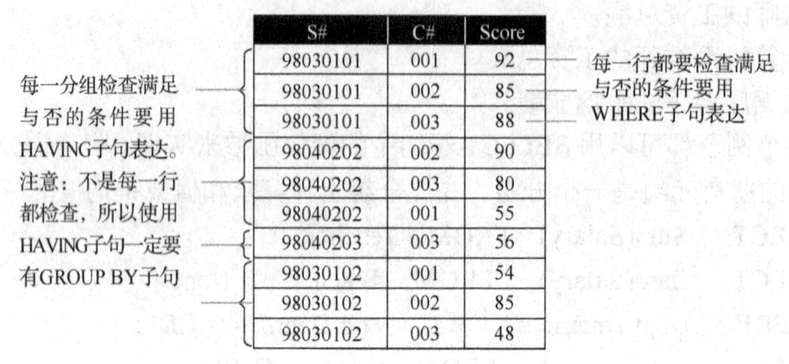

S#	C#	Score
98030101	001	92
98030101	002	85
98030101	003	88
98040202	002	90
98040202	003	80
98040202	001	55
98040203	003	56
98030102	001	54
98030102	002	85
98030102	003	48

图 12.6　WHERE 子句和 HAVING 子句的操作差异示意

示例16 请按下列要求进行带过滤条件的分组数据统计。

（1）求不及格课程超过 2 门的同学的学号。

（2）求有 10 人以上不及格的课程号。

解：（1）SELECT　S#　FROM　SC　WHERE　Score < 60

GROUP BY　S#　HAVING　Count(*)>2;

（2）SELECT　C#　FROM　SC　WHERE　Score < 60

GROUP BY　C#　HAVING　Count(*)>10;

说明

当 SELECT…FROM…WHERE…GROUP BY…HAVING…语句各项齐备时，逻辑上是第 1 步做 FROM 后面的笛卡儿积运算，第 2 步做 WHERE 子句的逐行条件选择，第 3 步是按 GROUP BY 子句分组，分组的同时计算各项统计值，第 4 步是做 HAVING 条件过滤，留下满足条件的分组及相关统计值。物理上或者实际执行时，DBMS 会做查询优化，在不改变结果的前提下改变操作次序，使执行时间更短。

示例17 有读者将“求有 2 门以上不及格课程的同学的学号及其平均成绩”写成下列语句，正确吗？

```
SELECT   S#, Avg(Score)  FROM  SC  WHERE  Score < 60
GROUP BY   S#   HAVING  Count(*)>2;
```

解：不正确。题目的平均成绩是包含了及格课程和不及格课程的该同学的平均成绩，而 SQL 语句表达的平均成绩是仅包含不及格课程的该同学的平均成绩。因此，正确写法为：

```
SELECT   S#, Avg(Score)  FROM  SC
WHERE  S#  IN  (  SELECT   S#  FROM  SC WHERE  Score < 60
                    GROUP BY   S#   HAVING  Count(*)>2 )
GROUP BY S#  ;
```

关于 IN 的用法可参见 12.5 节。

示例18 列出各门课的平均成绩、最高成绩、最低成绩和选课人数。

解： 本示例语句如下。

```
SELECT  C#, AVG(Score),MAX(Score),MIN(Score),COUNT(S#)
FROM  SC  GROUP BY C#  ;
```

*12.5 扩展学习：用 SQL 语言进行复杂查询

12.5.1 熟悉子查询

SQL-SELECT 的最大优势就是集合操作，而且可以实现嵌套式的集合操作。即一个 SELECT-FROM-WHERE 语句本身就是集合操作，而其又可被嵌入到另一个 SELECT-FROM-WHERE 语句中，作为另一个查询的子查询，实现更为复杂的查询。那为什么需要子查询呢？

现实中，很多情况需要进行下述条件的判断。

（1）集合成员资格：某一元素是否是某一个集合的成员？

（2）集合之间的比较：某一个集合是否包含另一个集合？

（3）集合基数的测试：测试集合是否为空，测试集合是否存在重复元组等。

标准 SQL 语句（或者说核心级 SQL 语句）仅允许子查询出现在一个 SELECT-FROM-WHERE 语句中的 WHERE 子句中，扩展级的 SQL 语句则允许子查询出现在 SELECT-FROM-WHERE 语句的任何需要集合的位置。本书仅介绍标准 SQL 语句。

有 3 种类型的子查询：(NOT) IN-子查询、θ-Some/ θ-All 子查询、(NOT) EXISTS 子查询，对应前面 3 种类型的集合相关的条件判断。本书仅对前两个子查询进行训练。

（1）(NOT) IN 子查询

```
WHERE  表达式  [NOT ]  IN (子查询)
```

其中，表达式的最简单形式就是列名或常数。其含义为判断某一表达式的值是否在子查询的结果中。

（2）θ SOME / θ ALL 子查询

```
WHERE 表达式  θ SOME  (子查询)
WHERE 表达式  θ ALL   (子查询)
```

其中，θ是比较运算符：<，>，>=，<=，=，<>。其含义为将表达式的值与子查询的结果进行比较。对“θ SOME（子查询）”而言，如果表达式的值至少与子查询结果的某一个值相比较满足θ关系，结果便为真，如果表达式的值与子查询结果的所有值相比较都不满足θ关系，结果便为假。对“表达式 θ ALL（子查询）”而言，如果表达式的值与子查询结果的所有值相比较都满足θ关系，结果便为真，如果表达式的值至少与子查询结果的某一个值相比较不满足θ关系，结果便为假。

（3）(NOT) EXISTS 子查询

```
WHERE  [NOT ]  EXISTS(子查询)
```

其含义为如果子查询的结果不为空，则 EXISTS 结果便为真，NOT EXISTS 结果便为假。如果子查询的结果为空，则 EXISTS 结果便为假，NOT EXISTS 结果便为真。该子查询通常用其 NOT EXISTS 的形式。

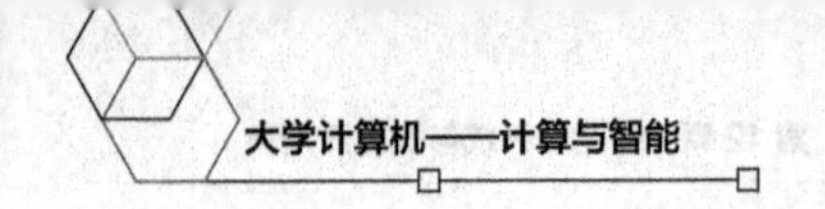

12.5.2 利用子查询进行复杂查询

示例19 写出满足下列要求的查询语句。

（1）列出张三、王三同学的所有信息。

（2）列出选修了 001 号课程的学生的学号和姓名。

（3）求既学过 001 号课程，又学过 002 号课程的学生的学号。

（4）列出没学过李明老师所讲授课程的所有学生的姓名。

解：（1）SELECT * FROM Student WHERE Sname IN ("张三", "王三");

此语句直接使用了某一子查询的结果集合。如果该集合是已知的、固定的，可以如上直接书写。上述示例相当于：

```
SELECT * FROM Student WHERE Sname = "张三" or Sname = "王三";
```

（2）SELECT S#, Sname FROM Student

```
WHERE S# IN ( SELECT S# FROM SC WHERE C# = '001' ) ;
```

此语句先查询选修了 001 号课程的所有学号的集合（子查询），然后再将在此集合中的学号所对应的学生信息输出。

（3）SELECT S# FROM SC WHERE C# = '001' and

S# IN (SELECT S# FROM SC WHERE C# = '002') ;

此语句先查询选修了 002 号课程的所有学号的集合（子查询），然后再查询选修了 001 号课程的学生的学号，如果此学号在前述子查询的结果集合中，即满足条件，将结果输出。

（4）此查询可以先写出相对容易的“(学过…的所有学生的学号”（子查询），然后再查询不在子查询结果中的学号所对应的学生姓名，即是“没有学过…的”。

```
SELECT Sname FROM Student WHERE S# NOT IN
 ( SELECT S# FROM SC, Course C, Teacher T
         WHERE T.Tname = '李明' and SC.C# = C.C# and T.T# = C.T# );
```

注意下述写法是不正确的！

```
SELECT Sname FROM Student S, SC, Course C, Teacher T
WHERE T.Tname <> '李明' and C.C# = SC.C#
      and SC.S# = S.S# and T.T# = C.T#;
```

带有子查询的 SELECT 语句被区分为内层查询和外层查询（类似于内层循环和外层循环），被嵌入的子查询，即括号内的 SELECT-FROM-WHERE 语句为内层查询。例如：

```
SELECT Sname FROM Student WHERE S# NOT IN
( SELECT S# FROM SC, Course C, Teacher T
WHERE T.Tname = '李明' and SC.C# = C.C# and T.T# = C.T# ) ;
```

外层查询的某些参量可以作为内层查询（子查询）的条件变量使用，此时内层查询是受外层查询的参量约束的，即针对这些参量的子查询而不是任意的子查询，这就形成了外层查询和内层查询的关联性，对外层查询的每一个参量值，都需要进行一次内层查询。当然，内层查询如果不使用任何外层查询的参量，则内层查询与外层查询是相互独立的，即内层查询可以独立执行。参见下面的示例，注意区分内层查询和外层查询的关联性。

示例20 （1）求学过 001 号课程的同学的姓名。

（2）找出工资最低的教师的姓名。

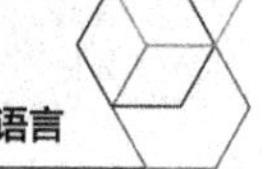

（3）找出 001 号课程成绩不是最高的所有学生的学号。

（4）找出所有课程都不及格的学生的姓名。

解：（1）SELECT　Sname FROM　Student　Stud　WHERE　S#　IN

(SELECT S#　FROM　SC WHERE　S# = Stud.S#　and　C# = '001'　) ;

此示例中，内层查询中使用了外层查询的参量 Stud.S#，换句话说，内层查询需要对每一个外层查询的“S#”检索一下其所学课程中是否包含 001 课程。

（2）SELECT　Tname　FROM　Teacher

WHERE　Salary　<=　ALL　(SELECT　Salary　FROM　Teacher);

此示例中，内层查询是独立于外层查询的，检索出了所有教师的工资的集合。外层查询：当某一个教师的 Salary 比子查询结果中的所有工资都小于等于时，则输出，否则不输出。注意这里用的是“<= ALL　(子查询)”，必须是与所有的比较。

（3）SELECT　S#　FROM　SC WHERE　C# = "001"　and

Score <　SOME (SELECT　Score　FROM　SC　WHERE　C# = "001");

此示例中，内层查询是独立于外层查询的，检索出了所有学过 001 课程同学的成绩。外层查询：当某一个学过 001 课程的成绩比子查询结果中的某一个成绩低时，则输出，否则不输出。注意，这里用的是“< SOME　(子查询)”，只要有某一个成绩即可。

（4）SELECT　Sname　FROM　Student　WHERE　60 > ALL

(SELECT　Score　FROM　SC WHERE　S# = Student.S#);

此示例中，内层查询需要依赖于外层查询，即内层查询是某一个同学的所有成绩。外层查询：当所有成绩都小于 60 时，则输出，否则不输出。注意这里用的是“> ALL（子查询）”，必须是所有成绩都小于 60。注意与下列语句的不同：

```
SELECT  Sname  FROM  Student  WHERE   60 > ALL
( SELECT   Score  FROM  SC );
```

这个语句的内层查询是独立于外层查询的。其集合是所有同学所有课程的成绩，而不是某一同学所有课程的成绩。

示例 21（1）找出 001 号课程成绩最高的所有学生的学号。

（2）找出 98030101 号同学成绩最低的课程号。

（3）找出张三同学成绩最低的课程号。

解：（1）SELECT　S#　FROM　SC　WHERE　C# = "001"　and

Score >= ALL (SELECT　Score　FROM　SC　WHERE　C# = "001");

（2）SELECT　C#　FROM　SC　WHERE　S# = "98030101"　and

Score <= ALL (SELECT　Score　FROM SC WHERE S# = "98030101");

（3）SELECT　C#　FROM　SC, Student S　WHERE　Sname = "张三"　and S.S#=SC.S#　and　Score <= ALL (SELECT Score　FROM　SC WHERE　S#=S.S#);

*12.6　扩展学习：数据库管理系统的功能

数据库管理系统是管理数据库的系统软件，其不仅能实现前述的 SQL 语言，同时还能实现很多功能。这些功能也是数据库管理系统的重要功能。

1. 数据库物理存储

DBMS 将数据库中的数据存储在磁盘等永久存储设备上，同时实现内存-外存的数据交换，以便程序通过 CPU 读取和处理数据。

2. 数据库索引

DB 中的数据量通常很大，为提高检索速度，通常可以为数据库建立索引。索引是一种辅助数据结构。数据库管理系统的重要功能是可以为数据库建立不同类型的索引。

3. 数据库查询执行和查询优化

当用户提出一项查询请求时，DBMS 可能需要遍历整个数据库，即读取该数据库在磁盘上的所有块/簇进入内存，进而在内存中识别并处理每一条记录，这一工作量是巨大的。因此数据库研究者不断研究如何既能满足查询条件又能减少磁盘读写的快速查询算法。如何将满足查询条件的数据记录快速地从数据库中找出来一直是人们不断追求的目标之一。

4. 并发控制

在数据库中，数据是共享的，但当多个应用程序同时对数据库进行操作时（并发操作），会引起某些问题。例如，在一个火车票销售系统中，当两个人在不同地点同时买相同日期、相同方向、相同车次的车票时，会不会买到座位号重复的票呢？为了避免这类情况的发生，DBMS 就必须对数据库的并发访问操作施加某些控制措施。DBMS 的并发控制功能保证了数据库在并发操作下的正确性。

5. 数据库故障恢复

由于内存具有电易失性，磁盘也可能发生电子或机械故障，因而数据库在读写处理过程中也可能会发生故障。如果出现故障时，数据库管理系统不能将其恢复到正确的状态，那么人们是不敢使用数据库系统的。例如，如果银行系统在用户存款时，因故障造成存款信息的丢失致使用户取不了自己的存款则会带来严重问题。因此 DBMS 的一项重要功能是故障恢复，它利用备份和运行日志并采取一定的处理规则，可保证当数据库出现故障时使其恢复到正确的状态，从而使用户可放心使用数据库管理系统管理数据。

6. 数据库完整性控制

数据库完整性控制是 DBMS 对数据库提供保护的又一个重要方面。由于数据的价值在于它的正确性，以便能正确地表达现实世界中客体的信息，而与语义内涵相矛盾的数据显然是无意义的。完整性控制的目的就是保证进入数据库中数据语义的正确性和有效性，防止任何引起数据违反其语义的操作。例如，根据通常的语义，数据项“成绩”的值应当是 0～100 之间的整数，一旦这一约束条件被定义，那么 DBMS 的完整性控制机构在每次对成绩数据进行插入或修改操作时都将进行校验，凡不满足该约束者一律拒绝接受，从而保持数据的语义完整性。

7. 数据库安全性控制

由于数据库中的许多信息往往涉及一些组织或个人的机密，甚至涉及某种利害关系，数据的破坏或失密可能产生不利的影响，甚至会带来严重后果，因此数据的安全保密控制就成为 DBMS 不可缺少的功能。数据库安全性控制包括对数据库的保护和保密控制。数据库的保护是指防止未经授权的人对数据库造成破坏性的改变；数据库的保密是

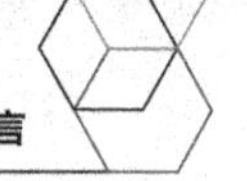

指保护数据库中的数据不被未经授权的人访问。

除以上功能外，数据库管理系统还可能有数据库语言编译和执行控制程序、数据字典管理程序、数据库重组程序、数据库性能分析程序、缓冲区控制程序、网络通信程序、应用程序接口等，在此不做介绍，读者可参阅数据库系统的相关教材进一步学习相关内容。

12.7 为什么要学习和怎样学习本章内容

12.7.1 为什么：数据管理也是计算思维

数据化思维的关键是将数据聚集成“数据库”，实现数据的积累。数据库需要数据库管理系统（软件）管理与维护。数据库系统、数据库管理系统是信息社会不可或缺的系统，是每个人都会或多或少要使用的系统，可以说新时代不会数据管理将始终会存在缺憾。

数据库系统、数据库管理系统的关键是操纵数据，本章主要是理解数据库语言，尤其是 SELECT-FROM-WHERE-GROUP BY-HAVING -ORDER BY 语句。一方面训练数据库的操纵能力，另一方面体验一条数据库语句的千变万化。这一语句的语法是简单的，但功能是复杂的。

12.7.2 怎样学：案例式、对比式学习

学习此部分内容，要记住：抽象内容案例化理解，即结合具体的数据库查询需求来理解 SQL 语言将会比较容易。比如结合具体的专业，模拟可能建立的数据库，模拟可能的查询需求，将其用 SQL 语句表达出来，将会更深入地理解数据库，一方面能够深入理解案例表达的需求，提高自然语言的理解能力，另一方面深入理解 SQL 语句的表达方法，提高运用 SQL 语句表达查询的能力，对于 SQL 语句中的不同子句的含义也会有更深入的理解。

此外，理解数据库语言，可以结合基于集合的关系运算的理解来理解，数据库语言的标准语句 SELECT-FROM-WHERE，转换成关系运算，即 FROM 子句相当于多个表的乘积运算，WHERE 子句相当于做选择运算，SELECT 子句则相当于做投影运算。因此任何形如所给出的 SELECT-FROM-WHERE 语句相当于$\pi(\sigma(R_1 \times R_2 \times \cdots \times R_n))$。其执行过程逻辑上也等价于这个表达式所示意的操作次序。理解这一点对理解 SQL 语言的结果很有帮助。

第13章 数据与社会：数据也是生产力

Chapter13

本章摘要

数据也是生产力，大数据与社会密切相关，大数据颠覆了人们的一些思维习惯。本章主要介绍数据分析、数据挖掘、大数据相关的计算思维。

13.1 什么是大数据

21 世纪，随着互联网技术的发展，人们越来越关注数据。数十亿的互联网用户、数百万的应用程序促进了互联网数据的膨胀式发展。互联网世界中，以社交网络、交易网络、信息网络等为载体的，面向人-人互动、人-机互动的大规模数据的聚集与交换，以物联网等为感知与联网手段，面向人-物互联、物-物互联的大规模数据的产生与聚集，不同媒体，如文本、声音、图像、视频等由于产生和传输手段的变化，也在实现着快速的传输与聚集。这些都形成了所谓的“大数据（Big Data）”。

大数据到底有多大？据网络信息显示，滴滴出行完成的日订单突破 1 000 万单，百度一辆无人车一天处理的数据超过 10TB，全人类至今讲过的话语已超 5EB，2020 年全球的数据总量预计达 40ZB。这是什么量级呢？1 个 ASCII 码为 1 个字节，1 个汉字为 2 个字节，前面熟悉了 1KB=2^{10}B，1MB=2^{10}KB=2^{20}B，1GB=2^{10}MB。以 2^{10} 为倍数，由 KB（KiloByte）向上，有 MB（MegaByte）、GB（GigaByte）、TB（TeraByte）、PB（PetaByte）、EB（ExaByte）、ZB（ZettaByte）、YB（YottaByte）、NB（NonaByte）、DB（DoggaByte）等。IBM 2012 年的研究称，整个人类文明所获得的全部数据中，有 90%是过去两年内产生的（2010—2012 年），而且数据产生的速度越来越快，预计 2020 年全世界所产生的数据规模将达到 2012 年末的 44 倍。

什么是大数据？简单来讲，大数据就是数据量很大、数据种类很多、增长速度很快的数据集合。有学者用 5V 来刻画其特征，即 Volume（数据量大）、Variety（多样化）、Velocity（数据增长速度快）、Value（数据价值密度相对较低）、Veracity（数据的准确性和可信赖性）；也有学者用“只要是所有数据就是大数据”来表达大数据为数据全集的含义；还有学者认为按时间序列累积，或者深度上细化数据，将更多数据关联起来，即会形成大数据。

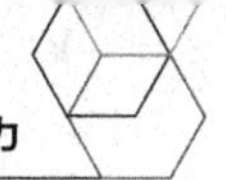

对于大数据，需要解决以下两个方面的问题。一是大数据由于数据量庞大，因此如何存储、如何检索、如何展现数据是需要解决的问题。有人说大数据就像是一座金矿，直观看其本身可能看不到金子，需要以特定的算法或软件才能挖掘出金子。二是不同行业、不同类别的大数据，有不同的分析模式，如何利用大数据分析工具，对数据进行分析进而获取有价值的信息是需要解决的问题。第 1 个问题需要一些并行计算、NoSQL 数据存储、概率论与数理统计、矩阵理论、机器学习、深度学习等方面的知识；第 2 个问题需要行业/领域知识、行业相关数据建模方法、数据及其结果的语义解析等。本章以示例的形式简要介绍大数据相关的计算思维。

13.2　数据分析示例：多维数据分析

13.2.1　一个例子：超市数据库

数据分析可有多种方式，最基本的是通过多种形式、多种角度分析数据。为使读者更好地理解数据分析方法，也便于后续内容的叙述，先建立一个数据库——“超市数据库”。

示例 1　超市数据库。我们都去过超市，超市通过 POS 机（电子收款机）将每位顾客每次购买的商品信息聚集到数据库中，并打印“商品购买明细”给顾客作为商品购买与付款凭证，如图 13.1 所示，顾客一次可能购买多种商品。“超市数据库”就是由日复一日产生的成千上万张“商品购买明细”及其相关信息构成的数据库。

商品购买明细

交易号 T1000 ，日期 04/05/2013 ，时间 10：18 ，收款员 E02

顾客 C01 ，支付方式 MasterCard ，总金额 ￥1 400.00

商品号	商品名	数量	单价	金额
200008	汇源果汁	5	200.00	1 000.00
200020	哈啤90	1	300.00	300.00
200035	555香烟	1	100.00	100.00

图 13.1　商品购买明细——顾客一次可能购买多种商品

为便于数据库管理，“超市数据库”将“商品购买明细”转换成如表 13.1 和表 13.2 所示的两个规范化的数据表进行数据的存储、处理与查询。换句话说，收款员看到的是图 13.1 所示的数据形式，而 DBMS 所使用的是表 13.1 和表 13.2 数据表的形式。

表 13.1　商品购买单

事务号	日期	时间	收款员号	顾客号	支付方式	总金额
T1000	04/05/2013	10:18	E02	C01	MasterCard	1 400.00
T1001	04/05/2013	11:10	E01	C03	Visa	1 200.00
……	……	……	……	……	……	……
T1101	04/06/2013	09:10	E01	C02	MasterCard	500.00

表 13.2　商品购买单明细

事务号	商品号	商品名	数量	单价	金额
T1000	200008	汇源果汁	5	200.00	1 000.00
T1000	200020	哈啤 90	1	300.00	300.00
T1000	200035	555 香烟	1	100.00	100.00
T11001	200020	哈啤 90	2	300.00	600.00
T11001	200009	巧克力	2	300.00	600.00
……	……	……	……	……	……
T1101	200008	汇源果汁	1	200.00	200.00
T1101	200020	哈啤 90	1	300.00	300.00

为更好地管理超市销售数据，还可在“超市数据库”中增加一些数据表，如表 13.3～表 13.5 所示，以记录顾客的信息、商品的信息、连锁超市的分店及其业务员的信息等。

表 13.3　顾客表

顾客号	顾客名字	性别	地址	年龄	收入
C01	张三	男	哈尔滨市南岗区	35	100 000.00
C02	李四	女	哈尔滨市香坊区	30	80 000.00
C03	王五	女	哈尔滨市道里区	32	30 000.00
……	……	……	……	……	……

表 13.4　商品表

商品号	商品名	大类	细类别	销售价	进货价	产地	供应商
200008	汇源果汁	食品	饮料	200.00	120.00	中国北京	汇源饮料公司
200020	哈啤 90	烟酒	啤酒	300.00	250.00	中国哈尔滨	哈啤厂
200009	巧克力	食品	糖果	300.00	240.00	瑞士	K 进出口公司
200035	555 香烟	烟酒	香烟	100.00	80.00	美国	X 烟酒公司
……	……	……	……	……	……	……	……

表 13.5　分店表

分店号	分店名	分店地址	员工号	所在分店
S01	南岗一分店	南岗区 X 街 X1 号	E01	S01
S02	道里二分店	道里区 Y 街 Y1 号	E02	S01
S03	道里三分店	道里区 Z 街 Z1 号	E03	S02
S04	南岗四分店	南岗区 K 街 K1 号	E04	S04
……	……	……	……	……

如果用数据库管理上述信息，则可以用前述的 SQL 语言查询一些基本信息，如下示例。

示例 2　列出 2013 年 4 月 8 日每个分店的销售总额。

本示例语句如下。

```
SELECT 分店名, SUM(总金额) FROM 商品购买单, 分店, 员工
WHERE 员工.员工号 = 商品购买单.收款员号 AND 员工.所在分店=分店.分店号
AND 日期= '04/08/2013'  GROUP BY 分店号;
```

示例 3　列出 2013 年 4 月 8 日食品类商品的销售总额。

本示例语句如下。

```
SELECT  SUM（总金额）FROM商品购买单，商品购买单明细，商品
WHERE商品购买单.事务号 = 商品购买单明细.事务号 AND 商品购买单明细.商品号=商品.商品号 AND
商品.大类='食品'AND 日期='04/08/2013';
```

很多查询都可以用类似上述的 SQL 语句查询得到，那还有没有其他的分析方法呢？

13.2.2 熟悉基本的数据分析方法——二维交叉表

典型的数据分析方法，就是基于数据库构造如图 13.2 所示的“二维交叉表”。“交叉表”是一种分析用的二维形式的表格，注意观察其和第 11～第 12 章介绍的表/关系的差异。交叉表，水平维度和垂直维度各表示一个分析维度，即观察数据的不同的角度，而水平维度与垂直维度交叉所形成的交叉格表示关于数据的一个度量，即对数据关于水平维度和垂直维度的一个计算值。水平维度和垂直维度都可以有不同的颗粒度单位，例如，时间维度可以以年为颗粒度单位，进行不同年之间的对比，也可以以月为颗粒度单位，进行不同月之间的对比，不同颗粒度单位被称为不同的“概念层次”，其度量为不同概念层次的度量。

示例 4 问关系/表与交叉表的异同点在哪里？

答：（1）关系/表仅用列标题便可唯一确定一列数据的含义，因为所有行的同一列数据是具有相同颗粒度单位的数据。而交叉表需要用两个标题：行标题和列标题来唯一确定一个数据的含义，因为不同的行可能其颗粒度是不同的，不同的列其颗粒度也可能是不同的，因此行列交叉点的值表示的可能是不同概念层次的度量，而不是同一概念层次的度量。（2）关系/表中是无冗余存储的数据的，而交叉表中是有冗余存储的数据的。例如，一年的数据中，将包含某一月的数据，将包含某一天的数据，这是有冗余的存储。

示例 5 如图 13.2（a）所示，水平维度为“时间”，垂直维度为“地区”，水平维度与垂直维度的交叉格表征一个度量，如销售数量、销售额等。例如，时间维度（1 季）和地区维度（南岗区）的交叉格中 35 000 为 1 季度南岗区的销售额，可以简单记为<(1 季度，南岗区)，35 000>，其格式的含义为<(时间维度，地区维度)，销售额>。

分地区（区县）分时间（季度）“食品”类商品销售对比分析表

商品（大类）=“食品”

		时间			
		1季	2季	3季	4季
地区	南岗区	35 000	45 000	53 000	52 000
	道里区	45 000	33 000	28 000	46 000

（a）

分地区（区店）分时间（月度）“食品”类商品销售对比分析表

商品（大类）=“食品”

			时间											
			1季			2季			3季			4季		
			1月	2月	3月	4月	5月	6月	7月	8月	9月	10月	11月	12月
地区	南岗区	南岗区一分店	8 000	8 000	4 000	12 000	9 000	9 000	8 000	8 000	9 000	8 000	10 000	10 000
		南岗区四分店	4 000	4 000	7 000	10 000	7 000	8 000	9 000	10 000	9 000	8 000	8 000	8 000
	道里区	道里区二分店	8 000	4 000	8 000	6 000	4 000	3 000	4 000	6 000	4 000	6 000	5 000	7 000
		道里区三分店	8 000	8 000	9 000	8 000	6 500	5 500	5 000	5 000	4 000	10 000	9 000	9 000

（b）

图 13.2 “交叉表”——一种用于多维数据分析的表格。上下两个交叉表体现了不同概念层次的度量及映射示意

有时，交叉表的一个交叉格（如<（1季度，南岗区），35 000>所表征度量的颗粒度比较大，还需要更细致地分析该度量数值的构成，此时可构造更为细致的交叉表，如图 13.2（b）所示。比较两个交叉表，大颗粒度的一个度量是由若干小颗粒度的度量经进一步聚集计算得到，这种度量的不同颗粒度被称为度量的不同“概念层次”，图 13.2 所示，上下两个交叉表被认为是两个不同概念层次的交叉表。在图 13.2（b）不仅给出了基本的交叉表，还给出了相应的概念层次，如时间维度包含了季度和月度两个层次，地区维度包含了区县和分店两个层次，图 13.2（a）中的交叉格是关于（季度，区县）层次的度量，图 13.2（b）中的交叉格则是关于（月度，分店）层次的度量。

有了“超市数据库”后，人们会希望对商品销售数据进行更为细致的分析，如根据年度/季度/月度、不同地区的销售情况对比，重新配置商品和资源，调整销售策略；如分析顾客购买模式（如喜爱买什么、购买周期、消费习惯等）提高顾客关注度；再如分析商品组合销售情况，制订不同的促销折扣策略，提高顾客的关注度，扩大销售数量与销售额等。此时均可如图 13.2 一样通过构造二维交叉表进行分析。

13.2.3 由二维数据分析发展为多维数据分析

交叉表仅能反映两个维度数据的度量。进一步，如何表征多维度数据的度量呢？多维度数据度量可转换成若干个两个维度的交叉表来进行展现和分析。

示例6 如何在时间维度、地区维度基础上进一步区分商品维度呢？

答：简单来看，在构造交叉表时可按“商品”的每一个大类或更细致的小类来构造交叉表，如图 13.2 所示为对<商品（大类）=“食品”>的销售额构造的一个交叉表，不同的商品（大类）可构造形式相同但内容不同的多个交叉表。

更一般的情况，可采用联机数据分析工具进行处理，这时需要理解的很重要的一个概念就是数据方体。

数据方体（Data Cube）是一种多维度、多粒度、多层次的数据集合。数据方体是对交叉表的一种扩展，它允许以多维度对数据建模和观察，同样有“维度”“度量”“概念层次”等概念。同前所述，“维度”是指观察数据的某一个角度或侧面，“度量”是多维度交叉所形成的“交叉格”，即对数据关于多个维度的一个计算值，其格式可简单记为<（维度 1, 维度 2, 维度 3,…），度量>。度量的不同颗粒度被称为度量的不同“概念层次”。注意，度量的概念层次是通过维度的不同层次来刻画的。

示例7 数据方体示例。

图 13.3 所示是以三维形式显示的数据方体。其中数据方体被划分为“时间”维度、“地区”维度、“商品”维度等，“时间”维度又被区分为“季度”“月度”等不同层次，“地区”维度又被区分为“区县”“分店”等不同层次，“商品”维度又被区分为商品大类、商品小类等不同层次，其中的度量“销售额”则是某一层次的<时间维度，地区维度，商品维度>的度量值。

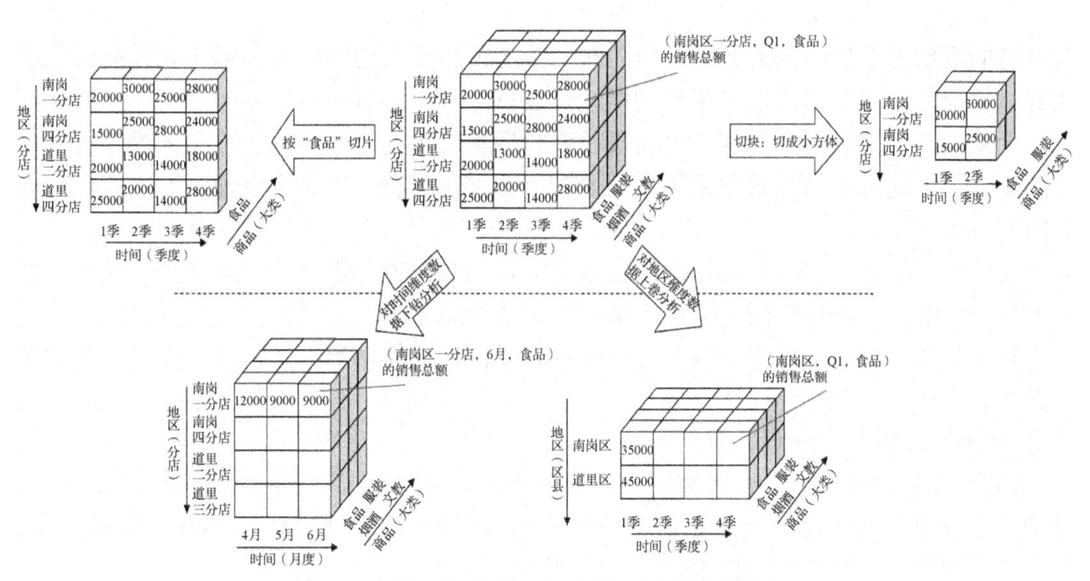

图 13.3 以三维形式显示的数据方体及其操作示意

联机数据分析工具可以为用户自动地构造数据方体，但需用户对数据方体的“维度”和“事实”进行定义。每一个维度都将有一个数据表与之关联，称为“维表”，用于描述维度本身的信息，以便构造数据方体的不同维度与不同概念层次。数据方体通常围绕某一个或几个中心主题（例如，销售数据）进行组织，该主题用“事实”数据表表示。事实是用数值度量的，它可以进行计算以反映不同维度所观察到的数据。事实表包括事实的名称或度量，以及每个相关维表的关键字，用于依据维度信息来对数据进行不同颗粒度度量的计算。

示例8 示例 8 的数据方体可以基于示例 1 的数据库来建立。此时示例 1 的数据表为该数据方体的“事实”，它们是一种关系/表，无冗余存储。而时间维度可以建立“时间维表（日期，月，季，年）”，地区维度可建立“地区维表（员工号，分店，区，市）”，商品维度可建立“商品维表（商品号，细类别，商品大类）”等。基于时间维度的“日期”属性建立与不同层次颗粒度“月”“季”“年”之间的关联，基于地区维度的“员工号”属性建立与不同层次颗粒度“分店”“区”“市”之间的关联，基于商品维度的“商品号”属性建立与不同层次颗粒度“细类别、商品大类”之间的关联，时间维度的“日期”、地区维度的“员工号”和商品维度的“商品号”与事实表中的相应属性建立关联，如此构造形成数据方体。这些维表可以由用户或专家设定，或者根据数据分布自动产生和调整，依据这些维表和事实表，联机分析工具可自动产生数据方体并进行各种数据计算和处理。

二维数据方体，即如前述的交叉表，三维数据方体如图 13.3 所示。数据方体是对多维数据存储的一种比喻，尽管图 13.3 把数据方体看作三维几何结构，但实际上数据方体可以是 n 维的，其数据的实际物理存储不同于它的逻辑表示。数据被组织成多维度，每个维度又包含由概念分层定义的多个抽象层。这种组织为用户从不同角度观察数据提供了灵活性，对这种数据方体都可能有哪些操作呢？介绍如下。

下钻操作：按照某一维度，由粗颗粒度的度量（不太详细的数据）进一步细化到细颗粒度的度量（更为详细的数据）的操作，即由较高概念层次的方体细化到较低概念层次方体的操作。下钻可以通过沿维的概念分层向下展开方体。

上卷操作：按照某一维度，由细颗粒度的度量汇集到粗颗粒度的度量的操作，即由较低概念层次的方体经再聚集到较高概念层次方体的操作。上卷可以通过沿维的概念分层向上折叠方体。

切片操作和切块操作：切片操作是指在给定的数据方体的一个维度上进行选择，产生一个子方体。切块操作通过对两个或多个维度执行选择，产生一个子方体。

转轴操作：转轴（又称旋转）是一种目视操作，它转动数据的视角，提供数据的替代表示。

示例9 数据方体操作示例。

如图 13.3 所示，中心方体左下，按时间维度，由“季度”层次的聚集数据下钻到“月度”层次的聚集数据，结果数据方体详细地列出每月的销售额，而不是按季度求和。此类操作则为“下钻”。如图 13.3 所示，中心方体右下，按地区维度，由“分店”层次的数据进一步聚集到“区县”层次的数据，结果数据方体列出每个区县的销售额，它对该区县所属的分店数据进行进一步分组聚集。地区的分层被定义为全序“分店 < 区县”。此类操作则为“上卷”。如图 13.3 左侧方体是在中心方体基础上，对“商品（大类）”维度取某一个特定值所形成的（即商品（大类）=“食品”）。如图 13.3 右侧方体是在中心方体基础上对“商品（大类）”取值“食品”和“服装”，对“时间（季度）”取值“1 季”和“2 季”，对“地区（分店）”取值“南岗一分店”和“南岗四分店”等形成的子数据方体：（地区.分店 ="南岗一分店"or "南岗四分店"）and（时间.季度 =" 1 季"or"2 季"）and（商品.大类="食品"or "服装"）。图 13.3 所示即是将数据方体 6 个面的 5 个面的数据呈现给读者，或者说转轴是将多维数据方体投影成若干个二维数据，每次展现一个给读者。

什么是数据仓库？简单地讲，数据仓库是以多维的数据方体形式组织、处理和展现的数据的集合，笼统地讲，数据仓库也是一个数据库。但它与前面介绍的关系数据库是有所区别的。

“数据仓库是一个面向主题的、集成的、时变的、非易失的数据集合”，是一种新的数据组织、存储与分析系统。“面向主题的”是指数据仓库围绕一些主题或关注点，如顾客、供应商、产品和销售组织等进行数据的组织和存储，而不是数据的日常操作和事务处理——后者是数据库做的事，也因此数据库被称为事务处理系统（On Line Transaction & Processing，OLTP）。“集成的”是指数据仓库中数据可能来自于不同的数据库，将不同来源的数据进行有效的集成。“时变的”是指数据仓库中包含了大量的历史信息，因此其结构中隐式或显式地包含时间元素。“非易失的”是指数据仓库中的数据也是需要保存的，物理地与其相关的数据库进行分离存储。

联机分析处理（On Line Analysis & Processing，OLAP）是一种用于各种粒度的多维数据分析技术，通过从多个角度、多个侧面、多个层次来分析数据仓库中的数据，有助于正确、高效地决策。

正如数据库使用关系模型一样，数据仓库和 OLAP 使用一种多维数据模型，即前述的数据方体模型，包含一组事实表和多个维表，通过提供多维数据视图和多维操作对数据进行汇总、计算和展现。详细内容本书不做介绍，感兴趣的读者可查阅相关文献。

13.3　数据挖掘示例：炒股不看股盘看微博

13.3.1　啤酒与尿布的故事

对于“超市数据库”，能否通过日复一日的“商品销售明细”数据，发现顾客一次性购买的不同商品之间的联系，分析顾客的购买习惯呢？例如，“什么商品组合，顾客多半会在一次购物时同时购买？”。此处介绍一种“关联规则挖掘”的基本思想：通过分析商品组合被顾客购买的频繁程度，可以发现商品的一些关联规则，这种关联规则的发现可以帮助超市管理者制订营销策略，例如，将相互关联的商品尽可能放得更近一些，使顾客购买一种商品时很容易发现并购买另外的商品，或者可以将这些相互有关联的商品组合起来，给出相应的折扣政策以吸引更多顾客进行购买。有学者针对示例 1 的超市数据库进行分析，发现“购买啤酒的顾客，同时也购买尿布”，超市便将“啤酒和尿布”摆放在一起销售，果然提高了销售数量，但为什么是这样呢？原因不知道，只是看到数据呈现出来就是这样的，这就是“啤酒与尿布”的故事。

我们来看看是怎么挖掘出这一关联规则的呢？本章只注重数据分析过程，不详细介绍其算法。

13.3.2　理解一些基本概念

想象一下，如果所讨论的对象是商店中可购买商品的集合，则每种商品对应一个 0/1 变量，表示该商品“不买”或者“买”。每个“商品销售明细”则可用一个 0/1 向量表示。可以分析该向量，得到反映商品频繁关联或同时购买的购买模式。这些模式可以用关联规则的形式表示。

例如，购买“面包”时，也趋向于同时购买“果酱”，则可以用以下关联规则表示：

```
“面包”⇒“果酱”[支持度=2%，置信度=60%]
```

上述规则说明“由面包的购买，能够推断出果酱的购买”，后面的支持度和置信度是衡量该规则有用性和确定性的两个变量。支持度 2%意味着所分析事务总数的 2%同时购买面包和果酱。置信度 60%意味着购买面包的顾客 60%也购买果酱。关联规则是有趣的，则它必须满足最小支持度阈值和最小置信度阈值，所谓的阈值就是一个门槛值，这些阈值可以由用户或领域专家设定。

为理解关联规则挖掘思想，需理解以下一些概念。

1. 项、*k*-项集与事务

设 $P = \{ p_1, p_2, \cdots, p_m \}$是所有项（Item）的集合。$D$ 是数据库中所有事务的集合，其中每个事务 T 是项的集合，是 P 的子集，即 $T \subset P$；每一个事务有一个关键字属性，称作事务号以区分数据库中的每一个事务。项的集合称为项集，包含 k 个项的项集称为 k-项集。设 A 是一个 k-项集（ItemSet），事务 T 包含 A 当且仅当 $A \subseteq T$，即如果一个 x-

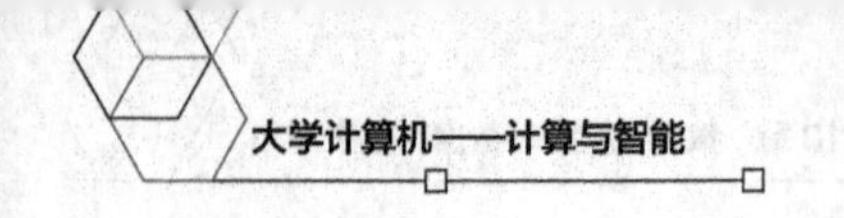

项集的每一项均属于一 y-项集，则说此 y-项集包含了此 x-项集。

示例10 用示例 1 中的数据库解释什么是项、项集、事务。

答：假设超市销售 P 种商品，每种商品就是项 p_i，则 $P=\{p_1,p_2,\cdots,p_m\}$就是所有项（Item）的集合。商品的一种组合，即项的集合就是项集，几种商品就是几项集：2 种商品就是 2-项集，3 种商品就是 3-项集，如{面包，果酱}是一个 2-项集，{面包，果酱，奶油}则是一个 3-项集。一张"商品购买明细"（如图 13.1 所示，俗称小票）就是一个"事务" T，包含 n 种商品的小票就是一个 n-项集。一段时期内打印出的所有商品购买明细，即代表了一段时期内销售出的所有商品，而一张小票中包含的 n 种商品的集合，反映了一位顾客同时购买了这 n 种商品。如 T={面包，果酱，奶油，红茶}是一个 4-项集，T 包含了{面包，果酱}这个 2-项集，包含了{面包，果酱，奶油}这个 3-项集。

2．频繁项集、关联规则、支持度和置信度、强规则

（1）频繁项集。项集的出现频率是指包含项集的事务数，即项集在所有事务中出现的频率，也称为支持计数或计数。设项集的最小支持度为 min_s，如果项集的出现频率大于或等于 min_s 与 D 中事务总数的乘积，则称项集满足最小支持度。如果项集满足最小支持度，则称它为"频繁项集"。

（2）关联规则。关联规则是形如 $A \Rightarrow B$ 的蕴涵式，即命题 A（如"项集 A 的购买"）蕴涵着命题 B（"如项集 B 的购买"），或者说由命题 A 能够推出命题 B，其中 $A \subseteq P$，$B \subseteq P$，并且 $A \cap B = \varnothing$。

（3）支持度和置信度。规则 $A \Rightarrow B$ 在事务集 D 中成立，具有支持度 s，其中 s 是 D 中包含 $A \cup B$（即 A 和 B 二者）事务的百分比，它是概率 $P(A \cup B)$。规则 $A \Rightarrow B$ 在事务集 D 中具有置信度 c，其中 c 是 D 中包含 A 的事务中，同时也包含 B 的事务所占的百分比，它是条件概率 $P(B|A)$。即：

support ($A \Rightarrow B$) = $P(A \cup B)$ = 包含 A 和 B 的事务数 ÷ D 中事务总数

confidence ($A \Rightarrow B$) = $P(B|A)$ = 包含 A 和 B 的事务数 ÷ 包含 A 的事务数

支持度反映了一条规则的实用性，是衡量兴趣度的重要因素，是规则为真的事务占所有事务的百分比。支持度定义中的分子通常称作支持度计数，通常显示该值而不是支持度。支持度容易由它导出，支持度 80%体现了满足规则的事务占所有事务的比重。置信度反映了一条规则的有效性或"值得信赖性"的程度，即确定性。置信度为 100%意味着在数据分析时，该规则总是正确的。这种规则称为准确的或者可靠的。

（4）强规则。同时满足最小支持度阈值（min_s）和最小置信度阈值（min_c）的规则称作强关联规则，简称强规则。为方便计，使支持度和置信度的值用 0%和 100%之间的值来表示。

示例11 下列关联规则的含义是什么？

（1）"红茶" ⇒ "砂糖" [支持度=60%，置信度=70%]。

（2）"尿布" ⇒ "啤酒" [支持度=50%，置信度=50%]。

答：（1）表示"由红茶的购买，能够推断出砂糖的购买"，支持度 60%意味着所分

析事务总数的 60%同时购买了红茶和砂糖，置信度 70%意味着购买红茶的顾客 70%也购买了砂糖。

（2）表示“由尿布的购买，能够推断出啤酒的购买”，支持度 50%意味着所分析事务总数的 50%同时购买了尿布和啤酒，置信度 50%意味着购买尿布的顾客 50%也购买了啤酒。

如何由大型数据库挖掘关联规则呢？一般而言，关联规则的挖掘可分两大步来进行。

（1）找出所有频繁项集：依定义，这些项集出现的频率至少和预定义的最小出现频率一样。

（2）由频繁项集产生强关联规则：依定义，这些规则必须满足最小支持度和最小置信度。

13.3.3 由事务数据库挖掘关联规则——数据挖掘示例

如前所述，关联规则挖掘涉及“如何由事务数据库寻找频繁项集”和“如何由频繁项集产生强关联规则”两个问题。下面以示例形式先介绍如何寻找频繁项集；然后再介绍如何由频繁项集产生强关联规则。

示例12 发现“超市数据库”中的频繁项集。

将前面的超市数据库以一种更简洁的形式给出示例，即每一张“商品销售明细”以一条记录的形式给出，该明细中的商品以一个商品项的集合形式给出，如表 13.6 所示，为分析方便，将商品名称等以 *P*1，*P*2，*P*3，…抽象形式给出。

表 13.6 商品购买明细数据库

事 务 号	一次事务中购买的商品列表	事 务 号	一次事务中购买的商品列表
T0000	*P*1，*P*2，*P*3，*P*5	T0050	*P*1，*P*3，*P*5
T1000	*P*1，*P*2，*P*6，*P*8	T1500	*P*2，*P*4，*P*8
T2000	*P*2，*P*3，*P*7，*P*8	T2500	*P*1，*P*3，*P*5
T3000	*P*1，*P*2，*P*6	T3500	*P*2，*P*3，*P*7
T4000	*P*1，*P*2，*P*3，*P*5，*P*6，*P*7	T4500	*P*1，*P*2，*P*6，*P*8
T5000	*P*1，*P*3，*P*5，*P*6	T5500	*P*1，*P*2，*P*5，*P*6
T6000	*P*2，*P*3，*P*6	T6500	*P*1，*P*2，*P*5，*P*6
T7000	*P*1，*P*4，*P*6	T7500	*P*1，*P*2，*P*4，*P*6
T8000	*P*2，*P*3，*P*4，*P*5	T8500	*P*1，*P*2，*P*4，*P*5，*P*6
T9000	*P*3，*P*4，*P*5	T9500	*P*1，*P*2，*P*4，*P*5，*P*6
总事务次数：20			

与前面的概念定义比较，可以发现整个数据库为 *D*，其中的每一记录为 *T*，数据库 *D* 中总计有 20 个事务，*P*={*P*1, *P*2, *P*3, *P*4, *P*5, *P*6, *P*7, *P*8}为 8 个商品“项”的集合，*P*1，…，*P*8 也表示了商品的一种排序。

第一轮迭代产生候选的 1-项集 C_1。首先可以使 $C_1=P$，即 *P* 中的每一个项都是 C_1 的一个成员。然后对每个项在 *D* 中的出现次数进行计数，形成支持度计数，结果如表 13.7 所示。

表 13.7　候选 1-项集 C_1

项集	支持度计数	项集	支持度计数	项集	支持度计数
{ $P1$ }	14	{ $P4$ }	7	{ $P7$ }	3
{ $P2$ }	15	{ $P5$ }	11	{ $P8$ }	3
{ $P3$ }	10	{ $P6$ }	12		

接着，从 C_1 中检查并剔除掉小于最小支持度计数的项集，形成频繁 1-项集 L_1，假设最小支持度计数为 5（即最小支持度 min_s=5/20=25%）。结果如表 13.8 所示。

表 13.8　频繁 1-项集 L₁. 支持度计数≥最小支持度计数 5（min_sup=5/20=25%）

项集	支持度计数	项集	支持度计数	项集	支持度计数
{ $P1$ }	14	{ $P3$ }	10	{ $P5$ }	11
{ $P2$ }	15	{ $P4$ }	7	{ $P6$ }	12

第二轮迭代产生候选的 2-项集 C_2。可以使 $C_2 = L_1$ (Join) L_1，即 L_1 中的每一个项都和 L_1 的另一个不同的项组合形成候选 2-项集。然后对每个 2-项集在 D 中的出现次数进行计数，形成支持度计数，结果如表 13.9 所示。

表 13.9　候选 2-项集 C_2. 组合频繁 1-项集 L_1 得到

项集	支持度计数	项集	支持度计数	项集	支持度计数
{ $P1, P2$ }	10	{ $P2, P3$ }	6	{ $P3, P5$ }	7
{ $P1, P3$ }	5	{ $P2, P4$ }	5	{ $P3, P6$ }	3
{ $P1, P4$ }	4	{ $P2, P5$ }	7	{ $P4, P5$ }	4
{ $P1, P5$ }	9	{ $P2, P6$ }	10	{ $P4, P6$ }	3
{ $P1, P6$ }	11	{ $P3, P4$ }	2	{ $P5, P6$ }	6

接着，从 C_2 中检查并剔除掉小于最小支持度计数的项集，形成频繁 2-项集 L_1，最小支持度计数仍为 5，结果如表 13.10 所示。

表 13.10　频繁 2-项集 L_2. 支持度计数≥最小支持度计数 5（min_sup=5/20=25%）

项集	支持度计数	项集	支持度计数	项集	支持度计数
{ $P1, P2$ }	10	{ $P2, P3$ }	6	{ $P3, P5$ }	7
{ $P1, P3$ }	5	{ $P2, P4$ }	5	{ $P5, P6$ }	6
{ $P1, P5$ }	9	{ $P2, P5$ }	7		
{ $P1, P6$ }	11	{ $P2, P6$ }	10		

第三轮迭代产生候选的 3-项集 C_3。可以使 $C_3 = L_2$ (Join) L_2，即 L_2 中的每一个项都和 L_2 的不同的项连接形成候选 3-项集 C_3（满足项集的前 3-2=1 个项相同的项可以连接），结果如表 13.11 所示。再做处理，例如，{$P1,P3,P6$}被剔除掉是因为其一个子集{$P3,P6$}不是频繁项集，因此它也不是频繁项集。类似的{$P2,P3,P4$}{$P2,P3,P6$}{$P2,P4,P5$}{$P2,P4,P6$}{$P3,P5,P6$}等被剔除掉。

表 13.11　候选 3-项集 C_3. 通过连接频繁 2-项集 L_2 得到，再依据 Apriori 性质进行剪枝处理

项集	剪枝处理	项集	剪枝处理	项集	剪枝处理
{ $P1, P2, P3$ }		{ $P1, P5, P6$ }		{ $P2, P4, P6$ }	被剔除掉,因{$P4,P6$}
{ $P1, P2, P5$ }		{ $P2, P3, P4$ }	被剔除掉，因{$P3,P4$}	{ $P2, P5, P6$ }	
{ $P1, P2, P6$ }		{ $P2, P3, P5$ }		{ $P3, P5, P6$ }	被剔除掉,因{$P3,P6$}
{ $P1, P3, P5$ }		{ $P2, P3, P6$ }	被剔除掉，因{$P3,P6$}		
{ $P1, P3, P6$ }	被剔除掉,因{$P3,P6$}	{ $P2, P4, P5$ }	被剔除掉，因{$P4,P5$}		

然后对每个 3-项集在 D 中的出现次数进行计数，形成支持度计数，如表 13.12 所示。

表 13.12　候选 3-项集支持度计数

项集	支持度计数	项集	支持度计数
{ P1, P2, P3 }	2	{ P1, P5, P6 }	6
{ P1, P2, P5 }	6	{ P2, P3, P5 }	3
{ P1, P2, P6 }	8	{ P2, P5, P6 }	5
{ P1, P3, P5 }	4		

接着，从 C_3 中检查并剔除掉小于最小支持度计数的项集，形成频繁 3-项集 L_3，最小支持度计数仍为 5，结果如表 13.13 所示。

表 13.13　频繁 3-项集 L_3，支持度计数≥最小支持度计数 5（min_sup=5/20=25%）

项集	支持度计数	项集	支持度计数
{ P1, P2, P5 }	6	{ P1, P5, P6 }	6
{ P1, P2, P6 }	8	{ P2, P5, P6 }	5

第四轮迭代产生候选的 4-项集 C_4。可以使 $C_4 = L_3$ (Join) L_3，即 L_3 中的每一个项都和 L_3 的不同的项连接形成候选 4-项集 C_4（满足项集的前 4-2=2 个项相同的项可以连接），结果如表 13.14 所示，只有 1 个，通过剪枝处理，没有被剪掉。然后对每个 4-项集在 D 中的出现次数进行计数，形成支持度计数，检查并剔除掉小于最小支持度计数的项集，形成频繁 4-项集 L_4，最小支持度计数仍为 5，结果也还是 1 个。

表 13.14　候选 4-项集 C_4，也是频繁 4-项集 L_4 在最小支持度计数仍为 5 的前提下

项集	支持度计数
{ P1, P2, P5, P6 }	5

最后输出结果如表 13.15 所示。

表 13.15　频繁项集全集=频繁 1-项集∪频繁 2-项集∪频繁 3-项集∪频繁 4-项集

项集	支持度计数	项集	支持度计数	项集	支持度计数
{ P1 }	14	{ P1, P3 }	5	{ P3, P5 }	7
{ P2 }	15	{ P1, P5 }	9	{ P5, P6 }	5
{ P3 }	10	{ P1, P6 }	11	{ P1, P2, P5 }	6
{ P4 }	7	{ P2, P3 }	6	{ P1, P2, P6 }	8
{ P5 }	11	{ P2, P4}	5	{ P1, P5, P6 }	6
{ P6 }	12	{ P2, P5}	7	{ P2, P5, P6 }	5
{ P1, P2 }	10	{ P2, P6}	10	{ P1, P2, P5, P6 }	5

产生强关联规则。一旦由数据库 D 中的事务找出频繁项集，由它们产生强关联规则是直接了当的（强关联规则满足最小支持度和最小置信度），可按以下步骤进行：（1）对于每个频繁项集 l，产生 l 的所有非空子集；（2）对于 l 的每个非空子集 s，如果 confidence $(s \Rightarrow l\text{-}s)$ >= min_c，则输出规则 "$s \Rightarrow (l\text{-}s)$"。其中，min_$c$ 是最小置信度阈值。由于规则由频繁项集产生，每个规则都自动满足最小支持度。

继续以前面的频繁 4-项集{P1,P2,P5,P6}为例，看强关联规则的产生过程。

首先，通过对任何一个频繁项集的各种组合形成规则表：将频繁项集中的任何一个 k，拆成两个部分 A、B，满足 $A \cup B=k$；将所有的 A、B 找出形成潜在的规则（$A \Rightarrow B$），然后依据前述公式计算其置信度。例如，频繁 4-项集{P1,P2,P5,P6}可以产生如表 13.16 所示的潜在规则 $A \Rightarrow B$，其中 $A \cup B$={P1,P2,P5,P6}，$A \cap B=\varnothing$。

表 13.16 潜在规则 $A \Rightarrow B$

项集 A	项集 A 支持度计数（支持度）	项集 B	项集 $A \cup B$ 的支持度计数（支持度）	置信度=项集（$A \cup B$）的支持度÷项集 A 的支持度
{ $P1, P2, P5$ }	6 (30%)	{ $P6$ }	5 (25%)	5/6=83.33%
{ $P1, P2, P6$ }	8 (40%)	{ $P5$ }	5 (25%)	5/8=62.50%
{ $P2, P5, P6$ }	5 (25%)	{ $P1$ }	5 (25%)	5/5=100.00%
{ $P1, P5, P6$ }	6 (30%)	{ $P2$ }	5 (25%)	5/6=83.33%
{ $P1, P2$ }	10 (50%)	{ $P5, P6$}	5 (25%)	5/10=50.00%
{ $P1, P5$ }	9 (45%)	{ $P2, P6$}	5 (25%)	5/9=55.55%
{ $P1, P6$ }	11 (55%)	{ $P2, P5$}	5 (25%)	5/11=45.45%
{ $P2, P5$ }	7 (35%)	{ $P1, P6$}	5 (25%)	5/7=71.42
{ $P2, P6$ }	10 (50%)	{ $P1, P5$}	5 (25%)	5/10=50.00%
{ $P5, P6$ }	6 (30%)	{ $P1, P2$}	5 (25%)	5/6=83.33%
{ $P1$ }	14 (70%)	{ $P2, P5, P6$}	5 (25%)	5/14=35.71%
{ $P2$ }	15 (75%)	{ $P1, P5, P6$}	5 (25%)	5/15=33.33%
{ $P5$ }	11 (55%)	{ $P1, P2, P6$}	5 (25%)	5/11=45.45%
{ $P6$ }	12 (60%)	{ $P1, P2, P5$}	5 (25%)	5/12=41.66

最后输出的规则表如表 13.17 所示。$A \Rightarrow B$，$A \cap B = \varnothing$，置信度≥70%的规则，即“项集 A 的购买”能够推出“项集 B 的购买”。

表 13.17 输出的规则

项集 A	项集 A 支持度计数（支持度）	项集 B	项集 $A \cup B$ 的支持度计数（支持度）	置信度=项集（$A \cup B$）的支持度÷项集 A 的支持度
{ $P1, P2, P5$ }	6 (30%)	{ $P6$ }	5 (25%)	5/6=83.33%
{ $P2, P5, P6$ }	5 (25%)	{ $P1$ }	5 (25%)	5/5=100.00%
{ $P1, P5, P6$ }	6 (30%)	{ $P2$ }	5 (25%)	5/6=83.33%
{ $P2, P5$ }	7 (35%)	{ $P1, P6$}	5 (25%)	5/7=71.42
{ $P5, P6$ }	6 (30%)	{ $P1, P2$}	5 (25%)	5/6=83.33%

当对所有的频繁项集产生强关联规则后，可以发现以下强关联规则，其支持度和置信度都是很高的，例如：

“$P1,P2$” ⇒ “$P6$” [支持度=50%，置信度=80%]；

“$P1,P6$” ⇒ “$P2$” [支持度=55%，置信度=72.72%]；

“$P2,P6$” ⇒ “$P1$” [支持度=50%，置信度=80%]；

“$P1$” ⇒ “$P2$” [支持度=70%，置信度=71.42%]；

“$P1$” ⇒ “$P6$” [支持度=70%，置信度=78.57%]。

这一算法也称为关联规则挖掘算法，发现频繁项的算法被称为 Apriori 算法，是一经典的数据挖掘算法。

13.3.4 还能挖掘什么样的规则

1. 量化关联规则 vs. 01 关联规则

如果规则考虑的关联是项的存在与不存在，则它是 01 关联规则，即如上面挖掘的规则形式。如果规则描述的是量化的项或属性之间的关联，则它是量化关联规则，在这种规则中，项或属性的量化值划分为区间。例如，下面的规则是量化关联规则的一个例子，其中，X 是代表顾客的变量。注意，量化属性 age 和 income 已离散化。

```
age(X ,"30…39") ∧ income(X ,"42K…48K")⇒buys(X ,"high _ resolution _ TV")
```

2. 多维关联规则 vs. 单维关联规则

如果关联规则中的项或属性每个只涉及一个维度，则它是单维关联规则。如下：

```
buys(X,"面包")⇒buys(X," 果酱")
```

上述规则是单维关联规则，因为它只涉及一个维度，即"购买（buys）"。如果规则涉及两个或多个维度，如维度"购买（buys）"，维度"时间（Time）"和维度"客户（Customer）"，则它是多维关联规则。如下：

```
age(X ,"30…39") ∧ income(X ,"42K…48K")⇒buys(X ,"high _ resolution _ TV")
```

上述规则是一个多维关联规则，因为它涉及 3 个维度 age，income 和 buys。

3. 多层关联规则 vs. 单层关联规则

有些挖掘关联规则的方法可以在不同的抽象层次发现规则。例如，假定挖掘的关联规则集包含下面规则：

```
age(X,"30…39") ⇒ buys(X,"laptop computer")
age(X,"30…39") ⇒ buys(X,"computer")
```

上述两规则中，购买的商品涉及不同的概念层次（即 computer 在比 laptop computer 高的概念层次），称所挖掘的规则集由多层关联规则组成。反之，如果在给定的规则集中，规则不涉及不同概念层次的项或属性，则该集合包含单层关联规则。

13.3.5　还能从哪些形式的数据中挖掘

除了可以对上述以表形式管理的数据进行挖掘，还可以对其他形式的数据进行挖掘，如文本数据。以微博数据为例，并以其和超市数据库对比的形式，来看一看如何对微博进行有用信息的挖掘。如表 13.18 所示，只要给出恰当的抽象，"微博"形式的数据也是可以用前述介绍的思想进行挖掘的。

表 13.18　文本形式的"微博"数据与关系/表形式的"超市数据"的规则挖掘示意

	"微博"挖掘	"超市数据"挖掘
数据基本组织形式	文本——非结构化数据	表——结构化数据
被挖掘数据 *D* 的集合	众多人、众多次：发表的微博	众多人、众多次：购买的商品
事务数据 *T* 的含义	一次发表的"微博"可以看作是"若干词汇"的集合	一次购买的商品可以看作是"若干商品"的集合
项的集合	"词汇"的集合	"商品"的集合
频繁项集	频繁使用的"词汇"集合	频繁购买的"商品"集合
规则"*A*⇒*B*"	使用了"词汇 *A*"也使用了"词汇 *B*"	购买了"商品 *A*"也购买了"商品 *B*"
规则挖掘的意义	通过分析，可发现"可以组合在一起的关键词汇"，进而进行主题词设置、读者兴趣引导，以提高某主题的关注度、粉丝的聚集度等	通过分析，可发现"可被组合在一起的商品"进而进行位置、政策等的调整，以提高客户的购买兴趣等

随着数据挖掘技术的发展，数据可挖掘的形式和内容越来越丰富，如对微博及用户信息的挖掘、对生物数据的挖掘、对各类实验产生数据的挖掘、对通过物联网产生

的健康信息、位置相关信息的挖掘等，可以对数据进行关联规则的挖掘分析、分类与聚类分析、新颖性或局外性分析等。数据的聚集与数据的挖掘使得商务变得更加智能，也使得社会变得更加智能。有股票投资者依据这种思想，通过微博分析股票的涨跌信息，在其发现了股票要涨未涨之际，提前买入股票，在其发现了股票将跌未跌之际，提前卖出股票，在大众买卖行为之前进行动作获得收益，这就是“炒股不看股盘看微博”的缘由。

13.4 大数据与社会

13.4.1 大数据运用的一个例子

维克托·迈尔·舍恩伯格在《大数据时代》一书中介绍了大数据运用的一个例子。

大家乘坐飞机时都希望买到更便宜的机票，可能都相信“购买机票，越早预订越便宜”，真的是这样吗？2003 年 Farecast 公司创始人奥伦·埃齐奥尼（Oren Etzioni）提前几个月在网上订了一张机票，在飞机上与邻座若干乘客交谈时，他发现尽管很多人机票比他买得更晚，但票价却比他的便宜得多。出了什么问题?是航空公司或者网站有意“欺诈”，还是常识“购买机票，越早预订越便宜”出现了问题?

受此影响，奥伦·埃齐奥尼思考，能否开发一个系统帮助人们判断机票价格是否合理呢？又怎样判断机票价格是否合理呢？他认为，机票是否降价、什么时候降价、因什么原因降价，只有航空公司自己清楚，而他不可能也不需要去解开机票价格差异的奥秘。他要做的是仅仅依赖数据“特定航线机票的销售价格数据”来预测当前的机票价格在未来一段时间内会上涨还是下降，如果一张机票的平均价格呈下降趋势，系统就会帮助用户做出稍后再购票的明智选择。反过来，如果一张机票的平均价格呈上涨趋势，系统就会提醒用户立刻购买该机票。

他开发了票价预测工具 Farecast，它建立在从一个旅游网站上搜集来的 41 天内价格波动产生的 12 000 个价格样本基础之上，分析所有特定航线机票的销售价格并确定票价与提前购买天数的关系。它并不能说明原因，只能推测会发生什么。也就是说，它不知道是哪些因素导致了机票价格的波动，机票降价是因为很多没卖掉的座位、季节性原因，还是所谓的周六晚上不出门，它都不知道。只知道利用其他航班的数据来预测未来机票价格的走势以及增降幅度，能帮助消费者抓住最佳购买时机。

为了提高预测的准确性，奥伦·埃齐奥尼又找到了一个行业机票预订数据库。有了这个数据库，系统进行预测时，预测的结果就可以基于美国商业航空产业中，每一条航线上每一架飞机内的每一个座位一年内的综合票价记录而得出。如今，Farecast 已经拥有惊人的约 2 000 亿条飞行数据记录。利用这种方法，Farecast 为消费者节省了一大笔钱。Farecast 票价预测的准确度已经高达 75%，使用 Farecast 票价预测工具购买机票的旅客，平均每张机票可节省 50 美元。这项技术也可以延伸到其他领域，如宾馆预订、二手车购买等。只要这些领域内的产品差异不大，同时存在大幅度的价格差和大量可运用的数据，就都可以应用这项技术。

上述案例说明，不可以过分相信“常识”和“经验”，而要用数据做出“精准”的分析和预测，通过“数据”获取效益。

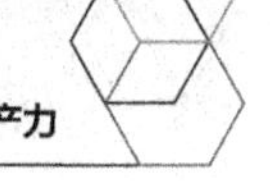

类似的，体现“数据价值”的例子还有很多。例如：

银行根据求职网站的岗位数量推断就业率；

投资机构搜集并分析上市企业声明，从中寻找破产的蛛丝马迹；

美国疾病控制和预防中心依据网民搜索，分析全球范围内流感等病疫的传播状况；

奥巴马的竞选团队曾依据选民的微博，实时分析选民对总统竞选人的喜好，基于数据对竞选议题的把握，成功赢得总统大选。

13.4.2　大数据价值发现：不一样的思维

维克托·迈尔·舍恩伯格在《大数据时代》一书中前瞻性地指出，大数据带来的信息风暴正在变革人们的生活、工作和思维，大数据开启了一次重大的时代转型。大数据时代较大的转变有 3 个。

第一，我们可以分析更多的数据，有时候甚至可以处理和某个特别现象相关的所有数据，而不是依赖于随机采样。更高的精确性可使我们发现更多的细节。

第二，研究数据如此之多，以至于我们不再热衷于追求精确度。适当忽略微观层面的精确度，将带来更好的洞察力和更大的商业利益。

第三，不再热衷于寻找因果关系，而只关注事物之间的相关关系。例如，不去探究机票价格变动的原因，但是关注买机票的最佳时机。也就是说只要知道“是什么”，而不需要知道“为什么”，这就颠覆了千百年来人类的思维惯例，对人类的认知和与世界交流的方式提出了全新的挑战。

现代科学技术为数据收集和数据运用提供了诸多手段，例如，借助于移动终端与移动网络，可以收集相关人员的实际地理位置及其变化信息，进而可以为终端持有者提供各种基于位置的服务（Location Based Service，LBS），如导航服务、就近餐厅/宾馆选择服务等，也可以为公共管理部门提供特定人员的位置追踪服务、搜救服务等。再例如物联网技术（Internet of Things），可以将货物及其状态信息实时地联入互联网，进而可支持大规模收发货双方动态地、实时地追踪交通工具所在的位置、货物所在位置等，同时又可支持第三方物流公司有效地聚集不同来源的货物，提高车辆配送的效率；交通路口的摄像头、测速仪、流量监控仪等既可有效地约束车辆驾驶者遵章驾驶，又可为交通管理者提供大量的道路负载情况，如何利用其制订有效的道路通行政策、疏导交通拥堵。还有，互联网被大量用户使用，如即时消息、微博、网页等，记录了人们之间的交流互动、对不同主题的关注度、对不同人物和不同事件的偏好等，有效地分析这些数据可产生意想不到的结果，例如，华尔街金融家利用计算机程序分析全球 3.4 亿微博账户的留言，根据民众情绪抛售股票：如果所有人似乎都高兴，那就买入；如果大家的焦虑情绪上升，那就抛售。这些例子说明，大数据也是生产力。

大数据促进了人工智能技术和应用的快速发展，2017 年国家发布了《新一代人工智能发展规划》，提出基于大数据的人工智能作为经济发展的新引擎，大力发展便捷、高效的智能服务，推进社会治理的智能服务。我们再仔细思考一下基于大数据的人工智能的例子——AlphaGo。AlphaGo 战胜人类棋手靠的是什么？靠的就是数据、计算资源和算法。机器用了两个多星期的时间，学了 7 千万局棋局，这 7 千万局棋局就是历史以来大师们下过的所有棋局。（机器）自己又跟自己下，跟李世石下之前也下了几千万局的棋局。

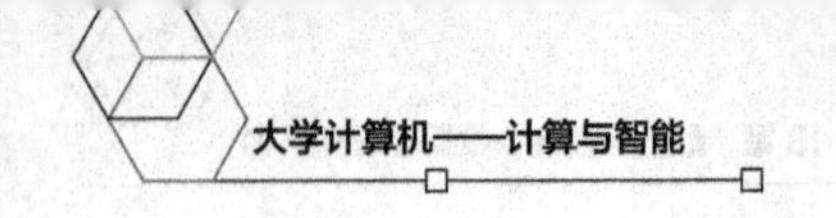

也就是说比所有的棋手多下了几千万局的棋，最后的结果是 4 比 1 战胜李世石。最好的棋手一生中所下的棋局是百万级，而 AlphaGo 下过的棋局是几十亿级的，这两项数据非常不对称，人类输是完全有可能的。

13.4.3 大数据的隐私问题

虽然大数据是生产力，但是对于消费者或者互联网所谓的“用户”来说，大数据可能是另外一个意思，那就是尽可能地搜集跟终端消费者相关的隐私，然后进行营销。从理论上说，大数据公司通过搜集用户行为，可以更好地了解消费者的需求，增强用户体验。但是在实践上，这些所谓的“智能推荐”还停留在很初级的阶段，因此会有人倾向于通过直接或者间接地暴露用户的隐私来获得商业利益。例如，如果用户在手机上使用一个账号访问某个应用程序，则用户在这个手机上的所有行为都有可能被该账号的管理者关联到用户真实的身份上。此外，由于手机是移动设备，随身携带，这就意味着手机和个人几乎是一一对应的，一些数据公司由此可追踪用户的行动路线，进而发现用户的真实身份。

一方面我们要认识到：为了方便交流，不能不用这些设备和互联网，也就意味着我们的一些隐私信息是存在泄露的可能性的，这就需要我们在使用时有意识地保护隐私信息。

另一方面我们也要认识到：泄露个人隐私信息是违法行为，作为从事大数据相关行业的人员，由于业务使然，其可能掌握了普通民众的一些隐私信息，但这些隐私信息是不允许被用于该公司业务之外的，是受法律保护的。

大数据是因物联网/互联网而产生，隐私泄露是由于开放互联所引起，但既不能因担心隐私泄露而不使用物联网/互联网，也不能因使用物联网/互联网而忽视个人隐私信息泄露问题。无论是从个人、组织还是国家，从技术上还是从政策上，该怎样管理、怎样保护个人隐私信息呢？这些仍旧是需要不断研究、不断完善的。

*13.5 扩展学习：大数据的管理

13.5.1 大数据管理：由结构化到非结构化

前面第 11～12 章主要介绍的是结构化数据库，通常用于规范化企业内部数据的有效管理，是以表的形式管理数据，要求每一数据项不可再分割，每一列的数据具有相同数据类型，在操纵表之前要先定义表的结构，表的结构尽可能不变……似乎要求有些多。而随着互联网的发展，互联网上的数据绝大多数都不是这种结构化的数据，或者说不能形成标准化结构的数据，例如，数据项是需要再分割的，即数据项中含有数据项，表中含有表，如“家庭地址”属性又可被细分为“省”“市”“区/县”3 个属性，同一对象的家庭住址可能有多个地址；每一列的数据不一定具有相同的数据类型，例如，有些是字符串型，有些是整型等；同一性质的表，不一定具有相同的结构，例如，同为“学生”表，有些定义为“学生（学号，姓名，年龄，家庭住址）”，而有些定义为“学生（学号，姓名）”，没有年龄、家庭住址等属性，而且随着使用，对学生表可能要增加新的属性，如“学生（学号，姓名，班级）”“学生（学号，姓名，课程，成绩）”等，此时，设计标准化的结构数据库是很难的，这就被称为半结构化的数据或非结构化的数据，如何进行管理呢？目前出现了一类被统称为 NoSQL 的数据库。所谓的 NoSQL，有些解释为“不仅仅是 SQL 数据库的管理，还包括非 SQL 数据库的管理”，也有些解释为“非 SQL 数据库的管理”。SQL 语言是关系数据库系统语言，因此 SQL 代表着关系数据库。无论怎样解释，NoSQL 都要处理非 SQL 的数据库。

对于 NoSQL 数据库此处不做深入探讨，仅做了解性的介绍。通过一张图来示意，如图 13.4 所示。

NoSQL 通常是为处理互联网上的半结构化数据服务的，可以说互联网上 90%以上的数据都不是结构化的数据，如网页数据、微博数据、微信数据、社交网络数据等。先从结构化数据如何转为 NoSQL 数据存储来理解 NoSQL 数据库便能抓住问题的本质，尽管 NoSQL 更多的是关注半结构化的数据。如图 13.4 左上角给出的是关系数据库“学生（学号，姓名，年龄，家庭住址）”，数据是按行一行一行存储的，找到一行再按照列的类型区分每一个列值。如图 13.4 右侧给出一种 NoSQL 数据库的存储，即按照“属性名：属性值”这样的属性对来存储，由于将所有的值都转换为字符串进行处理，所以不同结构的表可以统一存储在这样一个数据库中，这就是所谓的键值对数据库。再如图 13.4 左下角，将每一行数据转换为一个文档，所谓的文档就是用“{}”括起的由“属性名：属性值”形式构成的一个字符串，其中文档中还可嵌入另一个文档。这也是将所有类型的数据都转换成字符串形式存储，是所谓的文档数据库。在 NoSQL 中，系统会自动产生一个对象标识，用于关联同一对象的所有列、所有文档。这些内容经过变换就构成了各种 NoSQL 数据库。

关系数据库（按行存储数据，按列按类型区分）

学生

学号	姓名	年龄	家庭住址
“00001”	“张一”	18	“吉林省长春市南关区”
“00002”	“张二”	19	“黑龙江省哈尔滨市南岗区”
“00003”	“张三”	20	“辽宁省沈阳市铁西区”
“00004”	“张四”	19	“四川省成都市武侯区”
“00005”	“张五”	18	“贵州省贵阳市花溪区”

第一种NoSQL数据库（按“属性名：属性值”对存储数据，均为字符串数据）

学生

对象标识（自动产生）	属性名	属性值
“00000001”	“学号”	“00001”
“00000002”	“学号”	“00002”
“00000003”	“学号”	“00003”
“00000004”	“学号”	“00004”
“00000005”	“学号”	“00005”
“00000001”	“姓名”	“张一”
“00000002”	“姓名”	“张二”
“00000003”	“姓名”	“张三”
“00000005”	“姓名”	“张五”
“00000001”	“年龄”	“18”
“00000002”	“年龄”	“19”
“00000005”	“年龄”	“18”
“00000001”	“家庭住址”	“吉林省长春市南关区”
“00000004”	“家庭住址”	“四川省成都市武侯区”
“00000005”	“家庭住址”	“贵州省贵阳市花溪区”
“00000005”	“家庭住址”	“黑龙江省哈尔滨市道里区”

第二种NoSQL数据库（按文档存储数据，一行为一个文档）

学生

对象标识（自动产生）	{“属性名”: “属性值”, “属性名”: “属性值”, …}
“00000001”	{“学号”: “00001”, “姓名”: “张一”, “年龄”: “18”, “地址”: “吉林省长春市南关区”}
“00000002”	{“学号”: “00002”, “姓名”: “张二”, “年龄”: “19”, “地址”: “黑龙江省哈尔滨市南岗区”}
“00000003”	{“学号”: “00003”, “姓名”: “张三”, “年龄”: “20”, “地址”: “辽宁省沈阳市铁西区”}
“00000004”	{“学号”: “00004”, “姓名”: “张四”, “年龄”: “19”, “地址”: “四川省成都市武侯区”}
“00000005”	{“学号”: “00005”, “姓名”: “张五”, “年龄”: “18”, “地址”: “贵州省贵阳市花溪区”}

第二种NoSQL数据库（按文档存储数据，一行为一个文档，文档中还可能嵌入文档）

学生

对象标识（自动产生）	{“属性名”: “属性值”, “属性名”: “属性值”, …}
“00000001”	{“学号”: “00001”, “姓名”: “张一”, “年龄”: “18”, “地址”: {“省”: “吉林省”, “市”: “长春市”, “区”: “南关区”}}
“00000002”	{“学号”: “00002”, “姓名”: “张二”, “年龄”: “19”, “地址”: {“省”: “黑龙江省”, “市”: “哈尔滨市”, “区”: “南岗区”}}
“00000003”	{“学号”: “00003”, “姓名”: “张三”, “年龄”: “20”, “地址”: {“省”: “辽宁省”, “市”: “沈阳市”, “区”: “铁西区”}}
“00000004”	{“学号”: “00004”, “姓名”: “张四”, “年龄”: “19”, “地址”: {“省”: “四川省”, “市”: “成都市”, “区”: “武侯区”}}
“00000005”	{“学号”: “00005”, “姓名”: “张五”, “年龄”: “18”, “地址”: {“省”: “贵州省”, “市”: “贵阳市”, “区”: “花溪区”}}

与关系数据相比，最大的优点：
（1）可扩展性——可随时增加新属性列和减少属性列，而无须改变以前存储的数据。
（2）无须事先定义模式，可直接操纵数据。
（3）并行/分布处理——可适应大规模并行/分布计算。

图 13.4　关系型数据库与几种 NoSQL 数据库存储数据的不同方式的对比

不同的数据组织方式，其管理数据的能力是不同的，灵活性也是不同的。相比于关系数据库，NoSQL 数据库有其灵活性，能够适应前面介绍的互联网上的各种半结构化数据的存储和管理。这些 NoSQL 数据库，尽管其存储方式和处理方式是不同的，但有些概念还是与关系数据库相一致。例如，一个文档（Document），可能对应关系数据库的一行/一个元组，具有相似结构的若干文档的聚集（Collection）则对应一张表，而所有 Collection 的集合，对应的就是所有 Table 的集合，也就是数据库。关系数据库有创建数据库、创建数据表、处理一个元组，则 NoSQL 数据库就有创建数据库、创建聚集（Collection）、处理一个文档。因此理解了关系数据库的概念，对于更好地理解 NoSQL 是有帮助的。类似于文档这种形式的 NoSQL 数据库，可能其最大的问题是无法利用 SQL 语言，需要用户编写处理类似于这种集合操作的查询处理程序。

目前出现的 NoSQL 数据库有 MongoDB、CouchDB、Hbase、Redis、Neo4j、Cassandra 等。

13.5.2 各种资源聚集成库

1. 图像数据库、音频数据库、视频数据库与多媒体数据库

典型的就是一些视频网站、音乐网站、图像网站所建立和使用的数据库，通过聚集大量的视频、音乐作品和图像等来为广大用户提供专业化的服务。多媒体是指多种媒体，如文本、图形、图像、声音和视频等的有机集成体，其文本、图形、图像、声音、视频等多数情况下是非结构化数据，具有数据量大、处理复杂等特点，需要压缩/解压缩等编码/解码手段来存储和展现相关的媒体数据，需要多种媒体间的关联与同步处理，有时要求对结构化和非结构化数据能够统一管理：压缩、编目、存储、检索、传输等。与传统数据库相比，图像数据库与多媒体数据库有以下一些特点：不同表示方法的多种媒体数据的统一管理，尤其是非结构化数据（图像、音频、视频等）等需要不同的压缩和解压缩方法，需要矢量化其内部的某些信息，既要支持非结构化数据整体的检索（数据库范围内的媒体检索），还要支持（单一图像文件或视频文件）内部细节的检索等；多种媒体数据之间的关联与同步展现，要保证不同媒体数据在检索、查询、显示等方面的空间和时间上的关联性、同步性等；结构化数据检索有 SQL 语言，而非结构化数据的检索语言是不同于 SQL 语言的。在很多情况下将结构化数据库和非结构化数据库结合起来管理图像数据库和视频数据库，例如，以结构化数据库来刻画图像、声音或视频的结构化特性，而将图像、声音、视频等的存储以非结构化形式进行处理，这样可用 SQL 语言等进行结构化数据的查找，当找到后再从非结构化数据库中读取、解析和展现相应的图像、声音与视频等。

2. 工程数据库

工程数据库是一种能存储和管理各种工程设计图档（如零件图、装配图等）和工程设计文档（如设计说明书、工艺制造文件），并能为工程设计和工程制造提供诸如过程仿真、性能仿真等各种服务的数据库。与传统数据库管理系统相比，工程数据库管理系统也有一些不同的特点：支持复杂对象，尤其是图形数据对象（二维零件图、三维零件图）等的表示和处理；支持产品全生命期数据的管理和集成，包括设计阶段的数据、制造阶段的数据、测试阶段的数据和使用阶段的数据；支持从零件的零件图、加工图，到各层次部件的装配图，直到产品的总装图的管理；能够与各种计算机辅助设计软件（Computer Aided Design，CAD）、计算机辅助制造软件（Computer Aided Manufacturing，

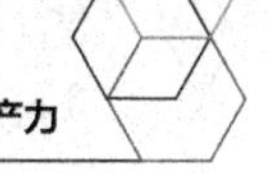

CAM）等进行有效的集成，进而能基于工程数据库完成诸如产品的运行仿真、产品制造过程仿真、产品的各种性能仿真等工作。

3．地理信息数据库

地理数据库（Geographical Database），是指以数字地图、全球定位系统、空间物体的位置/形状/大小/分布/相互间拓扑关系等特征描述为基础的数据库。与传统数据库相比，地理数据库有以下特点：地理数据模型不同于传统的关系模型，通常采用矢量数据结构和栅格数据结构相结合、以空间位置坐标为基础的模型，将不同比例尺、不同类别的信息分层次标注在数字地图上，可支持如面-面查询、线-线查询、点-点查询、线-面查询、点-线查询、点-面查询等，例如，“查询铁路 A 穿过的所有城镇”“某一城市 A 地图中的所有医院”“某一河流 A 上的所有桥梁”等，以及地理数据的直观显示和实时化处理等。

4．文献数据库

文献数据库聚集的是各种出版物，如科技期刊、会议等所出版的各类文献等。它可为广大的研究者提供各种信息检索服务，例如，检索某作者所发表的论文以及该论文的引用情况，检索某一主题或某些关键词相关的文献及其来源等。它为技术创新和知识传播提供了有力的支撑。该数据库与传统数据库也有不同之处，最主要的是它包括了非结构化数据——文档的管理和检索。

13.6　为什么要学习和怎样学习本章内容

13.6.1　为什么：大数据改变了人的观念，不可能的也许就是可能

为什么要学习本章内容，有 3 个方面的理由。

一是视野拓展。本章内容属于视野拓展的内容，现在感觉离我们很远、与我们无关的东西，转瞬就可能成为我们工作和生活需要依赖的工具，了解一些大数据及其相关的知识，拓宽我们的视野，有可能成为各个专业同学未来实现颠覆式创新的突破点。

二是思维变化。大数据所体现出的“一切由数据说话，不依赖经验”“只看关联、不问因果”“全数据集的数据分析”“基于不精确、不完整数据的认知世界的方法”等，已经改变了人们的很多观念，“不可能的也许就是可能”，在未来的学习和工作中要适应这种思维的变化，要善于运用这种思维的变化。

三是基于大数据的人工智能。目前国家倡导新时代应是“人工智能时代”，而目前引起人工智能重大发展的很多都是基于大数据的人工智能，基于大数据的人工智能已经不仅仅是计算机学科的事情，而是所有学科共同的事情。畅想一下，我们现在的交通拥堵现象，在未来有无可能利用基于大数据的人工智能进行彻底破解，因为我们已经累积了所有的交通出行数据。现在的“就医难就医贵”现象，能否利用基于大数据的人工智能进行彻底破解，因为我们已经累积了所有的个人健康数据。

13.6.2　怎样学：思维上要浮想联翩，技术上要不求甚解

学习本章要注意，思维上要浮想联翩，技术上要不求甚解。这些思维是可以理解的，

也应该理解，尤其理解大数据的思维变化；技术上只要感觉可行即可，实际上的操作需要读者学习更多的知识，才能达到可行。例如，关于大数据，有两个不同的学习方向，一是关于大数据的存储、处理和智能分析技术，将来要从事大数据相关的软件开发，这时需要深入掌握大数据存储技术、算法设计与分析技巧以及概率论、数理统计、随机过程等数学知识。二是关于行业数据分析，将来要从事数据分析师等工作，此时应注意了解行业相关知识及关注的问题，理解一些数据建模与数据分析的方法，选择恰当的大数据分析工具，再进行相关的训练。因此，首先要开拓思维。随时“颠覆”自己的经验，理解在大数据环境下没有什么是不可能的，这就是本章建议的“思维上要浮想联翩，技术上要不求甚解”。

第14章 网络化社会基础：计算机网络

Chapter14

本章摘要

在当今网络化社会中，万事万物都可基于网络来施行。网络化社会的基础是计算机网络，如何实现两台计算机之间的通信，如何实现多台计算机之间的通信，通信过程是怎样的，会遇到什么问题，又是怎样解决的呢？本章学习计算机网络中的计算思维。

14.1 计算机网络——社会互联的基础

尽管“电”是伟大的发明，但还是因为“电网”的出现，“电”才走向千家万户，才改变人们的生活。同样，计算机也是伟大的发明，随着计算机网络的发展，数千人、数万人以至数亿人的计算机连接在了一起，数亿人实现了基于网络跨越时空的日常交流和互动，实现了虚拟世界与现实世界的交融，不断出现新思维的互联网正在创造一个又一个看似不可能的奇迹。

计算机网络（Computer Network）实现了计算机与计算机之间的物理连接使之形成网络，又实现了网络与网络之间的物理连接使之形成互联网络，最终形成了世界最大规模计算机的互联网络——国际互联网（Internet，因特网）。网络是如何构建的呢？网络又是怎样实现相互之间的信息传输的呢？

14.1.1 通信基础

机器网络之网络通信基础（上）

1. “编码—发送”—“接收—解码”

计算机网络的基本功能是将不同位置的两台或多台计算机连接起来，实现信息的发送、接收与转换，即网络通信。如图 14.1 所示，我们将信息的发送者称为信源，而将信息的接收者称为信宿，将传送信息的媒介称为信息的载体或者信道。

信源通过信道可将信息传输到信宿。信道可以是有线的，如利用各种电缆线进行传输；信道也可以是无线的，如利用各种频率的电波进行传输，如图 14.1 所示，将由 0、1

串表达的信息转换成不同波形、不同频率的信号（编码）发送到信道上，再依据接收到的不同波形、不同频率的信号还原回 0、1 串表达的信息（解码）。因此说信源是一个编码器，能够编码产生信号并发送信号，信宿是一个解码器，能够接收信号并解码信号。由于一台计算机既可能是信源，又可能是信宿，所以广义上可将其看作是编解码器。

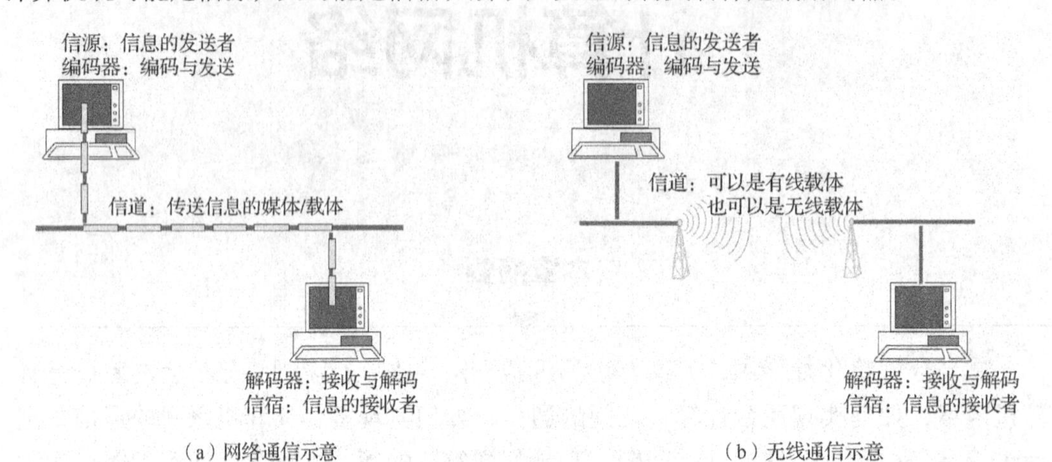

图 14.1　网络通信的基本原理示意

示例 1　图 14.2 给出了用不同信号表达 0 和 1 的方法，①②③都是连续信号，即用不同频率的不同波形表达 0 和 1，随时间发送不同波形，即是传输一串 0 和 1。问：①②③传输的信息分别是_____。

A. 010110001 000101011 011110001　　B. 010101001 000101011 010110011

C. 010110001 000111001 010110011　　D. 010111101 000111001 010101011

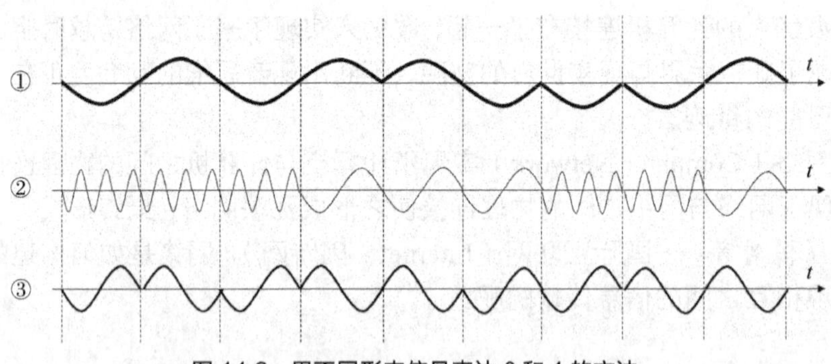

图 14.2　用不同形态信号表达 0 和 1 的方法

答：① 图 14.2 中单位时间间隔内的图形可识别出两种波形：向下波形和向上波形，前者表示 0，后者表示 1，依据时间间隔可依次识别出传输的是 010110001。

② 图 14.2 中单位时间间隔内的图形可识别出两种频率的波形：3 倍频率和 1 倍频率，前者表示 0，后者表示 1，依据时间间隔可依次识别出传输的是 000111001。

③ 图 14.2 中单位时间间隔内的图形可识别出两种形状的波形：标准的正弦波形（先下后上）和翻转的正弦波形（先上后下），前者表示 0，后者表示 1，依据时间间隔可依次识别出传输的是 010110011。

由上，可知选项 C 正确。

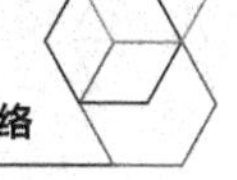

2. “编码—发送”—“接收—转发”—“接收—解码”

如果使一台计算机的编解码器再具有一项功能：转发，即接收到信号后再编码发送出去，则即可实现多台相互之间有信道连接的计算机之间进行通信。如图 14.3 所示，*A* 计算机将待发送信息装入信封中，并写明目的地地址 *D*，然后沿信道发送给 *B*，*B* 接收到后判断不是自己的，则再沿信道发送给 *C*，*C* 接收到后判断不是自己的，则再沿信道发送给 *D*，*D* 接收到后判断是自己的，则解码出相关的信息。

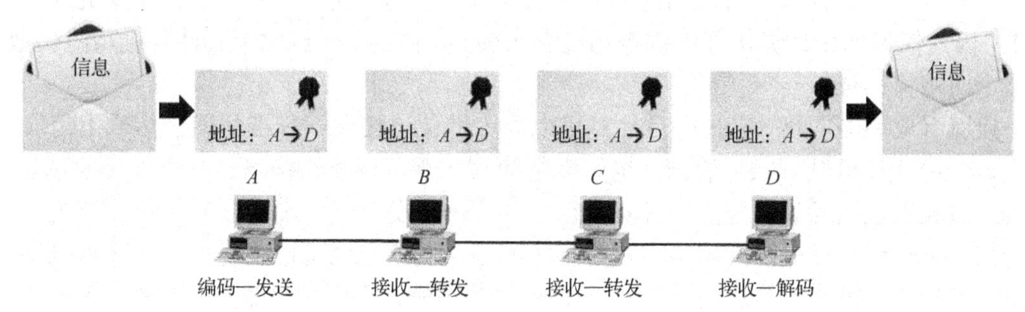

图 14.3　编码—发送—接收—转发—接收—解码示意图

示例 2 假设每台计算机均既是信源又是信宿，信道是双向传输（注意，此假设并不总是成立，信道也可能是单向传输，计算机也可能只是信源或者只是信宿）。连接方式不同则网络的特性也是不同的，不同的连接方式被称为不同的网络拓扑结构。图 14.4 给出了多台计算机相互之间不同的连接方式，图 14.4（a）所示为环形网络，图 14.4（b）所示为星形网络，图 14.4（c）所示为总线型网络。你能分析一下这 3 种网络拓扑结构的优点和缺点吗？

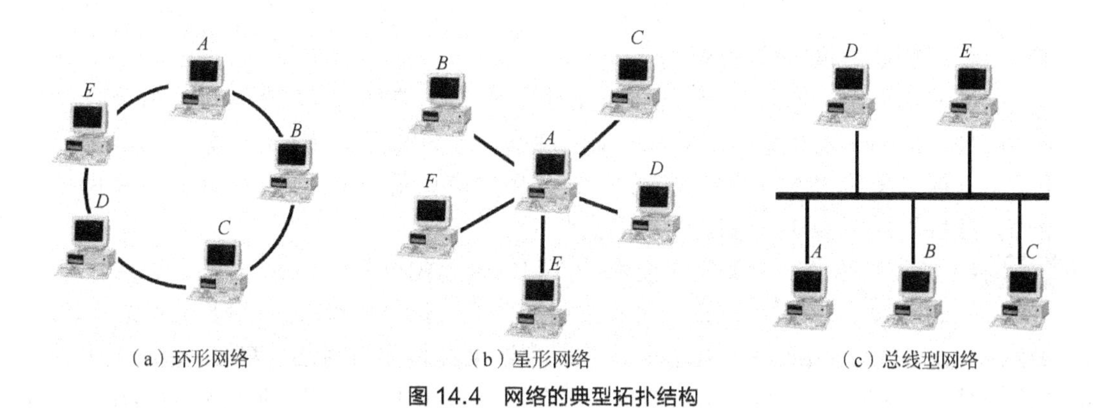

图 14.4　网络的典型拓扑结构

题目解析：本题的思考方向，一是连接性，如当一台计算机的网络功能失效后，会否影响网络中其他计算机之间的连接。二是信息传输过程中会出现什么问题，如负荷、冲突问题等。

答：先看环形网络，它是多台计算机两两相连组成的一闭合的环形路径，数据沿环传送，为了提高环的可靠性，可以采用双环结构。环是有传输方向的，如 $A \to B \to C \to D \to E \to A$，或者 $A \to E \to D \to C \to B \to A$；双环则可支持双向传输。对双环结构分析，优点：当任何一计算机，如 *A* 功能失效，则 *B*、*C*、*D*、*E* 之间的网络仍旧可用，各计算机之间的负荷基本是均衡的。不足：当信息传输时，可能经过“接收—转发”的计算机较多，例如，单环结构 $A \to B \to C \to D \to E \to A$，若要实现 A 到 E 的传输，则需 $A \to B \to C \to D \to E$。

再看星形网络，它是多台计算机都与中央的计算机相连组成的星形路径。星形网络的计算机有主从之分，各从计算机之间不能直接通信，必须经中心计算机转接。优点：当任何两台计算机通信时，只需一次“接收—转发”即可，例如，B 到 E 的传输，只需 $B \to A \to E$。中心计算机可以同时向所有从计算机发送信息。不足：中心计算机的负荷过重，因为任何两台计算机通信都需通过它来转接，同时，一旦此中心计算机功能失效，则整个网络将瘫痪。

接着看总线型网络，它是多台计算机以同等地位连接到一标准的通信信道上组成的网络，一台计算机既可以是信源，也可以是信宿，既可以发送信息，又可以接收信息，还可以接收再发送信息。优点：可能无须“接收—转发”便可实现任何两台计算机之间的通信，当一台计算机网络功能失效时不影响整个网络。也可以实现“一台计算机发送信息，多台计算机接收信息”。不足：所谓的“信道争用”问题，即同一时刻，多组“两两”计算机之间要传输信息，则可能引起冲突。

3. 信息传输的化整为零：分组信息交换

除信号的发送、接收与转发之外，若要使网络中的计算机相互之间进行高效率的通信，还需要解决不同大小的信息如何高效率地利用信道进行传输的问题，这就需要用到一种称为分组信息交换的技术。

分组信息交换是将用户待传输的不同大小的信息拆分成等长的信息段，在每个信息段的前面加上必要的信息作为首部，每个带有首部的信息段就构成了一个分组。首部指明了该分组发送的地址，网络中就是以一个个等长的分组为单位进行信息传输，它是一种化整为零和还零为整思维的运用。

数据通信就好比是把用户的信息放入信封，然后在信封封面写上地址。由于用户信息的大小是不同的，就会造成信封有不同的规格、不同的重量等不利于管理和优化。而分组信息交换是将信封做成标准规格的信封，用户信息用一个信封装不下，可用两个、三个等，然后再以标准规格的信封进行处理。

示例3 叙述利用分组信息交换技术进行网络传输的过程。

答：如图 14.5（a）所示，首先将待发送的信息 i_{all} 拆分成标准的等长的信息 i_1，i_2，i_3，i_4，i_5，i_6，注意 $i_{\text{all}}=i_1+i_2+i_3+i_4+i_5+i_6$，对每个数据段再重新封装，增加一些辅助信息，如发送地址、发送信息 i_{all} 的标识及信息段 i_j 在信息 i_{all} 中的次序等，形成新的信息包（即分组）P_1，P_2，P_3，P_4，P_5，P_6 等。不同的信息包在网络中可选择相同或不同的计算机进行传输，不同的计算机在接收到信息包后依据信息包中所蕴含的地址等再转发到下一台计算机，即不同的信息包在网络中可能经由不同的路径传送到最终的目的计算机。例如，图 14.5（a）所示 $P_1P_4P_6$ 经 $A \to B \to C$ 传送到目的地 C；$P_2P_3P_5$ 经 $A \to E \to D \to C$ 传送到目的地 C。目的计算机 C 接收到信息包 P_j 后，依次提取出相应的信息 i_j，再依据信息拆分的次序还原成信息 i_{all}。图 14.5（b）则显示了多个用户的信息被拆分、封装、传输、拆包、还原的过程，以及不同用户的信息包混合次序传输的过程。信息传输过程中可采

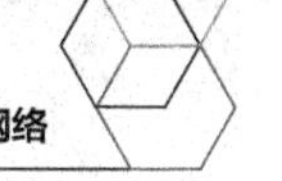

取两种方式进行：（1）一条连接通路需等一个信息的所有信息包传输完成后，才可能再用于传输另一个信息的信息包；（2）一条连接通路在传输一个信息的信息包后，可以用于传输另一个信息的信息包，而不必等待前一个信息的所有信息包传输完毕。前者是一种串行利用信道的方式，后者是一种并发混用信道的方式。

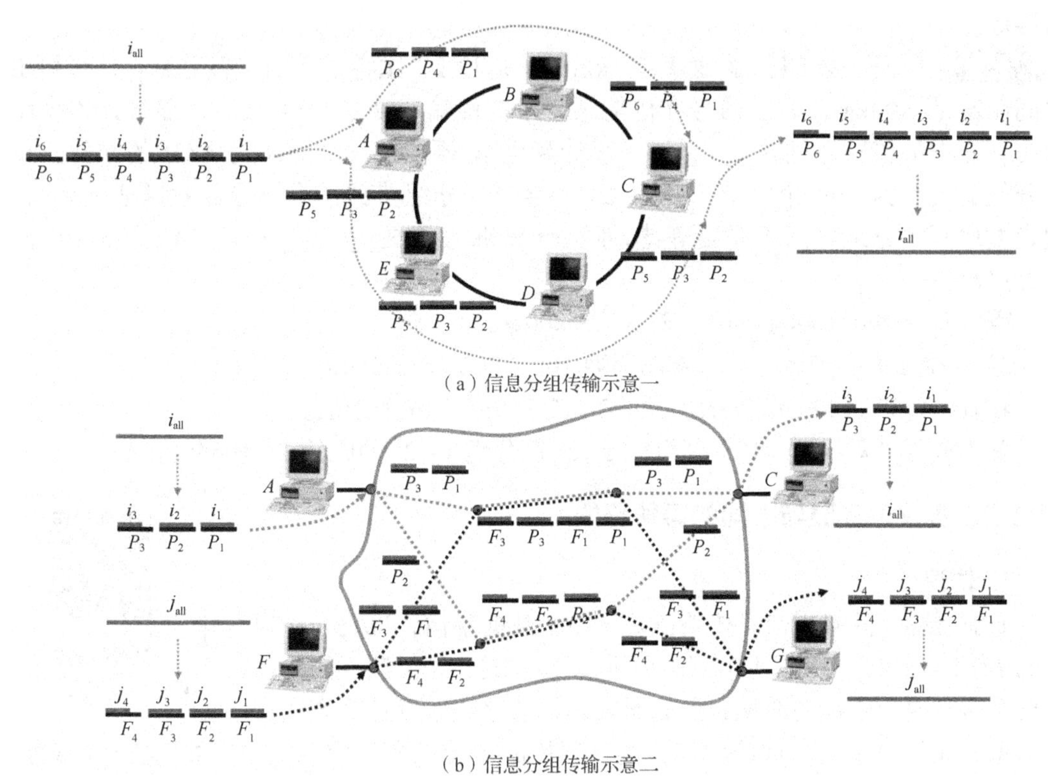

（a）信息分组传输示意一

（b）信息分组传输示意二

图 14.5　信息分组传输示意

分组信息交换技术可使得不同计算机中不同大小的信息，按照统一的大小拆分、封装成信息包，而不同信息的信息包在网络中可以混合次序传输，这将有利于网络传输效率的提升。请大家思考，这种分组技术，其本质还是"化整为零"的思想，为什么会提升网络的传输效率呢？

4．计算机网络的几个性能指标

网络的性能可以多种方式度量，包括传输时间和响应时间。传输时间是信息从一个设备传输到另一个设备所需的时间总量。响应时间是查询和响应的时间间隔。简单来看，衡量网络性能的主要指标有以下几个。

（1）带宽。一般而言，带宽是衡量网络最高传输速率或网络传输容量、网络传输能力的一个指标，通常是指单位时间内网络能够传输的最大二进制位数。

（2）时延。时延是衡量网络传输时间和响应时间的一个指标，通常是指一个信息片段的传输时间。计算机网络中的信息片段有不同的名称，如数据报（Datagram）、数据分组（Packet）、数据包（Data Packet）、数据帧（Frame）等，都是指一个被封装的信息片段的含义，因为网络是分层的结构，在不同的层次中需要以不同的名字使用信息片段。虽然都是信息片段，但它们所封装的信息是不同的，封装方法也是不同的，也因此不同

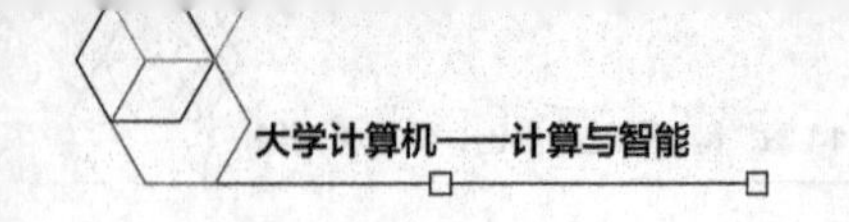

层次使用“时延”的概念也是不同的。

除此之外，网络还需要考虑可靠性，即数据传输过程中的正确性、数据分组传输的正确性——比特串传输过程中是否会出现位差错，和完整信息传输的正确性——信息由若干个分组构成，传输过程中是否会产生某些分组丢失或者分组的传输次序出现错误等。

示例4 ①假设网络传输速率是 1kbit/s（每秒 2^{10} 比特位），计算机 A 与计算机 B 之间距离是 400km，假定信号在传输媒介中的传输速度是 $2*10^8$m/s，那么，每个比特在媒介中的传输时间是________？②计算机 A 要传输一个大小为 4KB 的文件，每个分组的大小为 100 个字节，其中 20 个字节为分组头部信息（存储发送地址等），假定发送两个分组之间不需要等待，那么计算机 A 需要________时间才能将该文件全部发送出去。

答：① $= 400*1000/(2*10^8)=2*10^{-3}$s=0.002s。

② 一个 100 字节的分组，传输需要 $100 * 8/ 2^{10}$s$=100/2^7$s。

$4KB = 4*2^{10}/(100-20)$个分组 $= 4*2^{10}/(2^3*10)=2^9/10$ 个分组。

总计需要时间 $= 2^9/10$ 个分组* $100/2^7$ 每分组 s $= 2^9*10/2^7$s$=2^2*10=40$s。

14.1.2 协议、分层与不同的编解码器

机器网络之
网络通信基础（下）

1. 协议

如前所述，网络中信息传输既是一件细致的事情，也是一件复杂的事情。例如，如何实现网络的不同连接方式？如何实现两台计算机之间发送和接收的匹配，什么时间发送与接收？以什么方式拆分信息形成信息包？如何将源和目的计算机的地址包含于信息包中？如何实现信息传输的可靠性？等等，解决这些问题，就需要在计算机中装载编码器和解码器，笼统称为“编解码器”，这些编解码器可能是硬件，也可能是软件。而编解码器实现的基础便是“协议”，即不同的编码器、解码器运用了不同的协议，而不同的协议体现了所实现网络的不同结构与不同性能。

一般而言，协议（Protocol）是为交流信息的双方能够正确实现信息交流而建立的一组规则、标准或约定。协议的实现是通过编解码器来完成的，编码器按照协议的约定编码/封装信息，解码器按照协议的约定解码/还原信息。

2. 分层

分层思维是解决复杂问题的非常重要的一种计算思维，一个非常复杂的看起来似乎解决不了的问题，通过分层，将其转换为简单的问题，便可一步步解决。来看一个示例。

示例5 假如要设计一个系统来让使用不同国家语言的甲乙两人进行交流，应怎样思考？

题目解析：分层，化简复杂问题为基本可求解的问题；制定协议；按照协议设计和实现编解码器。

答：可以按照图 14.6 所示的思维方式来设计系统。设甲（中国的建筑专家）、乙（法国的建筑专家）两个人打算通过系统来讨论有关建筑方面的问题。法国人说法语，中国

人说汉语，二人语言不通，怎么交流呢？直接交流一定是不行的，那么间接交流是否可行呢？可将中国建筑专家关于建筑方面的交流语言转换为用中文表达的信息，此种转换是可能实现的，属于机器自动识别语音，并将语音自动转换为文字；然后将中文信息自动转换为用英文表达的信息，假定英文是两人都能理解的共同的语言，此种转换是可能实现的，属于机器自动翻译，通用的自动翻译相对较难，但限定范围的自动翻译还是可以实现的；进一步再将英文表达的信息自动转换为用 0/1 表达的信息，此种转换是可实现的，如采用 ASCII 码等；然后再将 0/1 信息转换成物理信号通过网络系统传输到对方，此种传输是可实现的，如 14.1.1 小节介绍的编码-转发-接收-解码过程。对方接收到 0/1 表达的信息后，还原为英文表达的信息；再将用英文表达的信息转换为用法文表达的信息；再将用法文表达的信息转换为法语发音传递给法国建筑专家。

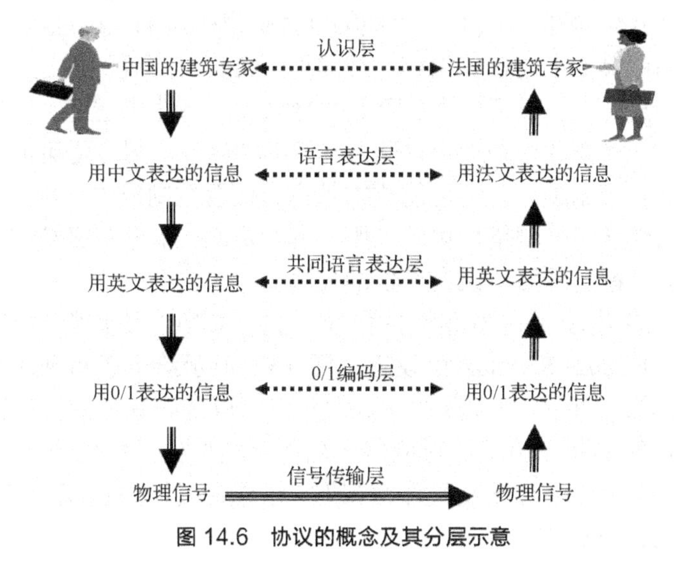

图 14.6　协议的概念及其分层示意

通过上面的分析，本题采用了分层化简复杂问题的方式进行求解。最高一层可称为“认识层”，就是说，通信双方必须对交流中涉及的术语有共同的认知，即认知标准。接下来的一层称为“语言表达层”，这一层不涉及所交流的具体内容，仅涉及词法和语法的标准，即语言标准。再接下来的一层为“共同语言表达层”，涉及共同语言的语法，即翻译标准。再接下来的一层可以叫作“0/1 编码层”，将符号转换为 0 和 1，即 01 编码标准。最下面一层为“信号传输层”，负责 0 和 1 的传输，涉及 0 和 1 的传输标准。

为进行正确交流，每一层都有一些双方必须遵守的规则和规定，即协议。

3．计算机网络的分层协议

一个计算机网络有许多互相连接的节点（计算机），在这些节点之间要不断地进行数据的交换。要做到有条不紊地交换数据，每个节点就必须遵守一些事先约定好的规则。这些规则明确规定了所交换数据的格式以及有关的同步问题。这些为进行网络中各节点和计算机之间的数据交换而建立的规则、标准或约定即称为网络协议。

网络协议主要由以下 3 个要素组成。

（1）语法：即数据与控制信息的结构或格式（做什么）。

（2）语义：即需要发出何种控制信息，完成何种动作以及做出何种应答（如何做）。

（3）同步：即事件实现顺序的详细说明（实现顺序）。

示例6 参照示例 2 和示例 3 谈谈网络协议主要解决哪些问题？为什么会有如此多的网络协议？

答：参照示例 2 的图 14.4，例如，对环形网络，需要"协议"说明：什么情况下接收，什么情况下转发，向哪台计算机转发，等等。对总线型网络，需要"协议"说明：什么情况下能够使用总线（共同的信道）；当两台计算机同时发送信息时，应该让哪台计算机先用，哪台计算机后用；是一台计算机接收，还是多台计算机同时接收，等等。参照示例 3 的图 14.5，需要"协议"说明：信息怎样拆分；怎样封装（打包）；怎样选择传送的路径；怎样接收；怎样合并。同时可能还要说明是否能保证信息传送的正确性（有些协议为保证网络传输的快速性，可能牺牲掉信息传送的正确性），怎样解决线路传输过程中的拥堵问题等。上述这些内容，都需要"协议"明确的规定。

一般而言，带宽越大、时延越小、可靠性越高，网络性能越好，但通常情况下这些指标是不可兼得的，需要做一些折中，例如，可靠性越高，则时延可能会增大，而时延小则可靠性会降低；带宽越大，则可能成本越高，而要控制成本，则带宽就可能降低；这就是为什么会出现众多的网络协议的原因，也就是说，不同网络结构的实现、网络信息传输的不同性能，都与网络协议有密切的关系。

实际网络系统中出现了许多具体的协议，如 TCP/IP 协议簇、NetBEUI 协议、IPX/SPX 协议，IEEE802/ISO8802 协议等。图 14.7 所示给出了目前 Internet 上最常使用的 TCP/IP 协议簇，它也是一种分层次的协议簇，自低向高依次为：物理层、数据链路层、网络层、传输层和应用层。对应每一层都有类似但不同的具体协议。不同层次的不同协议有不同的特性，当涉及具体协议时，可以通过网络搜索了解其具体的含义，本书仅介绍基本的计算思维。

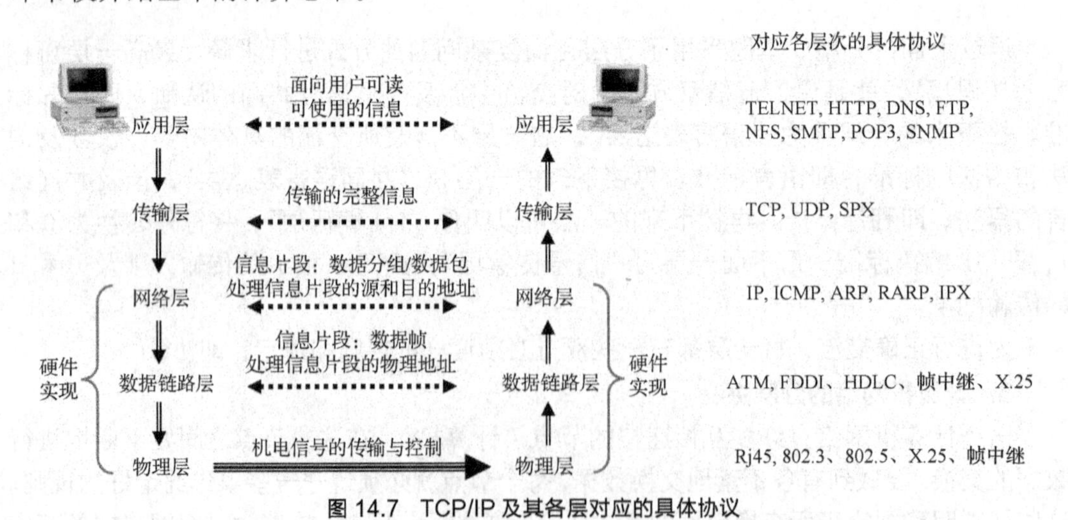

图 14.7 TCP/IP 及其各层对应的具体协议

不同的协议实现了不同的功能，因此实现不同协议的编解码器在计算机网络中被定义了不同的名字，例如，网卡、集线器、调制解调器、网关、交换机、路由器等，这些网络设备本质上讲就是实现不同协议的软硬件一体化的编解码器。

14.1.3　计算机网络的分类

局域网与广域网

计算机网络按照规模大小和延伸范围可分为局域网、广域网、互联网、因特网和无线网。

1. 局域网

局域网（Local Area Network，LAN）是指在一个有限地理范围内的各种计算机及外部设备通过传输媒介连接起来的通信网络，可以包含一个或多个子网，通常局限在几千米的范围之内。局域网以牺牲长距离连接能力为代价，提供了计算机之间的高速连接能力。按照网络的拓扑结构，局域网通常又可划分为以太网（Ethernet）、令牌环网（Token Ring）、令牌总线网（Token Bus）等，其中最常用的是以太网。

局域网中，通常用集线器（简称 Hub 的编解码设备），将多台计算机连接起来，实现多台计算机之间的通信。在此基础上可将网络组建成基于服务器的局域网络，此时将连网的计算机分为服务器和客户机，服务器是集中管理网络共享资源、提供网络通信及各种网络服务的计算机系统。客户机是网络上的个人计算机，一般称为工作站，工作站之间通信要通过服务器来进行。服务器可按功能进行设置，如设置文件服务器、邮件服务器、打印服务器等。服务器是网络中的主要资源，多个服务器就构成了计算机通信网络的主机系统，又称资源子网。

2. 广域网

广域网（Wide Area Network，WAN）是指由相距较远的计算机通过公共通信线路互联而成的网络，范围可覆盖整个城市、国家，甚至整个世界，广域网有时也称为远程网，通常除了计算机设备，还要使用电信部门提供的传输装置和媒介进行连接。广域网的速率通常比局域网低得多，而之间有更大的时延，但却可以连接任意远的两台计算机。常见的广域网如：公用电话网（Public Switched Telephone Network，PSTN）、专线网（Digital Data Network，DDN）、综合业务数字网（Integrated Service Digital Network，ISDN）、非对称数字用户线路（Asymmetric Digital Subscriber Line，ADSL）等。

3. 互联网

互联网与因特网

互联网（internet）是通过专用设备而连接在一起的若干个网络的集合。通过专用互联设备——路由器，可以进行局域网与局域网之间的互联、局域网与广域网之间的互联及若干局域网通过广域网的互联。

路由器是一种多端口的编解码设备，可以被认为是一种特殊的计算机，有自己的 CPU、内存、电源以及为各种不同类型的网络连接器而准备的输入输出插座等，在广域网中，路由器就是一种类型的节点计算机。它可以连接不同传输速率并运行于各种环境的局域网和广域网，还能选择出网络两节点间的最近、最快的传输途径。基于这个原因，路由器成为大型局域网和广域网中功能强大且非常重要的设备。如图 14.8 所示。

4. 因特网

因特网（Internet）又称国际互联网，是世界上最大的互联网，是由广域网连接的局域网的最大集合。因特网不是一种新的物理网络，而是把多个物理网络互联起来的一套技术体系和使用网络的一套组织体系。

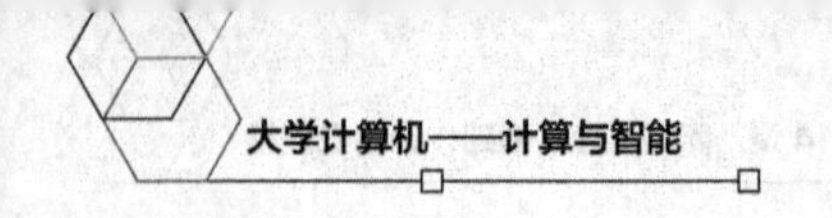

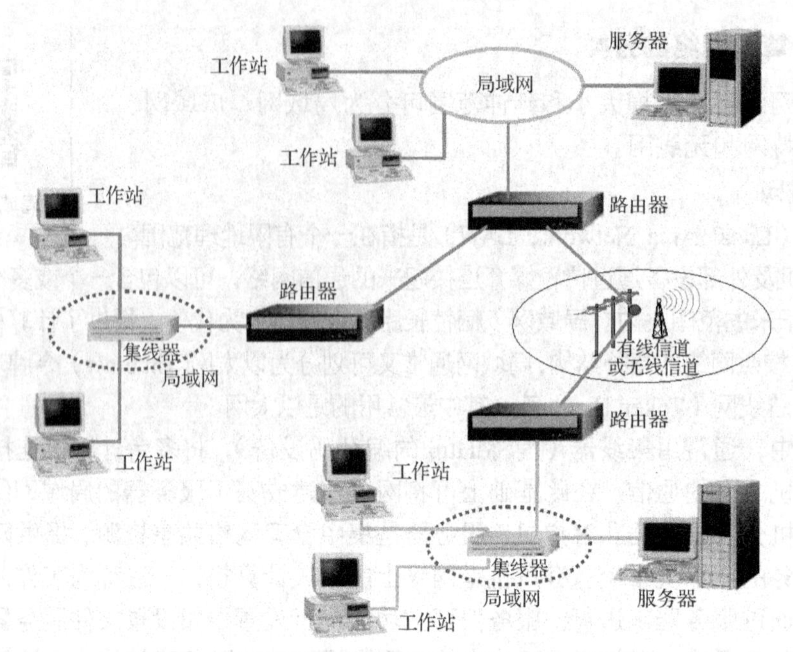

图 14.8　多个网络借助于路由器连接形成的互联网示意

Internet 的组织体系，就是由各层次的 ISP（Internet Service Provider）构成的互联网组织，负责分配网络计算机的 IP 地址。顶级 ISP 负责分配二级 ISP 可使用的 IP 地址范围，在此基础上二级 ISP 负责三级 ISP 可使用的 IP 地址范围。IP 地址范围决定了一个局部的互联网的构成。

Internet 的技术体系，就是相互连接的路由器与 TCP/IP 协议簇。因特网就是依靠遍布全世界的几百万台路由器，基于 TCP/IP 协议簇连接起来的，如图 14.9 所示。

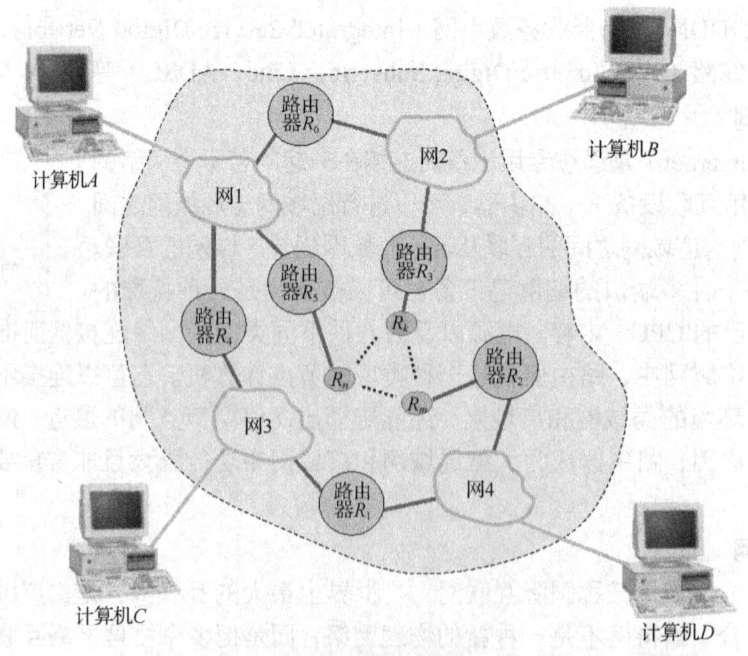

图 14.9　因特网计算机之间的通信示意

5. 无线网

无线网（Wireless）就是利用无线电波作为信息传输的媒介构成的无线局域网（WLAN），与有线网络的区别在于传输媒介的不同，利用无线电技术取代网线。目前主流应用的无线网络分为手机无线网络和无线局域网两种方式。无线局域网方式连接的无线网络，其连接设备包括无线网卡、无线路由（或无线猫）和无线接入点（Wireless Access Point，AP）。WiFi 技术、蓝牙技术等是无线局域网的常用技术。

GPRS、CDMA 等手机上网方式也是目前一种典型的无线网络，它是一种借助移动电话网络接入 Internet 的无线上网方式，又被分为：1G 网络，主要提供一般的语音通话服务；2G 网络，有 GSM 和 CDMA2000，数字语音通话网络，主要承载语音或低速通信服务；2.5G 网络，语音为主兼顾数据的通话网络；3G 网络，有 CDMA2000、WCDMA、TD-SCDMA 等，数字语音和数据网络，能够处理图像、音乐、视频流等多种媒体形式，提供包括网页浏览、电话会议、电子商务等多种信息的网络服务；4G 网络，有 LTE、HSPA+和 WiMax 等，能够以 100Mbit/s 的速度下载，上传的速度也能达到 20Mbit/s，预期能满足几乎所有用户对无线服务的需求。

14.2 对比邮政网络，理解计算机网络

计算机网络中的许多思维模式源于对社会中相关的网络工作模式的理解，例如，邮政网络对计算机网络中的很多概念的形成是有重要的影响的。本节解剖现实中邮政网络的实现过程，对比着理解计算机网络的各层协议及其执行过程。不究细节，主要观察是否能够实现以及怎样才能够实现。

14.2.1 解剖邮政网络

TCP/IP 概述

示例 7 邮政网络是如何传输书面信件的？其中有哪些关键的环节？为正确地传输信件，需要表征哪些关键信息？

答：将邮政网络传输信件的过程用图 14.10 示意性地表达出来。首先是发信人起草书信并用信封封装成信件，然后投入公共的邮筒中；邮局定时巡视并取走邮筒中的信件返回邮局；工作人员对信件进行汇集、分拣、归并，邮筒中的信件是以发信人邮局汇集的，工作人员需要按照收信人邮局进行归并，形成收信人邮局的邮局邮包；接着按照邮路，将相同邮路上的邮包再打包装袋，形成邮路邮包，同时将邮包装载到运输工具上（如飞机等），由运输工具将邮包运载到邮路的接收站点。

接收站点拆解邮路邮包，留下属于本邮局的邮包，再把其他邮包按照邮路再打包装袋，形成新的邮路邮包，同时将邮包装载到运输工具上，由运输工具将邮包运载到邮路的下一接收站点，如此可能经过多次中转；如果是本邮局的邮包，则拆解邮局邮包，否则再经过汇集、分拣、归并，将按照收信人邮局汇集的信件，按照收信人详细地址相近的原则形成信件包（对应邮筒），由邮递员将其送达收信人；收信人拆解信件，读取书信。

综合上述过程，可看到邮政系统是一个分层业务处理系统，包括了以下关键层次。

发件人/收件人层：书写并发送信件，或者接收并阅读信件。

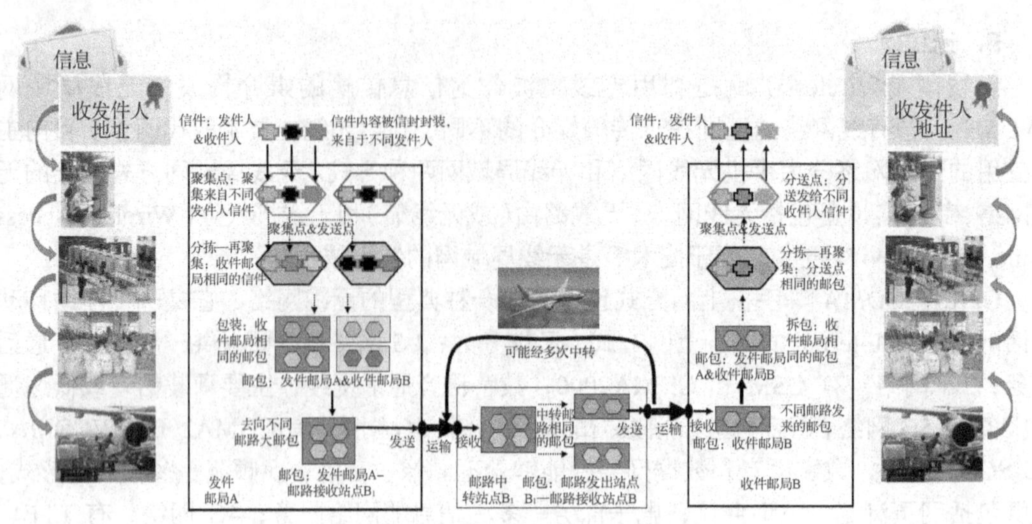

图 14.10 邮政网络传输信件过程示意图

聚集点/分送点层：聚集不同发件人的信件，或者将信件分送到不同的收件人。

发送邮局/接收邮局层：将不同聚集点的信件聚集成邮包，或者拆分邮包并识别分送点。

发送站点/接收站点层：确定运输路线中的每一段的发送站点和接收站点，中转站点具有接收邮包、拆分并再封装邮包和再发送邮包等功能。

运输层：具体邮包的发送交接、运输以及接收交接。

为正确地传输信件，需要表征以下关键信息。

信件，需要表征"收件人姓名、地址与邮政编码"和"发件人姓名、地址与邮政编码"，收发件人的姓名、地址，意味着是收发件人自己独有的邮箱。收发件人的邮政编码，指明了收发件人所在的邮局（较大范围）及其邮筒（较小范围）。

邮局邮包，需要表征"收件邮局"与"发件邮局"，以便相关人员能够识别收发邮局。

邮路邮包，需要表征"发送站点"与"接收站点"标志，以便于运送人员之间的邮包交接。

综上，收发件人的详细地址、收发邮局以及收发站点是非常重要的信息，必须表述清楚，否则会出现信件传送不正确的情况。

14.2.2 对比邮政网络，理解计算机网络中的有关层次及概念

TCP/IP 协议之 IP 层协议

1. TCP/IP 的层次与邮政网络的层次之对比

对比邮政网络，按 TCP/IP 分层协议传输信息的过程如图 14.11 所示。

TCP/IP 协议簇可被看作 5 层。

应用层：对应发件人/收件人层次。

传输层：对应聚集点/分送点层次。

网络层（IP 层）：对应发件邮局/收件邮局层次。

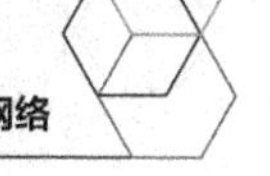

链路层：对应发送站点/接收站点层次。

物理层：对应运输层次。

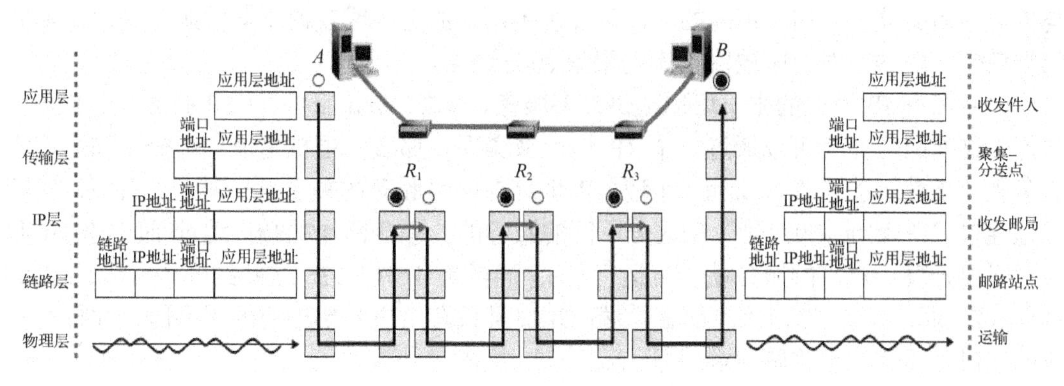

图 14.11　TCP/IP 进行网络传输过程示意

邮政系统和计算机网络系统的不同点：邮政系统处理的对象是信件，其打包过程是“信件→邮局邮包→邮路邮包”，信件是最小单位，邮局邮包和邮路邮包都是信件传输的更大单位；而计算机网络处理的对象是信息，其可能很大，也可能很小，因此对其处理是拆分成标准的信息片段，通常小于待传输的信息，然后再将相关的地址信息补充到信息片段中，作为信息片段的首部信息，即形成了新的封装。如图 14.11 所示，应用层将应用层地址和应用层数据两部分封装形成应用层的信息片段。传输层在应用层的信息片段基础上再增加端口地址后封装形成传输层信息片段。网络层在传输层的信息片段基础上再增加 IP 地址后封装形成网络层信息片段。链路层在网络层的信息片段基础上再增加链路地址后封装形成链路层信息片段。物理层将链路层信息片段通过编码、发送、接收、解码传送到目的地。这里统一使用了“信息片段”这一术语，不同层的信息片段其标准大小是不同的，例如，传输层的信息片段是指完整的待传输的信息，网络层的信息片段是将完整信息拆分成标准大小后的片段，链路层的信息片段也可能是要对网络层的信息片段进行再拆分后的片段。因此不同层次的信息片段被称为不同的名称，如“报文”“数据报”“数据分组”“数据包”“数据帧”等，在此不做细致的区分了。

2. TCP/IP 的几种地址

此处涉及几个地址，需要注意区分。

（1）IP 地址。IP 地址是该计算机在联网时所使用的网络中唯一的可识别地址，对应邮政网络中的收发邮局。

通常一个 IP 地址对应一台可被识别的网络主机，如服务器、路由器、交换机等。终端用户的物理计算机可在网络主机的支持下，使用永久的或临时的 IP 地址联网。IP 地址有 IPv4 和 IPv6 两个版本。IPv4 中的 IP 地址为 32 位二进制数，分成 4 组，每组 8 位。通常情况下是用圆点隔开，以十进制格式表示（称为圆点分隔十进制表示法）。例如，IPv4 地址 10000000 00001011 00000011 00011111，可写为 128.11.3.31。IPv6 中的 IP 地址为 128 位二进制数，通常采用冒号分隔的十六进制表示法表示，格式为×:×:×:×:×:×:×:×，其中每个×表示地址中的一个 16 位，例如，IPv6 地址 2001:0DB8:0000:0023:0008:0800:200C:417A，其中每个×的前导 0 是可以省略的，例如，前述地址可写为 2001:DB8:0:23:8:800:200C:417A。

（2）端口地址 PORT。PORT 用于标识一台计算机的端口。端口通常被认为是设备与外界通信交流的出口，不同的端口可提供不同的服务，或者说不同的服务是通过不同的端口来实现的，对应邮政网络中的聚集点/分送点。

一台拥有 IP 地址的主机可以提供许多服务，比如 Web 服务、FTP 服务、SMTP 服务等，这些服务完全可以通过一个 IP 地址来实现。那么，主机是怎样区分不同的网络服务呢？显然不能只靠 IP 地址，因为 IP 地址与网络服务的关系是一对多的关系。实际上是通过“IP 地址+端口号”来区分不同的服务的。服务器端的端口地址是固定的（服务器只要开着，对应的服务就一直运行着），通常是 1～65 536 之间的一个整数，如 80 端口、21 端口、23 端口等。而客户端的端口号只有用户开启相应的程序时，才打开对应的端口号（因此也称临时端口号）。

（3）统一资源定位地址 URL。在 Internet 上，使用统一资源定位器（Universal Resource Locator，URL）来唯一定位一台计算机上的每一种资源，对应于邮政网络的收发件人及其资源。

一台拥有 IP 地址的主机可以有很多资源，如程序、文档、网页等。为唯一定位每种资源需要使用 URL。URL 的格式如下：“Protocol://host.domain.first-level-domain/path/filename.ext”。

其含义为“协议：//主机名.域名.第一层域名/路径/文件名.扩展名”。

例如，“http://www.hit.edu.cn/”或者“http://202.117.224.25/ ”为哈尔滨工业大学的主页。

再例如“https://102.11.102.1/ROOT/Spec.html”为主机 102.11.102.1 下面的 ROOT 目录下的 Spec.html 文档。

（4）介质访问控制地址 MAC。MAC 是数据链路层地址，也是机器的物理地址，用于确定联网的物理机器，通常是该机器网卡的地址，对应于邮政网络的邮路收发站点。

每个数据链路协议可能使用不同的地址格式和大小。以太网协议使用 48 位地址，它通常被写成十六进制格式，例如，07：01：02：11：2C：5B。

3．对比邮政网络，模拟计算机网络中信息传输过程

示例 8 参见图 14.11，概述利用 TCP/IP 协议簇进行网络数据传输的过程。

题目解析：本示例希望读者理解待传输信息在 TCP/IP 下的变换过程，以及如何自动识别数据传输的目的地，不必考虑过多细节。

答：将网络传输的信息变换过程绘制成图 14.12。两台计算机 A 和 B 分别为源计算机和目的计算机。一台路由器 R_1。网络传输过程可能经由多台路由器（R_1，R_2，R_3），即多次中转，每个路由器的中转过程都类似于 R_1，接收，再转发。现在我们将 A 计算机的信息 $I_{\text{information}}$ 经路由器 R_1 转发传输到目的计算机 B。

（1）应用层。源计算机的程序和目的计算机的程序间需要传输原始信息 $I_{\text{information}}$。为进行传输需要使用 URL 指出源 A 和目的地 B 的地址，信息由 $I_{\text{information}}$ 变换为 {$I_{\text{information}}$，A-URL，B-URL}，即将原始信息和 URL 地址打包在一起，形成新信息 I_{all}，转给下一层处理。

（2）传输层。发送过程，先将应用层的完整信息 I_{all} 划分成标准大小的信息片段，

假设 $I_{all}=I_1+I_2+I_3+I_4+I_5+I_6$（化整为零），再将每一信息片段封装成数据单元 $P_i=\{I_i, i,$ PORT $\}$，以记录信息片段之间的次序及处理该信息的端口号（注：不同的端口按不同的协议进行处理），便于接收过程还原信息。

数据单元，TCP 中称为段（Segment），UDP 中称为用户数据报（User DataGram），SCTP 中称为包（Packet）；传输层负责端口号的识别即来自于不同进程信息的识别，以及信息的化整为零与对应的还零为整，视需要确定 I_{all} 是否检查传输的正确性（有些需要保证完全正确，有些则不必）：既要检查每一数据单元传输的正确性，又要检查各数据单元/信息片段之间传输的正确性。转下一层处理。

（3）网络层。仅关注单一数据单元的传输。其进一步将传输层的数据单元层进行封装，给其贴上相关发送方 A 和最终目的地 B 的 IP 地址，形成 IP 层包 $P_i'=\{P_i, A\text{-IP}, B\text{-IP}\}$。进一步确定其要传送到的下一站点（中转站点）$R_1$ 的 IP 地址，形成路由包 $P_i''=\{P_i, A\text{-IP}, B\text{-IP}\}$。其中源 IP 地址 A-IP 和目的地 IP 地址 B-IP 是依据源 A 和目的地 B 的提供的 URL 解析获得。中转站点 R_1 的 IP 地址 R_1-IP 是依据传输方向由计算机或路由器自动选择后给出。转下一层处理。

（4）数据链路层。将路由包 P_i'' 的 IP 地址映射成物理地址 Mac，封装的数据单元被称为数据帧（Frame），即：$\{P_i'', A\text{-Mac}, R_1\text{-Mac}\}$。其中在此过程中可能对 P_i 还需要拆分，拆分成一个字一个字进行发送。

（5）物理层。将对应的数据帧通过物理线路进行发送和接收，即发送和接收 01 串，接收后再将其还原成数据帧。

如图 14.12 所示，当 R_1 物理层接收到数据帧后，还原出信息 $\{P_i'', A\text{-Mac}, R_1\text{-Mac}\}$，确认应是其接收，再进一步还原回其 IP 层包 P_i'，即 $\{P_i, A\text{-IP}, B\text{-IP}\}$，发现 R_1 与最终目的地 IP 不同，则其继续选择下一中转点 B 并给出其 IP，即 $P_i''=\{P_i', R_1\text{-IP}, B\text{-IP}\}$，再将其映射成物理地址，即 $\{P_i''', R_1\text{-Mac}, B\text{-Mac}\}$，再经由其物理层进行发送。当到达最终目的地 B 后，再进行信息的还原工作，最终返回给 B 的相关进程，完成信息的发送。

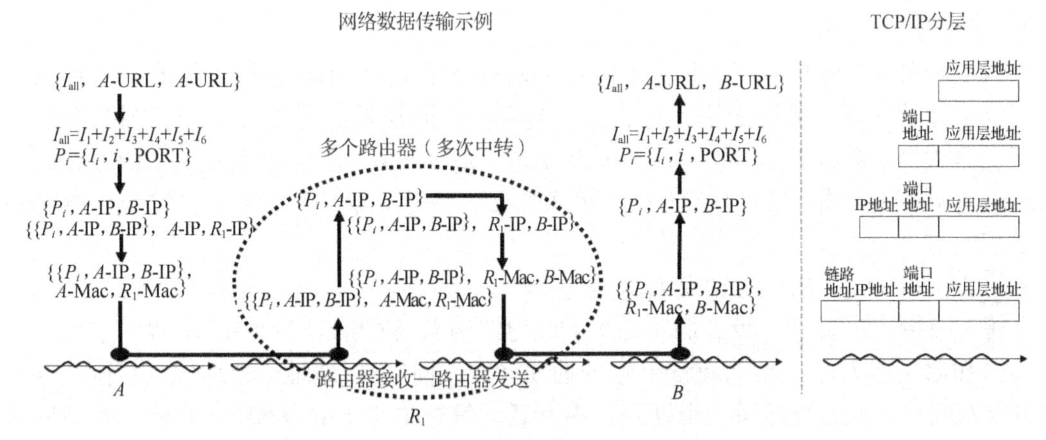

图 14.12　利用 TCP/IP 协议簇进行网络传输的过程示意

数据封装：在每一层，头或有可能是尾被加到信息片段中。通常，尾只是在第 2 层被加入。当格式化的数据单元经过物理层时被转化为电磁信号，沿着物理链路传输。当到达目的地时，信号进入第 1 层，它被转化为数字形式。然后，数据单元反向穿过各层，当每个信息片段到达下一个更高层时，在相应发送层附加上去的头和尾被移去，并且这一层相应的动作被执行。当到达第 5 层时，消息再次变成适合应用的形式，即对接收者可用。

综上所述，在互联网或因特网中，数据包（一组信号的集合，为传输被封装成一个个的包）由某台计算机发出后，按照协议或约定，被传送到与其相连的某个路由器，如不是目的地，则该路由器又会继续向前传送，最终传送到目的地。其间可能经由不同的路由器，网络系统会自动地在不同路由器之间以及计算机与路由器之间进行数据包转换，以保证数据正确地传送到目的地。

14.3 扩展学习：TCP/IP 不同层次协议的简要解析

14.3.1 网络层（IP 层）——对应收发邮局层

网络层负责源到目的地（计算机到计算机或主机到主机）的数据包（或者说数据分组）的发送和接收，可能跨多个网络（LAN、WAN 等）进行传输，类比邮政网络就是邮局到邮局的邮包传送。网络层仅关注单一数据包的发送，负责将其由源点传输到目的节点。数据包之间的传输次序及其正确性等可由上层的传输层协议来保证。

网络层主要解决两个问题：一是提供计算机或主机在网络中的唯一可识别地址——IP 地址；二是路由选择。

IP 地址：各种设备、计算机等在网络中唯一的可识别地址被称为 IP 地址。

路由选择：路由选择是指确定数据包传输的部分或全部路径。因为因特网是局域网、广域网的集合，因此从源到目的地的数据包传输可能是各种网络传输的组合："源"到"路由器"的传输、若干"路由器"到"路由器"的传输。最后是"路由器"到"目的地"的传输。

网络层的路由选择情况是相同的。当一个路由器接收到一个数据包时，它检查路由表，决定这个数据包到最终目的地的最佳路线，路由表提供了下一路由器的 IP 地址。当数据包到达下一路由器时，下一路由器再做出新的决定。换言之，路由选择的决定是由每个路由器做出的。

14.2.2 节图 14.11 中显示了经过几个网络从源到目的地的数据包传输的路由选择，源是计算机 A，目的地是计算机 B。当数据包到达路由器 R_1 时，R_1 选择了 R_2 作为下一路由器，R_2 又选择 R_3 作为下一路由器，R_2 和 R_3 的选择分别是由 R_1 和 R_2 确定的。最终数据包被发送到目的地——计算机 B。注意，这里的路由器只涉及 TCP/IP 协议簇的前 3 层。

示例 9 IPv4 和 IPv6 的 IP 地址有何差异?

答： 因特网协议 IP，当前版本是 IPv4（版本 4），新版本 IPv6 也在普及中。

在 IPv4 中，每个主机都有一个唯一的 32 位二进制逻辑地址，该地址包括网络号和主机号两部分。网络号标识一个网络，由互联网信息中心（Inter NIC）分配。互联网服务提供者（ISP）可以从 Inter NIC 获得网络地址块，并且可根据需要自行分配地址空间。主机号标识网络中的一个主机，由本地网络管理员分配。32 位二进制 IP 地址分成 4 组，每组 8 位，用圆点隔开，以十进制格式表示（称为圆点分隔十进制表示法）。在 8 位的字节中，每一位都有一个二进制值（128，64，32，16，8，4，2，1），8 位字节的最小值为 0，最大值为 255。例如，IP 地址 10000000 00001011 00000011 00011111 可以记为 128.11.3.31。典型的 IP 地址示例如图 14.13 所示。

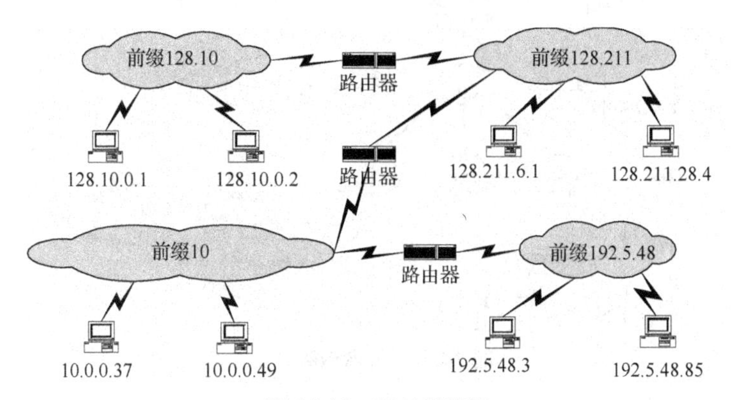

图 14.13　IP 地址示例

IPv4（32 位）的地址范围可以定义 2^{32} 个不同的设备（超过 40 亿）。但是，过去的地址分配方式产生了地址损耗，为解决这一问题，提出了 IPv6，其中的地址由 128 位构成。有人曾形象地比喻："IPv6 可以让地球上每一粒沙子都拥有一个 IP 地址"。IPv6 的地址总数可达 2^{128}，相当于 IPv4 地址空间的 4 次幂，可以更好地支持物联网——万事万物可基于互联网互联互通。

域名系统（Domain Name System，DNS）：网络计算机的 IP 地址被表达为一个符号化的名字，称为"域名"。域名系统是用于将域名转换成 IP 地址的一个服务系统，域名系统还可以将 IP 地址（有时是动态分配的 IP 地址）转换成其物理地址。

域名系统是由分布于世界各地的域名服务器构成的，或者说域名的解析是由不同的域名服务器解析的，每个域名服务器负责一个"域"的管理，域可以进一步划分成子域。因此，域名系统被认为是一种分布式数据库，整个数据库是一个倒挂的树形结构，顶部是根域，节点是域或子域或计算机，树中的每一个节点是整个数据库的一部分。在 DNS 中，域名全称是从该域名向上直到根域的所有域名组成的字符串，各域名之间由分界符"."隔开。每个域或子域都有其固定的域名。Internet 国际特别委员会（IAAAC）负责域名的管理，解决域名注册的问题。中国的域名体系由中国网络信息中心（CNNIC）负责管理和注册。常见的顶级域名有：.com 为商业组织，.gov 为政府部门，.net 为网络服务机构，.edu 为教育机构，.mil 为军事部门，.org 为非营利性组织，.cn 为中国。

示例 10 哈尔滨工业大学的 WWW 服务器的域名 www.hit.edu.cn 是怎样构成的？

答： 如图 14.14 所示，.cn 为顶层域名，表示为中国；.edu 为二级域名，.edu.cn 表示为中国教育科研网，.hit 为三级域名，.hit.edu.cn 表示为哈尔滨工业大学校园网，该校园网建立在中国教育科研网的下面。www 为主机名，www.hit.edu.cn 表示为哈尔滨工业大学校园网的 WWW 服务器。类似地，bbs.hit.edu.cn 表示为哈尔滨工业大学校园网的 BBS 服务器，ftp.hit.edu.cn 表示为哈尔滨工业大学校园网的 FTP 服务器，mail.hit.edu.cn 表示为哈尔滨工业大学校园网的电子邮件服务器。

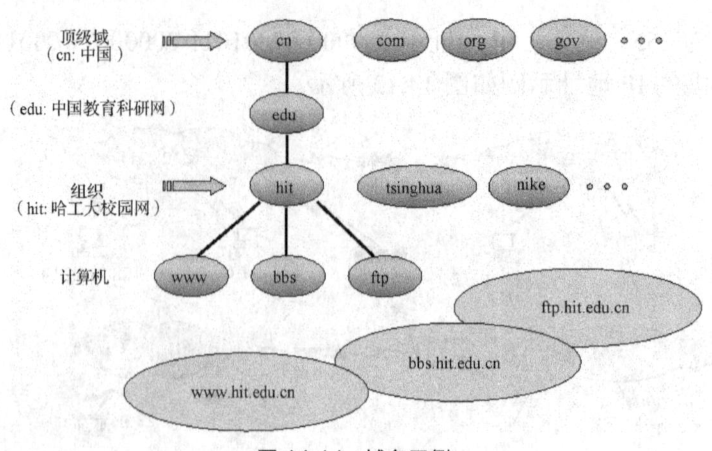

图 14.14　域名示例

14.3.2　应用层协议——对应发件人/收件人层

TCP/IP 协议之应用层协议

应用层允许人或者软件以不同的方式访问网络，提供不同的应用层协议，以便能够向用户提供不同类型的网络服务。通常，协议不同，所能提供的服务也不同。例如，HTTP 协议可支持万维网服务，FTP 协议可支持文件传输服务，SMTP/POP3/SLIP/PPP 等协议可支持收发电子邮件服务等。它也是唯一能被大多数网络用户感受到的层。

当客户需要向服务器发送请求时，它需要服务器应用层的地址。虽然因特网应用的数目是有限的，但运行特定应用的服务器的站点数目是巨大的。例如，有许多运行 HTTP 协议服务器的站点，HTTP 客户能访问这些站点，浏览或下载存储在站点中的信息。为了标识一个特殊的 HTTP 站点，客户使用统一资源定位地址 URL，URL 就好比是收发件人的详细地址。

1. URL 地址

Protocol://host.domain.first-level-domain/path/filename.ext

（协议：//主机名.域名.第一层域名/路径/文件名.扩展名）

或者：

Protocol: //host.domain.first-level-domain

（协议：//主机名.域名.第一层域名）

从 URL 的格式中可看出，它由 3 部分组成：协议、欲访问机器的 IP 地址或域名、在该机器下的目录及文件名。

2. URL 的各种协议

利用 Web 浏览器可以访问大多数的 Internet 服务，如 FTP，Gopher，News 和 Telnet 等，使用这些服务时需要使用相应的协议。URL 的协议有：

```
http://      HTML文件
https://     某些保密的HTML文件，自己硬盘上的HTML文件
ftp://       FTP网站和文件
gopher://    Gopher菜单和文件
news://      特定新闻服务器上的UseNet新闻组
news:        UseNet
```

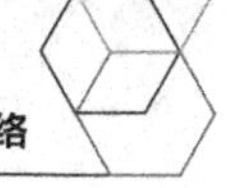


```
mailto:     E-mail
telnet:     远程登录对话
```

使用上述协议，输入 Internet 服务器的地址和路径，用户可以遍访 Internet 上可用的或用户硬盘上的任何目录、文件及程序。

3. 文件传输协议

文件传输协议（File Transfer Protocol，FTP）是 Internet 提供的存取远地计算机中文件的一种服务。如果某一组织要发送一批文件，例如，免费软件的分发，而又无法确定谁需要它们，则可以将这批文件放在某一地方，而由相关人员自己到该地方去取。如果你也有一批好的文件需要与其他人共享，也可以将这批文件放在某个地方，而由其他人自己去取。这就需要用到文件传输服务。

FTP 服务是一种客户端—服务器（Client/Server）模式的服务，即集中存放文件并对相关人员开放文件传输服务的网络服务器被称为 FTP 服务器。用户在本地计算机与 FTP 服务器之间进行文件传输工作，如图 14.15 所示。FTP 服务是一种授权访问服务。当用户通过 FTP 连接 FTP 服务器时，需要有 FTP 服务器的访问授权，即要求用户在与某一 FTP 服务器进行文件传输服务之前，先在该 FTP 服务器上进行注册，获得一个账号和口令后，才能利用该 FTP 服务器进行文件传输工作。同时，FTP 服务器也可以对访问它的用户访问权限进行管理，如是否允许用户从 FTP 服务器读出信息、是否允许用户向 FTP 服务器写入信息等。因此，正确地与 FTP 服务器进行文件传输需要有合法的账号和适当的文件访问权限。

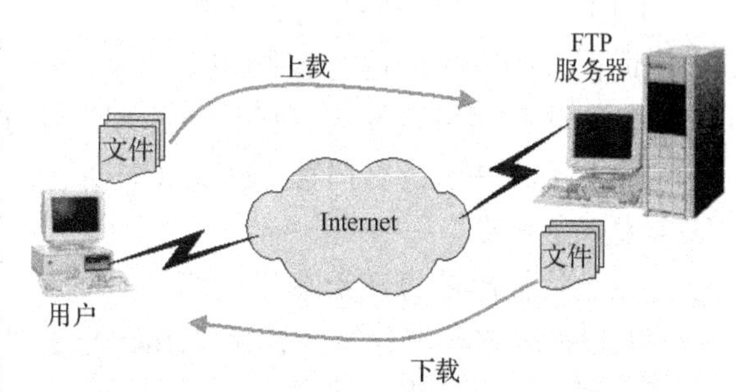

图 14.15　与 FTP 服务器进行文件传输示意图

要进行文件传输服务，需要知道相关 FTP 服务器的 IP 地址或域名。例如，若要访问哈尔滨工业大学的 FTP 服务器，需要知道其地址 ftp.hit.edu.cn，并需要有账户及授权。

4. 远程通信网络协议

远程通信网络协议（Telecommunication Network Protocol，Telnet）是 Internet 提供的进行远程登录访问的一种服务，使用 Telnet 可以登录到远程服务器上并进行信息访问，就如同与所访问的计算机处于同一房间一样。远程登录是相对于本地终端或本地计算机系统而言的，本地用户通过 Telnet 连接登录远地的系统就称为远程系统、远程计算机或远程主机。

远程登录的目的是让远程计算机资源为本地服务。例如，一台 286 的计算机算一道复杂的数学题可能需要几天的时间，而登录到远程的大型计算机上去做只要几分钟。这是早期开发远程登录系统的目的。而今天的远程登录就更加丰富了。

与其他 Internet 信息服务一样，Telnet 采用 Client/Server 模式。在用户登录的远程系统上必须运行着 Telnet 服务程序，在用户的本地计算机上需要安装 Telnet 客户软件。本地用户只能通过 Telnet 客户程序进行远程访问。

远程登录时，用户通过本地的计算机终端或键盘跟客户程序打交道。用户输入的信息会通过 TCP/IP 连接传送到远程计算机上，由服务器程序接收后，自动执行处理并将输出信息送给客户方。因此，远程系统和本地系统的计算机都必须支持 TCP/IP。

以下是 Telnet 远程登录的操作过程。

（1）本地计算机和远地服务器提供者连通后，启动客户程序。

（2）通知客户程序与指定计算机/服务器连接。

（3）连通后，输入用户名及密码便可登录；如果需要账号，则要申请，才能登录成功。

（4）接收用户输入的命令及其他的信息。

（5）对命令及信息进行处理后通过 TCP 连接发送给服务程序。

（6）接收服务程序回送的信息并显示在屏幕上。

（7）退出客户程序和切断连接。

远程服务程序的运行过程如下。

（1）通知网络软件与客户机建立 TCP 连接。

（2）接收并执行客户程序（如 UNIX，DOS，Windows，Macintosh 的 Telnet 客户程序）发来的命令。

（3）将输出信息送给客户程序。

Telnet 的访问十分容易，用 Telnet 与主机相连，只需输入 Telnet 和想访问的主机名即可。例如，用户想访问主机 hit.edu.cn，只需输入 telnet hit.edu.cn。然后按要求进行登录即可。登录到远程主机之后，用户就像坐在远程的计算机前操纵计算机，这时可以利用远程计算机进行自己的工作，比如编程序，编辑、打印文档，阅读信箱中的邮件。如果要结束 Telnet 会话，输入 quit、exit、logout 或者 logoff，即从远程主机返回，具体应该使用什么命令退出，同远程主机使用的操作系统有关。

14.3.3 传输层协议——对应聚集点/分送点层

TCP/IP 协议之其他层协议（上）

传输层负责整个消息的进程到进程的传输，建立客户和服务器计算机的逻辑通信关系。换言之，虽然物理上通信是更底层的事情，但两个应用层把传输层看成是负责消息传输的代理机构。传输层负责在源主机和目的主机的应用程序间提供端到端的数据传输服务，其中包括：（1）TCP，规定了一种可靠的数据信息传输方式；（2）UDP（User Datagram Protocol），规定了一种不可靠但快速的数据信息传输方式。

服务器的 IP 地址对通信来说是必需的，但还需要更多东西。服务器计算机可能同时运行多个进程，例如，FTP 服务器进程和 HTTP 服务器进程。当消息到达服务器时，它必须被指向正确的进程。因此，需要另一个地址来标识服务器进程，这称为端口号，即传输层的地址，类比于前述的聚集点/分送点的地址。服务器端口号是众所周知的——大多数计算机都有给出服务器端口地址的文件，而客户端端口号可以由运行客户端进程的计算机临时指定。

传输层的功能主要包括以下 4 种。

（1）多路复用和解多路复用。传输层为不同的进程做相同的工作，它从发送进程中收集要发出的信息，并将到达的信息分发给接收进程，传输层使用端口号完成多路复用和解多路复用。类比聚集点/分送点的功能，传输层可用同一条线路完成不同发送者的信

息发送任务（多路复用），同时将同一条线路传送来的信息分送给不同的信息接收者（解多路复用）。这意味着计算机中的端口号要唯一，服务器进程使用众所周知的端口号，而客户端进程使用传输层临时指定的端口号。

（2）拥塞控制。传输层负责实现拥塞控制。物理上传送数据包的下层网络设备可能发生拥塞，这可能引起网络丢弃（丢失）一些数据包。有些协议为每个进程使用缓冲区：消息在发送前存储在缓冲区中，如果传输层检测到网络上有拥塞，就暂缓发送。这就与有些国家安装在公路上的交通信号灯的效果相似：汽车只有在绿灯亮时才能通过，如果在连接处有拥塞，绿灯的时间间隔就增大了。

（3）流量控制。传输层还负责实现流量控制。发送端的传输层能监控接收端的传输层，检查接收者接收到的数据包是否过量。如果系统使用从接收者发出的确认，这就可以实现。接收者确认每一个数据包或一组数据包，这样就允许发送者检查接收者接收到的数据包是否过量。

（4）差错控制。在信息的传输过程中，可能被损坏、丢失、重复或乱序。发送方负责确保信息被接收方正确接收。传输层可以在缓冲区中保留信息的副本，直到它从接收方那里接收到包无损坏到达和次序正确的确认。如果在预期的时间内没有确认到达或有否定确认到达（表示数据包被损坏），那么发送方就重新发送数据包。为了能够检查包的次序，传输层给每个包加上了次序号，给每个确认加上了确认号。

在 TCP/IP 协议簇中定义了 3 种传输层协议：UDP、TCP 和 SCTP。

（1）UDP 协议。用户数据包协议（UDP）是 3 个协议中最简单的。UDP 完成多路复用和解多路复用（通过给数据包增加源和目的端口号），还通过给包增加校验和来进行差错控制——给一组 0/1 串增加一校验位，使得该组 0/1 串（含校验位）中 1 的个数为奇数或偶数，当接收方收到后重新计算校验和，检查 1 的个数是否为奇数或偶数可以判断是否有位传输错误。在这种情况下，差错控制只是“是与否”的过程，检查在传输中是否有差错发生。如果接收者得出结论这个包被损坏，它只是默默地丢掉这个包，而不通知发送者重新发送。与其他协议相比，UDP 传送更少的额外信息，简单使其具有速度快的优点，适合用在及时性比准确性更重要的应用中。例如，当处理视频在因特网上的实时传输时，形成图像的数据包能准确到达是非常重要的。如果少量的数据包被丢失或损坏，观看者也不会发现图像中小的瞬时错误。因为 UDP 不提供属于单个消息的数据包间的逻辑连接，所以被称为无连接协议。由于缺乏序号，所以 UDP 中的每个包都是一个单独的实体。这种服务与常规邮件系统提供的服务类似。假定需要发送一组有次序的包裹到目的地，邮局不能保证它们按照需要的次序进行分发，邮局关心的只是包裹是单独的实体，与其他包裹没有关系。

（2）TCP 协议。传输控制协议（TCP）是支持传输层所有职责的协议。但是，它没有 UDP 快速和高效。TCP 使用序号、确认号和校验和，在发送方还使用缓冲区。这种配置提供了多路复用、解多路复用、流量控制、拥塞控制和差错控制。因为 TCP 在两个传输层间提供逻辑连接，所以被称为面向连接的协议：一个在源端、一个在目的端。序号的使用维持了连接：如果数据包到达的顺序错了或丢失了，将被重新发送。在接收端的传输层不把次序错的数据包发送给应用进程，但保留消息中的所有数据包，直到它

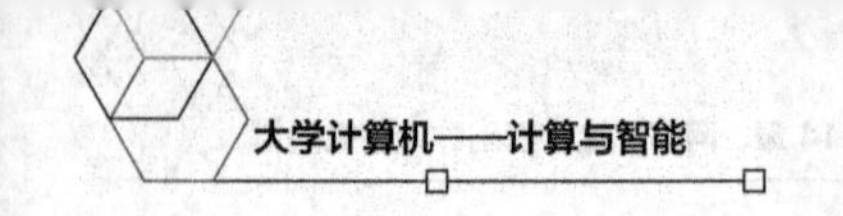

们以正确的次序被接收。虽然 TCP 是数据通信中完美的传输层协议，但它不适合音频和视频的实时传输。如果数据包丢失，TCP 需要重新发送，这样就破坏了数据包的同步。

（3）SCTP 协议。流控制传输协议（SCTP）是一个新的协议，它是为了一些预期的因特网服务而设计的，如因特网电话和视频流。这个协议结合了 UDP 和 TCP 的优点。像 UDP 一样，SCTP 适合用于音频和视频的实时传输，像 TCP 一样，SCTP 提供差错控制和流量控制。

14.3.4 数据链路层——对应发送站点/接收站点层

TCP/IP 协议之其他层协议（下）

网络层数据包可能在从源到目的地的传输中经过多个路由器。从一个节点到另一个节点传送数据是数据链路层的职责，这里的节点可以是计算机或路由器。

在源决定数据包应该发送到路由器 R_1 后，它用数据帧封装数据包，在包的首部增加路由器 R_1 的数据链路层地址作为目的地址，计算机 A 的数据链路层地址作为源地址，然后发送数据帧。每个连接到相同网络的设备都接收到数据帧，但只有 R_1 打开它，因为它认出它的数据链路层地址。这个过程在多个路由器中转间重复。因此说，数据链路层负责数据帧的节点到节点的发送，类比邮政系统就是相互间有直接通路的站点到站点的邮包传递。

此时想到的两个问题是计算机 A 是如何知道路由器 R_1 的数据链路层地址的，路由器 R_1 又是如何知道路由器 R_2 的数据链路层地址的。一个设备可以静态或动态地找到另一个设备的数据链路层地址。在静态方法中，设备创建具有两列的表，用于存储网络层和数据链路层地址对。在动态方法中，设备可以广播一个含有下一设备 IP 地址的特定数据包，并用这个 IP 地址询问邻近节点。邻近节点返回它的数据链路层地址。

与 IP 地址不同，数据链路层的地址不是通用的。每个数据链路协议可能使用不同的地址格式和大小。以太网协议使用 48 位地址，它通常被写成十六进制格式，例如：07：01：02：11：2C：5B。

数据链路层地址经常被称为物理地址或介质访问控制地址 MAC。

有些数据链路层协议在数据链路层使用差错控制和流量控制，方法与传输层相同。但是，它只是在节点发出点和节点到达点间实现。这意味着差错会被检查多次，但是没有一个差错检查覆盖了路由器内部可能发生的差错。这里，也许从路由器 R_1 的发出点到路由器 R_2 的到达点没有差错，但如果两个路由器中有差错怎么办？这就是需要传输层差错控制的原因：从头至尾检查差错。

14.3.5 物理层——对应运输层

物理层，通常是要解决建立、维持和释放物理连接的问题，完成在物理介质上传输二进制所需要的功能，确保原始数据可在各种物理媒体上传输。虽然数据链路层负责从一个节点到另一个节点的数据帧传送，但物理层负责组成数据帧的单个二进制位从一个节点到另一个节点的传送。换言之，在数据链路层传送的单元是帧，而物理层传送的单元是二进制位。帧中的每个位被转化为电磁信号，通过物理介质（无线或电缆）传播。注意，物理层不需要地址，传播方式是广播。从一个设备发送的信号通过某种方法被与

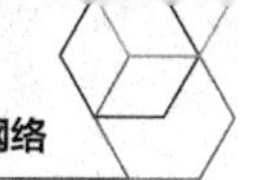

发送设备相连的其他设备接收到。例如，在局域网中，当一台计算机或路由器发送信号时，所有其他的计算机和路由器都将接收到它。

14.4 为什么要学习和怎样学习本章内容

14.4.1 为什么：互联互通是信息社会的高级阶段

为什么要学习计算机网络？

第一，虽然计算机是伟大的发明，但只有在出现了计算机网络后，即所有的计算机能够联网后，计算机才深入人们的生活中。20 世纪 60 年代出现的 ARPAnet，90 年代出现的 Internet，21 世纪初出现的“互联网+”，一直到最近提出的“人工智能”，基于在互联网大数据上的人工智能，每一项重大的改变都是在计算机网络的支撑下发生的。

第二，计算机网络的出现促进了经济腾飞，促进了整个社会的发展，改变了人们的工作、生活方式。信息时代，计算机网络是信息社会的基础，互联互通是信息社会的高级阶段。现在可以说，没有计算机网络几乎什么事也做不成，而有了计算机网络似乎无事做不成。信息与网络已成为衡量一个国家综合实力的重要标志之一，网络环境下的工作和生活能力已成为个人竞争力的有效组成部分。

14.4.2 怎样学：类比分析式学习法

计算机网络是复杂的，涉及的内容是非常广、非常细的。学习本章的内容，一是要注意不要太纠结于细节，二是要注意脉络的贯通。类比分析式学习方法对于本章似乎是有效的学习方法，即在理解计算机网络的一些思想时可能很难理解，此时可以从现实生活中寻找案例，通过类比的方法，进行剖析式分析式的学习。例如，类比邮政网络的工作过程，理解计算机网络依据协议的信息传输过程，这可以提高两方面的能力。

（1）提高对问题的深入分析和理解的能力，无论是现实生活中的问题还是计算机网络中的问题，所谓计算思维源于社会/自然又反作用于社会/自然。这种思维能力的提升是本课程的目标之一。

（2）运用计算思维的能力。计算思维不一定要局限于计算机学科的知识范畴中，现实生活中很多也蕴含着计算思维的知识，例如，邮政网络的演变，快递网络的诞生等，都有计算机网络的影子，当前，人—人互联、人—物互联、物—物互联，都涉及网络，计算机网络是其物理基础，又是这些网络演变的促进因素之一。

第15章　信息网络：信息组织与信息传播的基本思维

Chapter15

本章摘要

基于标记语言和Web技术，互联网由机器网络发展为信息网络，由简单的信息组织、发布与传播，聚集起大规模的资源，使社会由信息化社会逐渐走向智能化社会。这一切，信息网络是基础。理解信息网络的组织机理和技术思维，对于深入理解互联网创新是十分重要的。本章主要介绍信息网络中的一些基本思维模式。

15.1　机器成为信息的新载体，互联网成为信息传播的新手段

由机器网络到信息网络

信息组织是为了传播，仔细分析可发现信息有以下特点。

待传播信息的非线性特征。信息既可以有文字展现形式，又可以有图像展现形式；既有理性的逻辑性的表达，又可以有感性的体验性的表达；既有静态的表现形式，又可以有动态的表现形式。信息既有本义的表达，又有引申义的表达、象征意义的表达、比喻意义的表达、不同的用义的表达等。信息，尤其是复杂的内容，可以存在多条线索，如按单一人物命运发展的线索，按单一事件前因后果发展的线索，按时间次序或地理次序进行的线索等，这些线索之间可能是并行的、串行的、交错的、融合的……不同的线索组织起来的信息可能给人以不同的启发。“信息”也可以被分类，相似的内容被组织成一类。相同类别的信息之间具有可比较性、相互印证性，而不同类别的信息之间具有关联性、耦合性等。这些都说明，信息具有非线性特征，需要更好的载体与更便捷的传播手段。

示例1 传统载体的信息组织与信息传播有什么特点？

答：传播信息的传统载体是图书、报刊等纸介质媒体，通常被认为是线性组织信息的一种手段，仅能按某一种线索组织相关的内容，多数情况下以文字描述为主体，辅之以插图进行展现，在信息传播方面纸介质媒体是受限的：需要纸介质媒体的传递与交接。

传播信息的另一个传统载体是音频、视频等电子媒体，可以组织起形象化、动态化的信息，由于视听内容的完整性和制作的复杂性，通常也仅仅是按某一线索为主，其他线索交错于主线索中进行，电子媒体需要借助于电视、收录音机等专用视听设备进行展

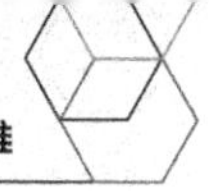

现，在信息传播方面需要建立专用的电视网络等来实现传播。

计算机使得信息可以组织成多媒体文档。多媒体也使得原来以不同表现形式和载体表达的内容要素得到统一，促进视听读的一体化，它使得平面、静止的内容表现形式向立体、动态方向转变，促进了文本、声音、视频等多种媒体形式的联合，可以最大限度满足特定内容的表达需求。

互联网的信息组织与信息传播。多媒体文档需要机器来展现和阅读，机器成为信息的载体。互联网可将不同的机器联结成网络，通过网络可以将不同机器上的文档实现相互关联，即将逻辑上的“关联”，如图书之间的引用、信息的不同层面的含义等给予物理上的实现，这就是超文本/超媒体技术。

超文本/超媒体不仅包含自身的文本/媒体信息，而且要包含链接，能够关联不同机器的不同文档，前者由机器作为载体，后者基于互联网予以实现（即能够依据链接由一个文档的阅读自动发现另一个机器的另一个文档并进行阅读），简单而言就是：超文本/超媒体 = 文本/媒体 + 链接。后面叙述中超文本或超媒体统称为超文本。链接由用户的机器与互联网联合实现。

超文本技术包括两个要素：一个是统一的超文本描述语言（HTML），所有的超文本需要按照这种语言进行表达；另一个是解析并展现超文本的软件——浏览器（Browser），这种软件已成为互联网的标准软件，可以将任何按照 HTML 表达的超文本在任何机器上展现，方便用户阅读。

这种超文本技术，借助于计算机与互联网，促进了信息的非线性组织与多种传播方式的发展。信息组织者可将多台机器的多种文档的不同组织线索，以链接的形式分布于超文本中，浏览器识别这些链接，并依据这些链接，按照用户的需求发现并展示相关的文档。由此可见“浏览器+超文本描述语言”实现了多线索、立体化、跨媒体、跨机器的非线性信息组织方法，实现了信息组织从单一的过程式组织转化为结构型、网络化乃至主题驱动型的组织。这一改变不仅适应了人类非线性、跳跃性、联想式的记忆思维特点，使相互关联的信息能以网状的结构记忆存储及搜索再现，而且建立了超出文本层面的语言层次和信息结构，为后来的互联网发展奠定了基础，实现了由机器网络向信息网络的过渡，使得人们从关注机器网络的联结到关注信息网络的联结，乃至关注由信息发布者和信息阅读者所形成的社交网络的联结等。

示例 2 基于互联网的信息组织与信息传播。

答： 图 15.1 给出了基于互联网进行非线性内容组织的一种示意。

传统书籍中的相关性引用、索引、关联等，使文档之间有了联系，如阅读古诗词时，围绕该古诗词可能引出一系列的关联性或线索：（1）诗词→诗词中的典故→典故的解释→典故中涉及的人物、景物的形象；（2）诗词→诗词作者→作者的生平介绍→作者的其他诗词；（3）同类别/不同类别的其他诗词←诗词→诗词的韵律→诗词的创作方法；（4）诗词→诗词的文本含义→诗词的引申含义→诗词意境的形象化、动态化展现等。如上的各种线索，使内容之间形成了网络化的、纵横交错的关联关系，这种关联关系在传统载体中难以实现。

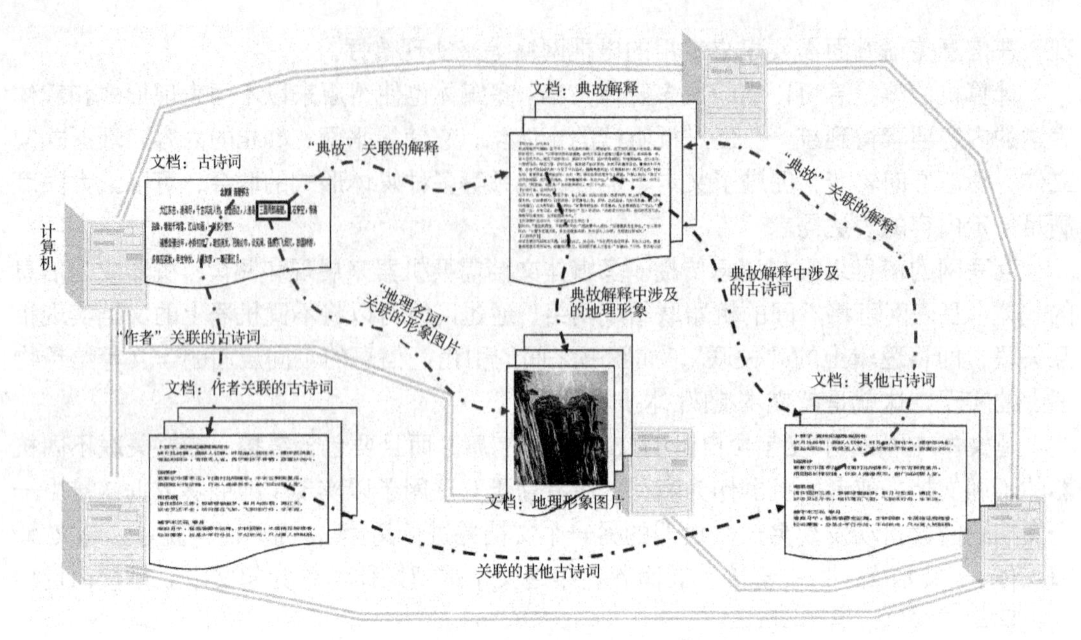

图 15.1　基于互联网的信息组织与信息传播示意

但在超媒体环境下是可以实现的，这种非线性信息组织方法，使读者在阅读时可顺着不同的链接、不同的线索跨越多台机器方便地进行联想与追踪，实现多类型文档、同类型的多文档之间的交叉纵横阅读，实现文档的声、图、文的联合展现等，这就是基于互联网信息组织与传播的特色之处。

如何建立文档之间的关联，纵横交错的关联关系如何建立与使用？这既需要从技术上解决文档之间的关联如何实现，更需要从内容上建立文件之间的关联。技术上解决文档之间的关联即是 Web 技术，而内容上建立关联则需要文档的发布者——广大用户，发挥想象力来建立，不同的关联，即是不同的创造。

15.2　标记语言：信息网络构建的基础

标记语言：HTML（上）

15.2.1　熟悉信息网络中一种广泛应用的语言：标记语言

理解互联网的信息组织与传播方式，重要的是理解标记语言。

标记语言是互联网领域广泛使用的一种语言，是将文本/媒体的自身信息，与使机器处理该文本/媒体的信息结合在一起进行表达的语言。前者是文本/媒体自身，被称为“文本/媒体”或者“原子文档”；后者是关于文本/媒体的一些相关信息，例如，怎样处理和显示该文本/媒体的信息、关于该文本/媒体的不同特性及其说明信息、关于该文本/媒体能够关联到的其他文本/媒体的信息（即在前面被称为“链接”的信息），等等，统一被称为“标记”。机器如果能够识别这些标记，也就能按照这些标记的含义，对相关的文本/媒体进行相应的处理，如不能识别这些标记，可能就会忽略这些标记的含义。这就是标记语言及其作用。

标记语言的书写格式如下：

```
<标记> 文本或媒体 </标记>
```

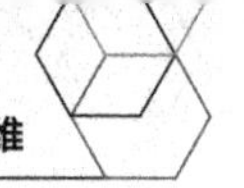

中间的文本或媒体，是原子文档，是纯文本或多媒体，即待处理的对象。两侧带有“<>”的是标记，其中左侧的“<>”为一个标记的起始，右侧的带“/”的“<>”为一个标记的结束，其表征了由标记起始至标记结束之间的纯文本或多媒体，即待处理对象，具有该标记所示意的性质，可以由相应软件解释或利用该性质，并按该性质处理该对象。

标记可以嵌套使用，即一个标记可以被嵌入到另一个标记中。例如：

```
<标记F> <标记K> <标记M>文本</标记M> </标记K> </标记F>
```

或者可以写为：

```
<标记F>
<标记K>
 <标记M>  文本 </标记M>
</标记K>
</标记F>
```

注意一个标记必须被整体嵌入到另一个标记中，即一个标记的开始和结束整体都在另一个标记的开始之后和结束之前，不能出现交错的现象。

原则上，标记可以用任意符号命名。但如果想要其他人读得懂文档，则应按照相关人都能理解的标记来表达；如果想要机器读得懂文档并按标记处理该文档，则应按照机器能理解的标记来表达。这就需要标准。在标记语言的标准中，对其中的每一种标记都做出了相对严格的定义，以使所有相关人或所有机器都能准确理解该标记的含义。

标记语言可有不同的标准。不同的标准中规定了不同的标记集合及其含义，其适用的对象是不同的。下面看几个示例。

示例3 请用标记语言表述一篇文章的格式编排。

题目解析：一篇文章一般有“题目”“摘要”“关键词”“一级标题”“结论”“参考文献”等基本构成要素，不同的要素其要求不同，可用标记刻画其要求，包括文字数量的要求，以及格式编排的要求等。读者可自主定义标记及其含义，并用自定义的标记来刻画文章的结构。

答：可简单地定义一组语义要素标记和一组格式标记。标记的含义如字面意思。

语义要素标记：<文章></文章>，<题目 最多字数=α > </题目>，<摘要 最少字数=α　最多字数=β> </摘要>，<关键词 最少个数=α 最多个数=β></关键词>，<一级标题></一级标题>，<正文></正文>，<结论 最少字数=α　最多字数=β></结论>，<参考文献 最少篇数=α　最多篇数=β></参考文献>。

格式标记：<楷体></楷体>，<宋体></宋体>，<黑体></黑体>，<5 号字></5 号字>，<4 号字></4 号字>，<3 号字></3 号字>，<居中></居中>，<两端对齐></两端对齐>。

接着可用上述标记语言来表述一篇文章的要求：首先用<文章></文章>表述文章的开始和结束。在其中，将相关的语义要素标记嵌入其中，形成：

```
<文章>
        <题目 最多字数=20 > 具体题目 </题目>
        <摘要 最少字数=100  最多字数=200>摘要：具体摘要</摘要>
        <关键词 最少个数=3 最多个数=5>关键词：关键词1，… </关键词>
        <一级标题> 一、引  论 </一级标题>
        <正文> 正文文字 </正文>
```

```
        <一级标题> 二、问题描述 </一级标题>
        <正文> 正文文字 </正文>
        <一级标题> 三、数学模型与算法设计 </一级标题>
        <正文> 正文文字 </正文>
        <一级标题> 四、实验及其结果分析 </一级标题>
        <正文> 正文文字 </正文>
        <一级标题> 结  论 </一级标题>
        <结论 最少字数=200  最多字数=500> 结论文字 </结论>
        <一级标题> 参考文献 </一级标题>
        <参考文献 最少篇数=5 最多篇数=15> 参考文献1 </参考文献>
        <参考文献 最少篇数=5 最多篇数=15> 参考文献2 </参考文献>
        <参考文献 最少篇数=5 最多篇数=15> 参考文献3 </参考文献>
</文章>
```

接着将格式标记嵌入到其中，形成：

```
<文章>
        <题目 最多字数=20 ><黑体><3号><居中>具体题目</居中></3号></黑体></题目>
        <摘要 最少字数=100  最多字数=200><楷体><5号><两端对齐>摘要：具体摘要</两端对齐>
        </5号></楷体></摘要>
        <关键词 最少个数=3 最多个数=5><黑体><5号><两端对齐>关键词：关键词1</两端对齐></5
        号></黑体></关键词>
        <一级标题> <黑体><4号><居中>一、引  论</居中></4号></黑体> </一级标题>
        <正文> <宋体><5号><两端对齐>正文文字</两端对齐></5号></宋体> </正文>
        <一级标题> <黑体><4号><居中>二、问题描述</居中></4号></黑体> </一级标题>
        <正文><宋体><5号><两端对齐> 正文文字</两端对齐></5号></宋体> </正文>
        <一级标题> <黑体><4号><居中>三、数学模型与算法设计</居中></4号></黑体> </一级标题>
        <正文> <宋体><5号><两端对齐>正文文字 </两端对齐></5号></宋体></正文>
        <一级标题><黑体><4号><居中> 四、实验及其结果分析</居中></4号></黑体> </一级标题>
        <正文> <宋体><5号><两端对齐>正文文字</两端对齐></5号></宋体> </正文>
        <一级标题><黑体><4号><居中> 结  论 </居中></4号></黑体></一级标题>
        <结论 最少字数=200  最多字数=500><宋体><5号><两端对齐> 结论文字</两端对齐></5
        号></宋体></结论>
        <一级标题><黑体><4号><居中> 参考文献 </居中></4号></黑体></一级标题>
        <参考文献 最少篇数=5 最多篇数=15> <宋体><5号><两端对齐>参考文献1</两端对齐></5
        号></宋体></参考文献>
        <参考文献 最少篇数=5 最多篇数=15> <宋体><5号><两端对齐>参考文献2</两端对齐></5
        号></宋体></参考文献>
        <参考文献 最少篇数=5 最多篇数=15> <宋体><5号><两端对齐>参考文献3</两端对齐></5
        号></宋体></参考文献>
</文章>
```

读者可试想一下，如果制定了这样一个标记语言，姑且称之为“论文要求与格式标记语言”，则是否可开发一个“论文要求检查与编排程序”，即该程序首先检查论文的各个要素是否满足要求，然后再检查格式编排是否满足要求，如果满足要求，则按照相应的格式标记将文档排版成最终的文档，如图 15.2 所示。这样一个程序是否可解决现在的文档编排软件只能进行格式编排，但却不能自动检查是否符合统一的格式编排要求以及是否符合文档的一些语义要求的问题呢？实际上现在很多应用所基于的恰恰就是这样一种思想，读者注意体会。

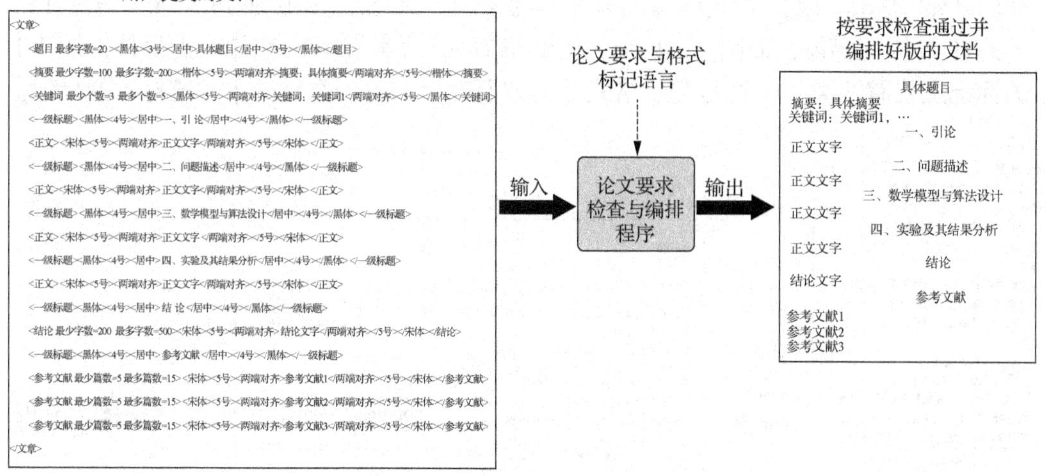

图 15.2　基于标记语言的应用示意

15.2.2　万维网的基本思维

万维网或称环球信息网（World Wide Web，WWW），也称为 W3 或 Web，是当今最流行的 Internet 服务。Web 基于 HTML 文档管理着各种信息资源。所谓的 HTML 文档，是指用超文本标记语言（HTML）书写的文档，每一份 HTML 文档便称为网页或 Web 页。万维网由数以百万计的 Web 页组成，由 Web 浏览器基于一组公用的协议（如超文本传输协议（HyperText Transfer Protocol，HTTP）），在特殊配置的服务器（Web 服务器或称 HTTP 服务器）的支持下在 Internet 上进行传输与处理。在接受请求进行服务时，每次处理一页，网页通常是单一的 HTML 文件，可能包括文本、图像、声音文件和超文本链接（即超链接），每个创建的 HTML 文件都是单一网页，而不论文件长度以及所包括信息量。主页（home page）是一组网页集合的首页，是人们访问这组网页集合时所能看到的第一个网页文件。如果要用 WWW 展示自己的信息，首先要设计主页，它应该是一个画面精美的简要目录。

Web 网站（Web Site）是建立在 Web 服务器基础上，在特定的人或小组控制之下的网页的一个集合。通常，网站提供它内部信息的一定组织形式。可以从网站的索引页（index.htm）、默认页（default.htm）或主页开始，利用超文本链接存取更多的信息。创建完 HTML 页后，将它存入 Web 服务器，这个服务器上有专门的软件并和 Internet 相连。Web 服务器是一台和 Internet 相连，执行传送 Web 页和其他相关文件（如与 Web 页相连的图像文件）的计算机。一般说来，该服务器计算机和 Internet 高速相连，能够处理来自 Internet 的多个同时连接请求。

示例 4　HTML 是什么？为什么需要 HTML？

答： 超文本标记语言（HyperText Markup Language，HTML），是标记语言的一种标准，规定了书写网页（即用 HTML 语言书写的文档）的一些标记及其含义，换句话说，它给出了一组其含义已明确定义的标记的集合。按照 HTML 标准书写的网页，可被支持 HTML 标准的浏览器予以解析和展现。

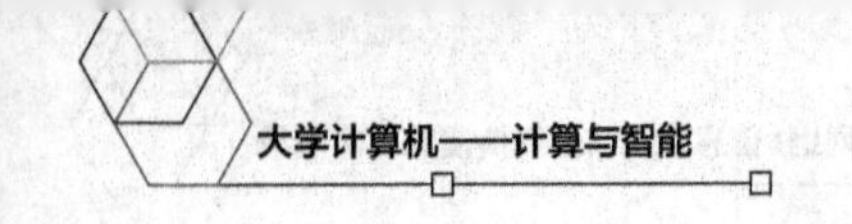

图 15.3 展示了纯文本/纯媒体与超文本/超媒体的示意，其中图 15.3（a）与图 15.3（b）是纯文本/纯媒体，而图 15.3（c）是用 HTML 语言书写的超文本/超媒体。HTML 中的标记主要有两类：一类是关于格式处理方面的标记，一类是关于“链接”的标记。

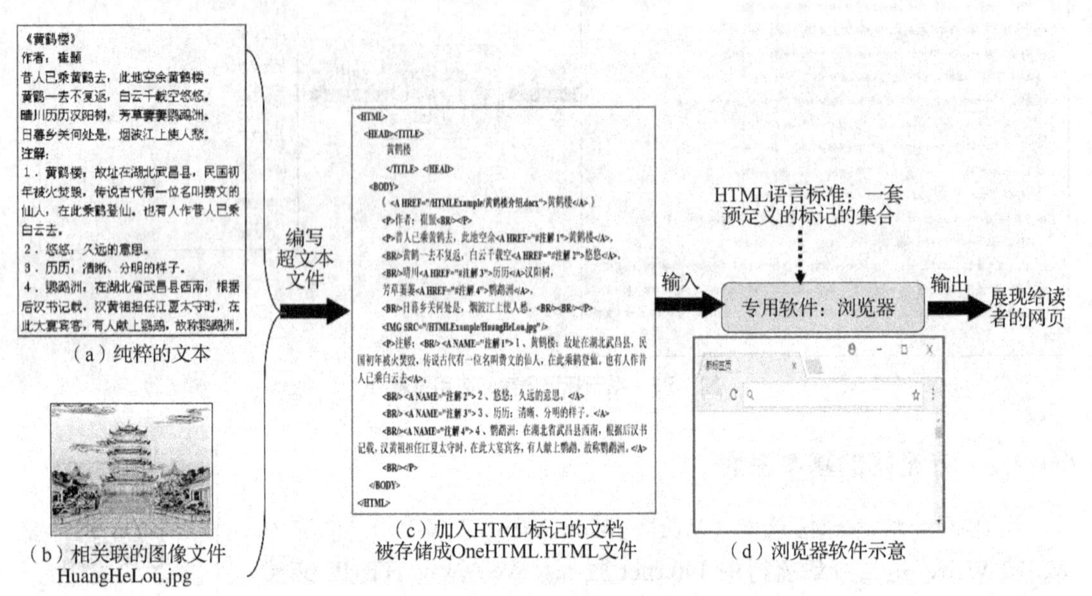

（a）纯粹的文本

（b）相关联的图像文件 HuangHeLou.jpg

（c）加入HTML标记的文档被存储成OneHTML.HTML文件

（d）浏览器软件示意

图 15.3　纯文本/纯媒体与超文本/超媒体的区别示意

再仔细看图 15.3（c）中的超文本。其中带有“<>”的部分都为某种标记。这些标记，如 HTML 标记、HEAD 标记、TITLE 标记、BODY 标记等，是用于定义文档逻辑结构的标记，从字面可以理解分别定义了整个文件、文件头部、文件标题、文件体等。还有一些标记用于定义文档格式，如定义段落可使用 P 标记，进行换行处理可使用 BR 标记，对文本做强调处理可使用 EM 标记，将文本处理为黑体字可使用 B 标记，处理为斜体字可使用 I 标记，带下画线可使用 U 标记等。上述这些标记都可被认为是关于格式处理方面的标记。

继续看图 15.3（c）中的超文本。还有一类标记，一个是 A 标记，一个是媒体嵌入标记（如 IMG 标记），都是关于链接的标记。下面先看 A 标记。

A 标记的格式为<A HREF="URL">文本</A>，其含义为：在显示被该标记括起的文本时，将其处理成链接形式，即用户单击该文本，则浏览器将自动打开 A 标记中 URL 指明的文档。其中 URL 可以是绝对的文档地址，也可以是相对的文档地址。前者需指出该文档所在的机器及该机器中该文档所在的路径，例如：

```
<A HREF="http://www.bignet.net/realcorp/products.html">Product Information</A>.
```

后者需将文档存放于与此 HTML 文件相同目录下或其下面的某一目录下面，例如：

```
<A HREF="anotherDir/SecondHTML.html">Product Information</A>
```

用 A 标记，亦可以将链接指向本文档内部的某一位置，这一位置需要予以定义。链接位置用“<A NAME="链接位置名称">屏幕显示内容</A>定义。指向并跳转到链接位置用<A HREF="#链接位置名称"> 屏幕显示内容</A>来表达。例如，图 15.3 中定义了“注解 1”“注解 2”“注解 3”“注解 4”这 4 个链接位置”，指向此 4 个位置的链接分别被设置在“黄鹤楼”“悠悠”“历历”“鹦鹉洲”4 个词上面。

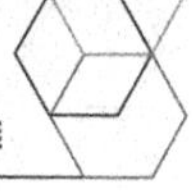

再看媒体嵌入标记。在超文本中可以嵌入其他位置上的图像、音频、视频等，可使用 IMG 标记、AUDIO 标记和 VIDEO 标记等。如下示意：

```
<img src="/i/eg_tulip.jpg"  />
<audio src="song.mp3"  controls="controls"> Related Text </audio>
<video src="movie.mp4"  controls="controls"> Related Text </video>
```

分别将指定位置的图像、音频或视频文件显示在该标记所在的位置。如果是音频或视频，则显示是否显示播放器的按钮（由 controls 属性控制）。

HTML 还有许多标记，这里仅介绍了最基本的标记。详细内容，读者可搜寻 HTML 语言继续学习。

图 15.4 给出了用浏览器显示 HTML 文档的情况。

其中图 15.4（a）给出了 HTML 文档相关的磁盘存储结构：有 3 个文件，分别是 OneHTML.HTML（HTML 文件）、HuangHeLou.jpg（黄鹤楼图像文件）和黄鹤楼介绍.docx（Word 文件），均被存储在本机的 HTMLExample 目录下。这些文件名和目录信息被用于 HTML 文档的编写。图 15.4（a）的下部给出了用“记事本”软件打开的 HTML 文件，使用该软件可以直接观察 HTML 文档本身，并未对标记进行相应的处理。图 15.4（b）所示是用“浏览器”软件打开的 HTML 文件，该软件在打开 HTML 文档的同时，对其中的文本按照“标记”的含义进行了相应的处理。当用户单击“黄鹤楼”3 个字后，浏览器会下载相关的“黄鹤楼介绍.docx”文档，并调用相应的软件打开该文档如图 15.4（c）所示，即实现了 HTML 中的超链接。

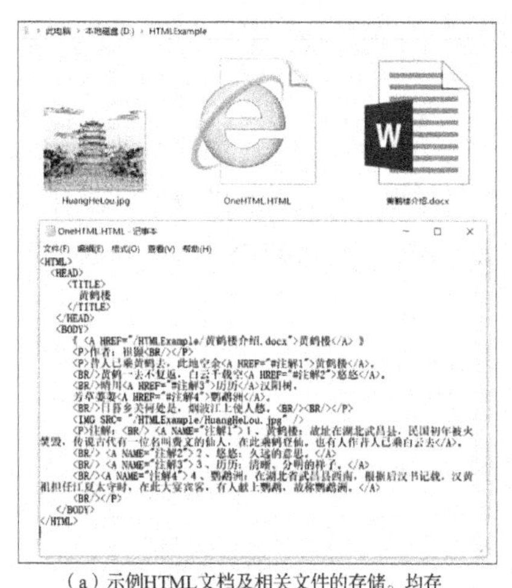

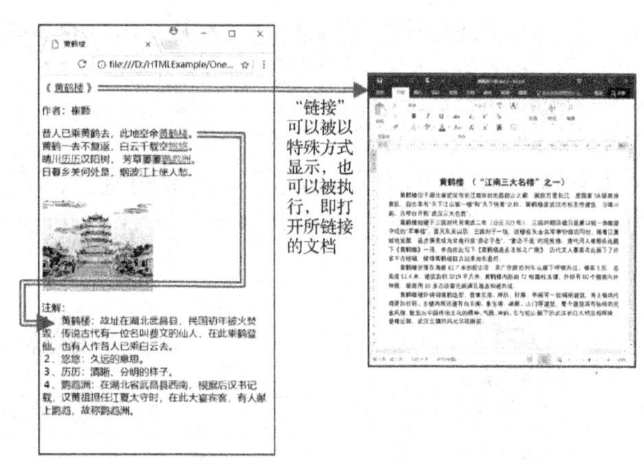

（a）示例HTML文档及相关文件的存储。均存储在本机“/HTMLExample”目录的下面。下半部给出的是用“记事本”打开的OneHTML.HTML文档

（b）使用“浏览器”打开HTML文档。浏览器按照HTML文档的标记处理相关的文本/媒体

（c）浏览器可以根据HTML中的“链接”，发现并下载所链接的文档，并调用相应软件打开这些文档。这些文档可以是本机文档，也可以是网络上的文档

图 15.4　HTML 文档的组织及浏览器展现 HTML 文档、处理链接的结果示意

示例 5　请用 HTML 语言建立班级的网页系统。

题目解析：本题目要求每个同学建立一个自己的网页，然后建立一个班级的主网页，将班级的每个同学的网页都关联起来，都可被访问。

假设有 4 台机器，IP 地址分别为 x01.x02.x03.x04～x31.x32.x33.x34，实际执行中用具体机器的真实 IP 地址替换 HTML 文档中这 4 个地址相关的内容即可。

答：首先建立一个同学的网页。假设建立 X0101 张三同学的网页，网页文档的

名字为“X0101 张三.HTML”，存储在相应机器的\X0101 路径下。该同学相关的图片、音频、视频等与其网页文件存储在同一路径下。假设每个同学录制一段自我介绍的视频（视频名字为“X0101 张三.MP4”），制作一张自己的照片图像（图像文件名为“X0101 张三.JPG”），其他内容自主准备。该同学的“X0101 张三.HTML”文件代码如下。

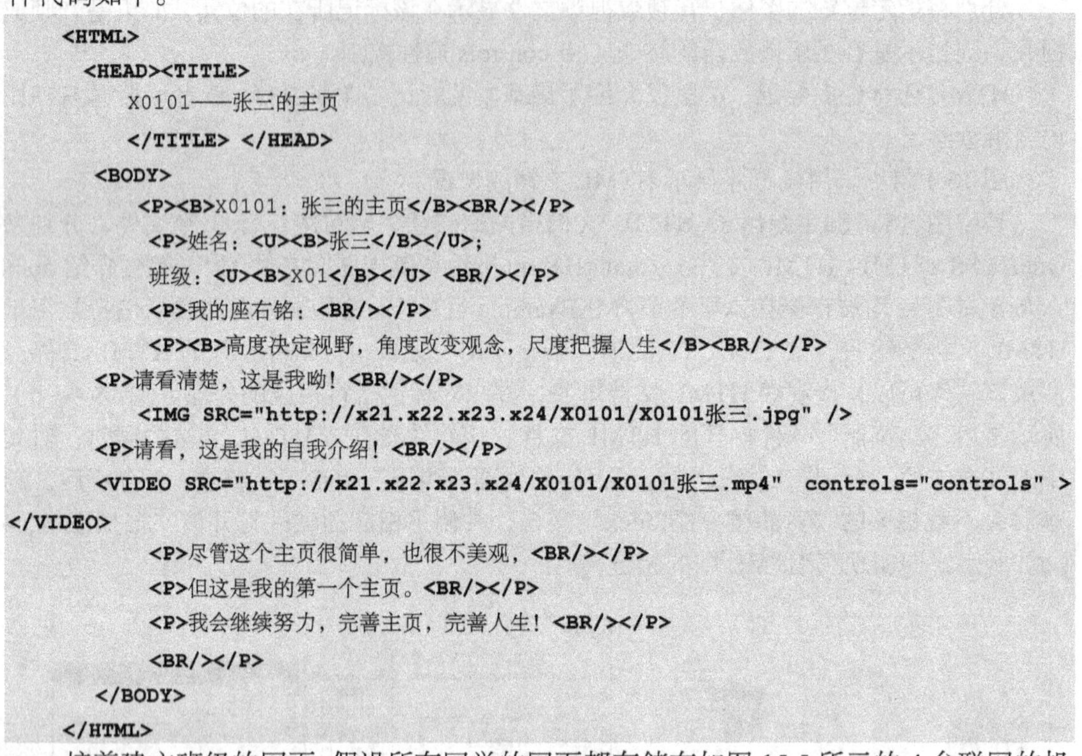

```
<HTML>
  <HEAD><TITLE>
     X0101——张三的主页
     </TITLE> </HEAD>
   <BODY>
      <P><B>X0101：张三的主页</B><BR/></P>
       <P>姓名：<U><B>张三</B></U>;
       班级：<U><B>X01</B></U> <BR/></P>
       <P>我的座右铭：<BR/></P>
       <P><B>高度决定视野，角度改变观念，尺度把握人生</B><BR/></P>
   <P>请看清楚，这是我呦！<BR/></P>
      <IMG SRC="http://x21.x22.x23.x24/X0101/X0101张三.jpg" />
   <P>请看，这是我的自我介绍！<BR/></P>
   <VIDEO SRC="http://x21.x22.x23.x24/X0101/X0101张三.mp4"  controls="controls" >
</VIDEO>
       <P>尽管这个主页很简单，也很不美观，<BR/></P>
       <P>但这是我的第一个主页。<BR/></P>
       <P>我会继续努力，完善主页，完善人生！<BR/></P>
       <BR/></P>
   </BODY>
  </HTML>
```

接着建立班级的网页。假设所有同学的网页都存储在如图 15.5 所示的 4 台联网的机器中。可为每台机器建立一个主网页——MainHTML.HTML，代码如下：

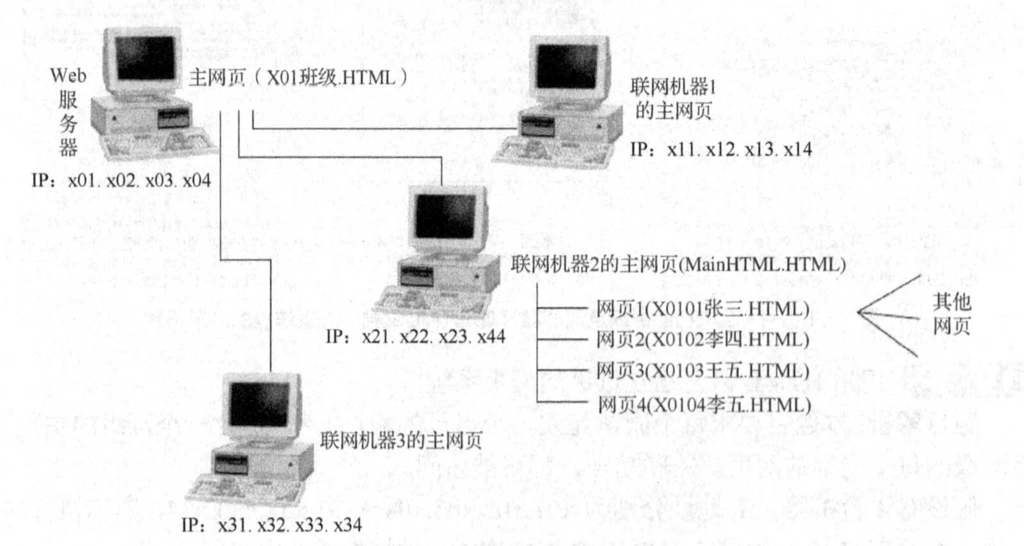

图 15.5　某班级的网站组织示意

```
<HTML>
  <HEAD><TITLE>  这是本机的主网页 </TITLE> </HEAD>
   <BODY>
      <P><B>这是本机的主网页，给出了本机上同学的主页列表</B><BR/></P>
<A HREF="http://x21.x22.x23.x24/X0101/X0101张三.HTML">X0101：张三的主页</A>。<BR/>
<A HREF="http://x21.x22.x23.x24/X0102/X0102李四.HTML">X0102：李四的主页</A>。<BR/>
<A HREF="http://x21.x22.x23.x24/X0103/X0103王五.HTML">X0103：王五的主页</A>。<BR/>
<A HREF="http://x21.x22.x23.x24/X0104/X0104李五.HTML">X0104：李五的主页</A>。<BR/>
    <P>你关注哪一个同学，请单击他（她）的名字！<BR/></P> <BR/></P>
   </BODY>
</HTML>
```

进一步可再写一个网页文件“X01 班级.HTML”，挂到某一门户网站的上面，以便社会上所有人都能通过该门户网站链接到每个同学的主页上面，代码如下：

```
<HTML>
  <HEAD><TITLE>  这是X01班同学的主页 </TITLE> </HEAD>
   <BODY>
      <P><B>这是X01班同学的主页</B><BR/></P>
<A HREF="http://x21.x22.x23.x24/X0101/X0101张三.HTML">X0101：张三的主页</A>。<BR/>
<A HREF="http://x21.x22.x23.x24/X0102/X0102李四.HTML">X0102：李四的主页</A>。<BR/>
<A HREF="http://x21.x22.x23.x24/X0103/X0103王五.HTML">X0103：王五的主页</A>。<BR/>
<A HREF="http://x21.x22.x23.x24/X0104/X0104李五.HTML">X0104：李五的主页</A>。<BR/>
…
    <P>你关注哪一个同学，请单击他（她）的名字！<BR/></P> <BR/></P>
   </BODY>
</HTML>
```

也可以将“X01 班级.HTML”写成如下形式，此时，先指向每台机器的 MainHTML.HTML，然后再指向某同学的主页。

```
<HTML>
  <HEAD><TITLE>  这是X01班同学的主页 </TITLE> </HEAD>
   <BODY>
      <P><B>这是X01班同学的主页</B><BR/></P>
<A HREF="http://x21.x22.x23.x24/MainHTML.HTML">X0101-X0104同学的主页</A>。<BR/>
<A HREF="http://x21.x22.x23.x24/MainHTML.HTML">X0109-X0111同学的主页</A>。<BR/>
<A HREF="http://x11.x12.x13.x14/MainHTML.HTML">X0105-X0108号同学的主页</A>。<BR/>
<A HREF="http://x11.x12.x13.x14/MainHTML.HTML">X0117-X0130号同学的主页</A>。<BR/>
<A HREF="http://x31.x32.x33.x34/MainHTML.HTML">X0112-X0116号同学的主页</A>。<BR/>
…
    <P>你关注哪一个同学，请单击他（她）的名字！<BR/></P> <BR/></P>
   </BODY>
</HTML>
```

示例 5 说明，用 HTML 语言建立一个简单实用的网站是很容易的。当然，可以利用各种网页制作软件制作更为美观的网页。但要记住，形式虽然重要，但内容更重要。用 HTML 语言建立网页，目的是使你关注如何组织信息，如何利用网页的链接来建立起信息网络，以反映信息之间的非线性关系，适应人们在阅读信息时的跳跃式、联想式的阅读习惯很重要。

15.3　无限资源库的发掘和利用

World Wide Web 技术的发展，使 Internet 发展为全球范围内一组无限增长的信

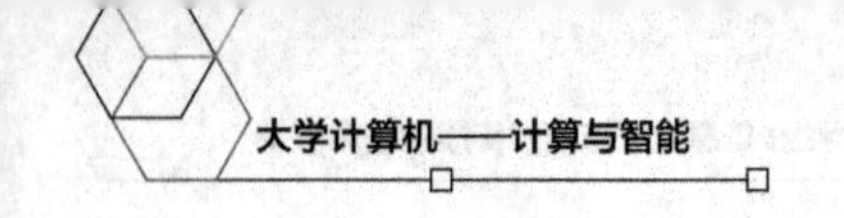

息资源网，其内容之丰富是任何语言也难以描述的。在现代社会，任何组织、任何个人都不能忽视因特网的存在，因特网已经在改变着人们的思维与工作方式，传统的“围墙”式企业、传统的商务经营模式、传统的教育模式也因因特网的出现在发生改变。

当网络上的文档被链接起来后，能够做什么？当大规模网络上的超大规模的文档被链接起来后，又能够做什么呢？可以说有很多事可以做，从典型的检索、阅读与学习，到改变人们的生活与工作方式；但如何搜索、如何聚集、如何分类、如何归并、如何排序？其基本问题：怎样找到最符合用户需求的文档呢？

15.3.1 网络自动搜索——搜索引擎

搜索引擎是一种能够自动从 Internet 搜集信息并检索匹配用户需求返回检索结果给用户的计算系统。搜索引擎的工作过程基本上可分为 3 个步骤：自动搜集网页、整理网页信息并建立网页数据库、接受检索条件进行检索并返回检索结果。简要描述如下，工作原理如图 15.6 所示。

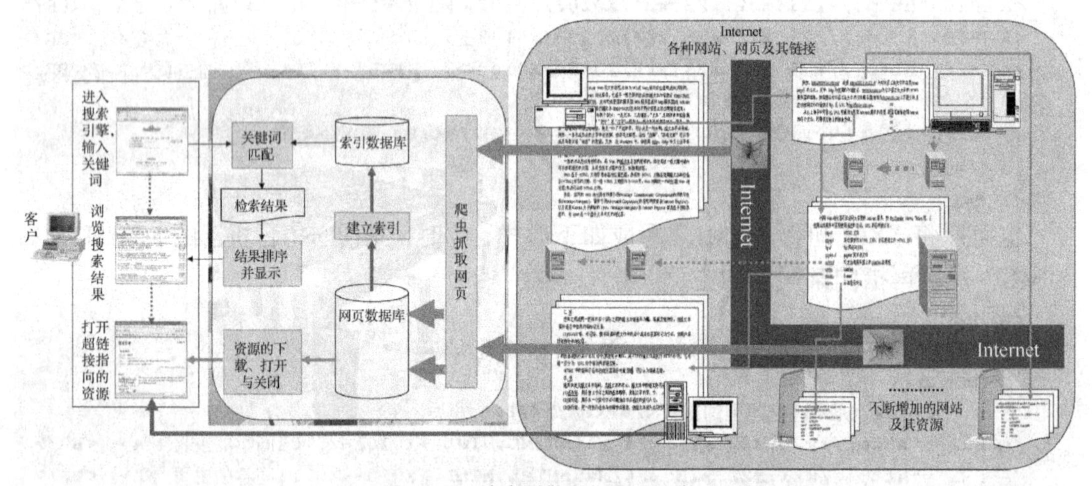

图 15.6　搜索引擎工作原理示意

1. 自动搜集网页

搜索引擎通常利用一种被称为网络爬虫（Spider）或搜索机器人（Robot）的程序，自动地在 Internet 中数以万计的网站上进行浏览并获取网页及其相关资源，如文档、图像、音频、视频文件等。一般地，搜索引擎会建立一个网站列表，然后从某一网站获取到主页，即某一 HTML 文档，依据主页中的超链接，即如文档中标记<A HREF="URL">文本</A>给出的 URL，可以找到下一个网页或新的网站，添加到网站列表中，再依据新网页/网站中的超链接而发现更多的网页。理论上，若网页上有适当的超链接，网络爬虫程序便可以遍历大部分网页。

网页/超文本的链接网络被形象地称为 Web，而 Web 的原始意思是蜘蛛网。面对如此庞大的“蜘蛛网”，怎样“爬行”能获取到用户最感兴趣的网页？怎样识别网站及网页的重要性，降低爬虫获取无效网页的频度？怎样提高网页获取的效率和正确

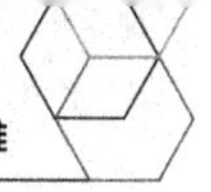

性呢？这也是不断研究和提高获取网页的爬虫程序（或者说爬虫算法性能）的动力之一。

目前，搜索引擎使用下面两种方法自动地获得各个网站的信息，并保存到自己的数据库中。一种是定期搜索，即每隔一段时间，搜索引擎主动派出爬虫程序，对指定 IP 地址范围的互联网站进行检索，一旦发现新的网站，就自动提取网站的网页信息和网址，加入自己的数据库。另一种是靠网站的拥有者主动向搜索引擎提交网址，它在一定时间内定向向提交的网站派出爬虫程序，扫描该网站并将有关信息存入数据库，以备用户查询。

2．整理网页信息并建立网页数据库

互联网上的网站数量与网页数量是非常庞大的，爬虫获取的网页，如果要存储累积起来可能需要成千上万台服务器规模的计算与存储系统，因此搜索引擎背后是庞大的网页数据库，在此数据库中扫描一遍可能需要很长的时间。要提高网页数据库的检索速度，就需要对所获取网页进行处理，提取必要的信息，如关键词等，以建立“索引”，如正向索引、倒排索引等，并按照一定的规则存取所获取的网页，同时还需研究快速搜索算法来提高搜索效率。

3．接受检索条件进行检索并返回检索结果

搜索引擎可以接受用户的查询请求并进行检索，对检索结果进行整理、排序，以适当的形式提供给用户。搜索引擎每时每刻都可能接到来自大量用户的几乎是同时发出的检索请求，它按照每个用户的检索条件检查索引，快速找到用户所需要的信息并返回给用户。目前，多数的搜索引擎都是通过关键词来获取客户的需求。当用户以关键词查找信息时，搜索引擎会在数据库中进行搜寻，如果找到与用户要求相符的网站，便采用特殊的算法计算出各网页的信息关联程度，然后根据关联程度高低，按顺序将这些网页链接返回给用户。此环节中的问题是：（1）关键词语的选择。搜索引擎利用关键词进行内容匹配，关键词的准确程度决定了检索结果的精准程度，有时可使用多关键词检索等。（2）检索结果的排序与浏览：搜索引擎对检索结果按照某种方式进行了排序。一般而言，最贴近关键词的、匹配最好的结果放在前面，而匹配最差的则放在后面。后面介绍的 PageRank 是一种网页排序的处理思维。

目前已出现多种形式的搜索引擎，如全文索引、目录索引、元搜索、垂直搜索等。其中全文索引搜索引擎是广泛应用的主流搜索引擎，以 Google、百度等为典型的代表，它们从互联网数以万计的网站中自动提取各网站的信息，主要以网页文字为主，建立起数据库，并为用户提供信息检索服务；目录索引引擎，又称为分类检索，它们将所获取的网站/网页进行分类，建立不同主题的分类目录，允许用户依据主题分类来检索网页信息，典型的如 Yahoo 等；元搜索引擎，其本身可能并没有建立相应的网页数据库，它在接受了用户的检索请求后，同时启动多个其他独立搜索引擎进行搜索，在获得独立搜索引擎的搜索结果后进行进一步的合并、排列或过滤处理，以使检索结果更符合用户的需求；垂直搜索引擎，是指专注于特定搜索领域和搜索需求的搜索引擎，例如，车票机票搜索、旅游搜索、图片搜索、音乐搜索等。

随着网络技术的迅速发展，各种内容都可以通过网络搜索获得，如商品搜索、知识

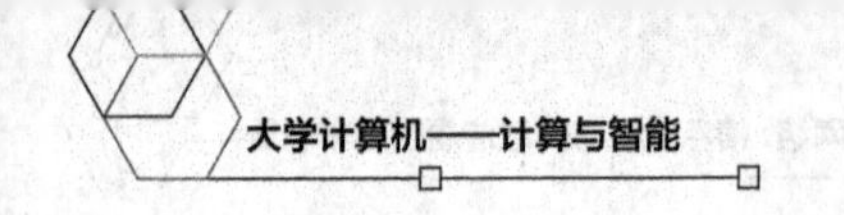

搜索、文献搜索等。其中一种被称为“人肉搜索”的方式，通过互联网，调动互联网众多参与者共同参与对某些人或某些事情进行追踪、调查、真相还原的一种搜索方式，引起了越来越多的关注。

15.3.2 互联网半/非结构化数据管理：XML

标记语言：由 HTML 到 XML

XML（eXtesible Markup Language，可扩展标记语言）与 HTML 同为标记语言，有相似的语法结构，即文档都是由两种要素构成：标记和文本。

```
<标记> 文本或媒体 </标记>
```

标记可以嵌套使用，即一个标记的开始和结束可以被完整地嵌入到另一个标记开始之后以及结束之前。此外，标记还可以带有一个或多个属性，形式如下：

```
<标记  属性="属性值" > 文本或媒体 </标记>
```

表示该文本或媒体是具有标记所示意性质的文字或数据，同时其相应属性的值为属性值。参见示例 6。

示例6 描述并解释图书的一个 XML 文件。在每一行右侧以注释的形式给出。注释以“//”引出。

```
<book>                                          //刻画一本图书
  <title> 大学计算机 </title>                    //“大学计算机”是书名
   <author  Order="1"> 张三 </author>            //“张三”为作者，排序第1位
   <author  Order="2"> 李四 </author>            //“李四”为作者，排序第2位
   <year> 1995 </year>                          //1995为出版年份
   <price> 8 </price>                           //8为价格
   <currency> USD </currency>                   //USD为货币种类
</book>
```

由示例可以看出，它的标记主要用于刻画文本或媒体的各种语义特性。

示例7 XML 语言与 HTML 语言有什么异同？

答：相同点为：

（1）都是标记语言，包含标记和文本/媒体两种要素；

（2）一般都是以 ASCII 码方式存储和传输，易于在不同程序间传输和解读。

不同点为：

（1）作用不同。HTML 主要有两大作用，一是文本/媒体的显示处理，二是互联网文档/资源的链接处理。因此其包括 3 类主要标记：文档结构标记、文档格式标记和链接标记。XML 主要作用是文本/媒体在互联网上的存储、传输、交换与处理，标记主要用于刻画文本/媒体的各种语义特性而不是格式相关的特性，描述文本/媒体之间的数据结构。

（2）HTML 使用的是一组固定的已定义好的标记，以方便浏览器解读和正确显示 HTML 文档。换句话说，HTML 不允许用户自己定义标记，尽管浏览器能够处理用户自己定义的标记，但它是直接忽略掉其不识别的标记，如图 15.7 所示。XML 允许用户定义自己的标记和自己的文档结构，例如，为说明“大学计算机”是什么性质的数据，可定义一个标记<title></title>，表明“大学计算机”是一本图书的 title。

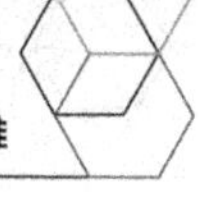

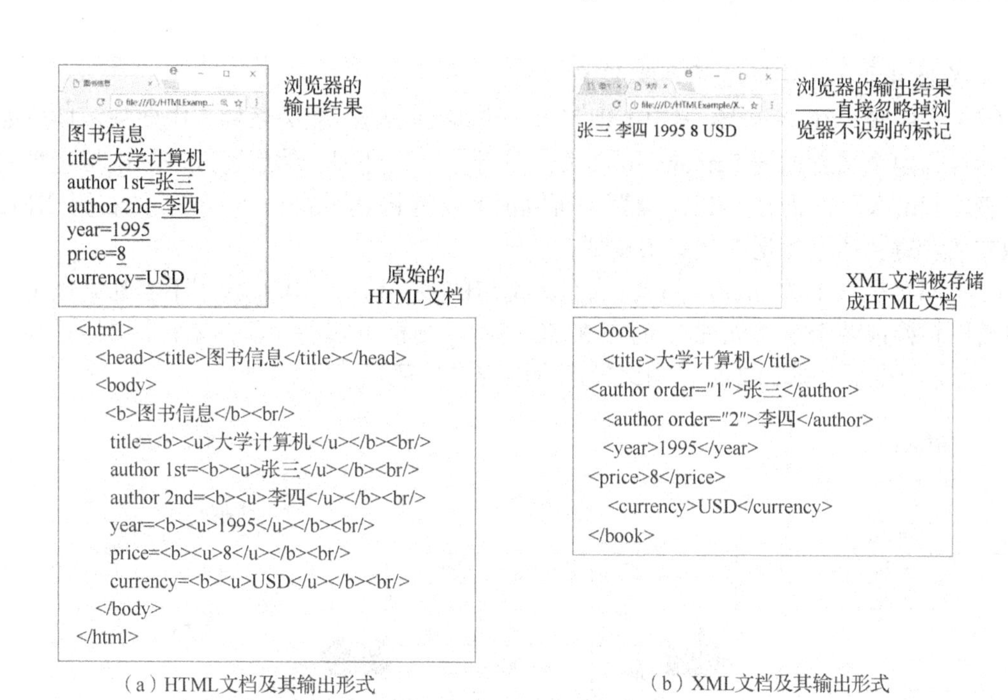

图 15.7　XML 与 HTML 对比示意

示例8 XML 模型/语言与关系模型/语言有什么异同？

题目解析： 首先要理解关系模型和 XML 模型表达数据的方法。关系模型是以“属性名”来区分每一个数据（列，属性值），以“元组”来区分每一个对象（行），一个关系中只有一个对象。XML 模型是以“标记”来区分每一个数据（“文本/媒体”），以标记的嵌套来区分每一个对象，一个 XML 文档中可有多种对象，一个对象中可以包含另一个对象。这是两者之间最大的差别，在此基础上再来回答。

答： 相同点是都是存储和操纵数据的模型/语言。不同点如下。

（1）见题目解析。

（2）关系模型是按照数据类型存储数据，不同数据类型的数据有不同的存储方法，如整型数是按 2 字节存储，字符型是按照 ASCII 码存储。XML 则统一按照 ASCII 码方式存储，所以易于为不同系统的程序自动解读。

（3）关系模型是“数据”及“数据格式”分离存储，数据就是数据，格式就是格式；而 XML 模型是“数据”及“数据格式”混在一起：“文本/媒体”可被认为是数据，而“标记”则可被认为是数据格式。

（4）关系模型通常不允许一个关系中有“表中表”的情况发生（此时需拆分成多个表进行处理），而 XML 模型是允许的。

（5）当数据结构发生变化时，关系模型需要先修改数据格式，然后才能操纵数据；而 XML 模型相比较而言则有更大的灵活性。

（6）由以上综合可知，关系模型能够处理的是结构化数据，而 XML 模型则能够处理半结构化或非结构化模型，也因此 XML 更适合于互联网上数据的存储、传输与交换。其他的异同点读者可自行研究和领会。

如图 15.8 所示，中间的是现实需求。

（1）表中表，在 Persons 表中出现了另一个表 Orders。在关系模型中此需转换成如左侧示意的两个独立的表 Persons 和 Orders 进行存储和处理，然后通过表的连接运算实现两表之间的关联。而在 XML 模型中可以很方便地将其形成一个文档，如右侧 XML 模型文档示意，通过标记的嵌套来实现。

（2）现实需求中的 Mary 一行，当有不确定的多个值时，关系模型不容易处理（当然也可以转换成两个表来处理），而在 XML 模型中则相对容易处理，有 1 个电话号则加 1 行，有 2 个电话号则加 2 行，相比较而言则容易处理。

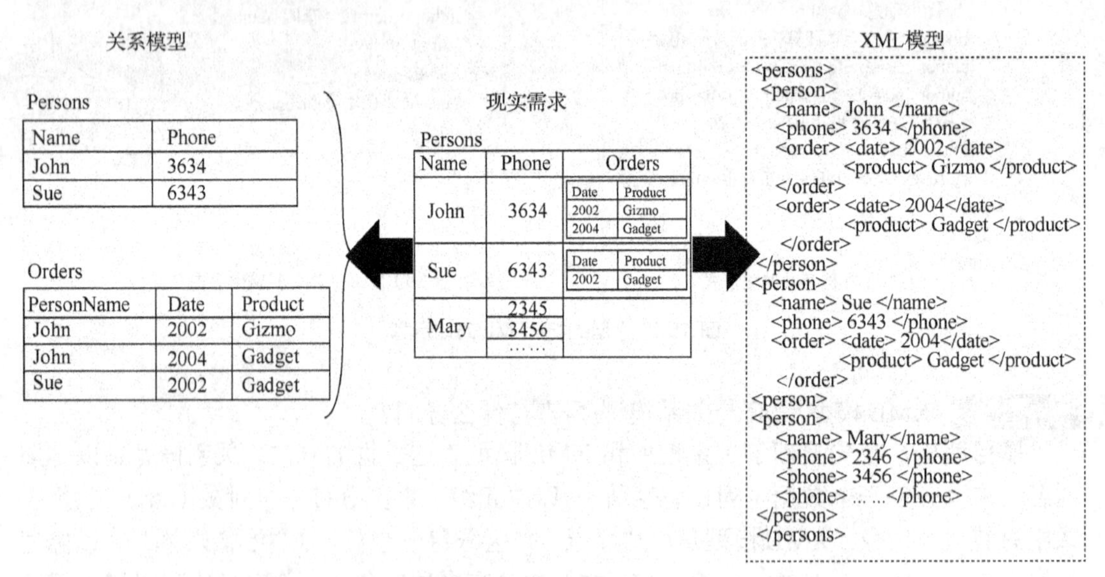

图 15.8 现实需求用关系模型表达和用 XML 模型表达的对比

示例 9 为什么要基于 XML 进行数据自动交换？其过程是怎样的？

答： 通常，两个不同的应用系统，由于是不同组织、不同人员开发的系统，其对相同要求的数据也可能采取不同的结构进行存储。这样两个系统，由于数据格式的不同，一个系统产生的数据不能被另一个系统识别和处理，例如，怎样将互联网上搜集到的市场营销数据（这是互联网网页数据系统，不同网站的网页数据结构千差万别）输入进自己的销售系统（这可能是基于关系数据库的管理系统）中呢？为解决此问题，图 15.9 给出了一种基于 XML 的数据自动交换过程。假设两个系统分别产生 A 格式和 B 格式的数据文件，此时可分别开发转换器，将 A 或 B 数据格式文件转换成 XML 文件，或反之。有了转换器后，假设要将 A 格式文件发送并转换成 B 格式文件，则首先将 A 格式文件通过转换器转换成 XML 格式文件，然后存储发送，至 B，接收还原形成 XML 文件，再通过转换器转换成 B 格式文件。这里面有两个关键问题要解决。

（1）A 和 B 关于 XML 文件应有相同的认知，即应有一个基于 XML 的数据交换标准，其中规定了双方共同认可的标记的集合及每个标记的语义含义及其使用方法。

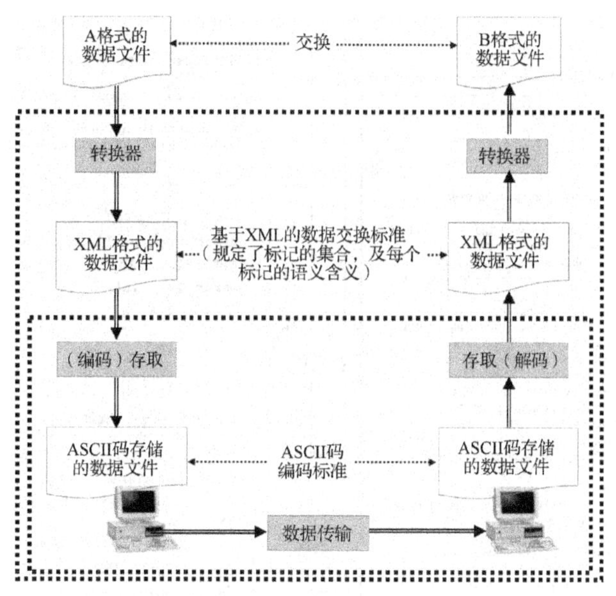

图 15.9　基于 XML 的数据自动交换过程示意

（2）数据存储和传输均是以 ASCII 码方式进行处理，因为 ASCII 码标准是所有人共同认可的标准，易于识别和编解码处理，这样才能保证 A 和 B 发送和接收所产生的是相同的 XML 文件。

基于上述优势，当前各行各业都在制定一些基于 XML 的信息交换标准，即定义用于不同行业信息交换的一组标记的集合，以便于行业内不同企业间进行业务系统集成、信息交换和转换。除信息交换外，XML 广泛用于 Web 服务开发（可支持不同编程语言之间的不同函数或对象之间传递参数）、内容管理、Web 集成等，基于 XML 也提出了一些新的语言，如用于 Web Service 的 WSDL 语言、用于描述资源和本体的 RDF 语言和 OWL 语言等。也正因此，XML 成为万维网组织推荐的互联网数据存储与交换标准。

*15.3.3　扩展学习：半/非结构化数据（文档）的查找与搜索

示例 10 文档查找困难在哪里？怎样解决？

如图 15.10 所示为大家常见的一个场景。图书馆或网上有大量的文献/文档，少则几万几十万册，多则千万册以上；文档的大小又各不相同，少则几页多则几百页。如何快速地查找一份文档呢？如何查找一份文档是否包含给定的一个或多个关键词呢？每当用户输入一个关键词查询时，是否要扫描这几十乃至几千万册文档呢？这就是半/非结构化数据（文档）的查找与搜索问题。

为实现快速的查找，通常需要建立索引。怎样建立呢？在识别出每篇文档的关键词汇后，以文档为单位，将该文档所包含的词汇汇集成库，形成索引。如下所示：

```
#Doc1, {Word1, Word2, Word3, …}
#Doc2, {Word3, Word4, Word5, …}
…
```

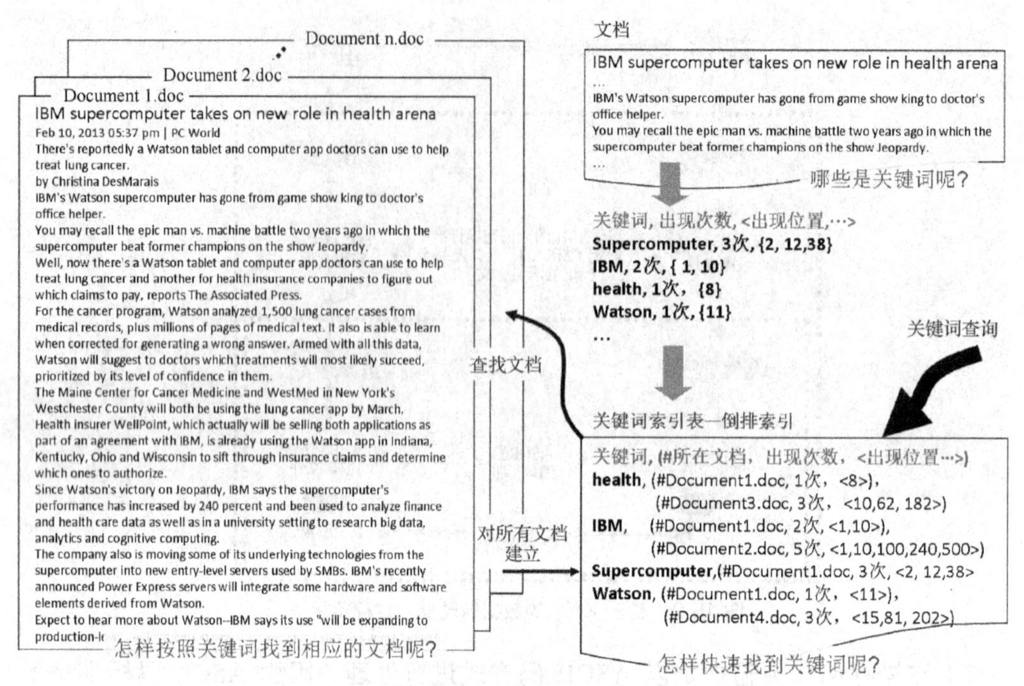

图 15.10 对非结构化数据进行排序和查找的示意

此时将用户输入的关键词依次匹配每一行，哪一行中能够匹配成功，则该文档就是用户希望的文档。但这种匹配也很复杂，和与原文匹配的差别就是，这里的每一行都可能有较少的词汇，而原文包含的是所有的词汇。这种形式的索引被称为正排索引。

如果换一种思维，以每一词汇为单位，将包含该词汇的文档汇集成库，形成索引，如下所示：

```
Word1, {#Doc1, #Doc4, #Doc8,…}
Word2, {#Doc1, #Doc2, #Doc9,…}
…
```

此时将用户输入的关键词依次与每一行的词进行匹配，哪一行匹配成功，则该行包含的所有文档就是用户希望的文档。这种形式的索引被称为倒排索引。如果此时的倒排索引再按照词汇进行排序，而关键词匹配时采用二分查找法，则可实现快速的查找。因此，倒排索引文件就是一个已经排好序的关键词的列表，其中每个关键词指向一个倒排表，该表中记录了该关键词出现的文档集合以及在该文档中的出现位置。

这种关键词索引能否自动提取并形成呢？如图 15.10 右部所示，对一份文档，去掉标点符号和一些辅助词汇，可以将所有出现的单词无重复地按照出现的频次由多到少排列出来。如果此排序工作完成，那么可否将频次排序在前面，或者频次超过一定阈值的若干个词汇作为本文档的关键词呢？读者可自主思索其可行性。

15.3.4 扩展学习：互联网网页排序的基本思维

示例 11 搜索引擎如何对搜索结果排序，以便将最重要的网页最先呈现给用户？

今天，浏览网页几乎已成为每个人获取信息、获取知识的重要途径。当用户在搜索引擎中输入所要查询的关键词之后，搜索引擎将把与该关键词相关的网页找出来，并以一定的顺序展现给用户。例如，图 15.11 所示是 2013 年 2 月 19 日在 Google 中输入“watson 计算机”所得到的部分查询结果（总共约 4 540 000 条结果）。那么，一个有趣的问题是，对如此多的查询结果应该如何排序？事实上，排序结果的好坏严重影响搜索引擎用户的体验，能否将那些更加权威、更加可信、更加匹配用户需求的网页排在前面，是搜索引擎成功的关键，毕竟绝大多数用户很少会浏览 10 页以后的结果。将这个问题扩展开，其本质是为所有的网页建立一种评价和排名（排序）的机制，如何解决？Google 搜索引擎的网页排序算法 PageRank 提出了很好的思想。

（a）Google的搜索结果排序示意

（b）百度的搜索结果排序示意

图 15.11　搜索引擎对用户按关键词查找的结果排序示意

为叙述方便，首先给出两个概念：正向链接和反向链接。即对一个网页而言，正向链接是该网页指向其他网页的链接，反向链接是其他网页指向该网页的链接。一个网页的正向链接，同时也是其指向其他网页的反向链接，如图 15.12 所示。

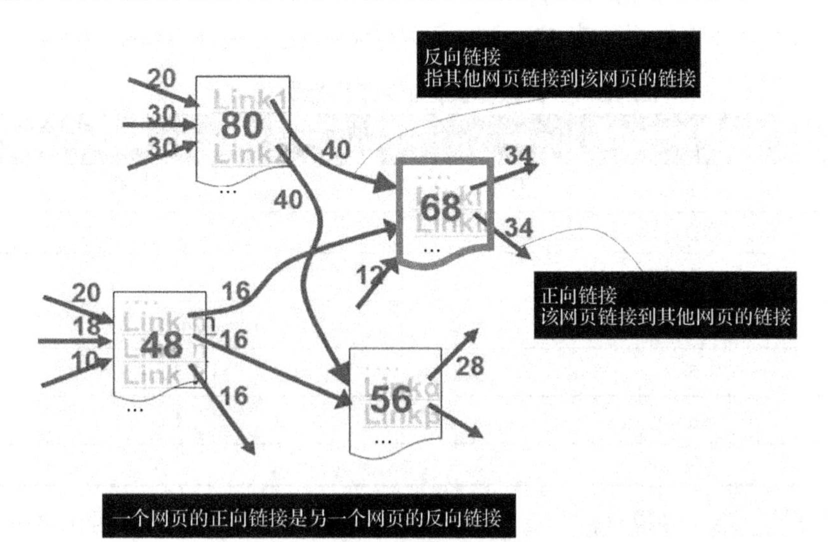

图 15.12　网页的正向链接及反向链接的概念示意

如何评价网页的重要度呢？一个基本的想法是“反向链接的数目越多是否就越重要呢”？毕竟被更多的网页链接确实一定程度上表明了该网页的重要性。最初的网页重要度评价算法就是简单地统计反向链接的数目，就像现在评价科研论文的重要性，简单地以该论文被引用的次数来度量一样，针对此很容易提出一个问题：两篇论文，其中一篇论文被100位学生在论文中引用，另一篇被一位学术权威的论文引用，哪一篇更重要呢？显然被学术权威论文引用的那篇更重要一些，单纯按照反向链接数目多少确定重要性偏离了人们的认知。怎样改进呢？修正的想法就是“反向链接的加权和越大是否就越重要呢”？反向链接的权值，代表了链接该网页的那个网页的重要度，这很容易理解，被更重要的网页链接，则该网页也越重要。因此，反向链接的加权和应能反映网页的重要度。但又出现问题了，反向链接的权值怎么确定呢？总不能由人对每个网页确定一个权值，如果这个权值能够由人确定，则这个网页的重要度也就确定了。怎么办呢？此时可分析网页的正向链接。假设两个网页的重要度是相同的，一个网页A的正向链接有5个，另一个网页B的正向链接有2个，则对C网页而言，假定A、B都链接了C网页，则由A网页产生的反向链接和由B网页产生的反向链接权重应该一样吗？显然应该不一样，来自于A的反向链接认可了5个网页，而来自于B网页的反向链接只认可2个网页，显然B网页的反向链接权值应该更高一些。因此，一个网页反向链接的权值，可以由另一个网页的正向链接数目来确定，即“如果一个网页的重要度为1，其正向链接的数目为n，则每一个正向链接的权值可以为$1/n$”，即所有正向链接平分该网页的重要度。

如图15.12所示，图中左上角页面的重要度值为80，平均分配到指向右上角页面和右下角页面的正向链接，每个分配值为40，即它的两个正向链接的权值为40。类似地，右上角页面的反向链接值分别为40、16和12，将其相加，即可得到该网页的重要度值为68。

PageRank就是基于前述思想设计了一个算法，解决了网页重要度的评价问题。

下面看一个计算结果并进行简要分析。考虑图15.13（a）所示的7个页面及其链接关系。同时假定它们构成一个封闭系统，即没有其他任何链接的出入。另外请注意，所有的页面都同时拥有正向和反向链接。

首先，识别其邻接关系，表15.1列出了所有链接的源页面ID和目标页面ID。

表15.1 链接源页面ID和目标页面ID

链接源页面ID	链接目标页面ID
1	2，3，4，5，7
2	1
3	1，2
4	2，3，5
5	1，3，4，6
6	1，5
7	5

计算过程被省略。接着分析一下PageRank的结果，简单判别其是否符合图15.13的链接关系，是否符合PageRank的基本思想。将PageRank按数值进行排序，并增加网页ID

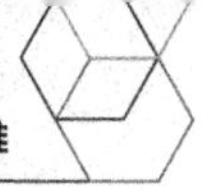

及正向、反向链接信息，得到表 15.2，其中 PageRank 值四舍五入，保留小数点后 3 位。

表 15.2　将 PageRank 排序并增加 ID 及正反向链接

名　次	PageRank	所评价的文件 ID	发出链接 ID（正向链接）	被链接 ID（反向链接）
1	0.304	1	2，3，4，5，7	2，3，5，6
2	0.179	5	1，3，4，6	1，4，6，7
3	0.166	2	1	1，3，4
4	0.141	3	1，2	1，4，5
5	0.105	4	2，3，5	1，5
6	0.061	7	5	1
7	0.045	6	1，5	5

观察表 15.2 不难发现，PageRank 的名次和反向链接的数目是基本一致的。正向链接的数量几乎不会影响 PageRank，而反向链接的数目却基本决定了 PageRank 的大小。换言之，本例中不存在某个网页 i，其反向链接数目少于网页 j，但其 PageRank 值却高于网页 j。但是，这一关系并不能解释第 1 位和第 2 位之间的显著差别（同样地，也不能解释第 3 位和第 4 位、第 6 位和第 7 位之间的差别）。因此，很自然的推论是，PageRank 并不只是基于反向链接数目决定。

更仔细地观察和分析表 15.2。网页 ID=1 的 PageRank 值为 0.304，高居首位。起到重要作用的是网页 ID=2 的贡献，页面 2 有 3 个反向链接，PageRank 排在第 3 位，却只有指向页面 1 的一个正向链接，因此网页 1 得到了网页 2 的所有 PageRank 数。当然，从另一个角度看，页面 1 拥有最多的正向链接和反向链接，直观上意味着它是最受欢迎的页面，其 PageRank 排在首位也是合理的。请读者自行分析 PageRank 第 6 位和第 7 位差别的原因。

进一步计算 PageRank 的收支，得到图 15.13（b）。PageRank 的收支即网页的贡献度，“收入”指其他网页对该网页的贡献，“支出”指该网页对其他网页的贡献。请读者自行观察、验证之。

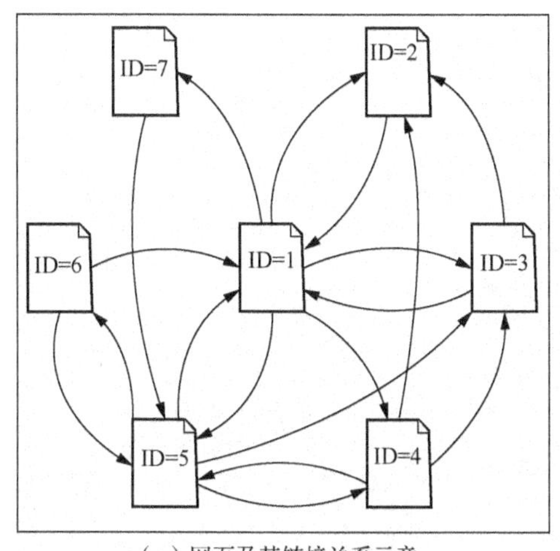

（a）网页及其链接关系示意

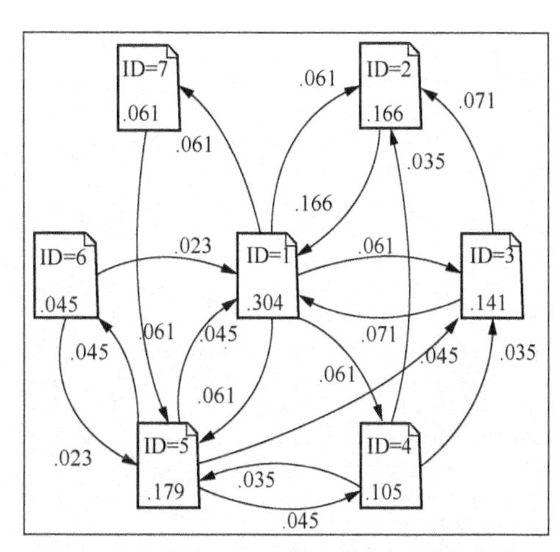

（b）带有PageRank收支值的网页链接关系

图 15.13　网页链接及其 PageRank 示意

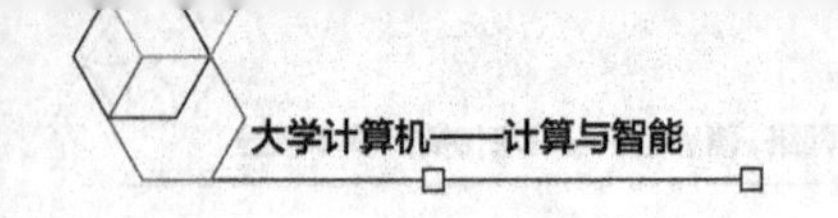

PageRank 算法是互联网中经常应用的重要算法，例如，网上视频的排名和推荐、音乐的排名和推荐、商品的排名和推荐、新闻的排名和推荐等，如有精力、认真研究一下 PageRank 算法是非常有意义的。

15.4 为什么要学习和怎样学习本章内容

15.4.1 为什么：互联网的智能化基础

标记语言和 Web 技术的出现，使人们从关注计算机网络上升为更加关注信息网络，使网络的应用进入了新的阶段。信息网络的发展促进了互联网的大范围应用，促进了互联网的创新和基于互联网的创新，逐渐引导社会从信息化社会向智能化社会发展。信息网络是互联网智能化的基础，由信息的传播网络，逐渐到由信息传播者构成的社会网络，再到与社会/自然网络的深度融合，由少量的信息资源聚集成大量的信息资源，由此促进了“智能推荐”技术，再到各项工作的“智能化”等。所有这一切，信息网络是基础。

15.4.2 怎样学：内容驱动技术的学习方法

本章学习，建议采取内容驱动技术的学习方法。互联网由机器网络跨越到信息网络，降低了技术的依赖度，进入了应用驱动技术的发展模式。技术相对是简单的，例如，标记语言，但理解它的深刻内涵并有效地运用则是不简单的，例如，标记语言发展为 HTML 可支持网页的创建、发布与浏览，发展为 XML 可支持互联网应用的集成和互操作、支持互联网不同系统之间的信息交换，很多互联网的新技术都是依据标记语言建立了新语言，并开发相应的软件硬件来获得发展。

第16章 网络与社会：互联的世界

Chapter16

本章摘要

互联网改变了人们的生活与工作方式，是20世纪伟大的发明之一。互联网催生了很多“颠覆”性的创新，不仅有互联网思维创新（互联网），更有基于互联网的思维创新（互联网+）。本章不讨论技术，重点是引导读者探究在技术之上的思维模式的转变与创新。

16.1 互联网的创新思维

第 15 章介绍的信息网络，有人称为 Web 1.0，其典型特征是以信息的组织与信息展示为主，基本上是单向的互动。面向的对象，一方是发布信息的组织，另一方是浏览与阅读信息的广大用户，组织方产生内容与知识，大众方阅读内容与知识。典型应用的代表就是门户网站，如新浪、搜狐、网易等。

Web 1.0 进一步发展，促进了 Web 2.0 的诞生，其典型特征是“大众产生内容，大众创造价值”，互联网平台使得用户既是信息生产者，也是信息消费者，而平台则转为为用户生产信息和消费信息提供服务，典型应用的代表如维基百科、人人网、优酷网等。再进一步出现了 Web 3.0，提供更多人工智能服务，带来了良好的用户体验。

本节主要介绍几个互联网本身的创新思维。

16.1.1 大众产生内容，大众创造价值

互联网的创新思维（上）

示例1 维基百科全书的创新案例。

维基百科全书（Wikipedia）是一种基于超文本系统的在线的百科全书，其特点是自由内容、自由编辑，即一个词条可以被任何互联网用户所添加，也可以被其他任何人所编辑。全球上百万人以在线协作方式促进了维基百科的成长，目前已成为互联网上较大且很受欢迎的百科全书之一。

对比分析一下：传统观念，类似于词典/百科全书的作品应该是由权威专家来编纂的，出版者会组织众多的专家对每一个词条进行甄选和定义，这一项工作是庞大的也是繁杂

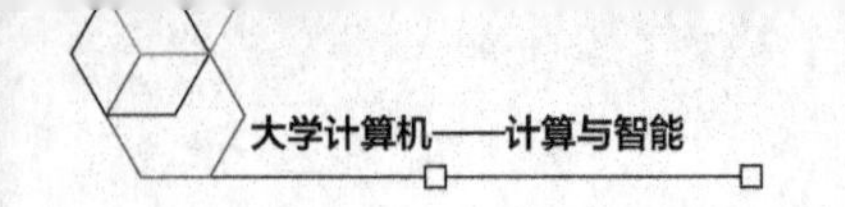

的。专家的数量以及专家的知识面对于词条甄选的范围和词条解释的正确性是有影响的。因此类似于这样的作品，对于新出现的词条而言通常都会有一定的滞后性，对于词条的覆盖范围也会有一定的局限性，出版的周期也较长，但对于选入词条的解释还是可信的，毕竟是权威专家给出的解释。

维基百科全书颠覆了传统，由大众来筛选词条并编辑词条的解释，你能够相信其中的词条及其解释吗？如果有大量的用户关注该词条、解释该词条，基于该词条的众多的个体解释有无可能产生正确的词条解释呢？维基百科全书已然高居世界网站百强之列说明这是可能的，它印证了开放源码领导者之一埃里克·雷蒙德的一句话 “如有足够的眼球，则所有的缺陷都是肤浅的”，这在内容创建方面是一种深远的变革。

示例2 分众分类创新的案例。

类似地，来看分类技术。面对网络上众多的网页资源，包括文本、音乐、图像等，包括专业资源和非专业资源，如何分类？网络资源是以创建者的信息组织思维来建立的，并不一定是按照或者其不一定遵循某一分类体系来建立，大规模网络中的大量资源便呈现出一种混沌状态；而用户需要的是符合其需求的具有良好分类的资源列表，用户的分类体系很可能不同于网络资源建立者的分类体系，如何建立一种大多数公众都接受的分类标准呢？和前述一样，是专家来建立，还是大众来建立?是相信，还是不相信呢？一种被称为分众分类（folksonomy）的概念在网络领域盛行，它是一种使用用户自由选择的关键词对网站/网页/资源进行协作分类的方式，而这些关键词一般被称为标签，即前述标记语言中的标记，也就是说，对同一段文本，可由多人为这段文本添加新的标记，如“<标记 3><标记 2><标记 1>文本</标记 1></标记 2></标记 3>”。这从另一个角度给出了 XML 语言的运用示例。标签化运用了像大脑本身所使用的那种多重关联，而不是死板的分类。将传统网站中的信息分类工作直接交给用户来完成，是一种创新，如果有大量用户参与分类，具有最大用户集合的关键词是否能成为公众接受的分类标准呢？或者说怎样利用集体智慧的成果来形成公众普遍接受的分类标准呢？

16.1.2 大众开发软件，大众消费软件，大众创造价值

互联网的创新思维（下）

示例3 网景公司与谷歌公司的创新案例。

在互联网环境下，卖软件，还是卖服务？大家都知道，超文本解析器 Browser 的开创者之一是网景公司（Netscape），它的策略是卖软件 Browser。而 Browser 的强弱代表了其所支持的 HTML 语言能力的高低，即超文本表达能力的强弱，HTML 文本需要通过 Browser 来解析、展现和链接。换句话说，通过控制显示内容和链接标准，即超文本标准的 Browser 软件，赋予了 Netscape 一种市场支配力，借助于 Browser，推送各种程序以拓展软件市场，进一步拓展网络服务器的市场以及其他市场。然而不幸的是，Browser 却被微软公司的 IE 浏览器（Internet Explorer）所打败，微软借助了更具市场支配力的 Windows 操作系统捆绑销售 IE 软件，使 IE 以近乎免费的形式快速地瓦解了 Netscape 的策略。

而相比之下，Google 采用了另外的策略，它从不出售软件，比如其核心的搜索引擎 Google，而是以客户通过其软件所使用的服务来获取收益。为了支持通过软件所使用的服务，Google 在搜索引擎背后建立了庞大的服务平台——数字资源管理和服务平台，包

括搭建计算能力可扩展、可伸缩的网络服务平台和大规模异构数据的管理平台等，该平台可提供强大的计算能力和数据资源管理能力。基于该平台，谷歌将互联网上大量的分散化的资源聚集起来，通过自己的软件以服务的形式提供给用户。谷歌不仅支持通过自己的软件提供服务获取收益，同时支持网络上的众多中小公司甚至个人“通过软件所使用的服务来获取收益”。由此，在用软件将大量分散化的资源聚集起来的同时，也聚集了大量的软件商或服务商来通过各种软件利用这些资源，形成了一个网络化的软硬件及服务的生态环境，取得了成功。Google 认为：如果不具备收集、管理和利用数据的能力，软件本身就没有什么用处了。事实上，软件的价值是同它所协助管理的数据的规模和活性成正比的。

示例 4　“苹果”软件生态系统的创新案例。

“苹果”开发了若干种类的终端产品，如 iPhone（手机），iPod/iPad（平板电脑），Macintosh（笔记本电脑）等在市场上销售。用户在购买这些终端产品时，实际上拿到的仅仅是它的硬件，而相关的软件需要通过互联网连接到聚集了各种各样应用软件的“苹果商店”进行下载或购买，这些应用软件可以被自动下载、安装到终端上。基于苹果商店，既可以将不同软件商开发的软件聚集起来，又可以让终端用户享受到优质的软件，还可为软件开发商提供软件销售的渠道获得收益。

对比分析一下：一方面传统的终端设备提供者（如手机、平板电脑等）是自己既提供硬件，又提供软件，仅靠自己团队开发的软件来满足终端客户的需求，能够满足多少呢？另一方面，传统的软件开发商，或者接到委托开发任务后开发软件，或者自己开发软件产品，自己团队销售，能够销售多少呢？销售的渠道、销售的范围受限，销售数量少，则价格必然要高，否则难以收回软件的开发成本。因此，仅仅依靠自己的力量是有限的。那能否利用大众的力量呢？

利用大众的力量，就需要建立软件生态系统，如图 16.1 所示。

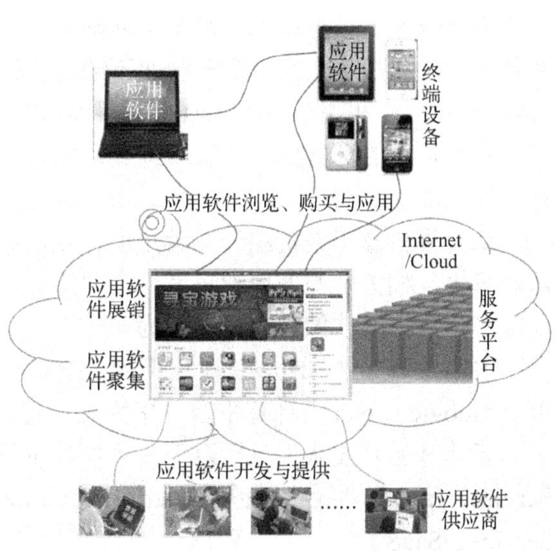

图 16.1　苹果公司的软件生态系统示意

苹果商店的背后，其实有一个强大的计算系统。基于该系统建立了苹果商店，以汇聚众多软件开发商所开发的软件商品。同时，它为众多软件开发商提供软件开发平台、软件测试平台，以便软件开发商能够为各种苹果终端产品开发众多的应用软件。一方面，软件开发商所开发的软件汇聚到苹果商店予以展销，如果有用户喜欢则购买。另一方面，其在硬件种类与平台上强力开发，推出了更多的终端产品，吸引更多的用户。当用户量充分大时，一款软件的销售价格就可下降，例如，几元、几十元就可购买一款软件，相比传统软件动辄几万元、几十万元的价格致使销量上不去，有很大的优势。这里蕴含的思维就是“大众开发软件，大众消费软件；为大众创造价

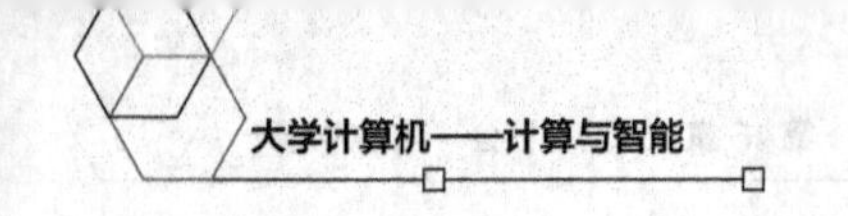

值，即为自己创造价值”。平台把软件的开发者、提供者、软件的使用者通过它的系统有机地连接起来。随着这种生态环境规模越来越大，苹果产品上的应用程序越来越多，也就越吸引更多用户关注和购买，其他同类产品想要超越，就不仅仅是一款软件或一款硬件产品的问题了，其竞争由单一产品的竞争，转化为生态系统的竞争。总体来讲，互联网公司成功故事的背后，都有一个重要思维，就是借助了网络的力量来利用集体智慧。

16.1.3 由购买转为租用，由销售转为出租：云计算/云服务

云计算（Cloud Computing），简单来讲，就是将各种物理计算资源（如大规模的计算集群、高性能计算机、超大容量存储空间、高端软件资源等）转变为虚拟资源，可由人们通过互联网使用这些计算资源完成相关的工作，是一种基于互联网的计算资源的服务提供、服务使用和服务交付模式，是一种按使用量付费的计算资源服务模式。从提供者角度看就是云计算，从使用者角度看就是云服务。

例如，人们可以不直接拥有某台计算机，但可以通过互联网使用远地的、可能不知在何处的、由“云”公司定制的一台计算机，这台计算机被称为虚拟计算机，即这台虚拟计算机在人们租用的时间范围内，就像身边拥有的计算机一样随时可以使用，但必须通过互联网来使用。类似的，网络带宽、服务器、存储空间、应用软件等，都可以由“云”公司提供，例如，需要能够存储 20TB 容量的存储空间，需要有 16 个 CPU、200GB 内存的服务器等，它们在哪里我们不知道，但我们可以随时使用，只是必须通过互联网来使用，这样的计算资源被统一称为虚拟资源。

虚拟资源有什么优势？例如，几个人创业想要建立一个网站，而做网站就需要有一台可 24 小时不间断开机，并可对外提供访问服务的高性能服务器，这台服务器可能很昂贵（需要数万元甚至数十万元投资）。不买，网站建不起来，购买，就需要投资；买一个性能低些的，则可能满足不了性能需求，不排除创业之初非常火爆的情况，买一个性能高些的，投资太大，万一创业不成功，则可能收不回投资，怎么办？此时可考虑由“购买”转为“租用”，租用一台虚拟计算机，“云”公司提供相配套的联网 IP 地址和域名，将所开发的网站相关文档通过互联网上传到这台虚拟计算机，则可很快建立起网站并对外开放。

从计算机及相关资源开发者角度，由“销售”转为“出租”是一种互联网新思维。从计算机及相关资源使用者角度，由“购买”转为“租用”也是一种互联网新思维。目前很多计算机及软件公司都转型为“云”公司，例如，亚马逊公司提供 AWS 云计算平台、微软公司提供 Azure 云计算平台、IBM 公司提供 IBM Cloud 云计算平台、谷歌公司提供 Google Cloud 云计算平台、华为公司提供“华为云”云计算平台等。

云计算通常被认为包括以下 3 个层次的服务：基础设施即服务（Infrastructure as a Service，IaaS）、平台即服务（Platform as a Service，PaaS）和软件即服务（Software as a Service，SaaS）。

IaaS：通俗地说就是出租基础设施，例如，出租计算机、出租网络设备、出租存储空间等。这种出租不是传统意义上随使用权转移而临时占有物理设施（例如，在房屋租用期间临时占有该房屋，在车辆租用期间临时占有该车辆），而是通过网络获得使用权，即用户可随时使用所租用的基础设施，但却不占有任何该设施所对应的物理基础设施，

因此称为“虚拟资源”。用户在租用的虚拟计算机上可安装操作系统及其他系统软件，可像使用自己手边的计算机一样通过网络使用该虚拟计算机，用户不能管理和控制物理基础设施，但却可控制自己安装的软件和存储的文件。IaaS 服务就是指出租基础设施的服务，IaaS 平台就是能够提供出租基础设施的平台。

PaaS：通俗地说就是出租系统软件平台，例如，出租中间件服务器软件、NoSQL 数据库管理系统软件、软件开发环境等。用户在租用的系统软件平台上部署和运行自己的应用软件，不能管理和控制底层的基础设施，只能控制自己部署的应用。

SaaS：通俗地说就是出租应用软件，例如，特殊文档处理软件，用户可以不必拥有它，也可以不必在自己的机器上安装它，只需通过互联网即可使用它来处理相关文档。

云计算的核心技术包括虚拟化技术、自动部署技术以及分布式计算技术等，通过这些技术使计算资源的使用就像水、电、气等生活资源的使用一样。云计算带来的一个重大变化就是从以设备为中心转向以信息为中心，设备可能过时，而设备上的信息则是必须要长期保留的资产。例如，手机或计算机可以随时更换，手机或计算机的丢失现在也不是什么重大损失，但手机或计算机中信息的丢失，例如，没有备份过的照片、文件等，则可能就是重大的损失了。

16.2 “互联网+”的创新思维

16.2.1 什么是“互联网+”

2015 年 7 月，国务院印发《国务院关于积极推进“互联网+”行动的指导意见》，指出：“互联网+”是把互联网的创新成果与经济社会各领域深度融合，推动技术进步、效率提升和组织变革，提升实体经济创新力和生产力，形成更广泛的以互联网为基础设施和创新要素的经济社会发展新形态。提出了 11 项重点行动：①互联网+创业创新；②互联网+协同制造；③互联网+现代农业；④互联网+智慧能源；⑤互联网+普惠金融；⑥互联网+益民服务；⑦互联网+高效物流；⑧互联网+电子商务；⑨互联网+便捷交通；⑩互联网+绿色生态；⑪互联网+人工智能。

那究竟什么是“互联网+”呢？通俗地说，“互联网+”就是“互联网+各个行业”，但这并不是简单的两者相加，而是利用互联网创新思维、互联网技术以及互联网平台，让互联网与传统行业深度融合，即充分发挥互联网在社会资源配置中的优化和集成作用，改造传统行业，提升传统行业的竞争力。例如，各行各业的产品能否由单纯的“机械或电子产品”提升为互联网化的产品，进一步建立基于互联网化的服务创新？能否由单纯的“经济或商务活动”，提升为基于互联网的经济或商务活动？

本节主要描述“互联网+”支持下的各行各业的创新思维。

16.2.2 基于物联网的产品全生命期服务：不卖产品卖服务

示例5 Rolls-Royce 公司的 TotalCare 案例。

大家都知道航空器中最关键的设备是航空发动机，而发动机的状态及维护对于飞行安全是至关重要的。购买一架航空器的成本很高，因此，航空公司都是让航空器飞行尽可能多的航班，换句话说，尽可能地使航空器的飞行小时数最多。这就出现一个问题，因发动机是有寿命的，例如，经过若干小时后发动机需要翻修（拆解、检查、更换磨损件，再重新装配），整个寿命期内可能要翻修若干次。航空器需要周期性地停飞并翻修发动机。如果频繁地停飞、翻修发动机，则影响航空公司的运营及收入，而如果不频繁地停飞、翻修发动机，则可能会存在飞行安全问题。究竟采用怎样一个频繁程度，让很多航空公司很纠结，因为航空公司不是发动机生产者，其招募的维修人员对发动机状态的认识也不一定深入，怎么办呢?

Rolls-Royce 公司提出一种策略：不卖发动机而卖发动机的安全飞行小时数，航空公司无须关注发动机的维修问题，发动机生产者保证不因发动机的翻修而影响航空公司的航班飞行计划，这是否解决了航空公司的后顾之忧呢?

Rolls-Royce 公司提出了一种称为 TotalCare 的计划，如图 16.2 所示：首先发动机上装满了各种传感器，感知各种零件的磨损状态以及各个部件的运行状态。当航空器在飞行过程中，这些数据被实时地传回发动机生产者建立的发动机健康监测中心，该中心对发动机的各种数据进行实时分析，并产生状态监测报告，判断发动机的飞行安全状态；如果发现发动机有安全隐患，则及时通知发动机技术服务中心，该中心将配备一台全新发动机，在航空器即将降落的时刻，将全新的发动机送到航空器降落的机场，航空器降落后则抓紧时间更换下旧发动机，装载上新发动机，随后航空器继续其飞行计划，被更换下的旧发动机则送回发动机维修中心进行翻修，翻修后又成为一台新发动机。

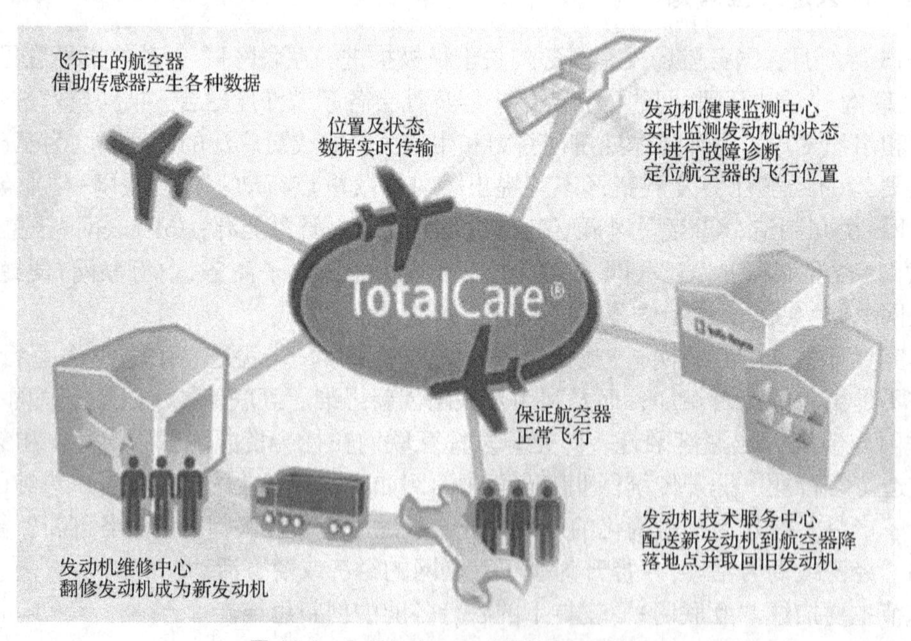

图 16.2　Rolls-Royce 公司的 TotalCare

Rolls-Royce 公司的 TotalCare 创新案例是一种典型的利用物联网（物物通过互联网联接的网络）监控产品的运行状态，利用互联网管理其产品在全球的运行状态，通过其全球化的服务网络对其产品实施全生命期的维修和服务，实现了生产者和使用者的多

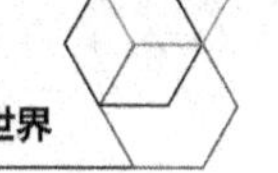

赢：航空公司不会因发动机而耽误航空器的航线运输任务，发动机生产者通过强有力的状态监测与维护有可能延长发动机的寿命。这对大型产品的关键部件生产厂商而言是否有借鉴意义呢？

16.2.3 万般皆服务与共享经济

1. 几个典型案例

示例 6 携程旅行网：互联网旅行服务。

携程旅行网（CTRIP）是一家成功整合了 IT 产业与传统旅行业的互联网公司，提供集酒店预订、机票预订、度假预订、商旅管理、特约商户及旅游资讯在内的全方位旅行服务，其基本思维是：将服务过程分割成多个环节，以细化的指标控制不同环节，并建立起一套测评体系；将世界各地的旅行社、航空公司、酒店、银行、保险公司、电信运营商等分散的资源聚集于携程网平台，为用户提供一条龙式的、整合的服务。该案例利用互联网对传统的出行订票、住宿等产生了变革性的影响。

示例 7 阿里巴巴与淘宝网、天猫网：互联网商品购销服务。

阿里巴巴是以实体商品网上交易市场运营为主要业务发展起来的一家电子商务与互联网服务公司，专注于为个人或中小企业的买家和卖家提供贸易服务平台，包括天猫网（企业对企业的电子商务平台）、淘宝网（个人对个人的电子商务平台）、支付宝（在线支付服务）等，其基本思维是利用互联网服务平台建立实体商品的网上店铺，聚集大量的中小企业或个人卖家及其待销售商品，再通过搜索引擎为大量的买家推荐商品，进而为双方的采购、销售、支付、配送等提供互联网服务。该案例利用互联网对传统的实体商店、书店等产生了变革性的影响。

示例 8 Uber 和滴滴出行：互联网约车服务。

Uber（优步）和滴滴出行等是以涵盖出租车、专车、快车、顺风车、代驾及大巴等多项业务在内的互联网约车服务平台，以手机 App 为载体建立了众多车主、广大普通乘客和服务平台之间的联系，聚集了不同类型的分散化的车辆和司机，普通乘客通过手机 App 约车，手机 App 将约车信息发送至服务平台，服务平台再通过互联网相关技术（如车辆定位、约车广播、竞标）等发现可以提供服务的车辆，建立车辆、司机与乘客之间的车辆服务关系。该案例改变了传统的租车或打车方式，颠覆了“招手停”“电话约车”等传统的服务理念，建立了移动互联网时代下的现代化出行方式。

示例 9 “饿了么”：互联网外卖订餐服务。

“饿了么”是一家在线外卖订餐服务平台，以互联网服务平台为依托，聚集了数百万家餐厅，以及众多分散化的配送者，为普通民众提供选餐、订餐、取餐、送餐等一条龙式的服务，使民众足不出户便可享用不同餐厅的优质餐饮。该案例利用互联网对传统的餐饮店、饭店等产生了变革性的影响。

示例 10 “摩拜单车”：共享单车服务。

摩拜单车是一家共享单车服务公司。它以集成了 GPS 和通信技术的智能锁为核心，建立了覆盖校园、地铁站点、公交站点、居民区、商业区、公共服务区的自行车网络，以互联网服务平台为依托，以手机 App 为载体，普通民众通过手机 App 随时随地可以定位并开锁使用附近的摩拜单车，到达目的地后就近停放在附近合适的区域，关锁即实

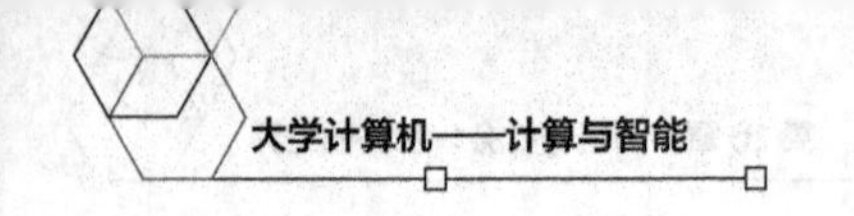

现电子付费结算。该案例基于互联网提供了短途出行的解决方案，树立了共享经济的一种范式。

2. 各行各业基于互联网的服务化

从前述案例中可发现，“互联网+”实现了各行各业基于互联网的服务化，出现了诸多的服务模式，用互联网技术改造了传统产业。这些服务模式概括来讲有以下几种。

（1）服务外包模式（Service Outsourcing）：将原本大粒度的产业链进行专业化分工，将其中某些环节外包出去，由专业服务提供者完成，以降低成本，提高效率。“服务外包”是一个对已存服务业务进行自顶向下分解的过程。

（2）服务整合模式（Service Mash-up）：将分散的、相互独立的、由不同提供者提供的多项服务通过某种模式整合在一起，形成新的大粒度的服务并向外提供，以创造出全新的服务价值。服务整合是一个对已存服务业务进行自底向上不断聚合的过程，与服务外包正好相反。

（3）“万物皆服务”模式（Everything as a Service，EaaS），也称“服务化”（servicization）：通过应用新技术或新的管理模式，将原本非服务性质的业务转换为服务，发布、销售、购买和使用这些业务均通过服务的方式加以完成，从而使顾客在无须耗费大量成本的情况下通过新渠道（例如 Internet）来访问和使用服务。其核心的技术包括虚拟化技术、云计算等。

（4）众包模式：众包模式的精髓是“大众创造价值”。顾客和提供者的边界变得模糊。它对集体智慧所创造的“内容”进行收集、混合、整理、重新组织，形成新知识和新价值，进而通过丰富的体验手段向用户发布。

外包模式强调业务的细分与委托服务，整合模式强调业务的组合与整合，EaaS 强调业务的虚拟化，众包则强调服务内容的自主创造与挖掘。

基于互联网的服务思维，更强调用户参与、分享，强调“取之于用户，服务于用户”，强调“我为人人，人人为我”。

3. 共享经济

共享经济（Sharing Economy）是应用经济学词汇，一般是指以获得一定报酬为主要目的，基于陌生人群且存在物品使用权暂时转移的一种新的经济模式。其本质是整合线下的闲散资源，如物品、劳动力等。有的也说共享经济是人们公平享有社会资源，各自以不同的方式付出和受益，共同获得经济红利。

共享经济中的共享更多的是通过互联网作为媒介来实现的。一个由第三方创建的、以信息技术为基础的市场平台，该第三方可以是商业机构、组织或者政府。个体借助这些平台交换闲置物品，分享自己的知识、经验，或者向企业、某个创新项目筹集资金。

共享经济牵扯到三大主体，即商品或服务的需求方、供给方和共享经济平台。共享经济平台作为连接供需双方的纽带，通过移动 LBS（Location Based Services，基于位置的服务）应用、动态算法与定价、双方互评体系等一系列机制的建立，使得供给与需求方通过共享经济平台进行交易。

共享经济的本质是整合线下的闲散物品或服务者，让他们以较低的价格提供产品或服务。对于供给方来说，通过在特定时间内让渡物品的使用权或提供服务来获得一定的金

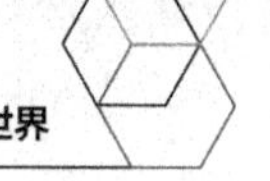

钱回报；对需求方而言，不直接拥有物品的所有权，而是通过租、借等共享的方式使用物品。有人说，共享经济将成为社会服务行业内最重要的一股力量，你是怎样思考的呢？

16.2.4 智慧地球与国家人工智能规划

1. 智慧地球

IBM 科学家提出“智慧地球”的概念，从一个总体产业或社会生态系统出发，针对某产业或社会领域的长远目标，调动其相关生态系统中的各个角色以创新的方法做出更大、更有效的贡献，充分发挥先进信息技术的潜力以促进整个生态系统的互动，以此推动整个产业和整个公共服务领域的变革，形成新的世界运行模型。

智慧地球强调：

（1）更透彻的感知（Instrumented）——利用任何可以随时随地感知、测量、捕获和传递信息的设备、系统或流程；

（2）强调更全面的互联互通（Interconnected）——先进的系统可按新的方式进行工作；

（3）强调更深入的智能化（Intelligent）——利用先进技术获取更智能的决策并付诸实践，进而创造新的价值。

智慧地球在 3I（Instrumented，Interconnected，Intelligence）的支持下以一种更智慧的方法和技术来改变政府、公司和人们交互运行的方式，提高交互的明确性、效率、灵活性和响应速度，改变着社会生活各方面的运行模式。智慧地球的主要含义是把新一代 IT 技术充分运用在各行各业之中。即把传感器嵌入和装备到电网、铁路、桥梁、隧道、公路、建筑等各种物体中，并且被普遍连接，形成物联网；通过超级计算机和云计算将物联网整合起来，实现人类社会与物理系统的整合；在此基础上，人类可以更加精细和动态的方式管理生产和生活，提供更多样的服务，从而达到智慧的状态。在这里集中了计算系统的微型化、巨型化、网络化和智能化的应用。

示例 11 智慧城市示例。

监控设施组网互联是指在智慧城市建设中，在城市电网、水网、气网、路网、油网、水暖等基础设施中嵌入监控传感器（射频识别、摄像头、GPS、红外感应器、激光扫描器等），将城市内物体的位置、状态等信息捕捉后再经互联网、移动互联网等的传输以实现互联互通，这样可以建立起人与人、人与物、物与物的全面交互，实现基础设施状态监测、检测检修、维护维修等的智能化，以尽可能减少基础设施维修期间给区域居民带来的影响。巴西一座城市利用这种方法，为公交车与交通指示灯安装传感器，通过公交车传感器改变交通指示灯提升公交系统效率。

环保设施组网监测，例如，法国的一座城市使用新型智能垃圾桶，利用电子芯片实时采集以及传送数据，防止垃圾乱扔、乱倒、乱放导致的污染现象。

车联网是指车辆位置、速度和路线等信息构成大规模交互网络，主要表现为通过 GPS、RFID、传感器、摄像头等装置实现导航、通信音频、视频、辅助驾驶等各种应用聚合，以保障交通人员安全、维持道路通畅等目的。

智慧建筑（指系统、结构、服务、管理等方面基于住户需求进行优组合的建筑物），例如，英国伦敦的水晶宫利用光能供热，回收利用工艺水，实时监控大厦数据，这种方法能够充分利用可再生资源，提高能源使用效率。

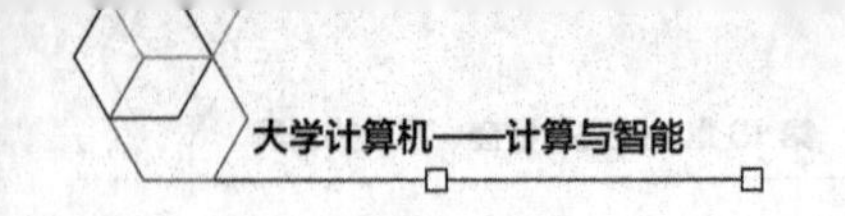

智慧医疗，个人基于物联网实施身体状态监测及调养建议，医疗人员通过互联网对病人进行远程会诊、在线医疗技能培训等。

智慧教育服务共享，通过互联网获得学习机会，并实现远程教学，打破教育资源稀缺和地理位置限制的问题。智慧城市处于不断发展之中。

2. 人工智能

2017 年 7 月，国务院印发《新一代人工智能发展规划》，指出人工智能是引领未来的战略性技术，正在推动经济社会各领域从数字化、网络化向智能化加速跃升，将深刻改变人类社会生活、改变世界。新一代人工智能作为新一轮科技革命和产业变革的核心力量，将重构生产、分配、交换、消费等经济活动各环节，形成从宏观到微观各领域的智能化新需求，催生新技术、新产品、新产业，引发经济结构重大变革，推动产业转型升级，实现生产力的新跃升。同时，新一代人工智能也将带来社会建设的新机遇，人工智能在教育、医疗、养老、环境保护、城市运行、司法服务等领域的广泛应用，将极大地提高公共服务精准化水平，全面提升人民生活品质。人工智能可准确感知、预测、预警基础设施和社会安全运行的重大态势，及时把握群体认知及心理变化，主动决策反应，将显著提高社会治理的能力和水平，对有效维护社会稳定具有不可替代的作用。国务院从国家层面对人工智能技术发展进行规划，确立了指导思想、基本原则和战略目标，提出以“构建一个体系（新一代人工智能理论和技术体系）、把握双重属性（技术属性和社会属性高度融合）、坚持三位一体（研发攻关、产品应用和产业培育协同推进）、强化四大支撑（全面支撑科技、经济、社会发展和国家安全）”的思路进行布局，形成人工智能可持续发展的战略路径。

示例12 人工智能应用示例。

成功的人工智能应用已经很多。例如，人机大战，从早期的“深蓝”“小蓝”计算机对阵国际象棋特级大师，到 2016 年以来出现的 AlphaGo 计算机对阵并战胜围棋世界冠军，显示出人工智能发展的一个轨迹。早期的计算机是以人类对弈棋谱的学习作为支撑，即计算机的背后是数万局棋局，体现了计算机强大的搜索计算能力（搜索出最优的下一步），到今天计算机可以囊括所有的人类对弈棋局，数量达到数千万局棋局，如何学习、如何判断（不仅是大数据中如何快速搜索最优的下一步，而且具有全局优劣势的快速判断能力——需要所谓的深度学习技术），以及不以人类对弈棋局学习为支撑，而是以前一版本的机器和后一版本的机器的自动对弈实施快速的学习。再例如，自然语言理解，IBM 的“沃森”计算机在美国的一次智力竞猜电视节目中成功击败该节目历史上两位最成功的人类选手，其能够理解主持人以英语提出的如“哪位酒店大亨的胳膊戳坏了他自己的毕加索的画，之前这幅画值 139 亿美元，之后只值 8 500 万美元”等抽象的问题。第 3 个例子是智能化搜索引擎，现在的搜索引擎中的推荐系统虽然还难以满足人们的需求，但与最初相比已经具有了很高的智能并且不断在提高之中。其他的例子：语音识别系统将语音转换成文字，如视频字幕的自动生成。机器翻译，百度、谷歌等均提供了机器翻译功能，将英文翻译成中文，将中文翻译成英文，目前的翻译质量越来越高。图像识别，如目前出现的手机中的刷脸支付（人脸识别以确认身份）等。还有，类人机器人已能在恶劣的丛林环境中自主行走，越过障碍物等。增强现实，由现实中的人控制

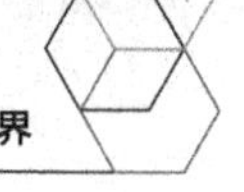

虚拟场景中的事物，实现人在虚拟中，虚拟在现实中的混合等。人工智能技术在发展中。但最好的人工智能应用提供的是隐形服务，即让人们意识不到背后有人工智能的服务。

16.3　网络化与社会：问题与挑战

互联网的发展对整个社会产生了巨大的影响，如今人们无时无刻不在利用互联网做着以前想都不敢想的事情，买东西只要点两下鼠标，敲两下键盘就可以搞定；只要坐在计算机前就可以找到自己想看的电影；掏出手机就可以立刻把自己的想法分享给他人。而这些便利背后也隐藏着很多不那么美好的事物。

示例13　2017 年在全球范围内大规模爆发的勒索病毒 WannaCry 就是这样一个典型的例子。WannaCry 利用 NSA 泄露的危险漏洞“永恒之蓝”进行传播，超过 150 个国家和地区 30 多万用户遭受攻击。5 月 12 日晚，部分高校学生反映计算机遭受病毒攻击，文档被加密，弹出窗口显示信息，向中毒用户勒索钱财，很多毕业生表示辛苦写出来的论文受到病毒影响无法恢复，严重到甚至要延期毕业，很多受害者甚至是支付了相应金额仍然没有恢复数据。而这只是受到影响最轻的受害者。此次病毒大规模爆发在很多地区甚至影响到很多医疗机构，直接危及重病患者的生命，而不法分子要求以比特币形式交易，也直接导致难以追踪，最终该事件也只能不了了之，只有受害者独自承受后果。

此处举这个例子是要引起读者思考：（1）面对互联网的巨大诱惑力，如何避免网络暴力的发生，怎样不在诱惑中迷失自己；（2）怎样区分是网络暴力行为，还是正常的言论/评论自由行为；（3）怎样在已发生的网络暴力中有效地保护自己；（4）现实社会有相关的法律规范人们的行为、避免违法行为的发生，那么针对互联网，该怎样制定互联网的运行规则，规范人们的互联网行为？要认清“混淆真假”“造谣传谣”“人身攻击”“不健康媒体传播”等是对社会有危害的行为，可能会突破道德底线，侵犯他人权利，甚至触犯国家法律，是需要注意的。要自觉担当起维护网络文明与道德的使命，从自身做起，带动身边人和相关人，净化网络空气，使互联网更好的成为改造人们工作和生活的工具。

16.4　为什么要学习和怎样学习本章内容

16.4.1　为什么：自动化—网络化—智能化是发展趋势

网络化是社会及社会各项技术发展的趋势，网络化不仅指计算机之间的互联互通，而且指基于计算机或嵌入计算机的物体之间的互联互通、人与人及与组织之间的互联互通、网络与网络之间的互联互通以及虚拟世界与物理世界的互联互通等。欧盟科学家提出未来互联网将是由物联网（Internet of Things）、内容与知识网（Internet of Contents and Knowledge）、服务互联网（Internet of Service）和社会网络（Internet by and for people）等构成，将具有更多的用户（More Users）、更多的内容（More Contents）、更复杂的结构（More Complexity）和更多的互动参与特性（More Participation），互联网将会实现用户产生内容（User Generated Content）、无处不在的跨时空的访问方式（From the Desktop to Anywhere Access）以及物理世界与数字世界更好的集成（integration of Physical into

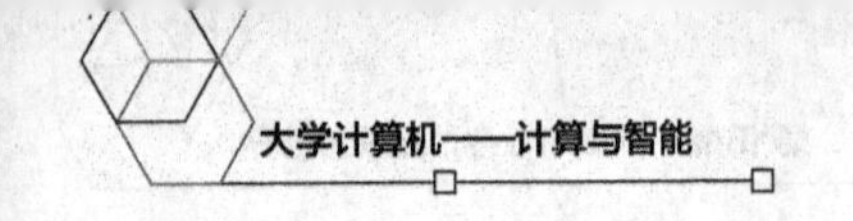

Digital World)、基于互联网的社会网络交互性(Social Networking Interactivity)。

网络化改变了人们的思维模式，很多看起来不可能的事情成为可能；创新了产业形态，传统的商店、书店、超市等被电子商务碾压，形成了网上购物-快递配送等新形态；滴滴出行、共享单车、餐饮推荐、互联网租赁等共享经济蓬勃发展。

我们生活在网络化社会，离不开网络化，应该具有网络化思维，适应网络化生活，基于网络化创造，探索网络化未来。

16.4.2 怎样学：不怕做不到，只怕想不到

本章学习不应强调技术，更应强调思维。"不怕做不到，只怕想不到"，现在的互联网技术可以支撑人们的任何想法，因此思维有多远，就能走多远。充分关注并探究社会上出现的各种新业态，分析其如何基于互联网实现各种业务，探究其背后的深层思维，不断思考，不断训练，就能成为一位勇于创新、敢于创新、能够创新的优秀人才。